实验室生物安全理论与实践

主　编　毕玉海　朱以萍

科　学　出　版　社
北　京

内 容 简 介

本书依据国家实验室生物安全相关的法律、法规和标准、指南，结合编者实验室生物安全管理和实践经验编写而成。全书分为三个部分：病原微生物实验室生物安全管理和运行、病原微生物实验室安全操作规范和病原微生物实验室设施设备运维管理。

本书注重理论结合实践，可作为病原微生物实验室相关生物安全管理人员、技术支撑人员、运维保障人员和实验操作人员的岗位培训用书。

图书在版编目（CIP）数据

实验室生物安全理论与实践 / 毕玉海，朱以萍主编. -- 北京 : 科学出版社，2025. 7. -- ISBN 978-7-03-081960-4

Ⅰ. Q-338

中国国家版本馆 CIP 数据核字第 2025W2N079 号

责任编辑：沈红芬　凌　玮 / 责任校对：张小霞

责任印制：肖　兴 / 封面设计：有道文化

科学出版社 出版

北京东黄城根北街 16 号

邮政编码：100717

http://www.sciencep.com

北京九天鸿程印刷有限责任公司印刷

科学出版社发行　各地新华书店经销

*

2025 年 7 月第　一　版　开本：787×1092　1/16

2025 年 7 月第一次印刷　印张：21 3/4

字数：500 000

定价：188.00 元

（如有印装质量问题，我社负责调换）

《实验室生物安全理论与实践》编写人员

主　编　毕玉海　朱以萍

副主编　张瑞丰

编　者　（按姓氏汉语拼音排序）

毕玉海　曹国庆　陈方圆　关云涛　何　建
侯雪新　贾晓娟　蒋国斌　金　泳　李　丹
李　燕　李　芸　李明华　梁　磊　廖明凤
刘　美　刘威龙　龙俊仪　龙杨浩鹏　卢选成
陆　兵　鹿建春　瞿　望　田德雨　佟　学
王　鹏　魏　强　辛有全　杨　赛　于学东
张　宁　张　爽　张明霞　张青雯　张瑞丰
张彦国　赵德民　赵四清　周　磊　朱以萍

组织编写单位　中国科学院微生物研究所

序　言

在全球公共卫生安全面临严峻挑战的背景下，重大新发、突发传染病的频繁侵袭，尤其是新冠大流行对世界的冲击，已然将实验室生物安全推向了国家安全战略的核心位置。保障实验室生物安全不仅是守护科研人员生命健康的底线，也是筑牢国家生物安全屏障的关键基石，更是维护人类可持续发展、保护人类赖以生存的地球的根本。

近年来，随着病原微生物研究的深度拓展与疫苗药物研发等工作的持续推进，实验室生物安全的重要性愈发凸显。以《中华人民共和国生物安全法》的颁布为标志，我国实验室生物安全管理正式迈入法治化、规范化的全新阶段。在此背景下，系统梳理并构建科学完备的实验室生物安全知识体系，成为每一位科研工作者义不容辞的责任。

此书是编者团队多年来在实验室生物安全管理实践中的经验结晶，严格遵循国家相关法律、法规与标准指南精心编撰。全书以“理论—实践—运维”为主线，系统涵盖病原微生物实验室生物安全管理和运行、安全操作规范及设施设备运维管理三大核心板块。从生物安全管理体系的搭建到实验操作的具体规范流程，从设施设备的科学运维到突发事件的应急处置，均进行了全面且细致的阐述。

此书不仅是病原微生物实验室生物安全管理人员、技术支撑人员、运维保障人员和实验操作人员的专业培训用书，更是一本助力各岗位人员系统掌握生物安全知识与技能的实用指南。希望此书能够帮助读者深入理解国家对实验室生物安全的管理要求，精准把握各岗位的职责与风险防控要点，切实提升实验室生物安全管理水平，有效预防生物安全事件的发生，确保安全有序的实验室规范操作。

期待此书能为我国实验室生物安全事业的发展贡献一份力量，与所有致力于生物安全领域的同仁携手，共同守护生命健康与国家安全。

中国科学院院士

中国科学院微生物研究所

病原微生物与免疫学研究室 主任

2025年6月

前　言

近年来在重大新发、突发传染病频发的形势下，保障人民的生命安全和身体健康已经成为保障国家安全的重大需求。随着针对重要病原流行病学和溯源研究、病原传播和致病机制研究、疫苗和药物研发，以及诊断和检测技术研发的全面开展与实施，实验室生物安全提升到了前所未有的高度。《中华人民共和国生物安全法》的颁布、实施，更是将实验室生物安全提升到了关乎国家安全的法治高度。

充分识别病原微生物实验室在运行、管理和实验活动过程中存在的风险，制定相应的风险控制措施并落实到位，最大程度地减少生物安全事件的发生，杜绝生物安全事故，是每个病原微生物实验室生物安全管理的方针和目标。

本书依据国家实验室生物安全相关的法律、法规和标准、指南，结合编者实验室生物安全管理和实践经验编写而成。全书分为三个部分：病原微生物实验室生物安全管理和运行、病原微生物实验室安全操作规范和病原微生物实验室设施设备运维管理。作为病原微生物实验室相关生物安全管理人员、技术支撑人员、运维保障人员和实验操作人员的岗位培训用书，本书注重理论结合实践，旨在帮助病原微生物实验室各岗位工作人员了解、熟悉国家和相关部委对实验室生物安全的管理要求，了解实验室生物安全管理体系、岗位及分工职责，熟悉实验室生物安全管理要素、管理流程和管理措施，掌握实验室生物安全工作风险控制准则和安全操作规范等，以胜任岗位工作，从而有效控制风险，保障实验室安全运行。

限于编者的专业知识和工作经验，书中难免存在纰漏和偏颇，敬请同行专家和读者批评指正，以便再版时完善。

编　者

2024 年 10 月

目　录

第一篇　病原微生物实验室生物安全管理和运行

第二篇 病原微生物实验室安全操作规范

第一篇

病原微生物实验室生物安全管理和运行

第一章　病原微生物实验室生物安全管理相关法律、法规和标准

第一节　国内病原微生物实验室生物安全管理相关法律、法规和标准

2002 年 12 月，卫生部发布了行业标准《微生物和生物医学实验室生物安全通用准则》（WS 233—2002）。2003 年严重急性呼吸综合征（SARS）疫情以后，我国实验室生物安全工作得到了高度重视。2004 年 11 月国务院发布了《病原微生物实验室生物安全管理条例》，随后国家相关部委相继制定和发布了系列法规、标准及文件，如《人间传染的病原微生物目录》、《人间传染的病原微生物菌（毒）种保藏机构管理办法》和《可感染人类的高致病性病原微生物菌（毒）种或样本运输管理规定》等法规，以及《实验室 生物安全通用要求》（GB 19489—2008）、《病原微生物实验室生物安全通用准则》（WS 233—2017）和《生物安全实验室建筑技术规范》（GB 50346—2011）等标准；2020 年 10 月 17 日，《中华人民共和国生物安全法》经十三届全国人大常委会第二十二次会议审议通过，并于 2021 年 4 月 15 日起施行。

一、《中华人民共和国生物安全法》

《中华人民共和国生物安全法》简称《生物安全法》，于 2021 年 4 月 15 日开始施行，是生物安全领域的一部基础性、综合性、系统性、统领性法律，标志着我国生物安全进入依法治理的新阶段。

制定本法的目的是维护国家安全，防范和应对生物安全风险，保障人民生命健康，保护生物资源和生态环境，促进生物技术健康发展，推动构建人类命运共同体，实现人与自然和谐共生。

生物安全指国家有效防范和应对危险生物因子及相关因素威胁，生物技术能够稳定健康发展，人民生命健康与生态系统相对处于没有危险和不受威胁的状态，生物领域具备维护国家安全和持续发展的能力。

《生物安全法》全链条构建生物安全风险防控“四梁八柱”，建立健全了以下 11 项基本制度：生物安全风险监测预警制度，生物安全风险调查评估制度，生物安全信息共享制度，生物安全信息发布制度，生物安全名录和清单制度，生物安全标准制度，生物安全审查制度，生物安全应急制度，生物安全事件调查溯源制度，首次进境或者暂停后恢复进境的动植物、动植物产品、高风险生物因子国家准入制度，境外重大生物安全事件应对制度。

本法共十章八十八条，对生物安全风险防控体制，防控重大新发突发传染病、动植物疫情，生物技术研究、开发与应用安全，病原微生物实验室生物安全，人类遗传资源与生物资源安全，防范生物恐怖与生物武器威胁，生物安全能力建设，法律责任等作了详细规定。

二、《病原微生物实验室生物安全管理条例》及其配套文件

（一）《病原微生物实验室生物安全管理条例》（中华人民共和国国务院令第 424 号）

本条例于2004年11月12日发布，经2016年及2018年两次修订，现行为2018年修订版。

制定本条例是为了加强病原微生物实验室生物安全管理，保护实验室工作人员和公众的健康，是我国第一个具有法律效力的病原微生物生物安全方面的法规。

本条例共七章七十二条，对病原微生物的分类和管理、实验室的设立与管理，以及实验室感染控制、监督管理、法律责任等作了详细规定。

国家根据病原微生物的传染性、感染后对个体或者群体的危害程度，将病原微生物分为四类。人间传染的病原微生物名录和动物间传染的病原微生物名录分别由国务院卫生主管部门及国务院兽医主管部门商国务院有关部门后制定、调整并予以公布。明确了采集病原微生物样本、运输高致病性病原微生物菌（毒）种或者样本，以及菌（毒）种保藏中心或者专业实验室（以下称保藏机构）的相关要求；规定了实验室的设立与管理和病原微生物实验室的安全等级等；对卫生主管部门或者兽医主管部门的病原微生物实验活动的批准和认可、实验室高致病性病原微生物菌（毒）种或者样本的运输和保藏、安全保卫、高致病性病原微生物泄漏和人员感染等方面的违规行为，明确了法律责任和处罚方法。

（二）《人间传染的病原微生物目录》

《人间传染的病原微生物名录》于 2006 年 1 月 11 日由卫生部印发公布，但随着新的病原微生物不断出现，对现有病原微生物认识不断更新，以及实验室生物安全研究不断深入，本名录已无法满足当前实验室生物安全管理的需要。国家卫生健康委员为了更好地落实《中华人民共和国生物安全法》和《病原微生物实验室生物安全管理条例》有关规定，对本名录进行修订，并按照《生物安全法》规定进行更名，于 2023 年 8 月 18 日印发《人间传染的病原微生物目录》。本目录中病毒为 160 种、附录 7 种，其中危害程度分类为第一类的 29 种、第二类的 51 种、第三类的 82 种和第四类的 5 种。细菌、放线菌、衣原体、支原体、立克次体、螺旋体为 155 种，修订后的目录改为 190 种，其中危害程度分类为第二类的 19 种、第三类的 171 种。真菌为 59 种，修订后的目录改为 151 种，其中危害程度分类为第二类的 7 种、第三类的 144 种。

（三）《可感染人类的高致病性病原微生物菌（毒）种或样本运输管理规定》

本规定于 2005 年 11 月 24 日经卫生部部务会议讨论通过，自 2006 年 2 月 1 日起施行。

为加强对可感染人类的高致病性病原微生物菌（毒）种或样本运输的管理，保障人体

健康和公共卫生，依据《中华人民共和国传染病防治法》《病原微生物实验室生物安全管理条例》等法律、行政法规的规定，制定本规定。

本规定共十九条，对准运证的申请与审批、容器或包装材料要求、运输要求、处罚等作了详细规定。

（四）《人间传染的病原微生物菌（毒）种保藏机构管理办法》

本办法于 2009 年 5 月 26 日经卫生部部务会议讨论通过，自 2009 年 10 月 1 日起施行。

为加强对人间传染的病原微生物菌（毒）种［以下称菌（毒）种］保藏机构的管理，保护和合理利用我国菌（毒）种或样本资源，防止菌（毒）种或样本在保藏和使用过程中发生实验室感染或者引起传染病传播，依据《中华人民共和国传染病防治法》《病原微生物实验室生物安全管理条例》的规定，制定本办法。

本办法共六章三十五条，对保藏机构的职责、保藏机构的指定、保藏活动、监督管理与处罚等作了详细规定。

（五）《病原微生物实验室生物安全环境管理办法》

本办法于 2006 年 3 月 8 日由国家环境保护总局公布，自 2006 年 5 月 1 日起施行。

本办法共二十三条，为规范病原微生物实验室生物安全环境管理工作，根据《病原微生物实验室生物安全管理条例》和有关环境保护法律和行政法规，制定本办法。本办法适用于中华人民共和国境内的病原微生物实验室及其从事实验活动的生物安全环境管理。本办法对监察制度、审批、废弃物处置、处罚等作了详细规定。

（六）《实验室 生物安全通用要求》（GB 19489—2008）

本标准适用于涉及生物因子操作的实验室。第 5 章及 6.1 条和 6.2 条是对生物安全实验室的基础要求，需要时，适用于更高防护水平的生物安全实验室及动物生物安全实验室。针对与感染动物饲养相关的实验室活动，本标准规定了实验室内动物饲养设施和环境的基本要求。需要时，6.3 条和 6.4 条适用于相应防护水平的动物生物安全实验室。

主要内容包括：风险评估及风险控制；实验室生物安全防护水平分级；实验室设计原则及基本要求；实验室设施和设备要求；管理要求；附录 A　实验室围护结构严密性检测和排风高效空气过滤器（HEPA 过滤器）检漏方法指南；附录 B　生物安全实验室良好工作行为指南；附录 C　实验室生物危险物质溢洒处理指南。

（七）《病原微生物实验室生物安全通用准则》（WS 233—2017）

本标准适用于开展微生物相关的研究、教学、检测、诊断等活动的实验室。

主要内容包括：术语与定义；病原微生物危害程度分类；实验室生物安全防护水平分级与分类；风险评估与风险控制；实验室设施和设备要求；实验室生物安全管理要求；附录 A　病原微生物实验活动风险评估表；附录 B　病原微生物实验活动审批表；附录 C　生物安全隔离设备的现场检查；附录 D　压力蒸汽灭菌器效果监测。

（八）《人间传染的病原微生物菌（毒）种保藏机构设置技术规范》（WS 315—2010）

本标准适用于疾病预防控制机构、医疗保健、科研教学、药品及生物制品生产单位等承担人间传染的病原微生物菌（毒）种保藏任务的机构。

主要内容包括：术语和定义；设置基本原则；类别与职责；设施设备要求；管理要求。

（九）《生物安全实验室建筑技术规范》（GB 50346—2011）

本标准适用于新建、改建和扩建的生物安全实验室的设计、施工和验收。

主要内容包括：生物安全实验室的分级、分类和技术指标；建筑、装修和结构；空调、通风和净化；给水排水与气体供应；电气；消防；施工要求；检测和验收；附录A 生物安全实验室检测记录用表；附录B 生物安全设备现场检测记录用表；附录C 生物安全实验室工程验收评价项目；附录D 高效过滤器现场效率法检漏。

（十）《Ⅱ级 生物安全柜》（YY 0569—2011）

本标准适用于Ⅱ级生物安全柜。

主要内容包括：术语和定义；Ⅱ级生物安全柜的类型和特点；要求；试验方法；检验规则；标签、标记；包装、运输和贮存；附录A 安全柜的安装建议；附录B 推荐的消毒程序；附录C 枯草芽孢杆菌芽孢悬浮液的制备；附录D 喷雾器的选择和校准；附录E 碘化钾法；附录F 圆形和矩形管道风量的测量。

三、《医疗废物管理条例》及其配套法规

（一）《医疗废物管理条例》

本条例于2003年6月16日由中华人民共和国国务院发布，根据2011年1月8日《国务院关于废止和修改部分行政法规的决定》修订。

为了加强医疗废物的安全管理，防止疾病传播，保护环境，保障人体健康，依据《中华人民共和国传染病防治法》《中华人民共和国固体废物污染环境防治法》的规定，制定本条例。

本条例所称医疗废物，是指医疗卫生机构在医疗、预防、保健及其他相关活动中产生的具有直接或者间接感染性、毒性及其他危害性的废物。医疗废物分类目录由国务院卫生行政主管部门和环境保护行政主管部门共同制定、发布。

本条例适用于医疗废物的收集、运送、贮存、处置及监督管理等活动。

本条例共七章五十七条，对医疗废物管理的一般规定、医疗卫生机构对医疗废物的管理、医疗废物的集中处置、监督管理、法律责任等作了详细规定。

（二）《医疗卫生机构医疗废物管理办法》

本办法于2003年8月14日经卫生部部务会议讨论通过，自2003年10月15日起施行。

为规范医疗卫生机构对医疗废物的管理，有效预防与控制医疗废物对人体健康和环境产生危害，依据《医疗废物管理条例》的规定，制定本办法。

本办法共七章四十八条，对医疗卫生机构对医疗废物的管理职责，分类收集、运送与暂时贮存，人员培训和职业安全防护，监督管理，罚则等作了详细规定。

（三）《医疗废物管理行政处罚办法》

本办法于2004年5月27日由卫生部、国家环境保护总局令第21号发布；根据2010年12月22日《环境保护部关于废止、修改部分环保部门规章和规范性文件的决定》修正。

根据《中华人民共和国传染病防治法》《中华人民共和国固体废物污染环境防治法》《医疗废物管理条例》，县级以上人民政府卫生行政主管部门和环境保护行政主管部门按照各自职责，对违反医疗废物管理规定的行为实施的行政处罚，适用本办法。

本办法共十七条，对医疗卫生机构、医疗废物集中处置单位的违法行为采取的具体处罚办法等作了详细规定。

（四）《医疗废物分类目录（2021年版）》

本目录适用于各级各类医疗卫生机构，主要包括医疗废物分类目录及医疗废物豁免管理清单。

（五）《医疗废物专用包装袋、容器和警示标志标准》（HJ 421—2008）

本标准适用于医疗废物专用包装袋、容器的生产厂家、运输单位和医疗废物处置单位。

本标准对术语和定义，包装袋、利器盒和周转箱（桶）的技术要求，标志和警告语，试验方法，检验规则等作了详细规定。

四、实验动物生物安全法规标准

（一）《实验动物管理条例》

本条例于1988年10月31日经国务院批准，1988年11月14日由国家科学技术委员会令第2号发布，根据2017年3月1日《国务院关于修改和废止部分行政法规的决定》第三次修订。

制定本条例是为了加强实验动物的管理工作，保证实验动物质量，适应科学研究、经济建设和社会发展的需要。实验动物是指经人工饲育，对其携带的微生物实行控制，遗传背景明确或者来源清楚的，用于科学研究、教学、生产、检定及其他科学实验的动物。本条例适用于从事实验动物的研究、保种、饲育、供应、应用、管理和监督的单位与个人。

本条例共八章三十三条，对实验动物的饲育管理、实验动物的检疫和传染病控制、实验动物的应用、实验动物的进口与出口管理、从事实验动物工作的人员、奖励与处罚等作了详细规定。

（二）《实验动物 环境及设施》（GB 14925—2023）

本标准适用于实验动物生产、实验场所的环境条件及设施的设计、施工、检测、验收及监督管理。

主要内容包括：术语和定义；总体要求；环境分类；环境指标；工艺布局；设施；废弃物处理；运输；检测和运行维护；附录 A 温湿度检测；附录 B 气流速度检测；附录 C 换气次数检测；附录 D 静压差检测；附录 E 空气洁净度检测；附录 F 空气沉降菌检测；附录 G 噪声检测；附录 H 照度检测；附录 I 氨浓度检测。

（三）《实验动物设施建筑技术规范》（GB 50447—2008）

为使实验动物设施在设计、施工、检测和验收方面满足环境保护与实验动物饲养环境的要求，做到技术先进、经济合理、使用安全、维护方便，制定本规范。本规范适用于新建、改建、扩建的实验动物设施的设计、施工、工程检测和工程验收。

主要内容包括：分类和技术指标；建筑和结构；空调、通风和空气净化；给水排水；电气和自控；消防；施工要求；检测和验收；附录 A 实验动物设施检测记录用表；附录 B 实验动物设施工程验收项目。

（四）《实验动物 动物实验通用要求》（GB/T 35823—2018）

本标准适用于从事动物实验的各类机构。

主要内容包括：术语和定义；动物实验审查；动物实验室管理；实验条件；实验动物质量；基本技术操作规范；实验记录与档案管理。

（五）《实验动物 福利伦理审查指南》（GB/T 35892—2018）

本标准适用于实验动物福利伦理审查及其质量管理。

本标准规定了实验动物生产、运输和使用过程中的福利伦理审查和管理的要求，包括审查机构、审查原则、审查内容、审查程序、审查规则和档案管理。

五、其他标准

（一）风险管理标准

1.《病原微生物实验室生物安全风险管理指南》（RB/T 040—2020） 本标准适用于病原微生物实验室开展风险管理工作，也可用于监督管理部门对实验室生物安全风险管理工作的评价和考核。

主要内容包括：术语和定义；原则；实施过程（概述、任务来源、实施准备、风险管理实施、再评估）；附录 A 实验室生物安全风险评估的常用方法；附录 B 实验室生物安全风险评估矩阵；附录 C 病原微生物实验活动风险评估实施参考示例。

2.《风险管理 风险评估技术》（GB/T 27921—2023） 本标准为各种情况下风险评估技术的选择和应用提供了指导。这些技术用于支持不确定性情景下的决策，提供有关特定风险的信息，并作为风险管理过程的一部分。本标准提供了一系列技术的总结，并参考了对这些技术进行更详细描述的其他文件。

主要内容包括：术语和定义；核心概念；风险评估技术的使用；风险评估的实施；选择风险评估技术；附录 A（资料性）技术分类。

3.《风险管理 指南》（GB/T 24353—2022）　本标准为组织管理其所面临的风险提供指南，组织可根据其具体环境，有针对性地应用。本标准为管理各种类型的风险提供了一种通用方法，而非仅针对某些特定行业或领域。本标准适用于组织全生命周期的任何活动，包括所有层级的决策制定。

主要内容包括：术语和定义；原则；框架（概述、领导作用和承诺、整合、设计、实施、评价、改进）；过程（概述，沟通和咨询，范围、环境、准则，风险评估，风险应对，监督和检查，记录和报告）。

（二）个体防护标准

《个体防护装备配备规范 第 1 部分：总则》（GB 39800.1—2020）　本标准适用于各用人单位个体防护装备的配备及管理。本部分不适用于各用人单位消防用个体防护装备的配备及管理。

主要内容包括：术语和定义；个体防护装备配备原则；个体防护装备配备程序；个体防护装备配备流程；个体防护装备配备管理；附录 A　个体防护装备配备行业编号及相关编号；附录 B　常见的作业类别及可能造成的事故或伤害；附录 C　生产过程危险和有害因素分类与代码表。

具体防护装备可查看以下标准：《医用一次性防护服技术要求》（GB 19082—2009）、《一次性使用医用橡胶检查手套》（GB 10213—2006）、《眼面防护具通用技术规范》（GB 14866—2023）、《医用防护口罩技术要求》（GB 19083—2010）、《呼吸防护　动力送风过滤式呼吸器》（GB 30864—2014）。

（三）职业健康标准

《职业健康安全管理体系 要求及使用指南》（GB/T 45001—2020）　本标准适用于任何具有以下愿望的组织：通过建立、实施和保持职业健康安全管理体系，以改进健康安全、消除危险源并尽可能降低职业健康安全风险（包括体系缺陷）、利用职业健康安全机遇，以及应对与其活动相关的职业健康安全管理体系不符合。本标准适用于任何规模、类型和活动的组织，适用于组织控制下的职业健康安全风险，这些风险必须考虑到诸如组织运行所处环境、组织工作人员及其他相关方的需求和期望等因素。本标准既不规定具体的职业健康安全绩效准则，也不提供职业健康安全管理体系的设计规范。

主要内容包括：术语和定义；组织所处的环境、领导作用和工作人员参与；策划；支持；运行；绩效评价；改进；附录 A　本标准的使用指南。

（四）标识管理标准

《病原微生物实验室生物安全标识》（WS 589—2018） 本标准适用于从事与病原微生物菌（毒）种、样本有关的研究、教学、检测、诊断、保藏及生物制品生产等相关活动的实验室。

主要内容包括：术语和定义；标识类型；标识要求；标识型号选用；标识设置高度；标识使用要求；标识管理；附录 A 标识类型及制作。

（五）消毒指南标准

《消毒技术规范（2002 年版）》 本标准适用于在中华人民共和国境内生产、经营、使用和检验消毒产品的组织，医疗卫生机构及传染病疫源地和其他一切需要消毒的场所。

主要内容包括：总则；消毒产品检验技术规范；医疗卫生机构消毒技术规范；疫源地消毒技术规范。

第二节 国际病原微生物实验室生物安全管理相关指南

一、WHO《实验室生物安全手册》第四版及分册

WHO《实验室生物安全手册》（*Laboratory Biosafety Manual*）为全球各级临床实验室、公共卫生实验室及其他生物医学部门提供了最佳的生物安全实践方案。WHO《实验室生物安全手册》第四版（LBM4）于 2021 年更新，该版本将实验室生物安全防护要求分为核心要求、加强要求和最高要求；生物安全的防范对象从病原体和毒素扩展至生物因子，生物因子指有可能导致感染、过敏、毒性或以其他方式对人类、动物或植物造成危害的微生物、病毒、生物毒素、颗粒或其他传染性材料等。

实验活动的实际风险不仅受到所操作生物因子的影响，还受到实验操作过程和从事实验室活动的实验室人员能力的影响。因此，第四版在第三版的风险评估框架基础上，特别强调了基于风险评估和循证思维的理念，使安全防范措施与实际风险相平衡。

LBM4 核心手册分为 9 个部分：介绍；风险评估；核心要求；加强控制措施；最大遏制措施；转移和运输；生物安全计划管理；实验室生物安全；国家 / 国际生物安全监督。

LBM4 包括 7 个分册：风险评估；实验室设计与维护；生物安全柜和其他初级防护装置；个人保护设备；消毒和废物管理；生物安全项目管理；抗疫准备和恢复力。

二、《微生物和生物医学实验室生物安全》

《微生物和生物医学实验室生物安全》（*Biosafety in Microbiological and Biomedical Laboratories*，*BMBL*）是由美国国立卫生研究院（NIH）和疾病控制中心（CDC）联合编写出版的实验室生物安全手册，系统陈述了美国实验室生物安全和生物防护的风险管理与

操作规范，提供了微生物和生物医学实验室安全管控生物危害的指导建议与实践。*BMBL*并不是监管文件，它是基于风险分析的实践，用于保护实验室工作人员、社区和环境免受与生物危害相关的风险。

最新修订版即第六版于 2020 年 11 月 17 日在线发布，*BMBL* 分为 8 个部分：介绍；生物风险评估；生物安全原则；生物安全防护等级的准则；脊椎动物饲养研究设施生物安全防护等级的准则；实验室生物安保准则；生物医学研究中的职业健康保障；病原微生物概述；15 个附录。15 个附录分别为：①生物危害的一级防护屏障——生物安全柜的选择、安装和使用；②实验室表面和物品的去污和消毒；③感染性物质的运输；④影响农业动物和散养或开放围栏动物的病原体的生物安全和生物防护；⑤节肢动物防护指南；⑥病原微生物和毒素的选择；⑦综合虫害管理；⑧人类、非人灵长类（NHP）和其他哺乳动物细胞和组织研究；⑨生物源性毒素工作指南；⑩国立卫生研究院对涉及重组生物安全项目研究的监督；⑪灭活与验证；⑫ 可持续性；⑬ 大规模生物安全；⑭ 临床实验室；⑮ 首字母缩略词。

第二章　病原微生物实验室生物安全管理的基本原则

国务院发布的《病原微生物实验室生物安全管理条例》第四条规定：国家对病原微生物实行分类管理，对实验室实行分级管理。

第一节　病原微生物分类管理

《病原微生物实验室生物安全管理条例》根据病原微生物的传染性、感染后对个体或者群体的危害程度，将病原微生物分为四类：

第一类病原微生物，是指能够引起人类或者动物非常严重疾病的微生物，以及我国尚未发现或者已经宣布消灭的微生物。

第二类病原微生物，是指能够引起人类或者动物严重疾病，比较容易直接或者间接在人与人、动物与人、动物与动物间传播的微生物。

第三类病原微生物，是指能够引起人类或者动物疾病，但一般情况下对人、动物或者环境不构成严重危害，传播风险有限，实验室感染后很少引起严重疾病，并且具备有效治疗和预防措施的微生物。

第四类病原微生物，是指在通常情况下不会引起人类或者动物疾病的微生物。

第一类、第二类病原微生物统称为高致病性病原微生物。

高致病性病原微生物包括 2023 年国家卫生健康委员会印发的《人间传染的病原微生物目录》中公布的危害程度分类为第一类和第二类的病原微生物，以及未列入本目录但疑似高致病性病原微生物。

在 2021 年更新的 WHO《实验室生物安全手册》第四版中，将生物安全的防范对象从病原体和毒素扩展至生物因子。生物因子是指有可能导致感染、过敏、毒性或以其他方式对人类、动物或植物造成危害的微生物、病毒、生物毒素、颗粒或其他传染性材料等。与生物因子相关的真正风险不能仅通过确定其致病特征来确定，还必须考虑使用生物因子执行的程序类型及进行这些程序的环境。简而言之，生物因子危害等级需要依据系统且详细的风险评估。

第二节　病原微生物实验室分级管理

根据对所操作病原微生物采取的防护水平，将实验室生物安全防护水平分为一级［生物安全一级实验室（BSL-1 实验室）或动物生物安全一级实验室（ABSL-1 实验室）］、二级［生物安全二级实验室（BSL-2 实验室）或动物生物安全二级实验室（ABSL-2 实验室）］、三级［生物安全三级实验室（BSL-3 实验室）或动物生物安全三级实验室（ABSL-3 实验室）］和四级［生物安全四级实验室（BSL-4 实验室）或动物生物安全四级实验室（ABSL-4 实验室）］，其中一级防护水平最低，四级防护水平最高。

一般情况下，生物安全防护水平为一级的实验室适用于操作第四类病原微生物；生物安全防护水平为二级的实验室适用于操作第三类病原微生物；生物安全防护水平为三级的实验室适用于操作第二类病原微生物；生物安全防护水平为四级的实验室适用于操作第一类病原微生物。

《病原微生物实验室生物安全管理条例》规定一级、二级实验室不得从事高致病性病原微生物实验活动。三级、四级实验室从事高致病性病原微生物实验活动，应当具备下列条件：

（1）实验目的和拟从事的实验活动符合国务院卫生主管部门或者兽医主管部门的规定。

（2）具有与拟从事的实验活动相适应的工作人员。

（3）工程质量经建筑主管部门依法检测验收合格。

三级、四级实验室需要从事某种高致病性病原微生物或者疑似高致病性病原微生物实验活动的，应当依照国务院卫生主管部门或者兽医主管部门的规定报省级以上人民政府卫生主管部门或者兽医主管部门批准。实验活动结果及工作情况应当向原批准部门报告。

实验室申报或者接受与高致病性病原微生物有关的科研项目，应当符合科研需要和生物安全要求，具有相应的生物安全防护水平。与动物间传染的高致病性病原微生物有关的科研项目，应当经国务院兽医主管部门同意；与人体健康有关的高致病性病原微生物科研项目，实验室应当将立项结果告知省级以上人民政府卫生主管部门。

WHO《实验室生物安全手册》第四版取消了生物安全水平分级，并在前言中明确提到，以前三个版本按风险、危险类别和生物安全防护级别对生物因子与实验室进行了分类，导致了一种误解，即生物因子的危险度直接对应于实验室的生物安全水平。事实上，特定场景中的实际风险，不仅受正在处理的生物因子的影响，而且受正在执行的操作程序和从事该活动的实验室人员的能力的影响。在风险评估中，风险评估矩阵是以生物因子暴露 / 泄漏的"后果"和"可能性"为坐标系的风险评估矩阵，说明如何评估可能性和后果之间的关系（图 2-1）。图 2-2 总结了风险评估矩阵中的风险，并将风险与可能需要的风险控制措施类型相关联，同时，强调了以下 3 点：

（1）风险极低时，大多数实验室活动使用核心要求即可管控安全风险。

（2）可能为中等风险至高风险时，实验室活动需要采取加强控制措施，管控相关风险。

（3）非常高的风险，特别是与灾难性后果相关的风险，即便是非常少量的实验室工作

暴露/泄漏的后果	严重	中等	高	非常高
	中等	低	中等	高
	低等	非常低	低	中等
		不大可能发生	可能发生	很可能发生
		暴露/泄漏的可能性		

图 2-1　风险评估矩阵

引自：WHO，2020. Laboratory Biosafety Manual. 4th ed：16.

也需要最大限度的防护措施。

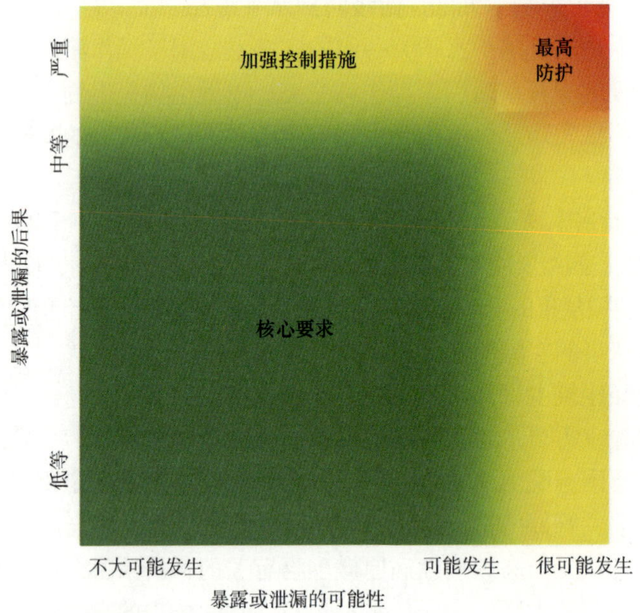

图 2-2 基于暴露或泄漏的可能性与后果所要采取的风险控制措施

引自：WHO，2020. Laboratory Biosafety Manual. 4th ed：23.

第三节 病原微生物实验活动风险分级管理

病原微生物研究和教学活动应当按照《人间传染的病原微生物目录》《动物病原微生物实验活动生物安全要求细则》等规范性文件的要求开展，不得从事超出自身生物安全等级的实验活动。

一、《人间传染的病原微生物目录》的使用方法

《人间传染的病原微生物目录》不仅对病原微生物危害程度进行了分类，还规定了不同实验操作的防护水平和运输包装要求。在查询本目录表格前，需仔细阅读实验活动的划分，了解病毒培养、动物感染实验、未经培养的感染性材料的操作、灭活材料的操作、无感染性材料的操作的具体内容。本目录所涉及的病毒主要指野生型病原微生物，重组体等需要仔细阅读说明。下面以人类免疫缺陷病毒（Ⅰ型和Ⅱ型）为例，介绍其使用方法。

当要进行人类免疫缺陷病毒（Ⅰ型和Ⅱ型）的研究和教学活动时，需查阅《人间传染的病原微生物目录》。其中规定的其危害程度分类为第二类，病毒培养实验和动物感染实验必须在（A）BSL-3 实验室中进行，未经培养的感染性材料的操作在 BSL-2 实验室中进行，灭活材料的操作和无感染性材料的操作在 BSL-1 实验室中进行。按照本目录中的规定在相应生物安全级别的实验室内开展有关实验活动（表 2-1）。另外，还需认真阅读分类目录表格下方的注释和说明，以帮助理解实验活动包含的具体内容和运输包装要求。

表 2-1　人类免疫缺陷病毒（Ⅰ型和Ⅱ型）在《人间传染的病原微生物目录》中的相关信息

病毒名称			危害程度分类	实验活动所需实验室等级					运输包装分类[f]		备注
中文	英文	分类学地位		病毒培养[a]	动物感染实验[b]	未经培养的感染性材料的操作[c]	灭活材料的操作[d]	无感染性材料的操作[e]	A/B	UN编号	
人类免疫缺陷病毒（Ⅰ型和Ⅱ型）[g]	human immunodeficiency virus（HIV）（type 1 and 2 virus）	逆转录病毒科	第二类	BSL-3	ABSL-3	BSL-2	BSL-1	BSL-1	A	UN2814	仅病毒培养物为A类

注：BSL-*n*/ABSL-*n*：不同的实验室 / 动物实验室生物安全防护等级。

a. 病毒培养：指病毒的分离、扩增和利用活病毒培养物的相关实验操作（包括滴定、中和试验、活病毒及其蛋白纯化、核酸提取时裂解剂或灭活剂的加入、病毒冻干、利用活病毒培养物或细胞提取物进行的生化分析、血清学检测、免疫学检测等）及产生活病毒的重组实验。

b. 动物感染实验：指以活病毒感染动物及感染动物的相关实验操作（包括感染动物的饲养、临床观察、特殊检查，动物样本采集、处理和检测，动物解剖，动物排泄物、组织、器官、尸体等废弃物处理等）。

c. 未经培养的感染性材料的操作：指未经培养的感染性材料在采用可靠的方法灭活前进行的病毒抗原检测、血清学检测、核酸检测、生化分析等操作。未经可靠灭活或固定的人和动物组织标本因含病毒量较高，其操作的防护级别应比照病毒培养。

d. 灭活材料的操作：指感染性材料或活病毒采用可靠的方法灭活，但未经验证确认后进行的操作。

e. 无感染性材料的操作：指针对确认无感染性的材料的各种操作，包括但不限于无感染性的病毒 DNA 或 cDNA 操作。

f. 运输包装分类：按国际民航组织文件《危险品航空安全运输技术细则》（Doc9284）的分类包装要求，将相关病原和标本分为 A、B 两类，对应的联合国编号分别为 UN2814（动物病毒为 UN2900）和 UN3373。对于 A 类感染性物质，若表中未注明“仅限于病毒培养物”，则包括涉及该病毒的所有材料；对于注明“仅限于病毒培养物”的 A 类感染性物质，则病毒培养物按 UN2814 包装，其他标本按 UN3373 要求进行包装。凡标明 B 类的病毒和相关样本，均按 UN3373 的要求包装和空运。通过其他交通工具运输的可参照以上标准进行包装。

g. 人类免疫缺陷病毒（Ⅰ型和Ⅱ型）：这里只列出一般指导性原则。对采样量不超过 100μl 的血液样本进行即时检测（仅需将样本和缓冲液加入试剂卡，无须额外实验操作即获得结果），应遵从国家卫生健康委员会有关规定。

引自：《人间传染的病原微生物目录》。

二、《动物病原微生物实验活动生物安全要求细则》的使用方法

《动物病原微生物实验活动生物安全要求细则》不仅对病原微生物危害程度进行了分类，还规定了不同实验操作的防护水平和运输包装要求，在查询目录表格前，需仔细阅读备注，了解病原分离培养、动物感染实验、未经培养的感染性材料的实验、灭活材料实验的具体内容。下面以口蹄疫病毒为例，介绍其使用方法。

当要进行口蹄疫病毒的研究和教学活动时，应查阅《动物病原微生物实验活动生物安全要求细则》，按照其中规定，口蹄疫病毒的危害程度分类为第一类，病原分离培养和动物感染实验必须在（A）BSL-3 实验室中进行，未经培养的感染性材料实验和灭活材料实验在 BSL-2 实验室中进行，按照目录中的规定在相应生物安全级别的实验室内开展有关实验活动（表 2-2）。另外，还需认真阅读分类目录表格下方的注释，以帮助理解实验活动包含的具体内容和运输包装要求。

表 2-2 口蹄疫病毒相关信息

动物病原微生物名称	危害程度分类	实验活动所需实验室生物安全级别				运输包装要求[e]	备注
		病原分离培养[a]	动物感染实验[b]	未经培养的感染性材料实验[c]	灭活材料实验[d]		
口蹄疫病毒	第一类	BSL-3	ABSL-3	BSL-2	BSL-2	UN2900（仅培养物）	实验的感染性材料的处理要在Ⅱ级生物安全柜中进行

a. 病原分离培养：指实验材料中未知病原微生物的选择性培养增殖，以及用培养物进行的相关实验活动。

b. 动物感染实验：指用活的病原微生物或感染性材料感染动物的实验活动。

c. 未经培养的感染性材料实验：指用未经培养增殖的感染性材料进行的抗原检测、核酸检测、血清学检测和理化分析等实验活动。

d. 灭活材料实验：指活的病原微生物或感染性材料在采用可靠的方法灭活后进行的病原微生物抗原检测、核酸检测、血清学检测和理化分析等实验活动。

e. 运输包装要求：通过民航运输动物病原微生物和病料的，按国际民航组织文件《危险品航空安全运输技术细则》（Doc9284）要求分类包装，联合国编号分别为 UN2814、UN2900 和 UN3373。若表中未注明“仅培养物”，则包括涉及该病原的所有材料；对于注明“仅培养物”的感染性物质，则病原培养物按表 2-2 中规定的要求包装，其他标本按 UN3373 要求进行包装；未确诊的动物病料，按 UN3373 要求进行包装。通过其他交通工具运输的动物病原微生物和病料，按照《高致病性病原微生物菌（毒）种或者样本运输包装规范》（农业部公告第 503 号）进行包装。

引自：《动物病原微生物实验活动生物安全要求细则》。

第三章　病原微生物实验室的风险管理

零事故安全运行是所有病原微生物实验室的生物安全风险管理目标。风险评估是病原微生物实验室进行生物安全风险管理的前提，风险评估的结果是确定实验室生物安全管理策略，包括管理要求、管理程序、风险控制措施、安全操作规范，以及意外事件和意外事故应急处置方案的根本依据。实验室应根据自身的实际情况，对拟开展工作的相关风险因子进行充分识别和评估，依据风险评估结果和本实验室的风险准则，分析、评估所识别出的风险是否可以接受。如果可以接受，可维持已有的风险控制措施，制定相应的应急预案；如果不可以接受，应制定有针对性的风险控制措施，以消除风险或最大限度地降低风险，并判定残余风险是否可以接受。如果残余风险可以接受，则须将风险评估结果和风险控制措施更新到风险评估报告中，并贯彻到制定标准操作规程、应急预案，以及人员培训和安全监督的过程中。如果残余风险不可以接受，则须否决开展该项工作，直至找到有效的风险控制措施，进行风险再评估。通过风险评估充分识别病原微生物实验室在运行、管理和实验活动过程中的潜在风险，制定有效的风险控制措施并落实到位，从而最大限度地减少有潜在风险的生物安全事件的发生，杜绝导致实验室感染、疾病、伤害、死亡或环境污染等实际危害的生物安全事故的发生，以达到零事故安全运行的风险管理目标。

第一节　风险管理概述

风险管理是指分析和制定降低生物风险发生的可能性的方法和策略。实验室负责人承担生物风险管理的职责，确认已建立并实施适当有效的最大限度降低生物风险的程序。实验室应设立生物风险管理委员会，协助实验室负责人确认、制定并实现生物风险管理目标。

依据基于病原微生物并涵盖所关注的生物安保风险的评估报告，病原微生物实验室应建立相应的生物安全管理体系，制定风险管理措施，依照实验室的管理要求，确保实验室的生物安全和生物安保风险得到恰当的管理，并将病原微生物泄漏的危害降至最低水平。病原微生物实验室的风险管理包括以下内容。

（1）降低病原微生物和毒素意外暴露或泄漏的风险，并将未经授权获取、丢失、盗窃、误用、转移或故意泄漏有害生物材料的风险降至可耐受或可接受的水平（实验室生物安全的范畴）。

（2）确保在实验室、属地、政府、国际社会等内部和外部已采取并有效实施适当的风险应对措施。

（3）为实验室提供持续提高生物安全和生物安保意识、道德行为准则及培训的工作计划。

风险管理的程序包括风险评估、风险控制措施的实施、风险控制措施实施效果的评估、风险评估和风险管理体系的持续改进。在风险管理的过程中应注意以下几个方面的问题。

（1）实验室须对应本实验室的安全防护等级、风险管理水平和管理目标，制定本实验室的风险准则，明确本实验室的风险偏好或风险耐受水平。对于可接受的风险制定相应的应急预案，对于不可接受的风险制定有效的风险控制措施，以达到有效控制风险及达成实验室安全管理目标的目的。

（2）实验室应明确风险评估小组的成员，依据具体的风险评估事项，由所有利益相关方的代表组成，即由承担风险管理责任和风险控制措施实施责任的有经验的管理人员和专业人员组成，以便充分沟通、评估和判定风险。例如，针对具体实验活动进行风险评估时，风险评估小组的成员应至少包括实验室技术负责人、项目负责人和实验操作人员；针对新增设备进行风险评估时，还应包括实验室设施设备管理员，必要时可请设备供应商的专业技术人员参与风险评估；当对实验废弃物的安全处置进行风险评估时，还应包括负责实验废弃物无害化处理的设备操作人员，负责处理实验废弃物转移、暂存和清运移交的辅助工作人员，以及单位负责协调实验废弃物清运的职能部门负责人；当对实验室菌（毒）种的安全管理进行风险评估时，实验室安全负责人、设施设备管理员、单位负责实验室外围安保的职能部门负责人应参与，必要时可请属地公安部门相关人员参与，建立紧急报警和联防联控机制。

（3）实验室应建立标准化的风险评估体系，以保障风险评估工作在相同背景条件下的可比性和可重复性。因此，实验室应制定风险评估模板、评估核查表或调查问卷，提供风险识别、风险评估和风险等级判定的工作程序，以用于制定风险控制策略、选择风险控制措施。

（4）基于风险评估结果形成的风险评估报告需经过实验室安全负责人、实验室主任和实验室生物安全委员会逐级审批后生效，并定期对风险评估报告的适用性和风险控制措施实施的可行性进行评估，对风险评估报告的持续有效性负责。对未列入国家相关主管部门发布的病原微生物目录的生物因子的风险评估报告应得到相关主管部门的批准。

（5）实验室需依据风险评估报告，建立生物安全管理体系并形成文件；明确实验室的生物安全管理要求、管理程序和操作规范；对实验室相关管理人员、技术支撑人员、运维保障人员、实验操作人员和实验室辅助工作人员进行有针对性的宣贯和培训，帮助他们达成共识、提升生物安全意识、规范操作行为，使实验室工作人员能够更安全地开展工作，并维持良好的生物安全文化。

（6）实验室通过安全检查、内部评审、管理评审和外部评审，监督、检查和评估风险控制措施落实的充分性和有效性，及时发现不符合的情况，督促实验室持续改进风险管理体系。

第二节　风险评估的程序和方法

一、风险评估的程序

参照《风险管理 指南》（GB/T 24353—2022）、《风险管理 风险评估技术》（GB/T 27921—2023）、《病原微生物实验室生物安全风险管理指南》（RB/T 040—2020）和WHO《实验室生物安全手册》（第四版），风险评估的主要程序包括风险信息收集、风险识别、风险分析、风险评价、风险应对、监督和检查（图3-1）。

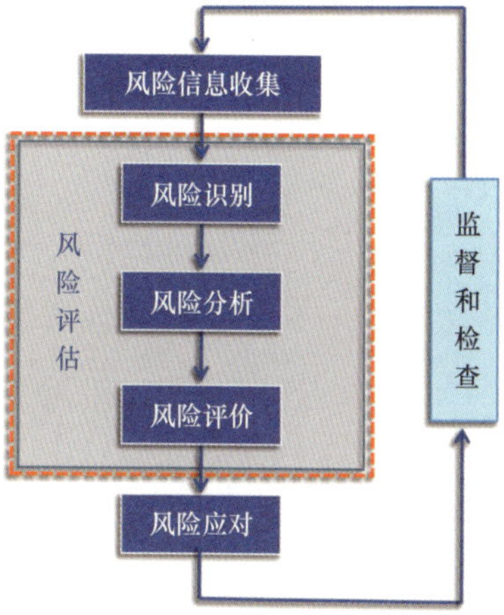

图3-1　风险评估的主要程序
引自：《风险管理 指南》（GB/T 24353—2022）。

（1）组建风险评估小组：根据风险评估事项的内容和范围，组建风险评估小组，成员应覆盖所有利益相关方，必要时可邀请外部专家参与。

（2）风险沟通及风险信息收集：针对具体风险评估事项的管理要求、管理流程或操作程序，充分沟通、交流和收集风险相关的信息。

（3）风险识别：对风险评估事项管理流程或操作程序中的风险要素逐一进行识别，给出风险列表，并对其进行描述。

（4）风险分析：对所识别出风险发生的可能性及后果的危害程度进行分析，并确定风险等级，通常可分为低、中、高三个等级。

（5）风险评价：根据风险分析的结果，依据本实验室的风险评估准则和风险偏好，判定风险是否可以接受。如果风险可以接受，可保持已有的风险控制措施，并制定相应的应急预案；如果风险不可接受，则需进行风险应对。

（6）风险应对：对于不可接受的风险，制定风险控制策略、选择并完善风险控制措施，以消除或最大限度地降低风险发生的可能性或危害程度，通过评估或反复再评估判定残余风险是否可以接受。如果可以接受，则可实施评估项目；如果不可接受，则终止评估项目的评估和实施。

（7）监督和检查：对风险控制措施的实施效果进行监督和检查，评估风险控制措施的可行性和有效性。

（8）持续改进：通过对风险控制效果的监督、检查和评估，进一步修正、改进和完善风险管理流程与控制措施。

二、风险评估的方法

风险评估就是收集和评估相关信息，评估风险大小，即风险发生的可能性和危害程度，并确定是否可以接受，从而确定风险管理策略和控制措施的持续、动态、循环、提升的过程。风险评估实际上就是要讨论并回答如下几个问题：具体评估事项所涉及的管理流程和操作程序中存在哪些固有的风险隐患？风险发生的可能性有多大？风险发生的后果有多严重？可采取哪些风险控制措施消除或最大限度地降低风险发生的概率或危害程度？万一风险发生，可采取哪些应急处置措施避免或降低风险引发的危害后果或损失？采取风险控制措施或应急处置措施后的残余风险有多大，是否可以接受？如果不可接受，还可以采取哪些进一步的风险控制措施或应急处置措施？再评估后的残余风险是否可以接受？

如果经过反复改进和评估仍然认为残余风险不可接受，就须终止评估项目的审核和实施，直至找到有效的风险控制措施消除或将残余风险降至可接受程度（图 3-2）。

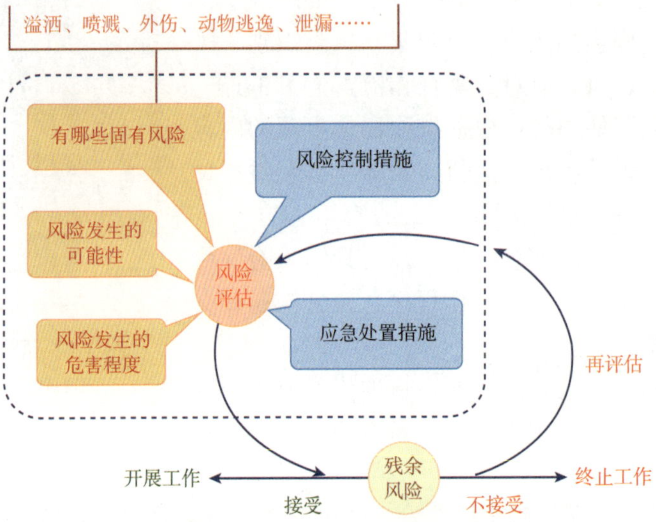

图 3-2　风险评估的内容

《风险管理　风险评估技术》（GB/T 27921—2023）中介绍的风险评估技术和方法有 32 种之多。对于实验室生物安全风险评估，在风险识别和监督检查环节常用检查表法，在风险评价环节常用风险矩阵法。

检查表需要由有经验的人员依据以往的风险评估结果，意外事故案例，相关法律、规范、标准或专业背景知识及信息编制，用于识别潜在的风险。编制精良、经过验证的检查表有利于风险评估体系的标准化和规范化。《病原微生物实验室生物安全通用准则》（WS 233—2017）附录 A 的“病原微生物实验活动风险评估表”是非常好的检查表法范例，应用该评估表，通过 33 类 64 个选项的勾选，可对涉及病原微生物、实验活动、设施设备和人员的潜在风险因素逐一进行识别。

在对识别出的风险因素进行风险发生的可能性和危害后果的严重性进行高、中、低水平的评估后，就可以依据实验室制定的风险准则，应用风险矩阵的方法进行风险评估，评估所识别出的风险是否可以接受。然后对确定可接受的风险制定相应的应急预案，对不可接受的风险制定有效的风险控制措施（图 3-3）。

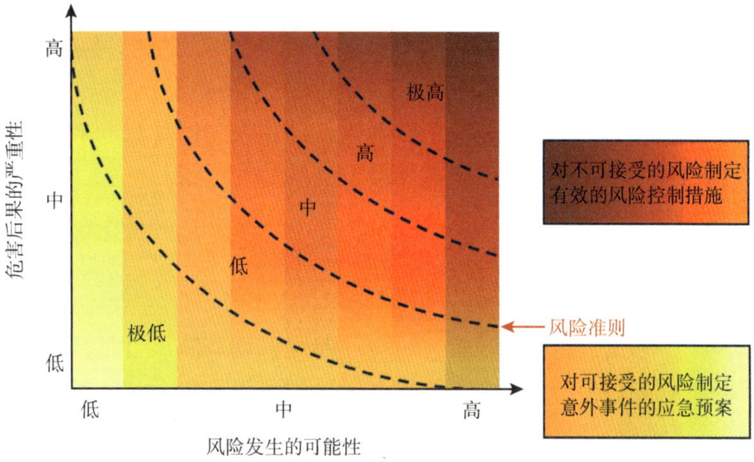

图 3-3　风险矩阵

第三节　选择和制定风险控制措施的原则

针对评估出的风险制定风险控制措施时，应遵循风险控制层级的原则。参照《微生物和生物医学实验室生物安全》（*Biosafety in Microbiological and Biomedical Laboratories*，US CDC/NIH，6th ed，2020），风险控制措施分为 5 类：消除、替代、工程控制措施、管理措施和使用个体防护装备（PPE），其风险控制效率依次递减。因此，应优先选择消除和替代的风险控制措施，以消除或最大限度地降低风险发生的可能性；其次选择工程控制措施和管理措施降低风险发生的可能性或严重程度，最后选择适用的个体防护装备降低风险发生的严重程度，以消除风险或最大限度地将风险发生的可能性和危害后果降至可接受程度（图 3-4）。

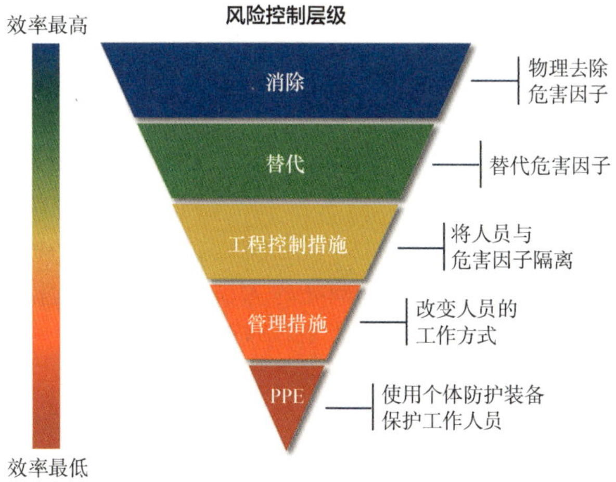

图 3-4　风险控制层级

PPE. 个体防护装备

引自：美国国家职业安全与健康研究所，2023. 工作场所安全与健康主题风险控制层级 .

一、消　除

从本质上去除危害因子，包括改变工作流程，停止使用感染性材料、危化品、重物、利器或有风险的仪器设备等，即放弃从事风险不可接受的工作。

二、替　代

替代危害因子，例如，用塑料器皿替代玻璃器皿、用非感染性的假病毒替代活病毒、用无风险或低风险的酶联免疫实验方法替代高风险的感染细胞分选方法，以有效降低风险发生的可能性和危害程度。

三、工程控制措施

将人员与危害因子隔离，即使用生物安全防护设备或防护用具保护实验操作人员免于危害因子的暴露风险。例如，使用移液器、均质仪、离心机、超声波破碎仪、涡旋振荡器、细胞分选仪、飞行质谱仪（MALDI-TOF）或组织研磨仪等实验仪器时，易产生大量危害性的气溶胶。因此，应使用生物安全型的设备，或在生物安全柜或负压操作柜中使用这些仪器。又如，感染性液体移出生物安全柜时，有跌落、溢洒的风险，尤其是装有感染性培养物的多孔板需要移出生物安全柜用显微镜观察时，跌落、溢洒的风险更大，如果使用板封膜或防摔裂的二级密封容器转移感染性液体，可以消除或最大限度地减少感染性液体泄漏导致人员暴露的风险。

四、管理措施

改变人员的工作方式，即通过培训、操作演练、审核审批、进入控制、健康监测、风险沟通和安全监督等措施，优化管理及操作流程，规范安全操作行为，减少暴露于危险的持续时间、频率或强度的工作实践，消除或最大限度地降低安全隐患。

（一）培训和操作演练

通过理论培训和模拟操作演练，使所有工作人员掌握如何识别和评估管理流程与操作程序中的风险及应对措施，确保实验操作人员熟练掌握安全防护、安全操作技术和意外状况下安全的应急处置规范，建立并保持良好的安全操作行为。

（二）审核审批和进入控制

实验室管理层应对实验室的准入项目和准入人员进行评估与审核审批，包括风险评估报告、风险控制措施、标准操作规程和应急预案等技术文件，以及工作人员的培训和更新培训情况，对所从事工作的风险和责任意识，实验操作技能、经验和熟练程度，对标准操作程序的依从性和应对意外状况的处置能力等，并采取门禁、授权等进入控制措施，从源头有效控制风险，确保实验室的安全运行和安全管理。

（三）健康监测

在实验室运行和实验活动实施过程中，对工作人员的健康状况和疫苗免疫情况进行全程监测与记录，包括实验活动涉及病原或实验材料可能涉及病原的定期检测报告，工作人员日常健康状况记录和疫苗接种记录，并在工作开展前、结束后和发生意外暴露事故时保留本底血清。有安全、可用的疫苗时，实验室人员应进行免疫接种，并监测免疫后保护性抗体的水平。在日常健康监测过程中，应注意疾病、治疗、免疫力低下、过度疲劳、情绪低落等状况，还有特殊生理期、妊娠期和哺乳期会增加个体暴露感染的风险与危及胎儿或婴儿的风险。有上述状况时，应暂停工作，或指定具备资质的人员顶替代岗，以有效控制风险。

（四）风险沟通

在实验室运行、管理过程中，应鼓励管理人员和实验操作人员及时发现并报告安全隐患与意外状况，以便及时纠正和消除安全隐患、安全有效地处置意外事件，避免安全事故发生。更重要的是，要避免采取惩罚性的处置方式，避免由此导致的对安全隐患和意外事故的掩盖与隐瞒，从而失去预警、预防和及时安全处置的机会，增大风险发生的可能性和危害后果的严重性。同时，实验室需要在各管理层之间建立有效的风险沟通机制，形成良好的生物安全文化，以便在风险控制措施实施过程中获得必要的支持和有效的协作。

（五）安全监督

实验室管理人员应对实验室的运行管理和实验活动实施情况全程进行安全监督和评估，及时发现潜在的风险和安全隐患，指导相关岗位工作人员及时采取纠正措施并持续改进，从而消除安全隐患。

五、个体防护装备

当其他风险控制措施无法将暴露风险降至安全水平时，可使用个体防护装备保护工作人员，如穿戴防护服、防护口罩、手套、护目镜或防护面罩等，以消除或降低危害因子的暴露风险。

第四节 风险评估的要素和依据

风险评估是基于拟操作病原基本特性、实验活动具体操作流程、实验室人员能力、设施条件、管理体系，以及意外设施设备故障、实验操作事故和自然灾害等可能产生的风险因素，依照国家相关法律法规、标准指南的要求，以及本实验室管理体系文件的要求，对可能存在的风险进行评估，制定必要的控制措施，以达到确保实验室安全管理和安全运行的目的。风险评估是实验室制定管理方针、管理要求、管理程序和实施过程标准操作规程的重要依据与前提，是实验室开展一切工作的核心基础。

一、风险评估的要素

针对具体的评估事项，不一定每个评估要素都存在潜在的风险，并且对每个风险要素风险等级的判定，不仅取决于风险要素固有的危害特性，还取决于风险实际发生的可能性及危害后果的严重性。因此，实验室应针对具体工作的全流程和关键环节，以及实验室的管理水平、人员能力、保障条件等进行综合的系统性分析，对潜在的风险要素逐一进行充分的识别和评估，同时需要考虑和评估所选择与实施的风险控制措施带来的潜在风险，制定出适用性强和应对有效的风险控制措施。

主要的风险评估要素如下。

（1）所涉及病原微生物的危害等级及病原特性：如宿主范围、传播途径、易感性、感染剂量、致病性、变异性、感染症状、潜伏期；是否有预防疫苗、治疗药物及治疗方案和急救措施；病原在环境中和对理化因子影响的稳定性、敏感消毒剂、消毒和灭活条件等。

（2）拟从事实验活动的类型：如样本处理、病原分离培养与鉴定；离心、研磨、振荡、超声破碎、冷冻干燥等实验操作；高浓度或大量感染性材料的操作；锐器的使用；动物感染实验等。潜在的风险：如感染性液体的溢洒、迸溅或渗漏；离心管破裂；皮肤、黏膜暴露或吸入感染性气溶胶；污染的锐器刺伤或被感染动物抓伤、咬伤。可能的危害后果：如导致实验操作人员感染；造成环境污染，引发周边社区疫情等。

（3）安全管理相关的风险：如管理体系文件包括风险评估报告未及时进行必要的更新；安全检查和内审落实不到位；培训考核和健康监测不到位；样本被擅自使用、进入实验室人员未经授权等。

（4）与工作人员相关的风险：如内部或外部工作人员的专业素质、工作能力和熟练程度；生物安全意识、对风险的认知水平或接受培训考核的程度；健康状况及可能影响工作的情绪或心理状况等。

（5）设施设备相关的风险：如电力故障、排风系统故障；安全防护设备、实验仪器设备或个体防护装备故障；设施设备消毒、维护、维修、检测、校验或停运过程的风险等。

（6）实验废弃物处置相关的风险：如包装破损、泄漏；消毒灭菌或灭活方法不当等。

（7）外部风险：如外部人员活动、使用外部提供的物资或服务所带来的风险等。

（8）实验室感染案例：对本实验室或相关实验室已发生意外事故的分析和评估。

（9）生物安保的风险：感染性材料被误用、盗用或恶意使用的风险。

（10）非生物风险：实验室涉及的化学、物理、辐射或电气危害带来的风险。

（11）灾害事件的风险：如水灾、火灾、地震、飓风等带来的风险。

二、实施风险评估的要点

病原微生物实验室的风险评估是一个动态、不断更新的过程，以确保风险评估结果持续适用和有效。

（1）《病原微生物实验室生物安全通用准则》（WS 233—2017）明确规定：风险评估应以国家法律、法规、标准、规范，以及权威机构发布的指南、数据等为依据。对已识别的风险进行分析，形成风险评估报告。在实验室的实际运行管理过程中，尤其是进行新发、突发传染病相关实验活动风险评估时，会遇到缺少风险评估依据的情况，通常需要依据国家和权威机构已发布的同属或同科病原微生物的相关法律、法规、标准、规范、指南或数据进行评估。切不可依据未经国家和权威机构认定的实验数据和文献、资料，采用新的实验方法或新的消毒、灭活方法开展实验活动。

（2）实验室须定期对风险评估报告的适用性进行评估。当国家发布或修订实验室生物安全相关法律、法规或标准、指南时，当实验室设施设备条件、所操作的生物因子、实验活动类型、工作人员或实验室生物安全管理体系发生变更，使用外部人员、外部提供物品或服务存在风险时，以及发现不符合项，本实验室或其他实验室发生意外事件或意外事故时，应及时重新进行风险评估。

（3）对于实验室采用新技术、新方法的风险评估，《病原微生物实验室生物安全管理条例》第二十九条规定：实验室使用新技术、新方法从事高致病性病原微生物相关实验活动的，应当符合防止高致病性病原微生物扩散、保证生物安全和操作者人身安全的要求，并经国家病原微生物实验室生物安全专家委员会论证；经论证可行的，方可使用。

（4）世界卫生组织、世界动物卫生组织、国际标准化组织等机构或国内外行业权威机构发布的指南、标准和数据、资料等，包括世界卫生组织认可的加拿大公共卫生署在线资料和数据“病原微生物安全数据单”亦可作为风险评估的依据。

第五节　风险评估报告和审核发布

评估项目负责人应对风险评估的全过程进行记录，所形成的风险评估报告应内容完整，涵盖实验活动可能导致生物风险的所有环节，经实验室技术负责人、安全负责人、实验室主任审核后，由生物安全委员会审批，以受控文件的形式发布实施。

一、风险评估报告

风险评估报告的内容包括评估记录、评估结果和评估结论。

（1）评估记录：应以记录表单的形式记录风险评估的全过程。内容包括风险评估报告的名称，评估的时间和地点，评估内容（病原微生物特征、病原微生物实验活动的评估、设施设备因素评估、人员评估），所依据的法规、标准，国际组织或行业权威机构发布的指南、资料、数据等，以及参与评估人员的签名和审核、批准信息。《病原微生物实验室生物安全通用准则》（WS 233—2017）附录 A 的“病原微生物实验活动风险评估表”可以作为评估记录的参考模板。

（2）评估结果：是风险评估的核心内容，可以以记录表的形式展示。内容包括评估内容、所识别出的固有风险、固有风险发生的可能性和危害程度、应采取的风险控制措施和应急处置措施、采取风险控制措施后的残余风险、残余风险发生的可能性和危害程度，以及残余风险是否可以接受。

（3）评估结论：是风险评估报告的重要输出内容，是实验室建立生物安全管理体系，制定管理要求、管理流程、管理措施、安全操作规范和应急处置程序的重要依据。在风险评估结论中需明确表述评估出的主要风险、应采取的风险控制措施，以及采取风险控制措施后的残余风险和应急处置措施。针对风险控制措施和应急处置程序，是否需要配备相应的安全防护设备、防护用具、个体防护装备，或有效的消毒剂、灭活剂，是否需要对实验操作人员进行额外的健康监测或专项培训。因此，风险评估结论是指导实验室有效进行生物安全风险控制的重要依据。

二、风险评估报告的审核和发布

（1）项目负责人提交的风险评估报告需经实验室技术负责人、安全负责人和实验室主任审核，项目负责人应按评审意见补充、修改、完善评估报告。

（2）经过审核的风险评估报告需提交生物安全委员会进行审核审批，由生物安全委员会对评估项目是否可以开展做出明确判定，并负责相关指导与解释。经过批准的风险评估报告以受控文件的形式发布实施。

（3）对未列入国家相关主管部门发布的病原微生物目录的生物因子的风险评估报告应得到相关主管部门的批准。

第六节　风险评估报告的评估时机和持续改进

经过批准和发布实施的风险评估报告需要生物安全委员会定期对其持续适用性和风险控制措施实施的有效性进行评估，需要实验室管理人员依据风险评估要素的变更，及时收集与变更相关的信息，重新进行评估和改进，确定是否需要实施新的风险控制措施，以确保风险评估报告的持续适用和风险控制措施的有效实施。

一、风险评估报告的评估时机

（1）生物安全委员会应定期对风险评估报告的适用性和实施的有效性进行评估，评估的周期依据实验活动和风险特征而定，每年至少 1 次，对发现的不适用、不符合情况提出改进建议。

（2）当国家发布相关法律、法规、标准、指南，或进行修订时，应重新评估风险。

（3）当实验室开展新的实验活动，或经过评估的实验活动相关风险要素（包括设施、设备、管理要求、管理流程、人员、实验活动类型、实验方法、操作量等）进行变更时，应事先或重新评估风险。

（4）当实验室发生不符合项、本实验室或相关实验室发生生物安全事件或事故时，应重新进行风险评估。

二、持续改进

（1）实验室应通过日常的安全检查、定期的内部评审和管理评审，建立持续改进风险管控的工作机制，适时对风险评估和风险控制策略进行复审，以确保风险评估报告持续适用，确保风险管理要求得到及时、有效实施。

（2）实验室安全负责人应组织制订实验室的安全计划，包括制订风险评估报告、标准操作规程、生物安全手册、风险控制措施和应急预案的计划。通过风险管理措施和安全计划的实施，识别实验室工作人员在工作能力、工作表现或实验室管理体系存在的安全隐患，及时对实验室安全计划进行必要的调整和修改，以消除或有效降低这些安全隐患，为实验室工作人员提供安全可靠的工作环境，避免危害性生物材料的暴露风险。

（3）实验室所在机构应建立良好的风险沟通机制和生物安全文化，及时识别、沟通风险，传达风险管理要求。好的风险沟通策略对充分识别和有效控制风险至关重要，尽管风险评估产出的有形成果是管理制度和安全计划，但管理制度和安全计划有效实施的最终评判标准是是否在鼓励管理层与员工之间进行风险沟通，预防和阻止事故发生的同时，建立、强化并维持了实验室的生物安全文化。

（4）风险评估是一个持续、循环的过程，有效的风险管理需要所有管理人员和工作人员尽职尽责。实验室主任和项目负责人对实验室潜在危害、风险隐患、风险沟通和有效控制负有主要责任。实验室所有工作人员应及时报告所发现的问题，包括意外事件和意外事故。实验室工作人员、生物安全管理委员会成员、动物伦理审查和使用管理委员会成员也有责任识别实验活动和实施风险管理措施过程的生物风险。通过全方位、多途径的有效风险沟通机制，确保每一位工作人员知晓潜在的风险及应采取的风险应对措施。

第七节　风险评估结果范例

表 3-1 为几种典型实验活动和实验废弃物处置的风险评估结果记录，可作为风险评估结果记录的参考模板。

固有风险及采取风险控制措施后残余风险的等级判定由风险评估小组中有经验的专业人员，依据所收集的本实验室或其他实验室的相关信息，对风险发生的可能性和危害程度进行分析与评估，判定固有风险和残余风险的高、中、低水平，或因采取风险消除措施，使残余风险为零。然后依据实验室的风险准则（即实验室可接受的残余风险的高、中、低水平），应用风险矩阵进行风险评估，判断残余风险是否可以接受。

表 3-1　风险评估结果记录

序号	评估内容	固有风险	危害程度	发生概率	风险控制措施和应急处置措施	残余风险	危害程度	发生概率	是否接受
1	病毒培养、滴度测定、中和试验、样本灭活	生物安全柜内溢洒	低	中	1. 加强模拟实操培训和应急处置演练，培养良好的实验操作行为 2. 使用吸水垫进行实验操作，发生溢洒、滴液时及时消毒、清理 3. 使用生物安全型离心机 4. 使用质量可靠、带密封圈的外旋盖离心管 5. 使用带滤膜的培养瓶，使用板封膜密封多孔板，移出生物安全柜之前使用防摔裂的二级密封容器，并进行表面消毒 6. 使用经过验证的可靠的灭活剂和灭活方法灭活样本 7. 大量培养时戴面屏或正压防护头罩	生物安全柜内溢洒	低	低	是
2		离心管破裂或渗漏	低	低		离心管渗漏	低	低	是
3		生物安全柜外溢洒	高	中		生物安全柜外溢洒	低	低	是
4		眼面部喷溅	高	中		眼面部喷溅	低	低	是
5		样本灭活不彻底	高	低		样本灭活不彻底	低	低	是
6	动物感染实验：分笼、换垫料、饲喂、称重、麻醉、攻毒、测量、采血、解剖、组织研磨	动物生物安全柜内逃逸	低	低	1. 加强培训和模拟操作演练，熟练动物保定、麻醉和实验操作的协同配合 2. 适用时，使用气麻机麻醉动物后再进行实验操作 3. 使用钝头镊子配合利器操作，两人配合操作时禁止传递利器 4. 使用吸水垫进行解剖操作，有血液、尿液污染时及时消毒、清理 5. 进行攻毒、采血、解剖操作之前麻醉动物 6. 使用生物安全型组织研磨机和优质外旋密封盖研磨管，研磨前确认管盖旋紧、密封，必要时使用封口膜再次密封 7. 发生意外伤害时立即用流水冲洗伤口、消毒、包扎 8. 必要时戴防撕咬、防割伤手套	动物生物安全柜内逃逸	低	低	是
7		动物生物安全柜外逃逸	中	低		动物生物安全柜外逃逸	中	低	是
8		动物抓伤咬伤	高	中		动物抓伤咬伤	低	低	是
9		利器刺伤	高	低		利器刺伤	低	低	是
10		组织研磨管破裂	中	低		组织研磨管破裂	低	低	是
11		感染性体液污染台面	低	中		感染性体液污染台面	低	低	是
12	实验废弃物处置	废液溢洒、渗漏	中	低	1. 加强培训和模拟操作演练，熟练掌握实验废弃物处置的安全操作 2. 使用可密封的容器收集废液，处置时扣紧或拧紧容器盖，双层包装、表面消毒，平稳放置后移入高压蒸汽灭菌器，放稳后隔袋开盖 3. 移液头等锐器，用利器盒收集，旋紧封盖、双层包装，表面消毒后移入高压蒸汽灭菌器进行灭菌处置	废液溢洒、渗漏	低	低	是
13		锐器扎破垃圾袋	中	中		锐器扎破垃圾袋	低	低	是

第四章　病原微生物实验室生物安全管理体系的建立和运行

实验室生物安全管理体系就是制定实验室的安全管理方针和目标，并实现这些方针和目标的体系。例如，管理方针：安全第一，预防为主，操作规范，科学严谨，管理严格；管理目标：实验室生物安全事故控制目标为0，实验人员健康监测计划执行率为100%，实验室感染发生率为0，实验室泄漏发生率为0，上岗人员培训合格率为100%，设施设备维保及年检执行率为100%，废弃物安全处置执行率为100%，意外事件应急处置及纠正宣贯培训执行率为100%。

实验室的管理要素包括设施设备管理，标识管理，文件管理，人员培训、评估及健康管理，感染性材料及危化品管理，实验动物管理，实验活动管理，内务管理，实验废物管理和应急管理。实验室应依据国际、国家相关标准和准则，以及实验室的安全管理方针和目标，建立并不断改进和完善实验室的生物安全管理体系及管理体系文件，确定各岗位工作人员和支撑保障职能部门的职责，明确需要相互协调、协作和配合的工作内容，针对各管理要素制订实验室的安全计划，通过监督、检查和评估安全计划的实施情况，及时识别和纠正不符合的潜在风险与安全隐患，持续改进和规范实验室的安全运维、安全管理与安全操作，确保实验室的安全运行和科研实验活动的顺利实施。

第一节　实验室生物安全管理体系的建立

实验室生物安全管理体系的建立应依据实验室规模、实验室活动的复杂程度及实验室的风险和防护水平，并据此组建管理团队、制定管理体系文件，在管理体系中明确实验室的管理要求、管理部门和管理岗位的岗位职责、管理程序和操作规范，从而确保实验室的生物安全管理体系能够安全、有效运行并持续改进。

一、建立实验室生物安全管理体系的要求

病原微生物实验室生物安全管理体系的建立应满足如下要求。

（1）注重策划：精心策划、周密安排，并在实施过程中不断修正，逐步完善。

（2）注重整体优化：在管理体系建立、运行和持续改进的各个阶段，各部门之间的协调、各管理要素的接口等，都要以系统化的思想为指导。

（3）强化预防措施：将管理的重点从管理“结果”向管理“因素”转移，识别、分析潜在的不符合因素，将其在形成过程中消除，防患于未然。

（4）以满足需求为中心：实验室所建立的管理体系是否有效，最终体现在能否满足客户和相关方面的要求上。实验室需要根据不断增长的用户需求不断提高技术保障能力和服务水平。

（5）强调过程管理：系统地识别和管理实验室所有的过程，更高效地得到期望的结果。

（6）重视质量、安全和效益的统一：质量是实验室存在的价值，安全是实验室可运行的条件，效益是实验室生存的保证。

（7）强调持续改进：持续改进才能长期维持实验室的管理体系，同时也是实验室生存、发展的内在需求。

（8）强调全员参与：在有效运行的管理体系中，每个人既是管理者也是被管理者，同时也是合作者。

二、实验室生物安全管理体系的组织结构

实验室生物安全管理体系由外部管理和内部管理两部分组成。外部管理是指国家相关部委，包括发展和改革委员会（发改委）、生态环境部、科学技术部（科技部）、国家认证认可监督管理委员会（认监委）、卫生健康委员会（卫健委）、农业农村部，以及属地卫生、农业、监察、公安等部门委派的专家组对实验室建设、运维和安全管理进行监督、评审和安全督查，以确认实验室的运行管理符合国家相关法规、标准的要求，所从事的病原微生物实验活动严格遵守国家相关标准和实验室技术规范、操作规程，并采取安全防范措施。

通常讲的实验室生物安全管理体系是指实验室的内部管理体系，由实验室设立的生物安全委员会和实验室管理团队执行，对实验室各管理要素，包括设施设备管理、实验室标识管理、个体防护装备管理、应急物资管理、废弃物管理、安保管理、人员管理、文件管理、内务管理、实验材料和动物管理、实验活动管理和应急管理，进行日常管理。并通过内部管理工具，包括安全计划、安全检查、内部评审和管理评审，对实验室各管理要素的管理工作实施方案进行计划、实施结果督查、评估和决策（图 4-1）。

无论是外部管理体系还是内部管理体系，都需要及时发现管理体系运行中的安全隐患和潜在风险，并及时纠正和改进实验室的管理体系与管理体系文件，确保实验室安全运行。

（一）实验室生物安全管理体系的管理层级和构成

实验室的管理体系通常分为最高管理层、实验室管理层和技术管理层，需要时可增加项目管理层，以强化对项目组的管理，提高管理措施的实施效率。管理体系的构成取决于实验室规模、实验室活动的复杂程度，以及实验室的风险和防护水平。至少需要包括机构法人、生物安全委员会、实验室负责人、安全负责人和项目负责人。对于高等级的病原微生物实验室，至少还需要包括后勤保障部门、技术负责人、设施设备负责人和文件管理员（图 4-2）。

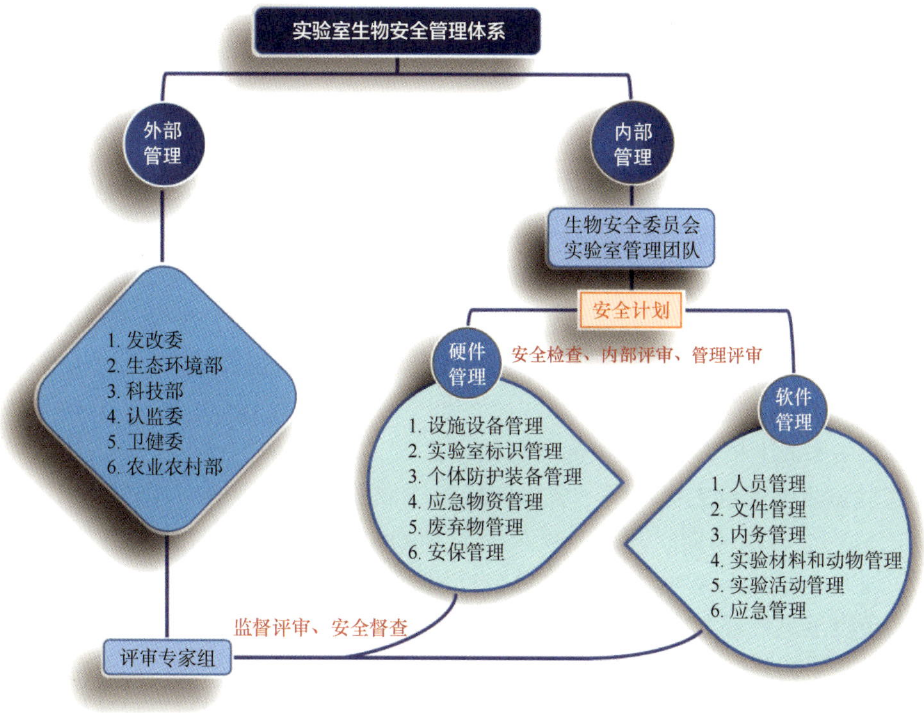

图 4-1　实验室生物安全管理体系

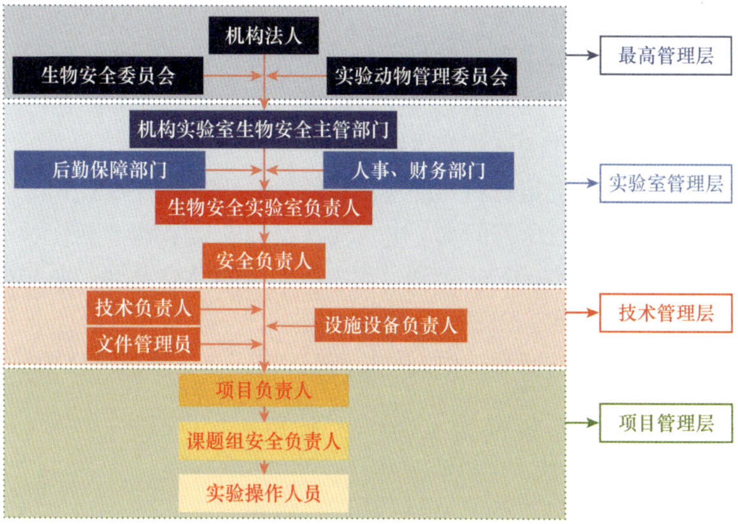

图 4-2　实验室生物安全管理体系的管理层级

（二）实验室生物安全管理体系中职能部门的管理职责

1. 生物安全委员会　通常由实验室设立机构的法人担任主任，由机构实验室生物安全主管领导和实验室负责人担任副主任。成员通常包括机构实验室生物安全主管部门负责人、后勤保障部门负责人、人事部门负责人、财务部门负责人、专业技术领域专家、实验室生物安全管理领域专家和实验室安全负责人。生物安全委员会的职责如下。

（1）行使实验室安全运行和管理的审核与监督职能。

（2）审核、审批实验室生物安全管理体系文件的制定、修订和发布实施。

（3）审查和批准实验活动准入申请，重点审查申请准入人员、风险评估报告、标准操作规程、应急预案、资源保障及生物安保等。

（4）监督和检查相关法规、标准的执行情况。

（5）每年至少1次组织管理评审，听取实验室的运行、管理情况汇报及管理支撑需求，对实验室的安全运行和安全管理进行监督、指导，对实验室的管理支撑需求进行评估、决策和支持。

（6）负责事故上报、分析及发布处置结果。

2. 实验室生物安全主管部门 承担实验室生物安全管理职能的部门在不同的实验室设立的机构会有所不同，可能是实验室管理处、科技处、平台处，或是质管科、检验科等，通常也是实验室生物安全委员会行使职责的具体办事部门。其部门职责如下。

（1）负责组织召开生物安全委员会相关会议及征求委员意见等。

（2）负责协调其他职能部门满足实验室安全运行的各项需求。

（3）负责协助实验室完成相关项目申报、交流合作、培训学习、平台建设等内部能力建设工作。

（4）负责保障实验室废弃物和危化品的安全处置与转运。

3. 后勤保障部门

（1）负责实验室安全保卫工作，监督、指导和管理实验室设施的防火、防盗、防人为破坏的安全设施与技术措施，以及信息的安全传输、保存和设备维护等。

（2）负责安排实验室工作人员年度体检。

（3）负责生物安全事故上报材料的编写及对外公关处置等相关工作。

（4）负责实验室正常运行所需的水、电、气、暖供应及保障。

4. 财务部门 负责实验室运行、管理过程中所涉及的经费支出、收入的财务审批，以及经费使用和管理规范的指导。

5. 人事部门 负责实验室所需工作人员的调配和工作人员的招聘工作。

（三）实验室管理体系关键岗位的个人职责

1. 实验室设立机构法人

（1）担任生物安全委员会主任，与实验室主任均为实验室生物安全的第一责任人。

（2）对生物安全委员会行使监督、审核、审批、咨询等职能起到统筹协调的作用。

（3）授权实验室主任全面负责实验室的安全运行和安全管理并承担相应法律责任。

（4）对实验室安全管理所发生的重大生物安全事故负连带的法律责任。

2. 生物安全实验室主任

（1）与机构法人同为实验室生物安全第一责任人，全面负责实验室的安全管理和安全运行，是实验室生物安全的直接责任人。

（2）负责制定实验室发展、改进方案，以及人、财、物管理制度的建设。

（3）负责指定、授权所有关键岗位的工作人员，规定所有岗位工作人员的职责、权利和相互关系。

（4）安排有能力的人员或领域专家，依据实验室工作人员的经验和职责对其进行必要的培训、监督与指导，并鼓励工作人员通过培训、交流和以老带新，培养工作人员的独立工作能力。

（5）为实验室所有工作人员提供履行职责所需的适当权利和资源。

（6）负责建立机制以避免管理层和实验室工作人员受任何不利于其工作质量的压力或影响（如财务、人事或其他方面），或卷入任何可能降低其公正性、判断力和能力的活动。

（7）定期对实验室工作人员的工作能力和工作表现进行考核评估。

（8）审核实验室的安全计划和管理体系文件并监督实施，定期检查总结。

（9）指定一名安全负责人，赋予其监督所有活动的职责和权利。

（10）指定技术负责人，并提供可以确保满足实验室规定的安全要求和技术要求的资源。

（11）任命设施设备负责人与文件管理员等重要岗位人员。

（12）指定所有关键职位的代理人。

3. 实验室副主任 实验室主任不能全职在岗的情况下，通常会根据需要指定和授权实验室副主任代理实验室主任的特定职责。

4. 安全负责人

（1）组织编制、更新、修订管理体系文件。

（2）监督实验室所有的管理和运行活动。

（3）组织编制、维持和更新实验室安全计划。

（4）负责内审员资质审查，负责内审的组织、实施，负责编制、提交内审报告。

（5）负责组织不符合项的整改工作，并提交整改报告。

（6）协助生物安全委员会组织、处置实验室的生物安全事故，编写事故内部处理报告。

（7）负责定期检查与实验室运行、管理及实验活动相关的一切记录。

（8）负责识别实验室运行管理过程中的风险因素，阻止不安全的行为或活动，并制定改进方案和改进计划，必要时直接向决定实验室政策和资源的最高管理层报告，保证安全管理体系在任何进程都能有效运行。

5. 技术负责人

（1）负责实验室实验活动管理相关体系文件的编写、更新和修订，全面负责技术工作和所需资源供应，以保证实验活动的安全和工作质量。

（2）负责项目准入和人员准入技术文件的编写指导与审核，包括风险评估报告、标准操作规程和应急预案。

（3）负责具体指导、监督实验活动的安全规范，识别实验活动当中的不安全行为并及时制止，同时向安全负责人提出整改建议。

（4）负责清场消毒和实验废弃物处置的安全监督，协助、指导安全事故的应急处理，并配合设施设备负责人进行终末消毒和消毒效果验证。

（5）负责组织本单位管理人员、实验室管理人员、实验操作人员及后勤保障人员的生物安全培训、考核和健康监测。

（6）负责感染性材料和实验动物的可追溯性管理。

6. 设施设备负责人

（1）负责实验室设施设备管理相关体系文件的编写、更新和修订，负责实验活动所需资源供给（个体防护装备、消毒剂、实验用品用具等）。

（2）负责实验室设施、设备的维护，负责实验室的开启、关闭，以及运行状况监控，保持仪器设备的正常状态和运行环境。

（3）确保实验室设施、设备、个体防护装备、材料等符合国家有关安全要求，定期检查、维护、更新，确保不降低其设计性能和操作人员的安全。

（4）建立仪器设备验收、使用、操作、检定规程，负责分管仪器的使用、检定、维护和保养及相关记录，并建立仪器设备档案。

（5）拟定仪器设备购置、校验、淘汰计划及使用管理规章制度，编写相关标准操作规程。

（6）承办仪器设备的购置申请、验收调试、检定校验、维修保养、降级报废等工作。

（7）管理仪器设备标识，监督仪器设备状况及使用，纠正偏离使用规定的情况。

（8）组织试剂、材料和仪器的风险评估与设备供应商资质审查，建立合格供应商名录和相应资料档案。

7. 文件管理员

（1）负责管理体系文件、行政管理等文件的编写、更新、修订、归档、发放和保管，保持管理体系文件（包括简版标准操作程序提示卡）现行有效，始终处于受控状态。

（2）协助文件的审批、发布、定期审核、变更和文件的修订与作废。

（3）定期收集、登记、归档管理体系运行过程中生成的所有记录和文件。

（4）收集、登记、归档实验活动过程中生成的所有资料和记录。

（5）跟踪实验室生物安全相关的法律法规、标准指南和管理规范的发布与修订情况，提醒相关岗位工作人员对体系文件进行相应的更新、修订，保证生物安全管理体系文件的实时性和有效性。

（6）负责整理、总结、分析归档文件，发现实验室安全管理体系的纰漏，并及时报告实验室主任，提议相关岗位负责人采取改进措施。

8. 项目负责人

（1）负责组织制订并向实验室管理人员提交实验活动计划、风险评估报告、标准操作程序、应急预案、课题组人员培训和健康监督计划，以及安全保障和资源需求。

（2）签署知情同意书、安全责任书等相关文件，对在实验室开展实验活动的课题组实验操作人员自身情况及实验活动具体实施情况知情。

（3）对实验操作人员及科研工作执行全程的生物安全负责。

（4）负责对项目组实验操作人员进行管理和教育，保证其严格遵守生物安全实验室的管理要求和操作规范，负责对违规人员进行教育和处罚。

9. 课题组安全负责人

（1）负责沟通、协调和衔接实验室与课题组对课题组准入项目实验活动的安全管理。

（2）协助项目负责人编写和提交项目准入与人员准入申请材料。

（3）协助项目负责人对课题组实验操作人员宣贯准入项目的风险评估报告、标准操作规程和应急预案。

（4）协助项目负责人组织课题组实验操作人员参加生物安全培训、实验动物从业人员上岗培训和健康监测。

（5）课题组实验操作人员出现违规操作行为时，课题组安全负责人负责告知项目负责人，对其进行批评教育。

10. 实验操作人员　指经过生物安全等必要的培训，获得有效的培训证书后，经生物安全委员会审核合格，批准进入实验室进行实验操作的人员。实验操作人员须遵循以下规则。

（1）严格遵守实验室各项管理规章和标准操作规程。

（2）接受知情同意书内容要求，并遵守生物安全责任书承诺，保证所开展的实验活动按照规范要求进行。

（3）进入实验室前主动报告不良健康状况。

（4）在批准的范围内开展实验活动，对实验活动相关记录的准确性、真实性及保密性负责。

三、实验室生物安全管理体系的建立

首先由机构法人组建生物安全委员会，行使实验室安全运行和管理的咨询、指导、评估、审核和监督职能。同时，指定实验室负责人全面负责实验室的安全运行和安全管理并承担相应法律责任。对于高等级的病原微生物实验室，机构法人需要书面授权实验室负责人行使上述职责。然后由实验室负责人根据实验室的规模、实验室活动的复杂程度及实验室的风险和防护水平组建管理团队，授权、指定所有岗位工作人员的岗位职责、权利和相互关系；并组织制定实验室的管理体系文件，明确实验室的管理要求、管理程序和操作规范，以确保实验室安全运行并持续改进。

第二节　实验室生物安全管理体系文件的编制

管理体系文件是实验室管理体系存在的证据，是指导实验室运维管理和安全操作的基础，也是评价和持续改进实验室生物安全管理体系的依据。

一、实验室生物安全管理体系文件的组成

实验室生物安全管理体系文件通常分为四个层级：管理手册、程序文件、作业指导书和记录表单。

第一层，管理手册：是实验室生物安全管理的纲领性文件和政策性文件，对实验室生物安全管理的方针、目标、组织结构、岗位职责、管理要素、相互关系、管理要求和技术要求等做出明确规定。

第二层，程序文件：是管理手册各要素的细化和展开，是描述完成实验室各项活动的途径性文件，明确规定做什么、为何做、谁来做、何时做、何地做（5W），具有规范性、科学性、强制性和相对稳定性，以科学、有序、高效地落实实验室的安全管理政策和管理要求。

第三层，作业指导书：是程序文件的支持性文件，进一步规定和阐述实验室每项工作的详细规程，指导实验室工作人员完成具体的任务，即如何做（1H），保证完成工作任务的规范性、安全性、一致性和可重复性。作业指导书通常包括风险评估报告、材料安全数据单、标准操作规程、应急预案和生物安全手册。

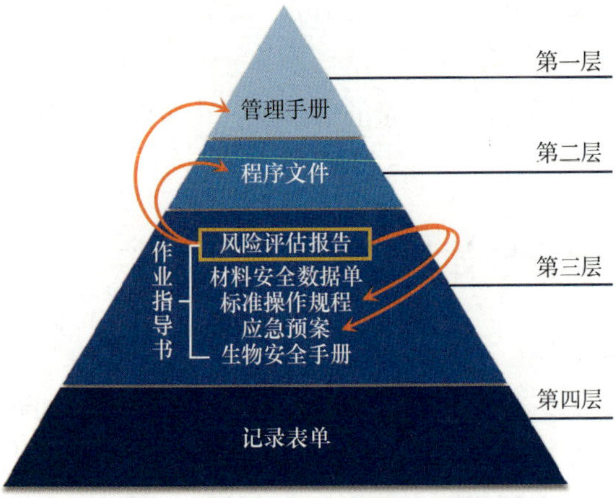

图 4-3 实验室生物安全管理体系文件

第四层，记录表单：是反映实验室安全管理体系运行与完善的客观证据性文件和资料性文件，是技术工作可追溯的依据，也是使实验室安全管理体系的运行和各项实验活动始终处于受控状态的重要保证。

需要说明的是，风险评估报告作为指导性技术文件，通常被归入第三层文件。但是，风险评估报告是建立实验室生物安全管理体系，制定实验室管理要求、管理程序、管理措施，以及安全操作规范和应急处置规范的根本依据。因此，风险评估报告是建立实验室生物安全管理体系文件的前置及核心技术文件（图 4-3）。

二、实验室生物安全管理体系文件编制的总体要求

实验室生物安全管理体系文件的编制既要符合国家的法律法规及标准指南的要求，又要做到要素齐全、职责明确、管理规范、运行有效、实施安全、记录完整和持续改进，确保实验室运行的生物安全。因此，在编制管理体系文件的过程中，需要注重法规性、科学性、系统性、增值性和见证性。

（1）法规性：管理体系文件的编制首先需要在生物安全管理手册中体现国家和相关主管部门在相关法律法规、标准和技术指南文件中对实验室生物安全的规范要求，然后在下层管理体系文件中逐级落实到管理流程、操作规范和可追溯性记录中，经最高管理者批准后发布、实施。因此，对实验室的每个成员而言，管理体系文件是必须执行的法

规性文件。

（2）科学性：管理体系文件应避免对法规、标准、指南等规范性文件的生硬拷贝，应根据各个实验室的具体情况具体分析，编制具有针对性和可操作性的管理要求、管理流程、管理措施和操作规范。

（3）系统性：管理体系文件应反映一个实验室管理体系的系统特征，应是全面的，并协调各种文件之间的关系。管理体系决定文件，而不是文件决定管理体系，管理体系发生变化，文件也应作相应变化。

（4）增值性：管理体系文件的建立应达到持续改进的目的，在一线发现的问题，除了及时纠正表象的失误外，还应深入分析发生错误的原因，从管理措施、管理流程或管理要求上进行系统改进，从根本上杜绝潜在风险和安全隐患，避免上下脱节。

（5）见证性：管理体系文件应可作为实验室管理体系有效运行的客观证据，记录实验室的各项活动并使这些活动具有可追溯性。

三、实验室生物安全管理体系文件的编写

本部分内容主要描述各层级管理体系文件的编写内容、编写要求和编写目录的参考模板。由于不同等级病原微生物实验室的管理体系文件在文件种类和编写内容的复杂程度方面有较大区别，如对于（A）BSL-1 实验室通常只需要编写标准操作规程，而（A）BSL-2 实验室通常只需要编写生物安全手册、风险评估报告及材料安全数据单、标准操作规程和应急预案，并且编写内容相对简单。因此，本部分内容仅以高等级生物安全实验室为例，给出各层级管理体系文件的编写内容、编写要求和编写目录的参考模板，（A）BSL-1 和（A）BSL-2 实验室可以删减、参考使用。

（一）生物安全管理手册

1. 主要内容

（1）对组织内部的生物安全职能、过程及相关事项进行分类，明确部门、岗位职责，并将国家法规、标准中的每个要素规定的内容分配到相应的部门和岗位职责中。

（2）生物安全实验室设立单位应成立生物安全委员会，制定生物安全管理方针和目标；必要时成立实验动物管理委员会和实验动物伦理审查委员会；由单位最高管理者指定生物安全负责人和安全技术负责人等。

（3）对单位实验室生物安全的资源（人、财、物）保障等方面做出承诺。

（4）对开展生物危害风险评估的要求、范围、方法、时机等提出要求。

（5）根据国家法规、标准规定的管理内容和范围，在组织和管理、安全监督检查、实验活动、实验材料和人员的管理、安全计划、危险材料管理、消防管理、事故报告等方面对相关部门、岗位提出相应要求和规定。

（6）为了确保生物安全管理体系的有效运行，应在内部评审、管理评审、预防措施、文件控制、信息保密等方面做出规定。

（7）实验室相关情况的附图、附表，如组织机构图、实验室平面图、程序文件目录、

标准操作规程目录、人员及岗位权限一览表、重要设备一览表、参考文献等。

2. 注意事项

（1）体系文件编制应与国家的法律、法规、部门规章、标准等保持一致。

（2）要注意处理好部门之间职能的衔接和相互协调。

（3）体系文件编制应做到语言规范，通俗易懂，文字简练。

3. 管理手册目录的参考模板 见表 4-1。

表 4-1 管理手册目录的参考模板

文件编号	文件名	页码
	发布令	
	编制及修订说明	
	修订信息	
	目录	
	术语和定义	
	实验室概况	
	实验室建立	
	实验室设计原则及基本要求的实现	
	危害程度分级	
	生物安全管理方针、目标	
	生物安全管理体系及文件	
	组织和管理	
	部门及人员岗位职责	
	岗位任职条件	
	职责代理	
	管理责任	
	个人责任	
	实验室人员管理	
	风险评估与风险控制	
	预防措施	
	安全计划	
	安全检查	
	内部审核	
	管理评审	
	不符合项的识别与控制	
	纠正措施	
	持续改进	
	人员培训	
	实验材料管理	
	菌（毒）种与感染性样本的管理	

续表

文件编号	文件名	页码
	实验动物的安全管理	
	实验动物疾病预防与控制管理	
	实验动物福利管理	
	实验室活动管理	
	实验室内务管理	
	消毒与灭菌	
	实验室废弃物处理	
	应急事故处置	
	事故报告	
	实验室设施设备管理	
	标识牌使用管理	
	消防安全	
	文件控制	
	安全记录管理	
	《生物安全管理手册》的管理	
	附件一 实验室平面图	
	附件二 生物安全管理委员会组成	
	附件三 程序文件目录	
	附件四 标准操作规程目录	
	附件五 重要设备一览表	
	附件六 实验室工作人员及岗位权限一览表	
	附件七 参考文献及法律法规目录	

（二）程序文件

1. 编写要求

（1）要具体、细化、可行，明确执行主体、程序和要求，能回答“5W1H”，即做什么，为何做，谁来做，何时做，何地做，如何做。

（2）规范格式及框架包括目的、适用范围、职责、工作程序、相关支持性文件、相关记录表格。

2. 注意事项

（1）在编制程序文件时，要注意各层级文件之间的关联性。

（2）程序文件的内容应强调结合实验室实际，写你所做，做你所写。

3. 程序文件目录的参考模板 见表 4-2。

表 4-2 程序文件目录的参考模板

文件编号和分类	文件名	页码
1 程序文件概述	发布令	
	编制及修订说明	
	修订信息	
	目录	
2 实验室管理与审查审批	生物安全委员会生物安全管理活动程序	
	岗位职责调整程序	
	风险评估程序	
	实验室安全计划的制订、审核及安全检查程序	
	生物安全内部审核程序	
	生物安全管理评审程序	
	预防措施程序	
	不符合项的识别与控制程序	
	纠正措施控制程序	
	实验室实验项目准入审核程序	
	员工健康监护程序	
	实验室抱怨与申述处理程序	
	意外灾害事故紧急处置程序	
	紧急就医程序	
	意外事件意外事故处理报告程序	
3 后勤保障	实验室设施设备管理程序	
	实验室工作环境条件控制程序	
	实验室水电气保障程序	
	实验室设施设备检定和校验程序	
	实验室 HEPA 过滤器原位检漏及其与管道消毒程序	
	污水处理设备、高压蒸汽灭菌器监测管理程序	
	个体防护装备管理程序	
	实验室消耗性材料的采购、验收和保管程序	
	计算机使用管理程序	
	实验室危险标识管理程序	
	消毒灭菌效果监测程序	
	实验室消防程序	
	人脸识别门禁管理程序	
	安全保卫程序	
4 人员培训与实验活动	人员培训与考核程序	
	实验室人员资格分类及准入程序	
	实验方法管理程序	

续表

文件编号和分类	文件名	页码
4 人员培训与实验活动	实验室菌（毒）种和样本管理程序	
	实验动物管理程序	
	实验室危险性材料的管理程序	
	实验室感染控制与防感染物质扩散程序	
	实验室内务管理程序	
	仪器设备的安全检查、去污染、维护与更新程序	
	实验室消毒与灭菌管理程序	
	实验室废弃物管理程序	
	意外操作事故紧急处置程序	
	高危材料漏出应急处理程序	
	实验室记录管理程序	
5 文件管理	文件控制程序	
	安全记录控制程序	
	实验室档案管理程序	
	获得、维持和分发实验室材料之安全数据单的程序	
	实验室保密和保护所有权程序	

（三）风险评估报告

1. 编写的内容要求

（1）风险评估报告名称。

（2）编写信息：风险评估小组成员、评估日期及签名。

（3）评估目的：准入申请；国家发布相关法律、法规、标准、指南，或有新的修订；实验室开展新的实验活动，或经过评估的实验活动相关风险要素，包括设施设备、管理要求、管理流程、人员、实验活动类型、实验方法、操作量有变更；实验室定期评估、督查或评审发现不符合项的纠正整改；本实验室或相关实验室发生生物安全事件或事故。

（4）评估范围：涉及病原、实验活动、活动区域、设施设备、组织机构、人员配置、个体防护、管理要求等。

（5）评估依据：相关法律法规、部委规章、部令公告、标准规范、国际组织或行业权威机构发布的指南、预案、资料、数据，以及实验室管理体系文件。

（6）评估程序和方法：会议或函评。

（7）评估内容和评估过程记录表。

（8）评估结果记录表。

（9）评估结论。

（10）审核人签名及日期。

（11）批准人签名及日期。

2. 注意事项

（1）由承担风险管理责任和风险控制措施实施责任的有经验、有资历的各方代表和专业人员承担风险评估与风险评估报告的编写工作，以便充分沟通、评估和判定风险。

（2）风险评估是一个持续、动态、不断完善和改进的过程，应定期对风险评估报告的适用性和风险控制措施的有效性进行监督、检查与评估，及时改进、完善和修订，以确保风险评估报告的持续适用和风险控制措施的有效实施。

（3）风险评估报告需经实验室技术负责人、安全负责人、实验室主任审核后提交生物安全委员会审核、审批，以受控文件的形式发布、实施。

3. 风险评估报告目录的参考模板　见表4-3。

表4-3　风险评估报告目录的参考模板

序号	文件名	页码
	目录	
	修订信息	
	适用范围	
	评估依据	
	术语和定义	
1	前言	
2	生物因子的风险评估	
2.1	病原学和流行病学特征	
2.2	职业暴露及其后果	
3	实验活动的风险评估	
3.1	危害等级和生物安全防护水平	
3.2	生物危害评估结论	
3.3	生物安全防护措施	
3.4	意外事故及应急处理	
3.5	职业暴露及应急处理	
3.6	实验室生物安全及专业技术培训	
4	人员安全状况评估	
4.1	工作人员的风险评估	
4.2	外来人员的风险评估	
4.3	人员资质和培训	
4.4	健康监测和健康状况评估	

续表

序号	文件名	页码
5	菌（毒）种或样本保藏 / 保存的风险评估	
5.1	保藏 / 保存活动可能面临的潜在风险	
5.2	菌（毒）种或样本的安全管理要求	
5.3	安全防范措施	
6	实验动物管理的风险评估	
6.1	实验动物管理潜在的风险	
6.2	实验动物的管理要求	
6.3	实验动物管理风险的控制措施	
7	实验室理化因素风险评估	
7.1	实验室活动中存在潜在健康危害的理化因素	
7.2	安全防护措施	
8	设施设备及电气操作风险评估	
8.1	实验室使用的电气、给水排水设施设备	
8.2	设施设备操作的潜在健康危害	
8.3	安全防护措施	
9	火灾风险评估	
9.1	实验室火灾的常见因素	
9.2	安全防护措施	
10	自然灾害风险评估	
10.1	自然灾害可能导致的实验室紧急状况	
10.2	安全防护措施	
11	恐怖事件风险评估	
11.1	实验室可能发生的恐怖事件及潜在危害	
11.2	安全防护措施	
12	评估结论	
13	参考文献	

（四）作业指导书

1. 标准操作规程　标准操作规程作为程序文件的下层文件，指导实验室工作人员在完成工作流程中的具体工作和任务时进行安全操作，应足够详细，除考虑工作质量外，必须明确安全操作要求，保证规范性、一致性和可重复性。具体编写内容和格式见本书第二篇和第三篇。

实验室的标准操作规程通常包括以下内容。

（1）实验室安全标准操作规程：涵盖风险评估、新增仪器设备风险评估、人员培训、实验室人员准入、实验室人员及后勤保障人员的健康监护、实验室活动准备工作、个体防护装备配备、N95 口罩适配性检测、菌（毒）种库的监控及应急处理、危险标识制作与张贴、实验室人员进入及退出、实验室物品进出、动物实验、锐器使用、实验室内务、实验室仪器设备的去污染及事故处理、发生溢洒事件处理、实验结束后清场工作、实验结束后的消毒与灭菌、废弃物处理、实验活动记录、污水处理设备灭菌效果验证、意外事故处理、实验室紧急事件处理、实验室终末消毒准备工作及灭菌效果验证、排风 HEPA 过滤器消毒、危险化学品安全、电气安全和消防安全的标准操作规程。

（2）后勤服务安全标准操作规程：涵盖后勤服务人员的培训、实验室后勤保障人员的准入及安全、进入实验室的后勤服务人员的个体防护、实验室消毒液配制、生物安全柜的维护和 HEPA 过滤器更换、二氧化碳培养箱及通气管的维护、动物饲料和饮水供给、动物笼具处理、压缩气体存放和运输、实验废弃物高压灭菌处理与暂存、实验室 HEPA 过滤器更换、实验室紫外灯更换、仪器设备的维修保养、电气设备的维修保养、灭火器的更换、实验室逃生门的开启、实验室电路的检修、实验室空调和监视器的检修和更换、实验室电气及自动控制、实验室污水排放管道消毒和双扉高压灭菌器 B-D（Bowie-t Dick）测试的标准操作规程。

（3）实验仪器设备标准操作规程：包含实验室装备的所有实验仪器设备的标准操作规程。

（4）病原微生物相关实验技术标准操作规程：通常包括病原微生物分离培养、滴度测定、细胞及动物感染实验等标准操作规程。

2. 材料安全数据单（MSDS） 包括病原微生物和危化品的材料安全数据单。提供详细的材料危险性和使用注意事项等信息，是权威性参考文件及安全操作规程的重要信息输入。编写的内容要求如下。

（1）病原微生物材料安全数据单

1）病原：名称、特征。

2）危害：致病性、流行性、宿主范围、感染剂量、传播方式、潜伏期和传染性。

3）传播：自然宿主、人畜共患和传播媒介。

4）病毒活力：药物敏感性、对消毒剂的敏感性、物理特性和环境中的稳定性。

5）防治：监测、急救治疗、免疫和预防。

6）实验室危害：实验室获得性感染史、感染源和主要危害源。

7）推荐的防护措施：实验室防护水平要求和个体防护装备。

8）处理：溅出、针刺、废弃物、实验耗材及感染性材料的贮存。

（2）危化品材料安全数据单

1）危化品及企业标识：企业名称、地址及紧急联系电话、材料安全数据单编码、有效期。

2）成分 / 组成信息：危化品名称、化学分子式、化学文摘索引登记号、含量。

3）危害辨识资料：潜在健康危害，包括皮肤接触、眼部接触、吸入、食入。

4）急救措施：皮肤接触、眼睛接触、吸入、食入。

5）消防措施：闪点、燃烧性、引燃温度、爆炸特性、灭火剂、危险特性、灭火方法。

6）泄漏应急处理措施。

7）使用、贮存与注意事项。

8）接触控制 / 个体防护：工程控制、呼吸系统防护、脸 / 眼睛防护、身体防护、手防护、其他防护设施。

9）理化特性：外观、气味、溶解性。

10）稳定性和反应活性：稳定性、禁配物、分解产物。

11）毒理学资料：急性毒性、LC_{50}（半效致死浓度）、亚急性和慢性、毒性、刺激性、致敏性、致突变性、致畸性、致癌性。

12）生态学资料：生态毒理毒性、生物降解性、非生物降解性、生物富集或生物积累性、其他有害作用。

13）废弃处置：废弃物性质、废弃处置方法、废弃注意事项。

14）运输信息：通用运输品名、联合国编号、危险品等级、包装标志、包装类别、包装方法、运输注意事项。

15）法规信息。

16）其他信息：参考文献、填表时间、填表部门、数据审核单位、修改说明、材料安全数据单修改日期等。

3. 生物安全手册　是以实验室管理体系文件为依据、可以快速查阅主要工作流程，以及应急处置流程和紧急联系信息的文件。因此，安全手册应简明、易读、易懂，尽可能使用直观的流程图和图示，在最短的时间内提供正确的指导。

生物安全手册目录的参考模板如表 4-4 所示。

表 4-4　生物安全手册目录的参考模板

序号	文件名	页码
	目录	
	修订信息	
1	前言	
2	实验室活动内容	
3	实验室开放时间	
4	综述	
4.1	授权	
4.1.1	实验室的授权使用	
4.1.2	工作人员的授权	
4.1.3	实验材料和设备的授权	
4.2	个人行为规范	
4.3	感染性材料及被污染设备的处理	
4.4	个体防护装备及穿戴	
4.4.1	个体防护装备的穿戴规程	
4.4.2	正常情况下卸下个体防护服的操作	
4.4.3	发生溢洒事故时卸下个体防护服的操作	
4.5	实验室内消毒剂的使用	
5	生物因子危险	

续表

序号	文件名	页码
6	应急及紧急撤离程序	
6.1	感染性材料暴露事故	
6.2	意外停电	
6.3	通风系统发生故障	
6.4	生物安全柜发生故障	
6.5	发生地震	
6.6	发生水灾	
6.7	发生火灾	
6.8	生物安全柜出现正压的情况	
6.9	房间出现正压的情况	
6.10	房间和安全柜均出现正压的情况	
6.11	防护服污染	
6.12	皮肤黏膜被污染	
6.13	皮肤损伤	
7	感染性材料泄漏	
7.1	生物安全柜外传染性材料的少量溢洒	
7.2	生物安全柜外传染性材料的大量溢洒	
7.3	生物安全柜内传染性材料的少量溢洒	
7.4	生物安全柜内传染性材料的大量溢洒	
7.5	离心机内传染性材料的泄漏	
7.6	培养箱内传染性材料的溢洒	
8	实验室的检查、清洁和维护	
8.1	实验室常规检查和清洁	
8.2	实验室的维护、检修和校验	
9	消毒和灭菌	
9.1	清除局部环境的污染	
9.2	清除手部污染	
9.3	单间实验室消毒	
9.4	实验室物品表面、地面的消毒	
9.5	实验室整体终末消毒	
9.6	灭菌	
10	实验废弃物的处理及净化	
10.1	锐器的处理	
10.2	动物解剖生物废弃物的处理	
10.3	非解剖固体生物废弃物的处理	
10.4	非解剖液体生物废弃物的处理	

续表

序号	文件名	页码
11	化学品安全	
11.1	实验室可能使用的危险化学品	
11.2	危险化学品的暴露途径	
11.3	危险化学品的安全使用	
12	菌（毒）种或样本保藏 / 保存和领用 / 分发	
12.1	职责	
12.2	要求	
12.2.1	危害评估	
12.2.2	接收	
12.2.3	质量检查和复核鉴定	
12.2.4	编目与备份制备	
12.2.5	领用和分发	
12.2.6	数据管理	
13	安全系统	
13.1	对讲系统	
13.2	消防设备	
13.3	实验室压力监测	
13.4	门禁控制	
13.5	电气安全	
13.6	机械安全	
13.7	低温、高热操作安全	
14	实验室常规标识	
	附件 1　实验室人员一览表	
	附件 2　实验室逃生图	
	附件 3　实验室平面图	

4. 应急预案　是经过充分的风险评估和桌演，所制定的意外事件和意外事故的安全处置流程与处置方法，并通过应急演练验证其可行性和有效性，最终编制出安全、有效的应急处置预案。

应急预案目录的参考模板如表 4-5 所示。

表 4-5　应急预案目录的参考模板

序号	文件名	页码
	目录	
	修订信息	
	编制目的和适用范围	
	《应急预案》的管理	

续表

序号	文件名	页码
	相关标准和法规	
	术语和定义	
1	总则	
2	应急组织、管理与职责	
2.1	生物安全委员会	
2.2	应急管理小组	
2.3	安保职能部门	
2.4	机构法人	
2.5	项目负责人	
2.6	实验室主任	
2.7	安全负责人	
2.8	技术负责人	
2.9	设施设备管理员	
2.10	文件管理员	
2.11	实验操作人员	
3	生物安全事件的分类	
3.1	重大实验室生物安全事件（Ⅰ级）	
3.2	较大实验室生物安全事件（Ⅱ级）	
3.3	一般实验室生物安全事件（Ⅲ级）	
3.4	生物恐怖事件	
3.5	火灾和自然灾害事件	
4	信息报告	
4.1	责任报告人	
4.2	报告时限和程序	
4.3	报告内容	
5	应急处置	
5.1	现场调查和处置	
5.2	医学救护和观察	
5.3	事件结束	
5.4	信息发布	
5.5	报告与处置框架	
6	应急物资和装备保障	
7	实验室应急相关文件体系建设	
8	人员培训和应急演练	
	附件 1 生物安全委员会成员	
	附件 2 应急管理体系与应急管理小组成员	
	附件 3 应急物资储备清单	

（五）记录表单

记录表单是证据和资料性文件，应确保其真实性、完整性和可追溯性。因此，应明确规定需要记录的实验室活动、内容和要求。以（A）BSL-3实验室使用记录表为例（表4-6），内容涵盖实验人员、实验操作、实验动物和感染性材料的追溯性记录，仪器使用和消毒记录，清场消毒和废弃物处理记录，以及意外状况和安全监督记录等关键信息。不同实验室可根据自身的实际情况和管理要求，在满足记录内容完整性和可追溯性的基础上增减记录内容或拆分记录表格。

表4-6 （A）BSL-3实验室使用记录表模板

项目准入编号：

一、实验人员记录

操作人员	1. 2. 3. 4.		日 期	
工作单位			项目组	
核心区：（A）BSL3：□1 □2 □3 □4 实验类型：□细胞实验 □动物实验			压 力	
进入时间		离开时间		

从事工作：□ 实验 □ 消毒 □ 检修 □ 培训 □ 其他________

体温：1. 2. 3. 4.
1. 情绪低落；2. 疲劳；3. 皮肤破损、感染；4. 熬夜；5. 感冒；6. 宿醉/饮酒；7. 怀孕；8. 生理期；
9. 免疫功能低下；10. 血压异常；11. 心脏病；12. 其他__________ □有 □无

带入关键耗材核查：研磨管 □ 吸头（带滤芯）□ 吸头（不带滤芯）□ 其他________

使用的病原体：______________________ 实验操作内容：____________________

二、实验动物数量/饲养/操作/处理记录

实验动物数量				实验动物饲养/操作/处理记录	
品系		数量	♀：__只 ♂：__只	□给水 □喂料 □换垫料 □观察 □称重 □攻毒 □给药 □采血	
级别		来源		□测量 □解剖 □处死 其他______________________	
周龄		遗传性状		实验动物合格证	□有 □无

三、实验操作记录（实验后填写）

动物数量增减	共增加	________只	共减少	____________只
	转入	________只	死亡	____________只
	新生鼠	________只	解剖	____________只
	补充	________只	淘汰	____________只
	备注	补充来源：__________	备注	淘汰去向：____________

动物尸体的处理方式：
□ 暂存，暂存位置：______________________________，_____袋，_____只
□ 高温高压灭菌：______________________________，_____袋，_____只

续表

四、感染性样本带进、带出及处理记录			
带入感染性样本		（感染性 / 灭活）样本处理或带出	
样本类型		样本名称	
编号		编号	
来源	□毒种库 □新转入	灭活处理方法	
数量（ml）	共___ml（_ml ×_支）	灭活后带出	共___ml（_ml ×___支）
生物学状态		未灭活带出 及去向：	共___ml（_ml ×___支）
存放地点		高压灭菌销毁	共___ml（_ml ×___支）
保管人		带出 / 处理人	
五、仪器使用和消毒记录			
□生物安全柜 □离心机 □培养箱 □负压隔离笼具 □面屏 / 护目镜 □正压头罩 □显微镜 □匀浆破碎仪 □其他__________			
六、清场消毒和废弃物处理记录			
□固体废物 □液体废物 □利器 □小鼠笼盒 □动物尸体 □核心区地面 □实验台 □面屏 / 护目镜 □正压头罩 □浴室地面			
七、设备故障或意外操作事故			
仪器设备故障或实验操作意外事件 / 事故说明： 违规及违规操作说明： 实验操作人员签名：			
技术负责人安全监督记录： □超时 □急躁、紧张 □辅操未实时监督、提醒 □其他________ □已对发现的问题及时进行提醒、沟通、分析和纠正。 技术负责人签名：________			

注：1. 实验操作人员每次使用（A）BSL-3 实验室时填写。
2. 实验操作人员不得删减、更改记录内容。填写错误需要修改时，须杠改，不可涂改。
3. 发生任何问题或异常第一时间报告值班技术负责人，不可自行处置。

第三节　实验室生物安全管理体系的运行和持续改进

实验室生物安全管理体系的运行就是通过制订和实施实验室安全计划，维持实验室管理体系的安全运行、支撑实验室设施的正常运转、保障实验活动的顺利实施。同时，自行发现问题、自主纠正并持续改进是实验室生物安全管理体系必备的属性，PDCA 循环是管理体系持续改进程序和过程的经典模型。PDCA 循环将管理程序分为以下 4 个阶段。

计划（Plan）：制定管理方针、目标和安全计划。

执行（Do）：按计划执行，以实现既定目标。

检查（Check）：在执行过程中，依照管理目标和安全计划对执行效果进行监督检查和验证，及时发现问题、积累经验。

行动（Act）：把成功的经验转化为标准、程序或制度进行复制和推广，针对发现的问题进行纠正和改进。

PDCA 循环强调组织的规范管理，注重质量、效率和安全。在 4 个环节中“P”和“C”是确保管理体系可控的关键，“A”强调持续优化和改进。通过一个 PDCA 循环制定的纠正和改进措施，需要在下一个 PDCA 循环中去验证其有效性，并在此基础上制定新的目标和计划，获得新的成功经验，发现新的问题，制定新的纠正和改进措施。如此周而复始，使整个体系的管理水平呈阶梯式上升（图 4-4）。

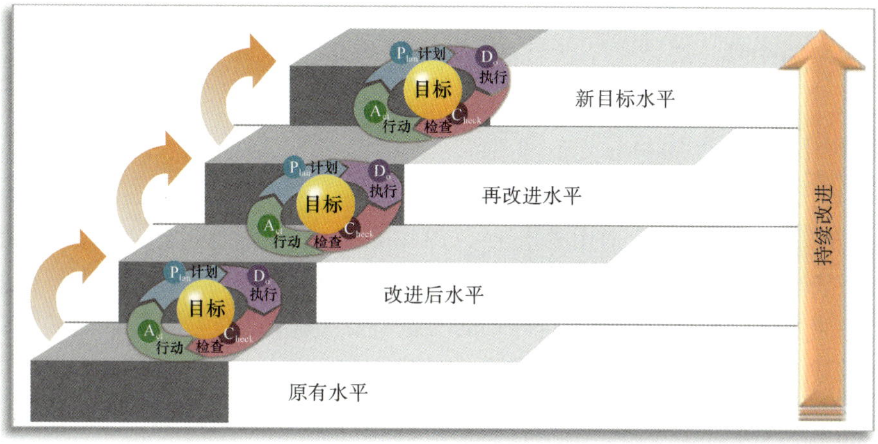

图 4-4　实验室生物安全管理体系的持续改进

引自：曹扬 . 闭环管理的四个步骤，掌握 PDCA 循环，让工作能力不断提高 . https：//zhuanlan.zhihu.com/p/337614255.

一、实验室生物安全管理体系的运行

实验室通过制订安全计划并组织各岗位工作人员执行和实施安全计划，维持实验室的正常运转和安全运行。同时，通过安全检查、内部评审和管理评审，定期监督、检查安全计划的执行情况，评估实验室管理体系运行的有效性及是否持续符合要求，及时发现实验室管理体系存在的潜在风险和安全隐患，并及时纠正、持续改进（图 4-5）。

需要说明的是，外部管理活动，包括国家相关部委的定期评审、飞行检查，还有属地主管部门的安全督查，是对实验室运行管理情况进行审核、评估、纠正和促进改进的契机，往往能够发现实验室自身难以发现的问题，但不可替代实验室内部的检查、评估、纠错和持续改进机制，两者缺一不可。

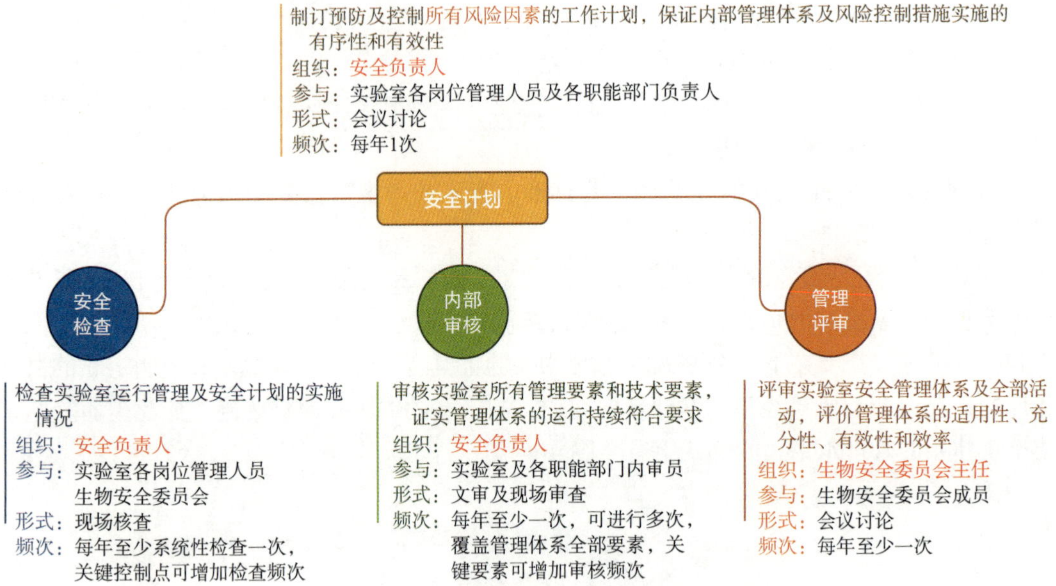

制订预防及控制所有风险因素的工作计划，保证内部管理体系及风险控制措施实施的有序性和有效性
组织：安全负责人
参与：实验室各岗位管理人员及各职能部门负责人
形式：会议讨论
频次：每年1次
安全计划
安全检查
内部审核
管理评审
检查实验室运行管理及安全计划的实施情况
组织：安全负责人
参与：实验室各岗位管理人员
生物安全委员会
形式：现场核查
频次：每年至少系统性检查一次，关键控制点可增加检查频次
审核实验室所有管理要素和技术要素，证实管理体系的运行持续符合要求
组织：安全负责人
参与：实验室及各职能部门内审员
形式：文审及现场审查
频次：每年至少一次，可进行多次，覆盖管理体系全部要素，关键要素可增加审核频次
评审实验室安全管理体系及全部活动，评价管理体系的适用性、充分性、有效性和效率
组织：生物安全委员会主任
参与：生物安全委员会成员
形式：会议讨论
频次：每年至少一次

图 4-5 实验室内部管理体系的运行

（一）安全计划

按照《实验室 生物安全通用要求》（GB 19489—2008）的规定，实验室年度安全计划由实验室安全负责人负责制订，经实验室管理层审核、批准后实施。但由于年度安全计划涉及实验室各项管理要素，而安全计划的实施需要实验室各岗位管理人员共同协作，需要机构相关职能部门的协助和支持。因此，在实际执行过程中，通常是由安全负责人组织共同制订安全计划。在安全计划的制订阶段就明确各岗位管理人员和相关职能部门的工作职责与执行计划，以提高年度安全计划实施的可行性和有效性。

按照《实验室 生物安全通用要求》（GB 19489—2008）的规定，实验室年度安全计划至少需要包括：实验室年度工作安排的说明和介绍；安全和健康管理目标；风险评估计划；程序文件与标准操作规程的制定与定期评审计划；人员继续教育、培训及能力评估计划；实验室活动计划；设施设备校准、验证和维护计划；危险物品使用计划；消毒灭菌计划；废物处置计划；设备淘汰、购置、更新计划；应急演练计划（包括泄漏处理、人员意外伤害、设施设备失效、消防、应急预案等）；监督及安全检查计划（包括核查表）；人员健康监督及免疫计划；审核与评审计划；持续改进计划；外部供应与服务计划；行业最新进展跟踪计划；与生物安全委员会相关的活动计划。

年度安全计划可以不同方式描述和展示，也可以增加一个提示性的一览表，便于按照年度安全计划按时组织、开展重要的实验室活动，表 4-7 和表 4-8 是参考模板。

（二）安全检查

《实验室 生物安全通用要求》（GB 19489—2008）规定，应根据由实验室管理层负责制定的适用于不同工作领域的核查表实施安全检查，生物安全委员会成员应参与安全检查。当发现不符合规定的工作、发生事件或事故时，应立即查找原因并评估后果，必要时停止工作。同时强调，外部的评审活动不能代替实验室的自我安全检查。

表 4-7　年度安全计划及实施责任人记录表

序号	安全计划名称	安全计划的具体内容（可分细目）	计划实施时间节点	组织实施责任人	协助实施责任人
1	实验室年度工作总体安排				
2	安全和健康管理目标				
3	风险评估计划				
4	管理体系文件定期评审与修订计划				
5	人员培训计划				
6	人员继续教育、能力评估计划				
7	实验活动计划				
8	设施设备校准、验证和维护计划				
9	麻醉剂、消毒剂、灭活剂等危险品使用计划				
10	感染性材料使用管理计划				
11	实验动物使用管理计划				
12	消毒灭菌计划				
13	废物处置计划				
14	设备淘汰、购置、更新计划				
15	应急演练计划				
16	安全监督及安全检查计划				
17	人员健康监督及免疫计划				
18	内部评审与外部评审计划				
19	持续改进计划				
20	外部供应与服务计划				
21	文件管理及行业最新进展跟踪计划				
22	与生物安全委员会相关的活动计划				
23	实验室生物安全文化建设计划				
24	对外宣传、交流及横向合作计划				
25	生物安保与信息安全管理计划				

表 4-8 年度安全计划实施安排一览表

	1日	2日	3日	4日	5日	6日	7日	8日	9日	10日	11日	12日	13日	14日	15日	16日	17日	18日	19日	20日	21日	22日	23日	24日	25日	26日	27日	28日	29日	30日	31日
1月																															
2月																															
3月																															
4月																															
5月																															
6月																															
7月																															
8月																															
9月																															
10月																															
11月																															
12月																															

按照《实验室 生物安全通用要求》（GB 19489—2008）的规定，每年至少应根据管理体系的要求系统性地检查一次，对关键控制点可根据风险评估报告适当增加检查频率，以确保设施设备的功能和状态正常，包括警报系统的功能和状态正常，应急装备的功能和状态正常，消防装备的功能和状态正常。同时应确保危险物品的使用及存放安全，废物处理及处置安全，人员能力及健康状态符合工作要求，安全计划实施正常，实验室活动的运行状态正常，不符合规定的工作及时得到纠正，所需资源满足工作要求。

在实际工作中，实验室通常会根据实际运行情况每年组织 4 ～ 12 次安全检查，以保证实验室的各项工作按计划顺利实施，及时发现可能存在的问题并及时纠正。

（三）内部审核

按照《实验室 生物安全通用要求》（GB 19489—2008）的规定，内部审核由安全负责人负责策划、组织，对实验室所有管理要素和技术要素实施审核，以保证管理体系的运行持续符合要求。具体包括以下几项要求。

（1）应在实验室管理体系文件中明确规定内部审核的程序、范围、频次、方法及所需的文件。如发现不符合项或可以改进的方面，应采取适当的措施，并在指定的时间内完成纠正和整改工作。

（2）正常情况下，应按不大于 12 个月的周期对实验室管理体系的全部要素进行内部审核，必要时可增加审核频次。

（3）实验室应对内部审核员进行培训和书面授权。

（4）在进行内部审核时，应安排不同岗位的工作人员交叉互审，员工不应审核自己的工作。

（5）内部审核的结果应作为管理评审的输入信息提交实验室管理层评审。

（四）管理评审

管理评审是实验室管理层对实验室安全管理体系及全部活动进行评审，包括设施设备的状态、人员状态、实验室相关的活动、变更、事件、事故等。对实验室管理体系及实验室管理方针、管理目标的适宜性、充分性、有效性和执行效率进行系统评价，提出改进建议。同时对实验室的管理支撑需求进行评估、决策和支持。

管理评审的输入信息应至少包括：前次管理评审输出的落实情况；所采取纠正措施的状态和所需的预防措施；管理或监督人员的报告；近期内部审核的结果；安全检查报告；适用时，外部机构的评价报告；任何变化、变更情况的报告；设施设备的状态报告；管理职责的落实情况；人员状态、培训、能力评估报告；员工健康状况报告；不符合项、事件、事故及其调查报告；实验室工作报告；风险评估报告；持续改进情况报告；对服务供应商的评价报告；国际、国家和地方相关规定与技术标准的更新和维持情况；安全管理方针及目标；管理体系的更新与维持；安全计划的落实情况、年度安全计划及所需资源。

应完整记录管理评审的过程、发现的问题和改进建议，并将评审结果落实到改进工作计划中，告知相关工作人员在规定的时间内实施改进措施。正常情况下，实验室管理层应按不大于 12 个月的周期组织进行管理评审。

二、不符合项的识别与控制

不符合项的识别与风险评估贯穿于实验室运行的始终，实验室应依据国家的相关法律、法规、标准、指南、规范和自身的管理体系文件，通过日常的安全监督，定期的安全检查、内部评审和管理评审，以及国家和属地相关管理部门对实验室的安全督查和监督评审，随时发现潜在的风险和不符合的情况，及时分析并制定整改方案、纠正措施和预防控制措施，限期指定相关岗位工作人员实施整改措施，随后对整改结果及不符合项的预防控制措施进行宣贯培训，确保不符合项得到彻底纠正，使实验室的管理体系持续符合要求。

三、实验室管理体系的持续改进

实验室需要充分发挥内部管理体系监督、检查、评估、纠错和持续改进的能力，通过日常的监督管理，以及定期的安全检查、内部评审和管理评审，积极主动地评估实验室管理体系运行的有效性，以及管理体系文件是否持续符合要求。对发现的不符合项和需要改进的问题，组织实验室工作人员充分讨论，分析不符合项发生的原因，制定针对性的纠正措施和预防控制措施，避免不符合的情况再次发生。同时，安排相关岗位工作人员在指定时间内落实纠正措施和预防控制措施，提交整改结果证明材料和整改结果，形成整改报告并对整改过程和整改结果进行宣贯培训，举一反三，持续改进实验室的安全管理体系。

实验室在接受外部评审或安全督查时，由专家组提出的不符合项和观察项同样需要按照上述程序进行分析讨论，然后组织整改和宣贯培训。以保证实验室管理体系及管理体系文件的适用性、充分性、有效性和效率持续符合要求。

表4-9和表4-10为管理体系文件评估、修订、不符合项整改过程记录表的参考模板。

表4-9　管理体系文件评估及修订记录表

评估时间		评估地点	
参与人员			
序号	文件编号	拟修订内容	指定修订人
1			
2			
3			
4			
5			
6			
7			
8			
9			
10			
安全负责人签名： 年　月　日		实验室主任签名： 年　月　日	

表 4-10　不符合项整改过程记录表

评审会议类型	□安全检查　□内部评审　□管理评审　□ CNAS 监督评审　□卫健委实验活动评审		
不符合项整改工作会议时间		会议地点	
参加人			
不符合项描述			
原因分析			
整改措施和安排			
整改结果			
证明附件			
整改负责人签名	签名：　年　月　日		
（A）BSL-3 实验室主任意见	签名：　年　月　日		

第四节　文件管理

实验室管理体系文件在日常工作中起到规范人员行为、实验信息记录、数据备份等作用，从而保证实验室安全有效运行。实验室根据国家法律、法规、标准、指南等编制体系文件，实验室应定期评估更新，保证其有效性；在符合法律、法规的情况下，可根据实验室自身情况编制记录表单。管理体系文件的编制参见本章第二节，本节主要介绍文件的审批、发布、发放、保管、使用、修订、作废等方面的管理要求。

一、文件分类管理

文件控制有效性状态标识分为 4 种：受控、非受控、参考和作废。

受控文件可用适当的媒介保存，不限定为纸质文件，但必须保证其安全性。与生物安全有关的行政性文件必要时应扫描后存成电子文档。纸质受控文件统一加盖受控章。受控但不限于以下文件范围：①生物安全管理体系文件；②实验室运行中产生的记录表单；③现行有效的国家、相关部委及主管部门发布的法律、法规、标准、指南等；④外部文件。

非受控文件和参考性文件可进行查阅与借阅。实验室运行中产生的记录表单和相关数据，归档后在实验室内部进行查阅与借阅时，需提前填写申请表单进行申请。

涉密性文件由保密办公室控制和管理，非涉密且与（A）BSL-3 实验室相关的文件由（A）BSL-3 实验室文件管理员负责收集、整理、编号和归档保存，以保证文件的完整性、安全性和受控性。

二、生物安全管理体系文件的管理

生物安全管理体系文件分为四层：《生物安全管理手册》为第一层文件，是生物安全管理方面的纲领性文件；《生物安全程序文件》是第二层文件，是对第一层文件的具体描述；《标准操作规程》和《安全手册》是第三层文件，是《生物安全程序文件》的支持性文件；《生物安全记录表单》是第四层文件，是对实验室运行的具体记录。

（一）编制、审批发布

安全管理体系文件应具备唯一识别性，文件中应包括以下信息：标题；文件编号、版本号、修订号；页数；生效日期；编制人、审核人、批准人；参考文献或编制依据。文件管理员负责文件版本的编号、登记和发放。

安全管理体系文件经技术负责人、安全负责人、实验室主任或生物安全管理委员会逐级进行审核。

生物安全管理委员会负责审核、审批和监督管理体系一级至三级体系文件的编制、修订或再版，审核后批准发布。

实验室主任负责审核、审批和监督管实施管理体系四级体系文件的编制、修订或再版，审核后批准发布。

（二）修订和再版

为确保文件的持续使用和符合应用要求，实验室应定期对体系文件进行审核。各岗位工作人员根据日常工作需求，提出管理体系文件编制或修订意见；当生物安全管理体系文件中的内容与上级主管部门新发布的法律、法规和有关技术规范不相符合或生物安全体系在实际运行中有严重缺陷时，实验室主任负责组织人员按系统协调、科学合理、保障安全、可操作实施的原则对文件进行修订或再版，按程序审核、批准、发放、实施。

修改内容较多或有重大修改时，需对安全管理体系文件进行再版，旧版安全管理体系文件由文件管理员负责收回，同时发放新版文件并登记，新的安全管理体系文件版本号在原来的基础上递增。

（三）发放与收回

安全管理体系文件为受控文件，由文件管理员负责管理体系文件的发放。发放时应进行登记，文件均加盖“受控”印章予以标识，有唯一性编号和持有者签名。发放对象为生物安全管理委员会主任、实验室主任。

体系文件再版时，旧版文件由文件管理员负责收回并登记。旧版文件未收回时需进行说明和备注，在新版文件发放后若发现有未收回的旧版文件应及时收回。

（四）持有者的责任

持有者必须妥善保存，不得丢失或转让他人，不得借给或赠送外单位人员，调离本实验室时，必须交回并登记。不得擅自修改文件内容，如有修改建议可向实验室安全负责人反映，提出书面修改意见。持有者接到修改页更换通知后，有责任及时传达，并将旧页换下，以保证文件统一、完整、正确、现行、有效。

（五）文件宣贯

安全负责人组织制订管理体系文件的宣贯学习计划，包括宣贯内容、时间、宣贯人等。按计划组织宣贯、实施，并做好记录，使与生物安全活动有关的人员都能正确理解和自觉执行。

相关职能部门人员认真学习，熟悉中心的生物安全方针、目标，管理体系及与本职工作有关的各项规定并能认真执行。新调入的人员在进行生物安全上岗培训时应安排学习。

三、实验室运行记录的管理

（一）记录填写要求

实验室运行和管理相关的所有记录均为受控文件，是反映实验室安全管理体系运行与完善的客观证据。

各岗位负责人根据岗位职责填写相关记录，所有记录均应按照规定的格式认真填写。各项记录应包含足够的信息，保证结果完整、准确、真实和可再现，易于阅读，便于检索。

当原始记录中出现错误时，应在错误的数据上画双横线，并将正确值填写在其右上方，所有的改动应有改动人签名或盖章。

（二）记录收集

记录填写完毕后，各岗位工作人员应及时交文件管理员存档，并认真履行交接手续。文件管理员应及时登记存档记录，以方便检索查阅。

（三）记录查阅、借阅和复制

实验室工作人员和项目组因工作、科研或申报需要需查阅、借阅和复制记录时，须经实验室主任批准。查阅人员未经许可不得复制、摘抄或将记录带离指定场所，不得在记录上涂改、画线等。

实验室原始记录均不外借查阅，申请人如有带离需求记录，应将相关记录复印后带离，复印件按照规定时间交还文件管理员，并办理注销手续。

如所需记录为证明材料且复印件无法交还文件管理员时，文件管理员应先将复印件添加相关水印，然后提供给申请人。

四、档 案 管 理

各岗位负责人将各岗位记录表单等文件或资料交给文件管理员，由文件管理员专门负责归档、保存与管理。文件管理员根据实验室工作档案的内容进行统计整理，科学地分类、立卷、编目和编号，定期归档，案卷标题应简洁、明确，并注明保存期限。应保证档案的安全性和完整性。文件管理员定期对收集档案进行统计分析，并形成分析报告。文件管理员工作变动时，必须及时办理移交手续。

记录应存放在指定场所，采取保密措施。存放记录的场所应干燥、整洁，具有防盗、防火设施，室内严禁吸烟或存放易燃易爆物品，外来人员未经许可不得入内。

实验室生物安全管理及运行的各项记录保存期限为20年，特殊档案需标记说明。保存的记录如超过保存期，由文件管理员提出销毁申请，经生物安全管理委员批准后方可销毁。

第五节　人员管理

实验室人员是实验活动的主体，人员管理的目标是准保障实验室生物安全的运行，确保实验人员健康。通过人员分类、资质审核、定岗定责、健康监测、评估、考核等对实验室内部和外部人员进行管理。

一、人员分类

内部人员包括实验室管理人员、技术支撑人员和实验操作人员等。

外部人员包括准入的外单位实验操作人员、实验室辅助人员（保洁、医疗垃圾清运人员），设施设备消毒、检测、维保和检修人员，短期进修、科研协作和临时参观人员等。

二、实验室工作人员招聘审查

实验室设立单位需对招聘的安全管理和技术支撑人员进行背景审查。通过查看简历、审查表的形式进行初审，了解其从事病原微生物实验室工作的经历、教育背景、有无犯罪记录等。通过应聘答辩和交谈的方式进行复审，了解其职业素养、心理和身体健康状态等。涉及动物实验操作人员还需要了解和记录有无特殊信仰，经综合审查评估合格后方可聘用。

三、实验操作人员的准入审核和外部人员的审查

（一）拟申请实验室准入人员的审查

由实验活动的实验操作人员或合作研究人员提出准入申请，申请材料分为项目和人员两部分。人员部分申请资料包括人员准入申请表、年度体检报告、相关病原检测结果报告、生物安全培训证、实验动物从业人员上岗证、申请准入人员面试结果记录表、实验操作人员知情同意书、实验操作人员生物安全责任书等。申请准入人员应身体健康、专业知识扎

实、操作技能熟练、依从性强、抗压能力强和易沟通交流等。准入申请材料由实验室主任、生物安全管理委员会逐级审核，审核通过后方可准入。

（二）拟进入实验室的外部人员的审查

维保、维修、检测人员，以及参观、交流、学习人员须提前联系实验室预约，并填写来访申请。由安保办对来访人员的相关信息进行背景审查，审查通过后，经实验室主任同意，方可在实验室工作人员的陪同下进入实验室并填写来访登记表。

四、健康监测

实验室主任应指定专人负责健康监测工作，该工作人员应具备实验室所操作的病原微生物相关的传染病防治知识，根据实验室所操作的病原微生物建立健康档案，制订健康监测计划。

（一）对实验室工作人员和实验操作人员的健康监测

实验室工作人员和实验人员应建立健康档案，应包括但不限于：岗位风险说明及知情同意书（必要时）；本底血清样本或特定病原的免疫功能相关记录；预防免疫记录（适用时）；健康体检报告；职业感染和职业禁忌证等资料；与实验室安全相关的意外事件、事故报告等。健康监测计划除健康档案包含的主要内容外，还包含更新紧急救治协议、更新医疗救治箱等。

（1）开展实验前，收集所有相关人员的健康体检报告、本底血清样本或特定病原的免疫功能相关记录、预防免疫记录。

（2）实验期间实验室工作人员和实验操作人员在身体状况良好的情况下才能进入（A）BSL-2及以上级别的生物安全实验室开展实验活动操作。如出现发热、上呼吸道感染、免疫力低下、妊娠、疲惫或情绪不佳等情况，不应进入实验室核心区。人员在进入实验室核心区前测量体温、血氧等；如出现与实验室从事的病原微生物相关的临床症状或体征，应及时报告实验室安全负责人和实验室主任。

（3）实验结束后，收集所有相关人员的本底血清样本。

（二）对实验室辅助人员的健康监测

对实验室辅助人员如保洁、医疗垃圾清运人员，设施设备消毒、检测、维保和检修人员，短期进修、科研协作人员应进行健康监测，并应收集所有相关人员的健康体检报告、本底血清样本或特定病原的免疫功能相关记录、预防免疫记录，签署岗位风险说明及知情同意书（必要时）。

（三）对临时参观人员的健康监测

临时参观人员应签署风险说明及知情同意书。

五、心 理 评 估

为避免实验室事件、事故的发生，应充分识别实验室风险。人员心理因素导致的风险就是其中之一。

招聘、管理人员岗位调动、实验人员准入、暴露事件后需要对人员进行心理评估，同时管理人员需要定期评估。评估以填写评估表和交谈的方式进行，由于生物安全实验室的特殊性，评估表应由专业人员根据各岗位的工作内容、职责等进行专门设计，评估表应涉及抗压能力、焦虑、抑郁等内容。评估可由本单位工会、人事部门或外部具有心理咨询资质的公司组织实施或联合组织实施。

当评估结果异常时，应及时进行心理疏导、治疗、调离岗位或暂停工作。

六、定 岗 定 责

定岗定责是为明确实验室管理组织结构、各部门职责，从而确保各项生物安全管理工作能安全有序进行。应依据《中华人民共和国生物安全法》、《病原微生物实验室生物安全管理条例》及《实验室 生物安全通用要求》（GB 19489—2008），并结合实验室所在单位和实际工作情况，对各职能部门及个人岗位进行确定，并明确岗位职责。

生物安全管理体系中的职能部门包括但不限于生物安全委员会、安全主管部门、后勤保障部门、财务部门、人事部门。管理体系关键岗位的个人岗位包括实验室主任、实验室副主任、安全负责人、设施设备负责人、技术负责人、文件管理员、项目负责人。

实验室主任、副主任由所在单位和生物安全委员会指派；安全负责人、设施设备负责人、技术负责人、文件管理员由实验室主任指派，所在岗位人员应具备该岗位相对应的专业背景、技术、能力等。

职能部门的管理职责和关键岗位的个人职责具体参见本章“实验室生物安全管理体系的组织结构”相关内容。

七、安 全 检 查

安全负责人负责组织安全检查，检查频率根据实验室具体情况确定。安全负责人根据各岗位工作人员的职责分工及实验室年度安全计划，对实验室运行、管理及与实验活动相关的一切记录开展检查，在检查中应重点关注影响生物安全运行管理的关键控制点。各岗位管理人员按要求配合安全检查，对检查中发现的不符合项及时进行整改，并将检查情况记录、存档。安全负责人应及时将检查结果反馈给实验室主任。

八、人员考核评估

新招人员试用期满后需进行转正考核。转正考核可以以提交转正申请表和答辩的形式进行，参与评估人员不限于本实验室，实验室主任可邀请部门以外或外单位专家协同评估，评估人员应为单数，人数应超过实验室人数的60%。评估人员根据转正人员在试用期间的工作表现、工作完成情况和岗位专业技能等进行评估，并且填写评估表，所有评估结果为优良者批准转正。

实验室所在单位和主任负责对实验室工作人员进行年度考核，根据各岗位职责、各岗位安全检查结果、工作完成情况等，评估人员的工作能力和表现。考核结果分为优秀、合格、基本合格和不合格。考核结果为基本合格及不合格的职工由实验室所在单位的人事部门按照相关规定进行约谈等处理。

第六节　培训管理

实验人员的生物安全意识淡薄及实验室生物安全相关知识的匮乏是实验室发生生物安全事故的主要原因，因此加强生物安全教育是防止发生安全事故最重要的手段，工作人员应充分认识和了解工作环境与实验中存在的危险，以及如何避免这些危险。系统的培训不仅可以为学生和员工普及生物安全意识，更重要的是可以培养学生和员工养成良好的生物安全习惯，对保障实验室的安全运行很重要。

一、培训体系的建立

实验室应科学制定教学目标和教学内容，以避免教学内容的随意性。培训教师应及时调整教学内容及对学员的能力要求，逐步制定与完善不同层面的教学大纲和内容，建立理论与实践相结合的职业能力和职业素养养成体系，并建立考核及培训效果评价制度。

通常培训体系包括生物安全理论培训、操作模拟培训、专项培训和纠正宣贯培训四部分。

二、培训计划和目标

实验室应按照自身需求，制订适合自己单位的年度培训计划，明确本年度的培训内容、培训时间、培训对象、培训教师、培训地点、培训教材等。可提前组织进行培训需求评估，确认本单位当前和未来一段时间的培训需求。例如，①安全管理体系培训、职业道德培养需求。②上岗培训需求：生物安全负责人根据实验室工作人员岗位的不同，安排人员接受相应培训。③生物安全负责人对工作人员工作情况做出评价，判断培训需求。④理论知识更新需求。⑤外部培训等其他需求。以培训需求评估的结果为基础，确定教学目标，选择和设计教学计划、实施计划、培训周期、培训课程。生物安全培训计划应详尽记录在生物安全手册中，以明确培训任务和培训目标。培训目标应可衡量，并且可以明确描述培训中需要学习和掌握的技能。

三、培训对象和培训内容

（一）培训对象

如何定位培训对象非常关键，培训对象决定了具体的培训需求和培训风格。生物安全理论培训可帮助从业人员形成系统、全面的生物安全知识体系，培训对象可以为实验室生物安全管理人员、技术支撑人员、实验操作人员及设施运行维保人员。

新员工在接触与工作有关的危险物品前，需要进行全面的安全培训。对新员工应进行较为全面的培训及其他相关内容培训，如单位部门历史的回顾、安全程序、相关政策、员工的权利和责任、危险材料的知识等。对于新员工来说，在职业生涯的初期，实际操作培训及老员工的指导与监督是十分必要的。此外，除了常规正式的培训，实际工作经验也很重要。由于新员工在实际工作中会接触到感染性物质或化学毒素，老员工需监督新员工直到其完成所有的训练需求。

安全培训是一个持续的过程，不应局限于新员工。现有的工作人员也需要持续接受培训学习，以便能够应对新的程序、新的工作环境及新的感染性物质或化学毒素。为了确保工作人员对实验过程中所面临的风险始终能够保持清醒的认识，需不断进行重复性培训。培训的频率可以由需求评估审查或者生物安全程序中新的调整变化来决定，其中对于应急处置程序的培训演练须每年进行一次。

另外，培训不仅针对那些接触感染性物质和毒素的实验室人员，还需要考虑设施维护人员、清洁人员、参观人员、单位上级领导和其他需要临时通过防护区的人员，所有接近防护区域的人员均需要培训或者由相关授权人员陪同。

（二）培训内容

（1）对于实验室主任及生物安全负责人，培训内容包括生物安全通用要求、生物安全管理手册、生物安全管理手册所附带的各个工作环节对应程序文件；实验室的生物安全水平，实验室研究项目的生物危害评估结果。

（2）对于生物安全负责人，培训内容包括生物安全通用要求、生物安全管理手册、程序文件中的实验室管理要求、良好的内务行为、火和电的安全、紧急撤离和急救措施。此外，对特殊工作岗位的工作人员应进行专门培训。

（3）对于实验室研究和操作人员，培训内容包括生物安全通用要求、生物安全管理手册、生物安全管理手册所附带的各个工作环节对应的程序文件、实验室研究项目的生物危害评估结果、火和电的安全、紧急撤离和急救措施，以及进行有害化学品、污水的无害化处理等程序。此外，培训内容还包括实验技术标准操作规范、良好的内务行为、消毒和灭菌方法、安全工作行为等。

（4）理论培训可邀请我国知名专家授课，内容可涉及生物安全法律法规、实验室安全管理要求、生物安全实验室操作规范、病原微生物菌（毒）种和样本的管理、动物实验的安全管理、生物安全实验室仪器设备运维保障、实验室意外事件的应急处置等生物安全相关理论知识。培训人员在培训后进行理论考核，并对培训讲师、培训内容、考核方式、培训组织等方面提出意见和建议。

（5）根据申请准入实验课题组的需求，培训人员可以对实验操作人员开展模拟操作培训（建议为期 2 周或以上）并进行实操考核。授课内容可包括实验准备（防护装备穿戴、设备器材消毒），细胞实验操作［病毒培养、$TCID_{50}$（50% 组织培养感染剂量）测定等］，动物实验操作（分笼、称重、滴鼻攻毒、眼眶采血、心脏采血、解剖取材等），意外事件应急处理等。培训可在专门的模拟培训实验室进行，通过观看实验操作视频、授课教师实操示范、学员模拟操作练习、教师一对一指导等方式，让每一位学员进行系统学习和反复练习，并进行严格的实操考试，考核合格后颁发证书。

（6）实验室如有新增的病原实验活动，或管理体系文件有更新和修订，或课题组申请准入新的实验方法，应对实验室生物安全管理人员、技术支撑人员及实验操作人员进行专项培训。

（7）如在实验活动安全监督过程中发现安全隐患或发生意外事件，可由培训人员负责指导实验操作人员分析意外事件发生的原因，提出改进措施，并对所有实验人员进行纠正宣贯培训。

四、培训方案和考核方式

为了维持实验室安全管理和实验活动安全实施的能力，实验室可根据具体情况制订培训计划，对管理人员、工作人员和实验人员展开持续培训。各实验室可根据自身情况，保证培训的可持续性，每年举办 1 ～ 2 期。由负责培训工作的技术负责人负责制订培训和考核计划；由安全负责人、实验室主任生物安全委员会负责审核培训和考核计划；由负责培训工作的技术负责人组织实验室工作人员配合其他部门实施具体的培训工作并建立培训档案交文件管理员存档。

培训后人员参加相应的考核，包括理论考核和实操考核。理论考核以答卷方式进行，可以包含选择题、填空题、判断题、简述题等。实操考核可以两位学员一组，一人主操、一人辅助操作，进行模拟细胞实验和动物实验操作，并保证每名学员都进行过一次主操和一次辅助操作。考核由三位或以上培训教师评分，每位学员有主操和辅助操作两个得分，可以根据不同内容进行分数的设置，如实验前准备、细胞实验、动物实验、应急处理、清场消毒、穿脱个体防护装备、心理素质、工作状态及工作效率等。各部分评分内容可细化，有些内容可设置星标项，如物体表面消毒、溢洒处理、心理素质等，若星标项 0 分，考核结果为不合格。

考核通过后颁发生物安全培训证书，可限制证书有效时间，以督促学员定期接受生物安全培训及操作考核。

五、培训效果评估和持续改进

系统完善的生物安全教育需要有良好的教育效果保障机制，以免安全教育过程流于形式。评价培训成功与否，需要采用一定的评价方法，以确保受训人员熟悉和掌握其所接受的理论知识与标准操作规程。对于学员可采取理论知识笔试答题和实验操作的实地考核，有效地评价受训学员的技能进步和知识增长，测试是否达到培训目标，考核通过后颁发培训证书。

对授课教师评价的标准不应仅限于教学工作量，教学内容、教学革新、对学生的兴趣培养、考核的方式等也可作为培训效果的评估。评价方法也不应单一化，如不一定到年终才进行评价总结，可进行阶段性评价，这样教师可以及时调整教学内容和形式。也可以在每次培训后以问卷调查的方式进行教学评估，问卷可不记名，问卷内容包括对培训讲师、培训内容、考核方式、组织安排等进行满意度评价，也可提出不足及建议，以便实验室进一步改进，提高培训服务质量。

六、培训记录和归档

培训记录材料包括培训计划、出勤表、实验操作表、考试试卷、证书登记表或其他类型的记录。应清楚记录培训课程的日期、培训讲师、受训人员的姓名、培训课程的名称。所有的培训记录要及时整理归档，且以最新的版本保存。所有的安全培训、考核资料和记录，以及每个岗位人员的相关的授权、能力、资格证均需要存档保存，保存期 20 年。在岗人员的档案等材料保存至离开本单位后，随其他档案一起转离。

第七节　菌（毒）种和感染性物质的管理

菌（毒）种和感染性物质的管理是病原微生物实验室实验活动管理的重中之重，是保证疾病预防控制和科研教学工作正常开展的必要条件，对保障实验室生物安全及周围环境安全具有重要意义。病原微生物实验室对菌（毒）种和感染性物质的管理包括转运、接收、入库、保存、领用、销毁等环节，以保证菌（毒）种和感染性物质不损坏、不丢失、不混淆，不受到污染及污染环境和感染相关人员。

一、定义和分类

（一）菌（毒）种的定义

根据《人间传染的病原微生物菌（毒）种保藏机构设置技术规范》（WS 315—2010）的规定，菌（毒）种是指可培养的，人间传染的真菌、放线菌、细菌、立克次体、螺旋体、支原体、衣原体、病毒等具有保存价值的，经过菌（毒）种保藏机构鉴定、分类并给予固定编号的微生物。

（二）感染性物质的定义

感染性物质是指含有已知或有理由认为会使动物或人生病甚至死亡的活性微生物的物

质，包括细菌、病毒、立克次体、寄生虫、真菌、重组体、交杂体，但不包括以基因改变的微生物和生物体(《国际海运危险货物规则》将其归为第九类)。WHO《感染性物质运输》中“感染性物质”指的是那些已知或有理由认为含有病原体的物质。病原体的定义：能使人或动物感染疾病的微生物（包括细菌、病毒、立克次体、寄生虫、真菌）及其他因子，如朊病毒。《加拿大生物安全标准与指南》中的“感染性物质”包括病原体及可能包含它们的任何生物物质（如血液、组织）。

（三）我国病原微生物的分类

《人间传染的病原微生物目录》中一共规定了四类病原微生物，分别为第一类、第二类、第三类和第四类病原微生物菌（毒）种或样本。第一类是能够引起人类或者动物非常严重疾病的微生物，以及我国尚未发现或者已经宣布消灭的微生物。第二类是能够引起人类或者动物严重疾病，比较容易直接或者间接在人与人、动物与人、动物与动物间传播的微生物。第三类是能够引起人类或者动物疾病，但一般情况下对人、动物或者环境不构成严重危害，传播风险有限，实验室感染后很少引起严重疾病，并且具备有效治疗和预防措施的微生物。第四类是在通常情况下不会引起人类或者动物疾病的微生物。

（四）感染性物质的分类

根据联合国《关于危险货物运输的建议书 规章范本》、国际民用航空组织(International Civil Aviation Organization，ICAO)《危险品航空安全运输技术细则》、WHO《感染性物质运输规章指导》和《中国民用航空危险品运输管理规定》，将感染性物质分为A、B两类。A类感染物质是指在运输过程中发生暴露时，可造成人或动物的永久性残疾、生命威胁或致命性疾病的感染性物质。联合国编号为UN2814，其运输专用名称为“危害人的感染性物质”。B类感染物质指不符合A类标准的其他感染性物质，其联合国编号为UN3373，其运输专用名称为“生物物质B类”。

二、菌（毒）种和感染性物质管理的职责要求

菌（毒）种和感染性物质的管理人员应该具备相应的病原微生物专业知识、生物安全知识，具有生物安全培训经历及工作经验，同时定期接受菌（毒）种和感染性物质相关理论及操作培训，定期接受菌（毒）种和感染性物质各项内容的应急演练培训。

菌（毒）种和感染性物质的管理人员工作内容包括：监督指导实验室内病原微生物菌（毒）种转运、接收、入库、保存、领用、销毁的安全操作；定期核查并更新实验室内菌（毒）种和感染性物质的贮存情况；定期开展菌（毒）种和感染性物质各环节演练。

三、菌（毒）种和感染性物质管理要求

（一）菌（毒）种和感染性物质的运输

在《人间传染的病原微生物目录》中规定的第一类、第二类病原微生物菌（毒）种或

样本，第三类病原微生物运输包装为 A 类的病原微生物菌（毒）种或样本，以及疑似高致病性病原微生物菌（毒）种或样本，应按运输管理规定报请省级以上卫生行政部门批准。未经批准，不得运输。

获得批准的病原微生物菌（毒）种及感染性材料跨实验室或跨区域运输时，须按照《可感染人类的高致病性病原微生物菌（毒）种或样本运输管理规定》（卫生部令第 45 号）提供菌（毒）种转运证、运输申请单、高致病性病原微生物菌（毒）种或者样本的包装材料合格证明，待运输时提供病原微生物菌（毒）种及感染性材料样本清单，明确记录感染性材料的性质、数量、交接时包装的状态、交接人、收发时间和地点等，确保危险材料出入的可追溯性。高致病性病原微生物菌（毒）种或者样本的包装材料还应当符合防水、防破损、防外泄、耐高（低）温、耐高压的要求，印有国务院卫生主管部门或者兽医主管部门规定的生物危险标识、警告用语和提示用语，应索取供应商有效的资质证明与质量检测报告。

运输应由专人（2 名及以上人员）专车护送，运输人员应接受过感染性物质包装运输的生物安全培训，具备符合要求的风险应对措施。不允许利用公共交通工具运输病原微生物菌（毒）种或样本。

（二）菌（毒）种和感染性材料的入库

病原微生物菌（毒）种及感染性材料的接收、查验、分装及入库须在实验室保存 / 保藏区或实验室核心区的生物安全柜中双人配合完成。如发现包装有损坏或泄漏，导致严重污染或无保存价值，应将样本和包装进行无害化处理，对可能污染区域进行消毒处理。实验室保藏 / 保存区及实验室内部配备有 –86℃低温冰箱、生物安全柜和高压灭菌锅，用于保藏 / 保存（菌）毒种及样本、处理意外状况和销毁（菌）毒种及样本。

（三）菌（毒）种和感染性材料的保藏

根据《人间传染的病原微生物菌（毒）种保藏机构管理办法》的规定，菌（毒）种或样本保藏在国家级或省级菌（毒）种保藏中心和保藏专业实验室。我国未曾发现的高致病性病原微生物菌（毒）种或样本和已经消灭的病原微生物菌（毒）种或样本，第一类病原微生物菌（毒）种或样本须由国家级保藏中心或专业实验室进行保藏。

实验室保存与管理病原微生物菌（毒）种及感染性材料时，应设专用菌（毒）种库，建立并保存菌（毒）种及感染性材料接收、领用、扩增、保存、销毁等流向记录表单，且由实验室负责人指定管理人员负责感染性材料的管理，高致病性病原微生物须指定 2 人以上进行管理。当负责感染性材料管理的人员不在岗时，由实验室负责人授权实验室其他管理人员代理职责，维持双人双锁的管理状态。

对于高致病性病原微生物没有保藏资质的实验室仅能进行菌（毒）种和感染性材料的暂存，存放时间不超过 6 个月，6 个月后将销毁或由课题组送至专业保藏机构进行保藏。

（四）菌（毒）种和感染性材料的领用

实验操作人员领用病原微生物菌（毒）种或感染性材料时，须先提交病原微生物菌（毒）

种或感染性材料的领用申请，实验室负责人审批后，由实验室感染性材料管理人员监管取用；高致病性病原微生物需要 2 名感染性材料管理人员监管取用。非本单位人员领用病原微生物菌（毒）种或感染性材料，应按相关要求执行。领用菌（毒）种或感染性材料时，须使用生物安全转移箱或其他密封装置通过传递柜转移至实验室核心区使用。

领用的病原微生物菌（毒）种及感染性材料同楼宇内部转移时，须按照各单位菌（毒）种及感染性材料的管理要求进行操作，一般由使用人向实验室负责人提交申请，待审批后，提供转移清单，核对无误后转运。高致病性病原微生物需要在 2 名感染性材料管理人员的监管下进行同楼宇内部转移。

（五）菌（毒）种和感染性材料的销毁

实验活动结束后，应及时统计剩余的菌（毒）种或样本的数量并及时销毁，做好销毁记录，并存档。

销毁无保存价值的第一类、第二类病原微生物菌（毒）种及感染性样本按照报批程序批准，做好销毁记录，并存档。

第八节　实验动物管理

制定相应的管理程序和计划以保证与维持动物生物安全实验室实验动物饲养所有硬件设施的性能正常，及时发现与饲养相关的问题，采取措施，维持体系运行的效果，并持续改进。与动物使用者和兽医沟通饲养管理方案与计划，应将对动物满足其天性需求的限制程度控制在最低，并通过动物管理与使用审核。建立每日巡查制度，包括观察设施运行情况、动物行为和健康状况、环境参数和卫生、饮食和垫料等，并记录。在巡查过程中发现任何异常情况，应及时报告并采取有效措施。应按来源、品种品系、等级、相互干扰特征和实验目的等将实验动物分开饲养。应基于饲育和实验要求选择适宜的分开饲养方式，包括小环境隔离及大环境隔离。应建立抽查制度，在需要时对环境卫生、动物饮食卫生和个人卫生抽查，并记录。特定病理生理状态下应满足动物的特殊饲养要求，包括福利要求，并通过动物管理与使用小组审核。

一、动物饲养管理

（一）动物行为管理

（1）除非实验要求，应以群居的方式饲养动物。除非实验要求，应提供群居性动物同种间肢体接触的机会，以及提供通过视觉、听觉、嗅觉等非肢体性接触和沟通的条件。

（2）除非实验要求，应依照动物种类及饲养目的给实验动物提供适宜的可以促进表现其天性的物品或装置，如休息用的木架和层架、玩具、供粮装置、筑巢材料、隧道、秋千等。若因特殊需求而必须将群居性动物单独饲养，在环境中提供可以降低其孤独感的替代物品。

（3）应使动物可以自由表现其种属特有的活动。

（4）除非治疗或实验需要，应避免对动物做强迫性活动。

（5）鼓励对动物日常饲养和实验操作进行习惯化训练，以减少动物面对饲养环境变化、新的实验操作及陌生人时产生的应激。

（6）由经培训合格的工作人员观察和检查实验动物的福利及行为状况。

（7）制定相应措施保证可以尽快弥补所发现的任何缺失或不满足动物属性行为的条件，如果已经造成动物痛苦或不安等，应立即采取补救措施。

（二）动物身份识别

（1）建立针对不同动物进行个体或群体识别的程序和方法，所用方法应经过机构动物护理和使用委员会（IACUC）的审核。

（2）标记物或标记方式应稳定、可靠，可以保证信息被正确记录、清晰辨别且不易丢失。使用的标记物或标记方式应对动物不产生痛苦、过敏、中毒等任何伤害，不影响其生理状态、行为状态和正常生活，也不影响实验结果。可采用在笼架或笼具外挂卡片、耳标、染色等的方式对动物进行个体识别标记。

（3）用于动物识别的信息应包括动物来源、动物品种及品系、研究者姓名及联系方式、关于日期的资料、关于实验或使用目的资料等。

（4）若有实验特殊需要，应针对每个动物建立个体档案，包括动物种类、动物识别、父母系资料、性别、出生或获得日期、来源、转运日期及最后处理日期等。当进行机构间的动物转运时，应按要求提供动物身份等相关的信息。若有实验特殊需要，应建立实验动物的临床档案，包括临床及诊断资料、接种记录、外科手术程序及手术后的照料记录、解剖及病理资料、实验相关的资料等。

（三）动物营养与卫生

（1）根据动物的种类和不同发育阶段保证其营养需求营养均衡，订购不同阶段所需的饲料。

（2）考虑动物对食物的心理需求。如果不是特殊需要，应以动物习惯的方式进食和饮水。

（3）保证动物的饮食环境和节律符合其饮食习惯。

（4）通过高压灭菌的方式保证动物的饮食卫生。选用进口设备，通过良好设计的饮食装置，避免造成粪便污染食物及撒食、漏水的现象。

（5）动物群饲时，应有机制保证每个动物均能自由获得食物，避免产生争斗。

（6）不应突然改变饲料的种类，避免导致消化或代谢问题，如实验有需求，须循序渐进改变。

（7）饮食的品质应符合相应级别动物对膳食的要求。

（8）配备的饮水瓶使动物可按其意愿随时获得适合饮用且卫生的水。

（9）纯水机制得的水再经高压灭菌处理，保证饮水不影响动物生理、肠道正常菌群及实验结果。

（10）使用水瓶提供饮水时，如果需要添加水，应换用新的水瓶。

（11）设置专门的库房以保证饲料和垫料分开贮存。

（12）每批饲料的购置量、批号、出厂日期、有效期、保存条件、害虫防治方法、营养成分、有害物质含量、生产商资质、生产商信用评价、质量检查报告等资料都要记录。

（13）饲料或垫料密封保存，存放区域应远离高温、高湿、污秽、光照、有昆虫及其他害虫的环境。饲料、垫料在运输和贮存时应放在搁板、架子等上面。

（14）包装开启后标注开启时间及过期时间，未使用完的饲料或垫料应放于密闭的容器内保存。

（15）变质或发霉、超过保存期的饲料或垫料应不再使用，应安全销毁，不得委托饲料或垫料供应商处理。

（16）笼舍内垫料的使用量要充足并根据动物的多少和习性定期更换，以保证动物持续干爽。

（17）应有机制可避免饮水在笼舍内泄漏，或可被饲养人员及时发现。

（四）假日期间动物的管理

（1）建立假日期间动物管理程序、应急安排和值班计划。

（2）每日均有专业人员按统一的要求照料动物，并安排应急医学处置。

（3）假日值班人数与假日期间的工作量相适应。

（4）遇到紧急情况时，可以保证相关的专业人员及时到位并实施救援。

（五）安死术

（1）处死动物是对动物福利的最终剥夺，对必须处死的动物应实施安死术。实验计划中或实验其他附件材料中应含有对动物实施安死术的时机、方案和方式，应经过 IACUC 的审核。

（2）只要可行，应采用适宜的国际公认的安死术。在实施安死术时，应使动物在未感到恐惧和紧迫感的状态下迅速失去意识，并且使动物经历最少的表情变化、声音变化和身体挣扎，令旁观者容易接受及对操作人员安全。应考虑药品的经济性和被滥用的风险。如果动物的组织还将用于实验，应选择适宜动物特征和不影响后续实验结果的安死术。

（3）对动物实施安死术时，应保持实施安死术操作的区域安静、整洁和相对隐蔽，不对其他动物产生影响。

（六）人道终止时机

（1）在动物实验计划中应包括人道终止的时机，并通过 IACUC 的审核。

（2）在动物实验计划中应说明实验终点的科学性、必要性和对动物福利的考虑，对一些残酷的实验终点设计应有充分的理由。

（3）应根据动物实验的要求和动物状态，明确人道终止时机的判定准则，符合现行的公认原则，并保证相关的人员可以理解、掌握和运用。

（4）在实验过程中，应持续评估人道终止的时机，只要无更多的实验价值，应及时终止并记录。

（5）对终止实验之动物的处置方式应经过 IACUC 的审核，并符合相关规定的要求。

（6）动物管理与使用小组应负责监督动物实验过程中人道终止的时机和方式是否符合要求，应及时制止和纠正不当行为。需要时，机构应对相关人员的资质进行再评估、考核和确认。

（七）动物尸体处理

安乐处死后的动物尸体，取材完毕后，经 121℃、30min 高压灭菌处理，集中送环保部门进行无害化处理。（A）BSL-3 及以上级别的实验室的感染动物尸体需经室内包装后再经（A）BSL-3 实验室高压灭菌，或经炼制、碱水解等方法灭菌后，才能移出实验室。

二、动物实验管理

（一）动物实验准入

开展新的动物实验前，应提交准入申请材料，审核通过后方可进入实验室开展动物实验。

在实验过程中，如需开展新的实验内容、增加新的实验人员或使用新的仪器设备，需重新进行风险评估，提交风险评估报告、变更的标准操作规程（SOP）及变更申请。如果经过风险评估不能确定风险是否可以有效控制，则需在模拟培训实验室进行模拟操作评估，确认可以有效控制风险后方可提出变更申请。

（二）动物实验安全操作

（1）潜在风险：动物实验中会存在一些高风险的实验操作，例如，实验人员被利器割伤、刺伤的风险；被动物咬伤、抓伤的风险；实验操作中动物逃逸的风险，动物体液或排泄物滴落、沾染、喷溅的风险；动物组织样本灭活不彻底、动物尸体处理不当的风险等。

（2）利器的安全使用：在动物生物安全实验室中，使用剪刀、注射器等利器时，需要使用镊子或持针器进行配合操作，禁止徒手操作。实验中尽可能使用剪刀代替手术刀，如果必须使用，须选择一次性手术刀。使用一次性手术刀和注射器时，尽量避免安装、拆卸手术刀片和回套注射器针帽的操作。必要时使用镊子或持针器进行辅助，禁止徒手操作。一次性手术刀和注射器使用后应立即投入利器盒中。双人操作时，禁止传递利器。

（3）物品消毒：生物安全柜在使用前后都需要使用消毒液或消毒湿巾进行擦拭消毒，使用后除了擦拭消毒外，还需要进行 20min 的紫外线照射消毒。笼盒或其他物品在进入生物安全柜前需要使用消毒液喷洒消毒，喷洒消毒并作用 5min 后方可传出。解剖采样的过程需要准备多套手术器械，不同用途、不同分组的手术器械要区分使用，使用后擦拭血污，浸泡消毒。实验人员在接触动物后，需要对外层手套进行消毒或更换新的外层手套。动物实验操作过程中需要在生物安全柜的操作区铺垫吸水垫，解剖取材时吸水垫上加铺手术垫，并按照实验分组及时更换手术垫。

三、动 物 医 护

（一）接收动物的包装与运输

（1）应以保证运输安全、动物质量、动物福利为前提，尽量缩短运输时间。根据动物的种类制定包装与运输动物的政策和程序，包括动物在机构内外部的任何运输，应符合国家和国际规定的要求。

（2）查看包装上的标签：标签上应注明实验动物的品种、品系、性别、数量、质量等级、体重或日龄、运出时间及接收人等信息。

（3）查看运输盒包装是否完整；查看运输盒标签上标注的实验动物质量等级是否与运输盒及拟进入的动物信息一致，如果不一致，拒绝签收；通过运输盒外的小窗查看动物的品种、品系是否与标签一致，如果不一致，拒绝签收；查看动物状态是否良好。如果查看的基本信息与运输盒上的标签一致，填写运输单位“动物签收单”。

（4）将动物按照动物接收的标准操作规程传入设施，并填写“紫外线传递窗传入记录表”。

（5）外部实验人员经内部培训后方可进入设施，培训完毕后填写“人员培训记录”。

（6）兽医、饲养员及相关实验人员按照标准操作规程进入设施，进行进一步的检查：动物的性别、数量等是否与包装盒标签及拟进入的动物信息上的内容一致，检查后填写“实验动物接收记录”。

（二）运出动物包装与运输

（1）外部实验人员如果想将实验动物运出实验动物中心，需要向实验项目负责人及实验动物中心主任提出申请，经同意后方可进行包装与运输。进行感染性实验的动物原则上不予运出动物中心。

（2）实验人员需要根据动物的种类采购运输盒，即清洁一孔窗或者清洁六孔窗，包装盒经双扉高压锅高压进入屏障区并确认无破损后方可使用。

（3）实验人员或者饲养员在运输盒内放入适量的垫料，根据需要运输动物的种类和运输盒的大小，选择合适的密度，将动物放入运输盒，并装入适量的饲料。如果运输时间超过 6h，需要在运输盒内放入果冻等。

（4）在运输盒外侧标记好动物的品种、品系、性别、数量、日龄、质量等级及动物编号等相关信息，将运输盒用胶带密封。

（5）将密封的运输盒经紫外线传递窗传出屏障区，并填写“紫外线传递窗传出记录表”和“实验动物运出记录”。

（6）实验动物的运输由实验人员负责，兽医提供建议与指导意见。

（7）如果已感染病原微生物的实验动物确实需要运出实验动物中心，需要经过动物中心主任的批准，运输与包装要求符合《人间传染的病原微生物目录》。

（三）动物疾病预防与控制

1. 检疫与隔离

（1）对新引入的实验动物，应进行原地隔离或检疫，以确认其满足实验基本要求。

（2）如果能够依据供应商提供的数据可靠地判断引进的实验动物的健康状况和微生物携带情况，并且可以排除在运输过程中遭受病原体感染的可能性，则可以不对这些动物进行检疫。

（3）应对非实验室培育的动物进行检疫。

（4）对为补充种源或开发新品种而捕捉的野生动物应在当地进行隔离检疫，并应取得动物检疫部门出具的证明。对引入的野生动物应再次检疫，在确认无不可接受的病原或疾病（特别是人畜共患病）后方可移入饲养区。

（5）对新引进的实验动物，在实验前适应性饲养 3 ～ 15 天，以保证其生理、行为、感受等适应了新的环境，减少影响实验结果的因素。

（6）应立即隔离患病动物和疑似患病动物，并在兽医指导下妥善处置。

（7）对患病动物的处置方案应经过 IACUC 的审核。如果确认经过治疗后不影响实验结果，可继续用于实验。

2. 疾病监视与监测

（1）实施动物疾病监视的人员应毕业于动物医学或相关专业，有工作经验，熟悉相关疾病的临床症状和监视方法。

（2）应每日观察动物的状况，但是在动物术后、发病期、濒死前，或对生活能力低下的动物（如残疾等）应增加观察频次。

（3）可以利用视频系统监视动物，但是应保证在需要时兽医可以及时到现场对动物进行处置。

（4）如果饲养或实验活动可能导致的动物疾病需要复杂的诊断技术和手段，实验动物中心在具备相应的能力和资源后方可从事相关活动。

（5）每季度购买哨兵动物，在屏障区饲养 1 个月后送到有资质的机构根据国标的要求进行相关项目的检测。

（6）每年对员工进行体检。

3. 疾病控制

（1）动物疾病控制方案应经过 IACUC 的审核，如果涉及传染性疾病，还应经过生物安全委员会的审核。

（2）如果发生新的、未知的或高致病性病原微生物感染事件，应按国家法规的要求立即报告和采取应急措施，所采取的措施应以风险评估为基础。

（3）应评估对患病动物进行治疗或不再用于实验的利弊，经动物管理与使用小组和实验人员审核后执行。

（4）应及时采取措施以消除引起动物发病或死亡的潜在原因。如果需要，兽医应对死亡动物进行病理学等检查，提供死亡原因分析报告；对染病动物的发病原因进行检查，提供发病原因分析报告。

4. 动物的生物安全

（1）新进动物前，查看新进实验动物的质量合格证（跨省运输的动物还需要相关的检疫证明），以保证进入屏障区的动物均符合相关等级的微生物和寄生虫控制标准，除非实验需要，禁止引入微生物和寄生虫携带背景不明的动物。

（2）不同级别的动物应分开饲养，感染性实验动物和非感染性实验动物分开饲养。

（3）设施门口放置挡鼠板，保证野外动物如鼠类等不能进入动物设施。

（4）应通过设施功能、环境控制、饮食卫生、物品卫生、流程管理等措施，保证在运输、饲养、实验等所有过程中实验动物不被所接触人员、所处环境、所用饮食、所用物品等感染或相互感染。

（5）所有应从动物设施出来的物品、废弃物、动物、样本等应经过双扉高压锅高压压出屏障设施后，再由具备资质的公司统一处理，保证不污染环境和人员。

（6）实验人员和工作人员在患传染性疾病期间及在传染期内不应接触实验动物。

四、动 物 福 利

实验及饲养过程中的动物福利是指要保证动物在健康舒适的状态下生存，使动物生理和心理愉快。保障动物福利的基本原则是让动物享有如下五大自由：享有不受渴的自由、享有生活舒适的自由、享有不受痛苦伤害和疾病的自由、享有生活无恐惧和悲伤感的自由、享有表达天性的自由。

（1）尽可能减少动物实验，对必须进行的动物实验要有明确的规定和限制，将实验动物的痛苦降到最小程度。

（2）如果有可能用代替方法，尽量使用没有知觉的材料代替活体动物，减少动物的使用量。

（3）保证所有实验动物有丰富的饲料和清洁的饮用水供应，为实验动物提供足够的空间和舒适的温湿度环境。

（4）如果实验过程中有引起实验动物疼痛的因素，应在实验前采取必要的措施以防范或减轻疼痛。

（5）如果目前尚无资料可利用，应假设相同的操作程序如果可对人类造成疼痛，则也会对动物造成疼痛。

（6）如果不是实验需要，不应实施复杂、损伤多组织、不易恢复或引起动物疼痛的手术。对有疼痛感的动物实施手术时，应采用麻醉等镇痛措施。

（7）对动物实施手术前，应根据需要由了解动物疼痛特征和麻醉药品特征的专业人员制定完整的术前、术中和术后的麻醉与镇痛方案。

（8）动物饲养管理人员和研究人员应熟悉实验对象的行为、生理和生化特征，了解和有能力辨识各类动物的痛苦反应。

（9）对于一次性的动物实验，实验结束后应迅速采取相应措施对动物实施安死术。

（10）在所有引起慢性疼痛的实验中，应尽可能减轻动物疼痛或消除其恐惧，实验结束后应进行特殊照料。

（11）实验过程中，抓取动物时动作要轻柔，切忌粗暴对待，禁止戏弄动物。

（12）对实验动物进行手术时应避免暴露于非实验人员和其他实验动物面前。

（13）应考虑非手术因素（如环境因素）可能导致的动物痛苦，并针对性地采取缓解措施。如单独饲养小鼠需要向 IACUC 申请并完善饲养环境，如添加木块、纸窝、玩具等。

第九节 实验室标识管理

实验室的标识主要是为了规范实验室的运行管理，通过标识的分类和使用，使得实验活动顺利进行。标识按性质可分为属性标识和状态标识。属性标识规定了事物的固有特征，它在整个过程中不变，具有唯一性及可追溯性的特点。状态标识是指标识其事物满足规定质量要求的能力，一般情况下具有时限性及可变性的特点，即标识对象对应不同的时段，可有不同的状态。实验室可参考《实验室 生物安全通用要求》（GB 19489—2008）、《病原微生物实验室生物安全标识》（WS 589—2018）的标准进行实验室标识管理。

属性标识主要应用的场景为实验室设施设备、试剂耗材、文件档案等。状态标识主要应用在个体防护装备（PPE）、设备运行状态、各种提示标识等。

一、实验室各类标识的使用

标识管理就是根据物品的属性，对物品的标识进行设计、制作、张贴、调整的动态管理过程。按照实验室管理对象的不同，应用属性标识和状态标识对管理对象加以区分。

两种标识方法可以相互交叉、混合使用。但是，对于文件、档案、记录、报告（证书）、检验样本、计量器具、标准物质这些对象，首先要清楚标识物品的唯一性，然后对其存在的状态进行标识，最后根据标识对象的变化作相应的标识状态调整。如对档案采用唯一编号，然后确定其“受控”“非受控”等存在状态。对于试剂耗材、设施设备、人员等对象则需标明其性质、状态等，这些可以根据实验室的具体情况及标识的管理规定进行。

1. 实验室管理体系文件档案 对于这一类对象可进行字母与数字及特殊字符的混合编排，也可直接用数字进行编排。建立唯一性标识后，加盖受控情况的印章对文件进行管理。

2. 试剂耗材 首先要建立试剂耗材台账，对其进行管理登记，同时张贴标识区分不同试剂耗材所在区域。如危化品需要放入双人双锁危化品柜内进行保存，HEPA 过滤器需要在阴凉干燥的环境进行保存。该类标识可以通过文字、有效期等信息进行标识。同时可以根据标识的颜色对试剂耗材的有效期或是否为合格品进行区分，如绿色标签代表保质期较长且产品合格，黄色标签代表临近有效期且产品合格，红色标签代表超出有效期和产品不合格。

3. 设施设备及环境区域 设施设备需要采用唯一编号进行标识，同样可以使用字母与数字及特殊字符的混合编排形式。同时建立台账，进行设施设备的管理。设施及环境区域主要进行位置信息的标识，如中控室、空调机房、实验室等。设备除了唯一编号，还需要进行其使用状态的标识，让操作人员可以明确判断设备的可用性。可以根据设备的状态，用“红”“黄”“绿”三色标识来表示仪器“停用”“故障”“正常”的状态。

4. 人员及其他　主要针对人员在实验室内穿脱 PPE 进行标识，进行逃生指示的标识，根据实验室规定在不同区域进行相应操作，同时通过门禁授权卡片内容及颜色可以区分人员类型。对于有化学危险品、有毒有害物质、电磁辐射、高温、高压、撞击，以及水、气、火、电等危及安全的作业区域，需要设有防护隔离措施，还应使用警示标识明示，确保操作人员知晓相关操作危险。此外，还有一些提醒类的标识，如“不可吸烟”“您已进入摄像区域”等。

二、实验室标识应用注意事项

（1）建立统一的标识系统，包括标识的负责人、标识的设计、标识的使用。

（2）定期检查标识，并及时撤换过期标识，进行动态管理，避免差错和事故。

（3）标识的文字、图形、符号应清晰、直观，内容应简单，便于识别。

（4）标识的设计应体现人性化、美观大方、方便目视、便于理解。

（5）标识系统建立后需进行宣贯，保证使用人员知晓该标识。

（6）实验室用于标示危险区、警示、指示、证明等的图文标识是管理体系文件的一部分，包括用于特殊情况下的临时标识，如“污染”“消毒中”“设备检修”等。标识应明确、醒目和易区分。应使用国际、国家规定的通用标识。应系统而清晰地标示危险区，且应适用于相关的危险。在某些情况下，宜同时使用标识和物理屏障标示危险区。

（7）应清楚地标示具体的危险材料、危险，包括生物危险、有毒有害、腐蚀性、辐射、刺伤、电击、易燃、易爆、高温、低温、强光、振动、噪声、动物咬伤、砸伤等；需要时，应同时提示采取必要的防护措施。

（8）应在需验证或校准的实验室设备的明显位置注明设备的可用状态、验证周期、下次验证或校准的时间等信息。

（9）实验室入口处应有标识，明确说明生物防护级别、操作的致病性生物因子、实验室负责人姓名、紧急联络方式和国际通用的生物危险符号；适用时，应同时注明其他危险。

（10）实验室所有房间的出口和紧急撤离路线应有在无照明的情况下也可清楚识别的标识。

（11）实验室的所有管道和线路应有明确、醒目和易区分的标识。

（12）所有操作开关应有明确的功能指示标识；必要时，还应采取防止误操作或恶意操作的措施。

（13）实验室管理层应负责定期（至少每 12 个月一次）评审实验室标识系统，需要时及时更新，以确保其适用于现有的危险。

第十节 实验活动管理

实验活动是指实验操作人员在实验室从事与病原微生物菌（毒）种、样本有关的研究、教学、检测、诊断等的活动。按照《中华人民共和国生物安全法》、《病原微生物实验室生物安全管理条例》（国务院 424 号，2018 修订版）、《实验室 生物安全通用要求》（GB 19489—2008）和《实验室生物安全认可准则》（CNAS—CL05）等的要求，为规范实验人员安全操作行为，保证实验室始终处于良好的运行状态，避免实验活动所涉及的风险因子对人员造成的危害或对环境造成的污染，需要对实验活动进行管理。

一、实验活动管理要求

（1）我国的生物微生物按照危害程度进行分类管理，从事实验活动需参考《人间传染的病原微生物目录》或者主管部门发布的管理指南等文件，必须在规定相应等级的实验室中进行。

（2）新建、改建或者扩建（A）BSL-1、（A）BSL-2 实验室，应向设区的市级人民政府卫生主管部门或者兽医主管部门备案。

（3）高等级的（A）BSL-3、（A）BSL-4 实验室需要通过实验室国家认可。需要从事某种高致病性病原微生物或者疑似高致病性病原微生物实验活动时，应当依照国务院卫生主管部门或者兽医主管部门的规定报省级以上人民政府卫生主管部门或者兽医主管部门批准。

（4）对我国尚未发现或者已经宣布消灭的病原微生物，任何单位和个人未经批准不得从事相关实验活动。为了预防、控制传染病，需要从事相关实验活动的，应当经国务院卫生主管部门或者兽医主管部门批准，并在批准部门指定的专业实验室进行。

（5）高等级生物安全实验室的实验活动管理，必须遵守国家的生物安全有关规定，接受国家主管部门，如中国合格评定国家认可委员会（CNAS）、卫健委、农业农村部等，对实验室实验活动安全管理的督查和定期评审。实验室对评审专家组提出的不符合项需进行整改，持续改进。

（6）从事高致病性病原微生物相关实验活动时，需有 2 名以上的工作人员共同进行，在具有防护水平的仪器设备中操作病原。如果有 2 种及以上的高致病性病原微生物实验活动，应避免同时在同一房间操作，以防造成病原微生物的交叉污染。在一个实验室核心区内只能同时从事一种病原实验活动，在完成消毒后，可进行下一个病原的实验活动。

二、实验活动管理的内容

实验活动是病原微生物实验室的核心内容，涉及人员、病原、动物、仪器和耗材等的管理，主要包括如下内容。

（1）实验室整体实验活动的计划、申请、批准、实施、监督和评估。

（2）准入项目的风险评估、审核、批准、实施和监督。
（3）标准操作规程的制定、更新和再评估。
（4）实验人员培训、心理评估、准入、监督、健康监测。
（5）菌（毒）种等感染性材料的可追溯性管理。
（6）实验用动物的可追溯性管理。
（7）实验室消毒灭菌和废弃物管理。
（8）实验活动相关记录的管理。
（9）意外事件的处理。
（10）相关仪器和耗材的使用与管理。

三、（A）BSL-2实验室管理的程序

（1）拟在（A）BSL-2实验室开展的科研项目，由项目负责人组织对该项目的实验活动进行风险评估、编写标准操作规程、制定风险控制措施和应急预案，提交申请至实验室管理层和实验活动开展单位的主管部门进行审批。

（2）操作人员必须通过实验室的生物安全培训和评估，充分了解实验活动涉及的全部风险后，方可进入实验室。

（3）开展实验活动前，实验操作人员应提交最新的、有效的个人健康监测档案，并根据实际情况进行免疫接种。

（4）实验室安全负责人和技术负责人应为实验人员配备适合的个体防护装备，监督指导实验操作人员执行良好的实验操作规范。

（5）实验室相关工作人员应对实验活动实施和管理的全过程做详细记录。

（6）实验活动结束后，实验室安全负责人应尽快组织人员对实验活动状况进行总结，包括实验活动的业务工作总结及实验活动中发现的问题，并及时向实验室管理层和主管部门汇报。

四、高等级生物安全实验室的管理程序

（1）实验室技术负责人负责制定实验室活动管理程序，该内容须包括拟开展的实验室活动的计划、申请、沟通、改进、核查、批准、实施、监督和评估等相关的要求。

（2）实验室负责人指定每项实验室活动的项目负责人，项目负责人负责制订并向实验室管理层提交活动计划、风险评估报告、安全及应急措施、项目组人员培训及健康情况、安全保障及资源要求。其中，风险评估应以国家法律、法规、标准、规范，以及权威机构发布的指南、数据等为依据。对已识别的风险进行分析，形成风险评估报告。此外，实验室使用新技术、新方法从事高致病性病原微生物相关实验活动的，应当符合防止高致病性病原微生物扩散、保证生物安全和操作者人身安全的要求，并经国家病原微生物实验室生物安全专家委员会论证，经论证可行的方可使用。

（3）在开展活动前，实验操作人员应了解实验室活动涉及的任何危险，具备良好的工作行为，熟悉并掌握自己从事实验的标准操作规程，可以遵循微生物标准操作要求和（或）特殊操作要求，通过生物安全培训和心理评估。

（4）准入的实验项目、人员等须通过实验室所在单位的生物安全委员会的审核和批准方可开展。

（5）实验室管理人员需为实验操作人员提供如何在风险最小的情况下进行工作的详细指导，包括正确选择和使用个体防护装备。

（6）实验室安全监督人员对实验活动中的操作行为和人员进行监督、评估并记录。发现违规或有安全隐患的操作行为及时纠正，指导实验操作人员安全处置意外事件，确保实验活动的生物安全。实验操作人员可与管理人员进行沟通，必要时可暂停实验活动。

（7）实验室安全负责人负责通过定期安全检查，识别和控制实验活动管理工作流程中各个环节的不符合项目，并提出改进要求。

（8）实验室主任和生物安全管理委员会通过内审和管理评审，识别和控制实验活动管理过程中的不符合项。

第十一节　实验室内务管理

实验室是从事实验操作的重要场所，实验室环境整洁、物品摆放井然有序，可为开展实验活动提供良好的环境。为了确保生物安全实验室实验活动的正常进行，需要对实验室的内务进行有序管理，以确保实验室生物安全与人员安全。

实验室内务管理是指实验室实验前、实验后的日常常规保洁、卫生、消毒、工作台面整理、设备设施的消毒清洁等活动。实验室内务是一项日常常规活动，必须有相应的工作程序和制度加以保证。基础实验室保持整洁卫生的内务相对简单，需要防护的生物安全实验室是进行病原微生物甚至高致病性病原微生物实验活动的场所，除了要保持整洁卫生外，更重要的是对实验前后的生物安全柜、使用的设备和实验空间进行必要的消毒、去污染工作，以防止病原微生物的逃逸对实验环境污染和实验人员进行伤害。同时，也有利于防止发生交叉感染，影响实验结果的准确性。

一、基础实验室内务管理要求

（1）实验室运行过程中，实验室工作人员和实验操作人员必须严格遵守并执行实验室内务管理规定与操作规范。

（2）实验室人员不得在实验区域吃、穿戴或放置影响实验的任何物品。

（3）工作区保持整洁有序，禁止在工作场所存放能导致阻碍和绊倒危险的大量一次性材料。

（4）实验室管理人员负责内务工作的日常监督，并做好实验室内部水、电、气、门窗安全和防火、安保的工作。实验室负责人负责定期对内务工作进行检查，并提出改进要求。

（5）实验人员在实验行为、工作习惯或实验材料改变，并可能对内务和维护人员存在潜在危险时，实验人员应及时报告实验室负责人并书面告知内务和维护人员。

（6）实验室的内务行为规范应保持现行有效，一旦发生改变，应及时将修订的内务管理条款报实验室主任批准，并及时告知所有进入的实验操作人员，以免发生无意识的风险或危险，并报管理部门备案。

二、防护实验室内务管理要求

在防护实验室，工作人员和实验操作人员除了严格遵守执行基础实验室内务管理规定外，还应按以下要求进行内务管理。

（1）实验室实行门禁管理，人员获得准入资格后进入实验室，进门后更换拖鞋，便鞋放在鞋架上，摆放整齐。

（2）实验人员在规定区域按要求穿戴个体防护装备进入实验室核心区域，实验结束后，将个体防护装备按规定脱在规定场所，洗澡后着便装离开实验室。个体防护装备应及时消毒洗涤，确保整洁。

（3）实验物品通过传递窗消毒后带入实验区域。实验人员不得在实验区域存放与工作无关的物品，保持工作区整洁、有序、安静、通畅，严禁喧哗、打闹和其他不良行为。

（4）麻醉剂、消毒剂和灭活剂等危险试剂按照《实验室危险标识管理程序》的要求，对于具体的危险材料，在实验室或实验室设备上进行标识；如有标准要求，在每个贮存容器上，包括装有“使用中”材料的容器上，标明每个产品的危害性质和风险；对工作区的危险物品（尤其是火险及易燃、有毒、放射性、有害和生物危险材料）在通向工作区的所有进出口明确、清楚标识。

（5）所有用于处理污染性材料的设备和工作台面及实验室地面应在每次实验结束后及时整理、清洁和消毒，以保持设备和台面的正常工作状态。

（6）严禁将有腐蚀性、有毒、有害物质或固体杂物直接倾入水池，防止水池、管道堵塞、腐蚀和污染。有腐蚀性、有毒、有害物质用专用容器收集，表面彻底消毒后移出实验室，由科技条件平台处按危化品处置规范清运处置。

（7）实验操作人员负责保持实验室内部非防护区、防护区及核心区整洁有序，不应在核心区放置过多的实验耗材，并采取经过审批的标准操作规程和个体防护装备进行内务工作，不混用不同区域的内务工作程序和装备。

（8）发生感染性材料溢洒时，应启动应急处理程序，安全处置被污染的区域和可能被污染的区域。

实验室是实验检测、科学研究的专业场所，不得在实验区域从事与实验活动无关的事宜，实验室应制定相应的管理制度和内务工作要求，维持实验室正常秩序。实验人员应遵守实验室内务规定，按要求进入实验室，在规定的区域穿脱个体防护设备，实验完毕及时清理实验台面和工作场所，并规范消毒，确保实验室环境整洁。

第十二节　实验废弃物管理

实验室产生的废弃物主要分为三种，气体废弃物、液体废弃物和固体废弃物。实验室废弃物的管理主要从废弃物的分类、收集、处理、运输等方面进行，保证废弃物处理过程中对人员、环境的危害降至最低。

一、废弃物的分类

（一）气体废弃物（废气）

实验室产生的废气包括试剂和样本的挥发物、实验过程的中间产物、泄漏和排空的标准气和载气等。通常直接产生有毒、有害气体的实验都要求在生物安全柜或通风橱内进行。

（二）液体废弃物（废液）

实验室产生的废液包括多余的样本、校正曲线及样本分析残液、失效的储藏液和洗液、大量洗涤水等。这些废液中成分包罗万象，包括最常见的有机物、重金属离子和有害微生物等，以及相对少见的氰化物、细菌毒素、各种农药残留、药物残留等。

（三）固体废弃物（废物）

实验室产生的废物包括多余样本、分析产物、消耗或破损的实验用品、残留或失效的固体化学试剂等。这些废物成分复杂，涵盖各类化学、生物污染物，尤其是不少过期失效的化学试剂，处理稍有不慎，很容易导致严重的污染事故。

二、废弃物的收集

废弃物应置于有标记的用于处置危险废弃物的专用容器内。废弃物容器的充满量不能超过其设计容量的2/3。同时，在废弃物的外包装上用记号笔标记单位、姓名、日期、包装内物品名称等相关信息。废弃物处置前应存放在实验室内指定的安全区域。废弃物在离开实验室前须经高压灭菌，然后装入特种垃圾袋并密封后集中按医疗垃圾或危险废弃物进行收集处理，同时在垃圾袋上进行标注。

1. 气体废弃物收集　该类废弃物一般通过通风设备或者定向气流将其引导到空气过滤器中，将气体过滤后排放到大气中。

2. 液体废弃物收集　该类废弃物主要通过废液收集器、废液收集罐等收集工具进行收集。废液在收集过程中一般会伴随着废气的排放，需对废气进行处理后再向外排放。

3. 固体废弃物收集　该类废弃物需要进行分类后收集，可按可重复利用、不可重复利用分类收集。同时还可按不同类型进行分类收集，如衣物布料用品、塑料器皿、利器等。

三、废弃物的处理措施

实验室废弃物在处理前需根据实际情况进行分析，包括废弃物如何分类包装、包装是否得当。在处理废弃物时操作人员需要知道所处理废弃物的种类及污染程度。实验室内产生的具有潜在感染性的废弃物需进行去污染处理。一般采用高压蒸汽灭菌的方式处理固体废弃物和部分少量液体废弃物。相关工作要遵守国家和国际规定，可参考《医疗废物处理处置污染控制标准》（GB 39707—2020）。

废弃物处理过程：首先检查废弃物包装是否完好，信息是否完整，是否分类包装（如利器是否放入利器盒，固体、液体废弃物分开包装）；然后将检查没问题的废弃物放于高压灭菌器内，进行高压灭菌处理（该设备需持有操作证的人员进行操作）；高压灭菌后取出废弃物，检查外包装是否完好、重量有无变化，然后进行废弃物灭菌记录。

四、废弃物的运输

为了保障废弃物的可溯源性，每个独立包装上都标有相关信息，同时在从实验室到废弃物处理公司来进行收取废弃物的所有过程中，交接单均需要进行签字，这样发现问题时可以及时溯源。

第十三节　应急管理

《实验室　生物安全通用要求》（GB 19489—2008）规定：应急程序应至少包括负责人、组织、应急通信、报告内容、个体防护和应对程序、应急设备、撤离计划和路线、污染隔离和消毒灭菌、人员隔离和救治、现场隔离和控制、风险沟通等内容。这就要求实验室设立单位应针对应急处置的管理成立组织机构，明确相应的职责。

一、实验室生物安全事件应急处置的部门和人员职责

（一）应急处置领导小组

单位法人担任组长，成员包括实验室主任、生物安全负责人，以及实验室生物安全、实验室安保、后勤保障等职能部门负责人。

负责在实验室生物安全事件发生时组织事故的认定、危害评估和处置方案的制定，在应急状态下对事件做出决策性指令，从人、财、物各个方面保障应急处置方案的及时实施，必要时负责向上级主管部门报告。

（二）生物安全委员会

由单位法人任主任组建生物安全委员会，委员由单位实验室生物安全主管领导、实验室主任、病原生物学和实验室生物安全管理领域专家、医学顾问，以及实验室生物安全、

实验室安保和实验室后勤保障职能部门负责人与实验室生物安全负责人组成。

负责向应急处置领导小组提供相关情报信息、技术、装备、资料库建设等决策的咨询意见；在事故发生时承担应急调查的责任，组织开展对所发生的实验室生物安全事件的严重程度与可能产生的危害进行评估分析，确定事件的性质和后果；负责提供现场快速控制的技术支持，包括污染源控制，被感染人员控制及环境控制技术；负责针对现场紧急处置、救援、检疫鉴定、区域划分、洗消防护、危害评估和事后恢复等问题进行分析，提出指导和评估意见；负责对暴露的实验人员采取医学观察或隔离治疗等措施，对事后恢复、感染事件等级认定等进行指导和评估，最后根据所造成后果的危害大小和严重程度进行感染事件等级认定。

（三）主管职能部门、实验室负责人及相关管理人员职责

组长为实验室生物安全职能部门负责人，成员包括实验室负责人，以及实验室生物安全、实验室安保和实验室后勤保障主管职能部门负责人与主管，实验室管理人员。

1. 实验室生物安全职能部门 负责实验室生物安全事件应急处置及信息报告实施的组织协调；负责配合卫生主管部门和公安部门的事故调查与处置措施；负责及时向应急处置领导小组通告情况。

2. 实验室 负责实验室生物安全事件应急管理、应急处置、事故案例、感染预防，以及应急演练的人员培训；负责应急处置技术和应急物资的储备；负责实施应急处置、暴露人员的健康监测、紧急救治和总结报告。

3. 后勤保障职能部门 负责实验室设施设备故障，火灾、水灾及其他自然灾害事件应急物资的储备和定期检查；负责现场应急处置的组织协调及实验室周边控制区域的划分、警戒和消杀等工作。

4. 实验室安保职能部门 负责实验室日常安保巡查，排除隐患；负责人员的背景审查和健康体检；负责公安联防机制的协调，现场指挥生物恐怖事件的应急处置。

5. 单位法人的职责 负责建立生物安全委员会，以提供技术咨询、形成决策；负责应急处置中人、财、物的整体调配；必要时负责向上级部门报告意外事件。

6. 应急处置领导小组 组长负责组织进行实验室生物安全管理工作的调查和监督检查；负责接收各种实验室生物安全事件报告；负责启动应急响应、紧急处置、总协调指挥，同时为事件责任报告人。

成员负责在重大实验室生物安全事故发生时的紧急决策，组织事故的认定、危害评估和处置方案的审定；各职能部门负责人负责本部门应急处置时的指挥、协调、控制、处置等工作；负责接收本部门的应急事件报告，并向上级汇报；负责保障本部门人员及环境的生物安全。

7. 主管职能部门负责人及主管 负责部门内部及与其他部门的协调沟通；负责现场秩序维护工作；负责专业领域的应急处置工作并及时通报情况；负责紧急救治工作安排；负责后期保障工作和事件结束后的总结报告工作并及时通报。

8. 实验室负责人及管理人员 负责制定并落实实验室生物安全管理制度、管理规范、操作技术规范、实验室生物安全事件预防控制措施和应急处置方案，并定期进行评价和更

新，尽量减少实验室意外事件的发生；负责应急物资的储备、管理、使用和维护；负责组织人员培训和应急演练；负责在实验室发生意外事件时的正确处置、危险区域的应急划分和警示，并及时报告。

二、实验室生物安全事件的应急准备

生物安全实验室管理人员根据职责分工和实际需要，储备了必要的现场防护、洗消、排污和抢险救援器材物资，救治设备，应急药品，以及必要的勘查取证、检验、鉴定和监测设备。生物安全实验室应储备足够的与风险水平相应的防护用品，并配备消毒设备、运输容器等其他安全设备。

1. 实验室操作相关事件 应急准备物料清单：溢洒处理箱、急救箱、流水冲洗水池或装置、捕鼠网，以及“发生溢洒、禁止入内”警示标识。

2. 实验室人员意外相关事件 应急准备物料清单：带轮担架或灭火毯、剪刀。

3. 设施设备意外事件 应急准备物料清单：应急照明、消毒剂，以及“发生故障、禁止入内”警示标识。

4. 化学性、物理性伤害事件 应急准备物料清单：紧急冲淋设施、急救箱。

5. 生物恐怖事件 应急准备物料清单：防暴防身装备、一键报警系统。

6. 火灾、自然灾害事件 应急准备物料清单：灭火器（CO_2）、灭火毯、浸泡灭活桶（有效氯含量为 5% 的消毒液）、应急照明设施、沙袋。

三、实验室生物安全事件应急处置报告

（一）报告时限

任何人发现发生生物安全事件应立即向实验室管理人员、实验室负责人进行报告；实验室负责人接到报告后向生物安全管理委员进行报告。

生物安全管理委员应在 2h 内向所在区县卫生主管部门进行报告，重大和较大实验室生物安全事件或生物恐怖事件，向所在区县卫生主管部门进行报告时，可同时上报所在市卫生主管部门，必要时同时上报所属区县安全主管部门和国家安全部门。

（二）报告内容

1. 初次报告 报告主要内容包括实验室设立单位名称、实验室名称、涉及病原体类别、发生时间和地点、涉及的地域范围、感染或暴露人数、主要症状与体征、可能的原因、已经采取的措施、事件的发展趋势、下一步工作计划等。

2. 事件发展、控制过程信息的报告 报告事件的发展与变化、处置进程、势态评估、控制措施等内容。同时对初次报告内容进行补充和修正。重大实验室生物安全事件至少按日进行进程报告。

3. 事件结案报告 事件处置结束后，应进行结案信息报告。在卫生行政部门确认事件

终止后2周内，对事件的发生和处理情况进行总结，分析其原因和影响因素，并提出今后对类似事件的防范和处置建议。

四、实验室生物安全事件应急演练

实验室制订年度培训计划和应急演练计划，组织所有进入实验室进行实验活动和参与实验室管理的工作人员参加本实验室生物安全培训与应急演练，每年至少进行一次培训和应急演练。

实验室所有其他相关人员，包括辅助工作人员、设施设备维护和检测人员、清运医疗垃圾物业人员等，也需定期进行培训，熟悉工作环境，了解潜在的危害及相应的事故预防和紧急情况处理措施。

（一）组织分工

1. 组织协调 负责演练方案的审核审批；负责演练过程的协调指挥；负责演练的总结工作。

2. 演练实施 负责制定应急预案及应急演练方案；负责布设演练场地，对避险场地进行区域划分和标示；负责组织实施应急演练；负责维护演练秩序，保障演练安全；负责应急演练的实施过程记录及总结报告。

3. 后勤保障 负责通信、救助、防暴等演练所需物资器材的准备；演练结束后检查、恢复实验室水电、通风、通信等后勤保障设施。

（二）演练内容

1. 实验室内部实验活动意外事故及设施设备故障的应急演练

（1）实验室操作相关事件应急处置：生物安全柜内溢洒；生物安全柜外溢洒；利器刺伤，动物抓伤、咬伤，小鼠逃逸；防护用品被污染。

（2）实验人员意外相关事件应急处置：晕倒、昏迷；滑倒、机械性损伤；口罩脱落；手套破损；防护服破损。

（3）设施设备意外事件应急处置：电力故障、送排风系统故障；围护结构泄漏、HEPA过滤器泄漏；压力蒸汽灭菌器故障；生物安全柜、离心机、培养箱、负压隔离笼具故障；正压呼吸面罩、正压防护服、生命支持系统、化学淋浴设施故障。

（4）化学性、物理性、安保、火灾事件应急处置：实验人员发生化学品泄漏、炸伤、烫伤、烧伤、冻伤，受到辐射、噪声污染，发生触电；感染性材料被盗、被抢或丢失，运输过程中发生泄漏，被恶意使用；发生火灾。

2. 实验室外围突发事件的应急演练 如遭遇火灾、地震、恐怖袭击时，人员疏散路径的确定，地下人防设施的使用，外部救援（消防部门、公安部门、协议医院）的联络等。

（1）发生火灾、地震时，现场的应急处置，实验室的消毒清理，人员的安全撤离，疏散路径的确定，地下人防设施的使用，外部救援（消防部门、公安部门、协议医院）的联络等。

（2）发生恐怖袭击时，一键报警系统的操作，对暴徒的堵挡，实验人员的疏散和安全撤离，外部救援（消防部门、公安部门、协议医院）的联络等。

第五章　病原微生物实验室生物安全文化建设

第一节　安全文化概念的提出和特点表征

安全文化的概念最先由国际核安全咨询组（International Nuclear Safety Advisory Group, INSAG）在1991年发表的《安全文化》中针对1986年核电站安全问题的报告中提出。安全文化是存在于单位和个人中的各种素质与态度的总和，包括安全观念文化、安全行为文化、安全管理文化和安全物态文化。安全观念文化是安全文化的精神层，安全行为文化和安全管理文化是安全文化的制度层，安全物态文化是安全文化的物质层。

生物安全文化是安全文化的一个分支。生物安全文化的建设能够让从事生物技术研发和活动的人员认同实验室生物安全工作的价值，主动参与其中，从而降低实验室的安全隐患，减少意外事件的发生。

实验室生物安全文化同广义的安全文化一样，是抽象的概念，存在于人的意识中，无法直接测量和评估，但却贯穿在实际生产工作中，只能通过行为和认知进行推断或表达。良好生物安全文化的形成必须以人为本，紧紧围绕个人和团队两个主体展开：一是重视实验室人员生物安全责任感、意识、行为和能力培养，加强生物安全相关事项的沟通与交流，提高个人综合素质；二是构建良好的团队生物安全文化氛围，包括生物安全理念及制度、教育培训、安全激励、实验环境、信息宣传、生物安全活动全员参与度、生物安全评审与改进等。在生物安全文化建设过程中以个人“吸收”到团队“渗透”为主线，传统“灌输”为辅线，吸取生物安全文化建设精华，加强生物安全文化的认同感，使个人的生物安全文化观与团队有机地融为一体。

（一）安全文化的几个特点

1. 四性

（1）传统性：文化是在长久的历史中积累沉淀后成为传统，安全文化也是在日积月累的发展中留精华去糟粕传承而来。

（2）真实性：建设安全文化需经历知道、认同和执行三个阶段。个人或团体知道却不认同的是口号；知道且认同了但未全部执行的是制度；只有既知道、认同且执行的才是真实的安全文化。

（3）先进性：文化有弱势文化和强势文化。建设安全文化就是将倡导的先进安全文化塑造成机构的强势文化。

（4）个性：根据机构的特色，建设有个性的文化，营造有个性的文化氛围。

2. 三化

（1）大众化：机构安全文化一定是自上而下的文化。

（2）人性化：机构安全文化是人性文化。脱离了人性的安全文化，是永远无法落实的。

（3）利益化：机构安全文化只有给大多数人带来利益时，才可能被长久执行。

3. 六要素

（1）安全价值观：机构上下对安全核心价值观的一致认同。

（2）安全态度：所有人都有良好的安全态度。

（3）安全知识：学习安全知识。

（4）安全技能：熟练掌握运用安全技能

（5）安全行为：形成团队良好的安全行为规范。

（6）安全文化氛围：努力创造良好的安全文化氛围。

（二）先进的安全文化的表征

（1）机构上下对安全核心价值观的一致认同。

（2）安全纳入机构的目标体系之中。

（3）实验室安全与员工职业健康的终极意义获得共识。

（4）机构全员对实验室安全的高度自觉。

（5）安全文化成为全员实验室安全的精神动力。

（6）安全文化对机构实验室安全发挥着智力支持作用。

（7）安全文化像水和空气成为必需且无处不在，内化于心、外化于行。

第二节　实验室生物安全文化建设的必要性

据不完全统计，实验室安全事故中绝大部分是由工作人员操作失误引起的，小部分是由设施设备故障引起的，由此可见不良的工作态度和不安全的操作行为是引发实验室安全事故的主要原因。

改变不良的工作态度，杜绝不安全的操作行为，不仅需要通过培训提升生物安全意识，更重要的是构建内部安全文化。文化的熏陶是培养和管理人最持久且最有效的方法，建立和培育强大的生物安全文化对实验室生物安全至关重要。

建立生物安全文化并非易事，需要同一环境中的所有人员付出长时间的努力，通过规范培养工作人员的观念、态度、知识、技能、行为习惯等，以及构建尊重和信任的氛围，进而建立强大的实验室生物安全文化。良好的生物安全文化可以预防并消除由人为因素诱发的意外事故，降低非人为因素事故的伤害程度，实现“零事故、零伤害、零损失”的目标。

第三节　实验室生物安全文化建设的路径

一、生物安全文化建设的基本要素和要求

（一）生物安全文化建设的基本要素

安全文化建设是建立一种以人为核心的安全管理模式，通过深化人的安全意识、安全作风和安全行为，形成关心彼此的安全状态。一套成熟且有效的安全文化体系的建设应包括“4E”，即安全理念（eidos）、安全管理措施（enforement）、安全技术措施（equipment）、安全教育措施（education）。可以通过开展以下工作推进安全文化建设，具体包括：在安全理念方面加强宣传，开展群众性活动，建立学习机制；在安全制度建设方面有效落实规则，建立信息反馈机制，建设安全技术标准化，在安全行为方面建立安全奖惩体系和榜样体系。

生物安全文化建设的基本要素也应该围绕“4E”原则，不断落实，相互促进，相互提高，最终构成一套完整、切实可行的生物安全文化体系，保障实验室安全。

（二）生物安全文化建设的基本要求

1. 了解和掌握实验室生物安全文化的现状　通过问卷调查的方式调查所在实验室的团队精神、工作满意度、安全文化氛围、工作压力、奖惩机制等。分析汇总调查表，摸底员工生物安全意识、生物安全行为，对不满意项目进行原因分析，并结合实验室实际情况持续改进，进一步加强实验室生物安全文化建设。定期开展生物安全文化调查，为持续改进提供依据。

2. 树立正确的生物安全价值观　在生物安全意识和管理方面，要摒弃落后、错误的生物安全观念，摆脱以往的被动接受管理，由经验型、事后性的传统管理向科学、主动预防的现代化安全管理转变。目前国内公众的生物安全意识仍有待提高，2021 年 7 月天津大学牵头发布了《科学家生物安全行为准则天津指南》，补充和更新了现有的生物科学家行为准则，为科研人员树立正确的生物安全价值观、规范生物安全行为和提升生物安全水平发挥了重要作用。

3. 构建生物安全文化管理组织体系

（1）健全组织架构，打造实验室生物安全文化：领导层应积极倡导单位实验室的生物安全文化，建立单位生物安全管理三级组织架构。一级架构是成立单位法人为第一责任人、成立生物安全安全管理委员，代表单位对生物安全给予组织承诺和个人承诺，体现领导对生物安全的重视程度，处理生物安全问题时能给予正确的评价、实施奖惩措施，并以身作则，给员工起到引领和示范作用，有授权但不把生物安全责任委托给别人；二级架构由各职能科室组成，是生物安全管理的具体实施者，按照科室职能分工和单位年度生物安全改进与监控重点，确立职责范围内的管理重点，并实施生物安全管理监控与推进；三级架构是实验室内的生物安全管理小组，由实验室主任、实验室生物安全负责人和技术骨干组成，

具体负责实验室的生物安全日常管理，定期对实验室的工作汇总分析并实施持续改进。

（2）完善的制度流程：健全的制度是构建实验室生物安全文化的坚强保障。完善的生物安全制度是基础，有力的落实机制是关键。实验室通过制度明确了工作人员生物安全文化行为准则及实验室不可接受的行为，为了切实将制度落实到位，组织实验室工作人员学习、培训、考核评估，并建立有效的激励和奖惩机制，调动员工的积极性，提高依从性，进一步自觉规范地执行各项制度和操作。

4. 加强生物安全知识教育，强化生物安全文化氛围 单位要通过多种途径、方法积极打造生物安全文化理念，如开展座谈会，举办培训班、学习班，举办生物安全知识和操作技能竞赛，开展生物安全应急演练等各种方式，对实验人员进行生物安全法律法规、专业知识、实验技能等方面的培训，同时在日常工作中做好继续教育和再培训，让生物安全知识教育常态化。通过单位网站、电子屏、展板、橱窗、警示标识等，营造生物安全的视觉氛围；通过开展“生物安全教育月”活动、“安全警示教育周”活动、生物安全专项检查等进行安全自查、隐患排查等，营造生物安全的组织氛围。除此之外，实验室可以根据自身的特点编制内容简洁明了、通俗易懂的《实验室安全文化手册》，对宣传普及生物安全文化知识、提高生物安全意识、规范生物安全行为起到促进作用。

通过全员参与的教育和培训，让生物安全理念渗透到每个人心中，养成良好的生物安全行为，真正做到内化于心、外化于行。不断提高实验人员的生物安全意识和素质，从根本上提高对生物安全的认识，牢固树立生物安全“万无一失，一失万无”的观念。

5. 建立合理的生物安全文化综合评价模型 在认识安全文化基本要素的基础上，实验室应根据这些要素建立具体的生物安全文化综合评价方法。可以对每一个因素划分出等级并标记分值，将生物安全文化的状况按各因素等级进行对照，确定相应的分值，最后相加各分值得到总分，即为生物安全文化状况评价结果。可以参考安全文化比较成熟的行业建立生物安全文化综合评价模型，有了这种评价体系，可以使实验室对自身的生物安全文化状况有明确的认识，从而制定合理可行的发展目标。

6. 合理制定生物安全文化总体规划与阶段性计划 实验室通过生物安全文化综合评价的结果，制定生物安全文化建设的长期规划和阶段性计划，并在实施过程中不断完善。可以从人、机、环、管四要素的本质化程度、匹配程度、可受控程度进行规划和建设，把长期规划与近期计划结合起来，避免走过场的短期行为，使生物安全文化建设工作切实可行，从而形成一套科学的生物安全思维和生物安全行为模式，并结合实验室实际情况推进应用。

二、良好的生物安全文化的形成和作用

在实际工作中人们发现，对于预防事故的发生，仅有安全技术手段和安全管理手段是不够的。目前的科技手段还达不到生物的本质安全化，因此需要用安全管理的手段予以补充。安全管理虽然有一定的作用，但是安全管理的有效性依赖于对被管理者的依从性。从人力、物力来说，让管理者做到事无巨细几乎不可能，这就必然带来安全管理上的疏漏。另外，被管理者为了省时、省力等，会在缺乏管理监督的情况下，无视安全规章制度，“冒

险”采取不安全行为。当然不是每一次不安全行为都会导致事故的发生，但这会进一步强化这种不安全行为，并“传染”给其他人。不安全行为是事故发生的重要原因，大量不安全行为的结果必然是发生事故。安全文化手段的运用可以弥补安全管理手段的不足，通过对人的观念、道德、伦理、态度、情感、品行等深层次人文因素的强化，利用领导、教育、宣传、奖惩、创建群体氛围等手段，不断提高人的安全素质，改进安全意识和行为，从而使人们从被动地服从安全管理制度转变成自觉主动地按安全要求采取行动，即从“要我遵章守法”转变成“我要遵章守法”。

实验室生物安全文化的形成和建立，可以参照国内安全标准《企业安全文化建设评价准则》（AQ/T 9005—2008）。该准则包括安全承诺、安全管理、安全环境、安全培训和学习、安全信息传播、安全激励行为、安全事务参与、决策层行为、管理层行为、员工层行为、减分指标、评价程序等方面，并将安全文化建设水平划分为6个阶段：第一阶段为本能反应阶段；第二阶段为被动管理阶段；第三阶段为主动管理阶段第四阶段为员工参与阶段；第五阶段为团队互助阶段；第六阶段为持续改进阶段。目前国内多数实验室生物安全文化建设处于被动管理的第二阶段，生物安全文化及内涵建设亟待提高。

良好的生物安全文化形成的切入点：要紧紧围绕以人为本、以生物安全理念渗透和生物安全行为养成为基本点，内化思想、外化行为，不断提高广大员工的生物安全意识和安全责任，把“安全第一”转变为每个员工的自觉行为。由于安全理念决定安全意识，安全意识决定安全行为。因此，必须在抓好员工安全理念渗透和安全行为养成上下工夫。要使广大员工将生物安全理念内化到心灵深处，并转化为安全行为，成为员工的自觉行动。具体的举措如下。

1. 开展生物安全承诺活动　生物安全承诺是单位对生物安全的态度和行为取向的表达，代表员工在关注生物安全和追求生物安全方面所具有的意愿及实践行动的表示，一般由生物安全愿景、安全使命、安全目标和安全价值观构成，是生物安全文化的核心，在实际工作中要遵守和实践生物安全承诺。

2. 具备良好的生物安全行为规范和程序　良好的行为规范是在遵守规章制度和操作层面上的具体体现，在生物安全文化形成过程中，要求必须以适用且标准化的规范和程序向每一位员工明确什么行为才是安全的。同时，要让每一位执行者知晓、理解和尊重，使行为规范与程序成为全体员工的行为准则。安全生产中“五不伤害”的安全理念，即不伤害自己、不伤害他人、不被他人伤害、保护他人不受伤害、不让他人伤害他自己，是对良好的安全行为规范的具体诠释，也应该在生物安全领域大力宣传和推广应用。

（1）不伤害自己。具体措施：①保持正确的工作态度及良好的身体心理状态。②掌握所操作的设备的危险因素及控制方法，遵守安全规则，使用必要的防护用品，不违规操作。③任何活动或设备仪器都可能存在危险性，确认无伤害威胁后再实施。④杜绝侥幸、自大、逞能、想当然心理，莫以患小而为之。⑤积极参加安全教育训练，提高识别和处理危险的能力。⑥虚心接受他人对自己不安全行为的纠正。

（2）不伤害他人。具体措施：①你的活动可能会影响他人安全，尊重他人生命，不制造安全隐患。②对不熟悉的活动、设备、环境多听、多看、多问，必要时沟通协商后再行动。③操作设备，尤其是启动、维修、清洁、保养时，要确保他人在免受影响的区域。

④将你所知、所造成的危险及时告知受影响人员，并加以消除或予以标识。⑤安全规定、标识、指令应认真理解后再执行。⑥管理者对危害行为的默许纵容是对他人最严重的威胁。

（3）不被他人伤害。具体措施：①提高自我防护意识，保持警惕，及时发现、制止危险行为并上报。②与同事共享安全知识及经验，帮助他人提高事故预防技能。③不忽视已标识的或潜在危险，并远离，除非得到充足防护及安全许可。④纠正他人可能危害自己的不安全行为。⑤冷静处理所遭遇的突发事件，正确应用所学安全技能。⑥拒绝他人的违章指挥。

（4）保护他人不受伤害。具体措施：①发现任何事故隐患都要主动告知或提示他人。②提示他人遵守各项规章制度和安全操作规范。③提出安全建议，互相交流，向他人传递有用的信息。④视安全为集体荣誉，为团队贡献安全知识，与他人分享经验。⑤关注他人身体、精神状况等异常变化。⑥一旦发生事故，在保护自己的同时，要主动帮助身边的人摆脱困境。

（5）不让他人伤害他自己。具体措施：①管理人员深入现场排查隐患，排除安全隐患并告知他人。②管理者告知他人工作现场安全注意事项。③告知并帮助他人穿戴防护用品。④传授操作技能，防范安全风险，杜绝他人身体不适上岗。

3. 合理的生物安全行为激励 单位要建立一个公正的评价和奖惩系统，奖惩标准的制定要合理、明确、适度、公平，以促进良好的安全行为，抑制或改正不安全行为。奖惩不仅要与员工的经济效益、个人成绩相联系，而且要与员工的生物安全行为相结合，让员工从奖惩中看到生物安全的重要性；奖惩的目的一是明确需要做什么和必须怎样做，二是奖惩一般以精神奖惩为主、物质奖惩为辅，两者结合才能同时满足人们的生理和心理需要；奖惩作为一种强化手段，要及时实施。另外，建立合理的奖惩体系还需要管理者深入调查研究，了解员工的层次和结构的变化趋势，有针对性地采取措施。

4. 安全信息传播与沟通 是安全文化建设的媒介要素，是营造安全文化氛围、构造安全文化表现形式的重要手段。从形式上可分为被动接受和主动参与两种。被动接受的传播形式有发放各种刊物和材料、设立宣传专栏、播放相关安全生产题材等；主动参与的传播形式有安全文化活动、知识竞赛、技能比赛、论文征集等。

5. 自主学习与改进 是安全文化建设的绩效。

改进要素：安全文化的建设过程实际上就是一个不断学习和改进的过程，建立自主学习和改进的动态机制，从自己和他人的安全经验中主动寻找改进机会，从实践到理论，再由理论到实践。建立自主学习与改进机制：一是要强调培训内容除有关安全知识和技能外，还应包括对严格遵守安全规范的理解，以及个人安全职责的重要意义和因理解偏差或不严谨而产生失误的后果，只有理解了这些深刻的道理，才能真正改变员工的安全态度；二是要强调安全学习不仅是安全知识和经验的学习，也不仅是开展实际操作的训练，更重要的是有些学习内容为已发生的安全事件，可以作为负面的经验加以总结，避免类似事故在自己实验室发生。

6. 安全事务参与 是安全文化建设的责任性要素，要尽可能鼓励员工参与相关安全事务，主动分担安全责任。安全文化建设是实现从管理文化向文化建设延伸，从感性文化向理性文化的延伸，而不是阶段性和仅由领导去推动的。要花大量的时间、精力和物资对员工开展培训教育，提高认识，确保全体员工都明确认识到自身对安全事务的参与是落实责任的最佳途径。

7. 审核与评估　是安全文化建设的判断要素，定期对安全文化建设的效果进行审核，定期对安全文化的状况进行判断，以及时纠正偏差，为进一步完善安全文化建设方案提供依据。建立安全文化建设状况评估制度和审核制度，从对安全承诺的理解、行为规范和程序的执行、安全信息传播的时效及沟通顺畅、安全行为激励效果、自主学习与改进绩效、安全事务参与落实等方面，书面评估安全文化建设的现状、优点及缺点，提出建议和改进方案，制定下一步的措施。

安全文化具有规范人们行为的作用，良好的生物安全文化可以发挥导向功能，通过潜移默化，让员工接受共同的价值观，当价值观被认同后，形成巨大的向心力和凝聚力，通过发挥员工的积极性、主动性、创造性，从而产生激励作用。

三、建立全流程管理的生物安全文化

（一）风险评估

生物安全风险评估的目的是使实验人员对在实验过程中存在的各种风险有预先的分析并提前采取控制措施，由被动接受转变为主动应对，减少生物安全事件发生的可能及由此带来的损失。因此，风险评估是实验室生物安全的核心工作，是确保实验室生物安全的重要基础，在实验室生物安全管理工作中具有十分重要的意义。

做好风险评估的关键是实验室人员要有较强的生物安全意识，熟练掌握生物安全相关知识，充分了解实验室生物安全工作现状，深入思考存在的问题并提出对策建议。实验室人员生物安全意识的培养方法包括：①强化培训，在实际工作中将风险评估培训作为一种管理制度建立起来，采用多种形式并常态化开展，提高人员生物安全风险评估能力；②建章立制，加强实验室生物安全风险评估的质量控制和监督管理，强化实验室人员责任意识，提高管理人员特别是实验室设立单位主要负责人的重视程度，建立行之有效的风险评估管理控制体系，确保风险评估落到实处。

（二）培训指导

培训指导是员工安全观念文化形成最主要的途径，是提高员工安全文化素质最深刻的方法。安全价值观、生物安全意识和生物安全知识技能共同组成全方位的培训指导内容，目前很多实验室只注重生物安全知识和技能的培训，而忽略和缺少安全价值观和生物安全意识的教育，是实验室人员安全意识淡漠的主要原因。因此，生物安全培训要多方面培养实验室人员，不断提高其综合素质，对于不同的对象，培训的目的和内容是不同的。各级领导和管理者应侧重于生物安全认识和决策能力的培训；实验人员应侧重于生物安全态度、技能和知识的培训。生物安全文化的体现和渗透还应从以下三个方面入手：一是培训教育理念更新，构建以人为本、系统全面的分级培训体系，树立终身教育的观念。实验室在做好日常生物安全培训的同时，还要根据实验室人员的自身特点做好个人发展和培训规划，让员工接受更高层次的生物安全培训教育。二是培训方法更新，因人施教、注重实效，改变传统的老师教、学生学的培训教育模式，做到师生之间相互学习、相互促进、相互提高，真正促进实验室人员提高生物安全素质、掌握技能，为实验室生物安全提供人力保证。三是考核方式更新，以实验室人员的生物安全技能作为检验标准，根据岗位的需要制定生物安全技能等级标准，定期对人员的生物安全技能进行测试，将生物安全技能作为晋升、晋级的基本条件，调动人员自觉学习生物安全知识的积极性。

（三）安全操作

规范的操作是保障实验室生物安全的基本要求，是生物安全行为文化的具体体现。实验室制定的各种规章制度、标准和操作规程，是实验室人员必须遵守的规范和原则。作为实验人员的行为准则，操作规程要规范、详细。让实验操作人员参与操作规程的制定，分担责任，贡献力量，这样一方面是对实验人员的激励，另一方面实验人员也更易于接受和执行。实验过程中的安全操作一方面依赖实验人员对实验技能的掌握程度，对规章制度的依从性、认同性和自觉性。依从阶段的行为具有盲目性、被动性、不稳定性，随情境的变化而变化；认同阶段是在思想、情感、态度和行为上主动接受他人的影响，使自己的态度和行为符合要求，其行为具有一定的自觉性、主动性和稳定性等；内化阶段是指个体的行为具有高度的自觉性和主动性，并坚定的执行。另一方面，建立一套有效的监督和奖惩机制，加强对实验人员的日常监督管理，强调期间核查的必要性和重要性。对实验室人员能力进行监控，并对其行为实施量化考核，具体举措：实验室制定不同工作领域的核查表，按要求进行每日巡查、每周和每月的安全检查；制定生物安全违规操作行为的处罚扣分表，同时表扬和奖励实验人员良好的生物安全行为等，培养良好的生物安全意识，在生物安全管理上自我约束、自我控制和自我发现问题，实现生物安全自主管理。

（四）应急处置

安全文化在应急处置中的表现称为应急文化，是指人们在应急实践中形成的应急意识和价值观、应急行为规范及外化的行为表现等。实验室生物安全事件的应急处置是在风险评估的基础上，为降低实验室事故造成的人身、财产、环境损失，在事故发生后及时采取一系列的应对措施，预先做出的科学有效的计划和安排。生物安全文化在生物安全应急处置中的构建和具体体现：首先，要构建“以人为本”“生命至上”“预防为主”的应急危机意识和核心价值观；其次，建立标准化、程序化的生物安全应急预案和措施，指导生物安全应急行为；最后，在实际工作中，建立的应急组织结构、应急标识符号、应急预案、应急培训演练场地和设施、应急宣传材料和演练活动，以及突发事件发生后的应急救援和处置行动等，是应急处置行为的外化表现形式。

实验室生物安全应急处置的理念和原则如下。

（1）以人为本，预防为主。生物安全事故发生的最主要原因是操作人员安全意识不强、管理机制缺失，因此应建立完善的实验室安全管理系统，将人员的教育培训、事故的综合预防、工作环境的安全性认识落实到位，将各种实验室事故隐患消灭在萌芽状态。

（2）快速反应，沉着应对。事故发生时，在保证自身安全的情况下，现场人员应停止实验，快速冷静地按照相关程序做好现场应急处置，尽快控制事故源，防止事故进一步蔓延。

（3）先期处置，及时报告。实验室发生事故后，一般要求采取先主后次、先急后缓的处理原则，做好现场应急处置后，按照事故报告程序及时报告部门领导。

（4）措施得当，保障充分。对事故现场采取有效的技术手段控制风险，消除传染源和预防次生危害，同时做好人员、物资的储备和保障。如有人员感染或受伤，应尽早向医疗急救机构求援，及时转运，实施医疗救治，事态严重时要及时疏散和撤离现场人员。

（五）生物安全文化持续改进

生物安全不能仅靠一段时间的严抓狠管来实现，事故隐患更不能指望一两次的突击检查来排除。生物安全管理需要实验室管理者、实验操作者、实验辅助人员等共同发挥作用，在实际工作中，管理者做好监督检查，实验人员和辅助人员遵守良好的生物安全行为规范，发现安全隐患和不良事件应积极上报；管理人员每月对隐患和不良事件进行汇总分类，分析原因，通过这些不良事件总结经验教训并纠正不安全行为。员工可以自愿、不受约束地向上级报告生物安全问题，员工不能因为反映问题而遭到报复或受到其他负面影响；另外，要有一个反馈系统向员工反馈必要的信息，告诉员工他们的建议或关注的问题已经被处理，提出的改进意见及措施已经被采纳。生物文化建设是一个持续改进、阶梯式进步的过程，具体可以按照PDCA管理的四个阶段实施，即计划（Plan）、实施（Do）、检查（Check）、行动（Action），做到解决问题有计划、制度和规范，按计划实施后，检查总结反馈，持续行动，不断提高。

总之，生物安全文化建设是实验室安全建设的重要内容，进一步加强生物安全文化建设，营造生物安全实验室的安全氛围，才能使实验人员更切实地做好预防工作，杜绝安全事故发生。以人为本，从自身安全考虑出发，通过各种形式强化管理，提升实验人员维护实验室安全的责任心，实现从“要我安全”到“我要安全”和“我会安全”的安全观念转变，使生物安全的概念内化于心、外化于行，营造一种和谐、敬业、求是、进取、创新的生物安全文化。

第六章　全维安保和信息安全管理

第一节　实验室生物安保概述

保护公众健康免受生物恐怖袭击面临不断的挑战，加强微生物和生物医学界的安全防范，以保护高致病性生物病原体和毒素等不被盗窃、丢失或滥用，从而产生了生物安保的概念。实验室生物安保的重点是防止危险生物因子、毒素及设备的盗窃、丢失和滥用，其中还包括个人恶意使用有价值的信息。成功的防护策略必须包括生物安全和实验室生物安保的各个方面，从而才能更好地应对发生的风险。

一、实验室生物安保的概念

生物安保是为生物材料和（或）与其处理有关的设备、技能和数据的保护、控制和问责而实施的原则、技术和实践。生物安保旨在防止未经授权的数据或地址或生物病原体等的访问、丢失、盗窃、滥用、转移或释放。

二、生物安保与生物安全的异同

生物安保和生物安全有一定的相关性，一些安保措施在良好的实验室生物安全操作规范中有所体现，但是它们的定义却不相同。两者之间的异同如下。

（一）不同之处

1. 目的不同　生物安全的目的是降低或消除有潜在生物风险的生物因子对个人或环境的暴露风险。生物安保的目的是防止微生物、生物材料及相关研究信息被盗窃、丢失和滥用。

2. 立足点不同　生物安全立足于防止意外失误造成的职业暴露或职业获得性感染，生物安保立足于防止对病原体 / 毒素的恶意（有意）误用，保证生物材料和敏感信息安全。

3. 采取的方式不同　生物安保通常通过访问限制（物理安全防护）和使用可靠的人员来实现，需要对设施、研究材料及相关敏感信息的接触通道进行限制。因此，生物安保是通过一系列对实验室的管控措施来实现，其中包括对实验室的合理设计和访问限制、人员专业知识和培训、相关控制装置的使用及用于感染性材料管理的安全方法。生物安全则主要通过规范的实验室设计、合格的安全设备和良好的操作规范来实现。

4. 涉及的人员不同　生物安保涉及机构内所有人员和机构外的相关人员，如公安等。生物安全一般仅涉及机构内和拟进入实验室的工作人员。

5. 在感染性材料的转运中关注点不同　在感染性生物材料转运过程中，生物安全通常关注材料的包装安全、隔离措施和恰当的转运程序；而生物安保的关注点则在于生物安全实验室中感染性材料转运过程潜在风险（如丢失、被窃等）的可控性和可追踪性。

（二）相同之处

1. 均基于风险评估和管理方法学　生物安全和生物安保的程序中通常会有共用的部分。这些程序都是基于风险评估和管理方法学及人员专业知识与责任心，对微生物和培养物等研究材料的控制与责任制，访问控制要素，生物材料转移文件档案，人员培训，应急预案和项目管理等。

2. 均需要对人员资质进行评估　生物安全计划通常需要员工通过培训和从事专业技术的证明文件，确保员工能够安全地从事工作。通过严格遵守相应的实验研究材料管理程序，员工必须展示出相应专业的对研究材料的管理职责。在实验室运行时，生物安全措施需要对实验室人员的进入进行限制。而生物安保措施则需要确保员工进入实验室和接触生物材料的机会有一定的限制和控制。生物安全侧重于员工的专业能力；生物安保除专业能力外，需兼顾评估员工的可靠性。

3. 均要求痕迹管理　生物安全和生物安保程序均要求对生物材料和其他敏感材料实行痕迹管理，即对这些材料的库存（异动）、控制过程均可溯源和追踪，有案可查。

虽然两种管理程序都需要实验室人员在实施实际操作细节时完全符合生物安全和生物安保的目的，但这些规程的制定不能使实验或临床诊断的实验活动受到影响。生物安全和生物安保程序的成功取决于实验室文化对这两种程序的理解与接受程度及与之相适应的管理监督机制。

在某些情况下，生物安保措施可能和生物安全措施相矛盾，这时就需要提出新的措施并同时符合安保和安全目的。例如，引导标识在某些情况下可能会引起安保和安全要求的冲突。因此，在制定实验室相关制度时需要平衡生物安全和生物安保的关注点，从而标识合适的风险内容。

制订生物安保计划不应影响实验室的工作及研究的正常进行，不应阻碍对参比材料、临床和流行病学标本及临床或公共卫生调查中材料的共享，职能部门的安全保障管理不应过度干涉科研人员的日常活动。

第二节　实验室生物安保风险评估

进行实验室生物安保的风险评估，是为了解生物安全实验室生物安保措施，规范实验室生物安保管理制度，明确实验室安保制度，能够及时对实验室的安全制度和标准进行调整，杜绝生物危害事件的发生。

生物安保风险评估有不同的模型，大部分模型内容有共同的部分，如资产识别、威胁、薄弱环节和降低风险，多以以下几方面作为切入点进行评估。

（一）物理安保——门禁和监控

实验室生物安保风险评估中物理安保的目的是避免实验室的资产因非正常的原因丢失。对物理安保措施的评估包含对建筑物及所在位置、实验室内部及生物材料储藏区域的全面审核。一项设施的整体安全方案中一般包含了生物安保方案中的多项要求。

实验室人员的进出应根据进入敏感区域的需要，仅限于授权和指定的员工。限制进出的方法可以是简单地使用上锁的门或是使用磁卡门禁系统。进入实验室的权限等级的评估应基于实验室各项操作程序（如实验室的进入要求、冰箱的使用要求等）。

（二）人事管理

人事管理包括对特定人员的作用和职责进行识别，这些人员可能接触、使用、贮存或转运危险病原体或其他重要资产。员工的筛选政策和程序有助于人员的评估。对需要进入设施的参观人员、工作人员、管理人员、学生、清洁人员及应急响应人员需要进行分类管理和评估，并制定程序。能接触到病原体、毒素、敏感信息等重要资产人员的正直、诚实品格尤为重要。

（三）库存和问责制

应建立危险材料管理和问责程序，以追踪危险生物材料和资产的目录清单、库存、使用、转运及销毁等信息。其目的是能清楚掌握实验室现存制剂种类及其贮存位置，以及责任人。为了达到此目的，应至少从以下几方面进行管理。

（1）材料（或材料的表格）问责制的措施。

（2）保存的记录，记录更新时间间隔及维持记录的时间轴。

（3）与材料库存保存相关的操作规程（如如何鉴定生物材料、保存位置和使用情况等）。

（4）文件编制和上报的要求。

因工作的需要，一些微生物制剂是需要进行复制扩增的，根据病原体或毒素的风险等级，管理层可指定具有使用该材料专业知识且有责任心的人员负责该材料的使用和安全控制。

（四）生物制剂的转运

生物材料的转运政策应该包括对于在机构内部（如不同实验室之间）及机构外部（如不同机构间或不同地域间）转运生物材料的责任和措施。转运政策应重点关注文件编制要求、材料的负责制度及病原体异地转移过程中的控制程序。在病原体或其他有潜在危险的生物材料转交之前、过程中、之后，转运安保措施应该确保已经获得了适当的授权，并且已经有充分的交流。参与转运的人员应该经过充分的培训，熟悉关于生物材料恰当的防护、包装、标记、文件记录和转运的法规与机构的各项操作程序。

（五）意外事件、伤害及事故响应

实验室安保政策应该考虑到一些情况，需要应急响应或公共安全人员进入设施处置事故、人员伤害或其他安全或安保威胁事件。与生物安保关注的问题相比，在紧急情况下，保护人员生命、实验室人员的安全和健康及周边社区的安全应优先考虑。应当鼓励机构和医疗、消防、公安及其他应急响应机构相互协调，制订应急和安保破坏后的响应计划。应制定相应的标准操作程序，使应急响应人员暴露于有潜在危险生物材料的风险降至最低。实验室应急响应计划应整合进机构的全面或特定地点的安保计划中。这些计划应充分考虑以下不利情况：炸弹威胁、自然灾害、极端气候、电力中断及其他可能导致安保威胁的紧急情况。

（六）报告和沟通交流

沟通交流是生物安保中一个很重要的方面。在情况真实发生前就应当制定“通知程序链”。沟通交流链中应包括实验室负责人、机构管理人员和相关的管理或公共权力机构的人员。应清晰地界定所有涉及的人员和计划设定的岗位与承担的职责。政策的制定应关注对潜在的违反安保政策的报告和调查（如生物制剂的丢失、不寻常的或带威胁性质的电话、在限制区域出现的非授权人员等）。

（七）培训和实践训练

一项生物安保的成功执行离不开生物安保培训。在管理中应建立培训制度，并告知和教育员工关于他们在实验室和机构中的责任与义务。实践培训主要侧重一系列的场景，如材料的丢失或盗窃、事故和人员受伤的应急响应、意外事故报告及违反安保情况的识别和响应。这些场景的演练可以并入已有的应急响应培训（如火灾或受炸弹威胁的建筑物疏散）场景中。将这些生物安保措施融入已有的程序和响应计划中，有利于资源的有效利用，节约时间成本，将应急情况下的混乱程度降至最低。

（八）安保升级和重新评估

生物安保风险评估和生物安保计划应该定期复审和更新；在发生任何生物安保相关事件后，也需要对生物安保风险评估和生物安保计划重新进行审阅并更新。生物安保计划的管理者应审核生物安保计划的制订和执行情况，并按需采取纠正行动。审核和纠正行为应记录，相应的人员应保存这些记录。

（九）管制的生物制剂

任何拥有、使用或转运管制生物制剂的机构，必须严格遵守国家相关法律法规。

第三节 实验室信息安全管理

信息安全管理的目的是保护计算机硬件、软件、数据不因偶然和恶意的原因遭到破坏、更改与泄露。

应明确与生物安保相关的处理敏感信息的规定。这些规定中指的敏感信息包括与病原体和毒素及其他关键的基础设施安保相关的信息。敏感信息可能包括设施的安保计划、门禁密码、生物制剂的名录和贮存地点等。

信息安保的目的是保护信息不被非授权泄露，保持信息相应的保密级别。设施应制定程序来管理敏感信息的识别、标记和处理。信息安全计划应根据业务环境、机构的任务及减轻威胁等方面的需求进行个性化制订。对接触敏感信息者实施管控至关重要，需要制定敏感信息识别和安全保障规定，包括电子文件和移动电子媒介（如U盘、移动硬盘、光盘等）上的敏感信息。

第七章　病原微生物实验室智慧化管理系统

病原微生物实验室的实验对象是带有传染性的致病微生物或有毒物质，其设施结构、安全设备、操作规程必须确保工作人员在实验过程中不受实验对象侵害，确保实验室不会导致周边环境污染。由于病原微生物实验室建筑设计的复杂性和特殊性，以及运行管理的高标准要求，而目前此类实验室运行管理普遍存在智慧化管理水平不高的弊端，因此通过适合的、严格的自动化控制等智能化手段，有助于实现实验室运行管理的规范性和高效性。

一、病原微生物实验室智慧化管理系统的优势

病原微生物实验室智慧化管理系统是以实验室仪器设备和人员为基本管理中心，运用物联网、人工智能（AI）、大数据分析、射频识别（RFID）、红外感知、传感器、虹膜识别、网络和系统集成等技术，提供实验人员管理、实验室固定资产、设备仪器管理、设备预约、样本管理、试剂耗材管理、危化品管理、AI 视觉识别、环境管控等一体化综合管理服务平台。

智慧化管理系统通过把实验室运行管理和操作过程中的数据整合在实验室智慧管理平台中，实现数据自动采集、实时数据自动监控、设备自动巡检、异常自动报警、运行数据自动统计、整合数据自动形成报表等，甚至形成如三维视图、系统管理视图、监控视图、报表视图等多维可视化管理，使得数据更直观。智慧化管理系统将运行管理流程尽量简化，实现自助化运维、整合数据、统一调度、自动化管理，减少手动操作。

通过系统软件快速构建实验室数字化及智能化管理，从而大幅度提高实验室的安全系数、运转效率和自动化水平，使实验室负责人对实验室的人、物、事做到宏观可控，确保实验室运行安全、合规、高效、节能。

二、病原微生物实验室智慧化管理系统的主要特点

1. 自动感知能力　智慧实验室能够将实验室人员、设备、样件、环境等要素信息化，并能感知其状态。例如，通过装配温度传感器、压力传感器、湿度传感器等监测环境，通过射频识别技术或二维码识别器感知设备及样件状态，通过高清识别器感知人员面部状态等。

2. 信息收集分析能力　智慧实验室能够收集、存储感知系统收集的各类数据，并借助一定的算法将数据转化为实验室人员的心理、语言或行为诉求。例如，收集实验室不同种类仪器设备的使用次数和开机时间，通过对设备使用次数和开机时间的统计，进行仪器设

备的合理化配置。

3. 自动实现诉求能力 智慧实验室能够将代表实验室人员诉求的信息转变成控制信息，并通过控制系统（如步进电机、继电器、机械手、显示器等）自动实现实验室人员的诉求，进而逐步优化对人员、设备、样件、环境等要素的管理。例如，实验人员运用多种方法进行某项实验，系统能够通过实验结果得出一定规律并自动给出实验参考方案。

三、病原微生物实验室智慧化管理系统的主要组成部分

病原微生物智慧实验室除具备一般实验室所必需的建筑、设施设备外，还需具备五类重要系统，即管理系统、感知系统、信息传输系统、信息处理系统、执行系统。

（一）管理系统

主要实现对实验室人员、设备、样本、方法、环境、能耗等的信息化管理，如建立人员安全培训、知识体系和权限管理，仪器设备验收、保养、计量、维修、报废全生命周期管理，实验方法的确认、验证、更新提醒等。

（二）感知系统

感知系统主要包括门禁系统、人脸识别系统、红外感知系统（如红外跟踪系统）、环境传感系统（如温度传感系统、湿度传感系统、压力传感器、光线传感器等）、设备状态感知系统（如设备参数采集系统）、样件状态表征系统。

（三）信息传输系统

信息传输系统通过数据采集器、有线网络、无线传输技术（4G、5G、红外等）等将物联网感知信息传输到各类计算机服务器。随着5G技术的应用，在数据的时效性、延迟性等方面有了很大的提升。在智慧实验室方面，5G技术也可以广泛应用，可应用的场景包括5G热成像智能测温和VR虚拟仿真等，可以极大提升数据传输效率。

（四）信息处理系统

通过大数据、AI、区块链、仿真技术、数字孪生技术等先进技术编制具备自学习、自适应的处理系统软件，对互联网传递的物联感知数据进行识别、判断，将处理后的控制信号通过网络系统传输到物联网终端，通过控制终端进行相应操作。

（1）AI技术应用基于AI边缘计算服务器的GPU+CPU组合运算能力，提供高并发计算能力，可对前端视频监控设备实时采集的图像进行多帧分割，利用多层卷积神经网络和深度学习，采用核心计算和模型算法驱动GPU中并行处理，提取物体特征和动态分析，对视频画面中的人体、动物、物体进行实时检测和识别。

（2）大数据是指无法在一定时间内用常规软件进行捕捉、管理和处理的数据集合，是需要新处理模式才能具有更强的决策力、洞察发现力和流程优化能力的海量、高增长率和

多样化的信息资产。

（3）数字孪生是物理对象、系统或流程的虚拟表示。数字孪生技术可实现对实验室的虚拟仿真，让管理人员可以清晰直观地掌握实验室运营中的有效信息，实现透明化与可视化管理，进而有效提升资产管理与监控管理的效率，实现立体式、可视化的新一代实验室运行管理。

（五）执行系统

执行系统主要是将服务器发出的控制信息通过网络系统传输给各类需要动作的设备，如室内压力的新风阀门或排风阀门、门禁系统开关、窗帘控制步进电机等。执行系统可以和感知系统集成为一体。

智能传感器是指具有信息采集、信息处理、信息交换、信息存储功能的多元件集成电路，是集成传感芯片、通信芯片、微处理器、驱动程序、软件算法等于一体的系统级产品。智能传感器是实现智慧实验室的基础，是确定实验室人员诉求、实验室环境参数、样件位置及方法正确与否的关键技术，常用传感器包括光传感器、电传感器、磁传感器、热传感器、声传感器、机械传感器等。

智慧实验室建设常用技术主要包括智能传感器技术、网络与计算机技术、智能与大数据技术、自动控制与机器人技术、网络安全技术等。

四、智慧化管理系统包含的主要功能模块

（一）实验室管理

1. 实验室可视化管理平台　可展示所有实验室的总体信息，包括实验室数量、实验室预约、设备总数、实验室水电统计、实验室实时信息提示等统计类数据；通过实验室看板进入实验室房间详情页，详情页包含实验室环境信息、视频流展示、实验室信息流动面板、实验室设备列表及实验室能耗统计等。

2. 实验室房间预约　完成实验室房间预约，通过时间段查看，确定可以预约的房间及时间；管理员可以设定可预约房间及开放时间段。实验室可在线预约、在线审批。提交预约申请后，预约审批员进行审批，预约在未被确认之前可以进行取消操作。预约审批通过后即生效。如遇特殊情况，管理员可取消预约。

3. 实验室信息设置　实验室房间新增或修改，包括实验室房间位置、管理员信息、实验室关联仪器设备、实验室包含传感器信息、关联视频监控设备、预约属性设定等。

4. 基础信息设置

（1）人员信息：管理人员基础信息并关联角色权限。

（2）角色权限：管理系统的功能权限及控制页面的操作权限和数据权限。

（3）组织架构：建立企业的组织名称和层级关系。

系统只允许经过预先授权的用户访问登录，并且在系统运行周期内保证用户名唯一。系统划分多级权限，通过权限的分配限定数据共享及隔离。管理员为其他用户设置唯一初

始密码，当用户第一次登录时，强制更换初始密码。

（二）实验动物管理

1. 实验动物可视化平台 展示动物房的总体信息，包括动物房数量、动物房预约相关信息展示、设备总数、动物房水电统计、动物房实时信息提示等统计类数据。

通过动物房可视化平台进入动物房详情页，详情页包含动物房环境信息、视频流展示、实验动物信息流动面板、动物房设备列表及动物房能耗统计等。

2. 实验动物信息设置 动物房房间新增或修改，包括动物房房间位置、管理员信息、动物房关联仪器设备、动物房包含传感器信息、关联视频监控设备、预约属性设定等。

3. 实验动物笼位管理 包括笼位、笼架信息管理，支持图形效果展示，对笼位的增删改查等。

4. 实验动物笼位看板管理 查看当前或未来一段时间的笼位使用状态及笼位其他相关信息等，并可根据笼位使用情况进行笼位分配。

5. 实验动物笼位进出库管理 通过动物笼的标签管理，实现动物笼的信息查看、出入库记录。可对动物笼的仓储情况进行查看，同时对空余笼位进行提醒。

6. 实验动物笼位预约管理 通过笼位预约管理实现笼位的申请、预约、审批、使用等流程及过程信息记录。

（三）实验动物全生命周期追溯管理

对动物房的动物信息进行全流程记录，实现可追溯管理。内容包括动物订购、动物接收、动物实验预订和实施过程、动物处理等过程的信息记录。实现动物和每个环节关联，达到全流程、可追溯的动物信息管理。

1. 动物信息管理 对实验动物建立身份库，所有的动物信息可按类别、年龄、实验属性等进行分类查询。查询结果为该动物全生命周期的相关信息，包括该动物的订购、接收、实验、处理等信息。

2. 动物订购 支持动物订购的申请、审批、采购等管理流程，可查询各个流程进展，所处项目阶段等。

3. 动物接收 订购完成后将信息推送给申购人和动物房，管理员接收动物后于管理系统上进行确认，并记录接收信息。

4. 动物实验审批管理 进行动物实验前，需要进行伦理审批和实验审批，系统支持这两项的流程管理，其中涉及流程的申请、审批、看板等功能。

5. 动物实验过程 对动物的实验过程及身体状态进行全方位的健康监控和安全管理：通过热力成像等技术对动物的体温进行实时监测，如有异常情况可以报警；通过视频监控、AI 识别、红外探测等方式对特定区域进行动物或人体识别，尤其是对动物的识别可以及时报警，避免动物逃逸；对于特定区域，存在安全风险事件时可以及时报警。报警类型包括动物逃逸、陌生人员闯入等。

6. 动物处理 记录动物尸体处理信息，包括动物信息、重量、时间、科研项目等信息。

7. 动物身份识别　建立针对不同动物进行个体或群体识别的方法，支持采用图像、RFID 标签、嵌入式芯片等技术对不同动物个体进行识别。使用 RFID 芯片时，应充分考虑芯片在皮下有游动性，防止不易查找甚至丢失的问题。

（四）设备仪器管理

1. 设备可视化平台　通过设备可视化平台可以清晰地看到各设备的相关信息，包括设备基本信息、设备状态、远程启停、异常提醒、设备维保信息展示、设备利用率展示等。通过对设备仪器电压、功率等监控分析，实现设备仪器使用率统计，设备仪器校准、认证、维修保养等自动提醒，无须纸质记录。

2. 设备信息管理　通过设备信息管理建立实验室设备信息，包括对设备基本信息的增删改查及导入导出。设备的基本信息包括品牌、型号、名称、编号、所属部门、房间位置、设备使用时间、质保时间等，以及设备采购信息、维护设备状态信息等。

3. 设备预约管理　需要预约使用的设备，可在线预约、在线审批。提交预约申请后，预约审批员进行审批，预约在未被确认之前可以进行取消操作。预约审批通过后即可生效。如遇特殊情况，管理员可取消预约。

4. 设备维保和校准管理　实现对各设备的维保或校准信息的维护，包括设备的名称、编码、类型、距离下次校准天数、最后一次维保或校准时间和人员。通过维保明细可以查看维保记录。

对设备的维保记录进行维护，包括维保人、维保内容、维保时间、维保周期、维保提前预警天数等信息。例如，实验仪器、防护设备（洗眼器、应急箱、消防设备、HEPA 过滤器等）的定期维护，生物安全柜、压力蒸汽灭菌器的定期检测，压力蒸汽灭菌器消毒灭菌效果检测，紫外线辐射强度检测等。系统会对设备仪器的定期维护和检测进行时间设置提醒，方便实验室生物安全管理员进行管理。

5. 设备利用率分析　基于物联设备对各设备使用时间的采集和分析，统计各设备的运行时间、关机时间，统计设备利用率和开关机次数。结合设备健康指标进行相应的预警报警。

6. 设备预测性维护分析　通过对各类设备数据的采集，同时基于大量数据的积累，建立设备的利用率分析模型及设备预测性维护模型，基于模型的准确度越来越高，可以对设备进行智能预测，有效预测设备的使用寿命和维护保养周期，可以适当延长设备的生命周期。

7. 设备能耗在线监测　基于物联设备，通过对各设备的用能监测数据采集，实现对各用能设备的能耗数据统计及分析。结合各用能设备的用能限制进行报警。

8. 设备运行状态监控　基于对物联设备的数据采集，可实现对各设备运行参数的监测及记录，并支持对设备各参数历史数据进行查询分析。结合各设备运行参数的限值进行相应的参数报警，在系统应用端进行安全风险管理活动记录。

（五）环境管理

1. 环境指标监测管理　通过对接暖通系统及其他系统，无须进入实验室即可查看实验室环境状况，根据不同实验室受控要求和级别，设置异常报警范围，如洁净度、温度、压差、噪声、照度等。通过气流速度及换气次数的监测，实现系统对相关数据的采集和分析，按照实验室指标标准，进行相应的预警和报警。

2. 其他环境管理 监测实验室烟感、化学气体的变化，如易燃易爆气体、有毒有害气体、助燃类气体等多种气体的监控，如发现存在危险，可通知监测实验室和安全处置部门，必要时可实时报警。

（六）实验项目管理

从研发项目的立项到实验设计、方案执行、结果报告，全流程进行电子化管理。每个环节的负责人、执行人、执行节点、完成状态均可实现全流程可追溯。这对于实验人员而言，便于总结归纳；对于管理者而言，便于实验追踪，确定实验成败因素，提高科研效率。

1. 项目状态 分为正常、停止、成功、失败，记录状态变更原因，便于项目复盘追溯。

2. 项目分支管理 将整体项目拆分成多个子任务，每个任务对应一项实验，实验间存在前后依赖关系的，系统可采用分支图的形式展现。实验状态分为三类：验证成功、进行中、停止，分别用不同颜色表示。

3. 任务进度甘特图 将整体项目拆分成多个子任务，对任务进行过程管理，并将整个任务的进展历史记录下来，方便复盘，任务完成情况以甘特图形式呈现。

4. 项目里程碑 为项目主要研发节点创建里程碑，设置主要负责人、主要研发时间，直观反映项目研发过程的重要节点完成情况，为项目顺利完成提供坚实基础。

（七）实验数据管理

1. 建立实验数据统一管理系统 包括对实验数据的自动获取、动态分析，数据备份、数据保真。

（1）自动获取：通过对接实验设备或者相关系统，自动获取相关实验数据，形成实验记录信息台账。

（2）动态分析：通过对实验数据的分析，形成实验动态分析模块，包括对实验类别、实验人员、实验动物、实验结果、实验周期、实验成果等不同维度的数据分析。

（3）数据备份：定时对实验数据进行本地备份和异地备份，确保实验数据的安全性。

（4）数据保真：利用区块链技术，对实验记录或实验结果进行数字签名，可以确保签名的真实性、数据的唯一性和不可篡改。①数字签名需要和具体的数字文档绑定，类比现实中的签名和纸质媒介绑定。②数字签名不可伪造。③能证明消息确实是由信息发送方签名并发出的，并且确定消息的完整性。

2. 电子实验记录本 与人员管理、健康管理、环境管理、试剂管理、仪器管理等全实验流程模块进行关联，可以自动导入实验过程中用到的仪器、试剂，省去了实验人员手填的程序。将实验过程电子化保存，方便事后进行总结追溯，多人之间的实验，可以做横向对比分析，加大数据利用价值。

系统内置多种可编辑实验模板，可选择相应的模板进行编辑。若在模板中心找不到合适的模板，也可自定义模板进行实验记录，同组之间的实验模板可设置共享可见，同组其他人员也可复用该模板，减少重复性输入，提高工作效率。实验报告支持自动导出。可自定义编辑后台常用模块，支持不同模块导入不同实验中。

（八）实验室安全管理

1. 门禁、视频监控、安防系统管理　通过对接门禁、视频系统，安防系统可在平台实现对门禁的控制和信息记录，包括门禁的开启记录、人员流动记录等信息。通过对接视频系统，可在平台端监控各实验室房间视频信息。

2. 人员热成像智能测温　在需要进行人员体温监测的位置设置人员体温监测设备，利用热成像智能测温设备，实现对进入相关房间的人员进行实时体温监测，体温监测在正常范围内方可进入实验室，超出正常范围的进行报警。

3. AI 识别　结合视频监控系统和后台的 AI 算法，通过部署 AI 识别摄像头，可实时监测实验室风险和人员安全风险，对实验室人员行为进行识别和对各种危险因素进行识别，起到安全防护和人员安全的预警功能。

（1）实验人员防护识别：智能视频算法识别实验人员是否戴口罩、穿防护服。

（2）人员倒地识别：实验室内人员倒地实时监测识别。

（3）烟雾识别：液氮泄漏、失火烟雾均可识别。

（4）火光识别：视频捕捉失火的第一瞬间，即刻报警，避免火势蔓延。

（5）禁区进入识别：动态设置实验室禁区，一旦有人踏进此区域，AI 自动截图并发送给管理员。

（6）人流量统计：AI 摄像头进行人脸识别，自动记录区域内进出次数。

（九）知识库管理

系统支持知识库的建立，包括对操作技能、操作手册、实验手册等各种知识库的建立，系统管理人员可以进行相关内容的增加、删改、查询等应用。例如，VR 教研系统。

为了方便对实验人员进行培训，可通过 VR 技术进行虚拟漫游，实现虚拟设备巡检、虚拟维保、虚拟实验操作等功能。

为了提高实验人员操作水平和操作流程准确度，VR 教研系统可借助 VR 技术让实验人员更贴近真实情况进行学习和操作，在理论知识基础上，沉浸式体验实验室各方面的内容，包括操作规程、操作流程、实验方法、实验步骤、实验内容等。

（十）人员管理

1. 人员档案管理　建立人员档案库，实现人员相关信息的增删改查，包括人员名称、简介、学历、学位、履历、技能证书、职称、培训经历等信息。支持人员资质及证书到期预警功能。

2. 人员培训考试系统　系统支持相关人员线上培训、考试，管理员进行计划的制订、发布、实施，确保人员具备相关实验操作的能力。构建线上考试系统，建立线上考试、评分、考核的闭环考核机制。

3. 人员评价管理 通过人员评价管理功能进行月度、季度、年度的人员综合能力评价，对实验人员的各项指标按权重打分，系统通过相关评价方法得出综合评分。

在人员综合评分基础上，可以建立人员评价体系，更清晰地进行人员梯队的建设，方便查看人员的提升点，更精准地提升人员的各方面能力。

4. 人员定位追踪 通过给人员配备专用的识别标签，不仅能够追踪人员的当前位置，而且可以实现人员路线的追踪。

（1）实时位置查询：可随时查询人员的当前位置。

（2）热力图追踪：结合楼内的室内平面图，绘制人员的轨迹热力图，在每个区域的停留时间长短一目了然。

（3）跨区预警：设置人员的停留区，当人员进入该区域时，系统会发出预警通知，提高人员的安全性，提升管理规范程度。

（十一）材料管理

1. 样本管理 包含样本的仓储位管理、样本基础信息维护、样本出入库管理、操作记录查询、样本报警管理。

（1）仓储位管理：建立可视化的设备仓储结构，通过可视化的方式让管理人员快速了解仓储位状态。

（2）样本基础信息维护：维护样本的类型、种类字典值，录入样本的基础信息，包含样本编码、名称、来源、库存预警、有效期、所属部门等信息，并提供自定义指标供用户自定义字段录入信息。

（3）样本出入库管理：根据需要，按照明细添加贮存数量，可通过网络端后台或者以手持终端 PDA 的方式进行扫码出入库管理。

（4）操作记录查询：生成样本出入库操作履历，同时可以依据不同条件查询操作记录。

（5）样本报警管理：对临期 / 超期样本进行报警提示，防止出现长期占用仓储位的情况。

2. 危化品管理 可对易燃液体、可燃液体、强酸强碱类、易燃气体规范化分类贮存，充分保障危化品贮存安全；实现危化品合规化管理。

3. 试剂管理 通过手持终端 PDA 扫码，实现批量物品入库，对实验室用到的试剂、耗材、普通样本进行智能化管理。不仅可以实时查看仓储数量，而且可以查看该物品的精准存放位置，从而解决物品存放位置模糊、临期过期试剂不清晰等问题，提高工作效率。可以实现试剂的贮存管理、目录管理、出入库管理、操作记录查询、库存盘点及报警。

（十二）废弃物管理

回收人员通过智能废弃物转运车到达各个科室进行废弃物回收，自动生成交接人、操作人员、数量、废弃物种类、临存重量、时间等信息并打印标签，将打印的标签粘贴到废弃物袋上，将废弃物袋放置于转运车中。

1. 废弃物分类管理　预设 5 类，分别为感染性废弃物、病理性废弃物、损伤性废弃物、药物性废弃物、化学性废弃物。

2. 废弃物流程追溯　从废弃物产生的科室到接收人员，直至废弃物的处理，全流程可追溯。

（十三）运营管理

1. 数据可视化管理　结合数字孪生技术，通过数据可视化进行大数据的相关展示，将实验室环境监测数据和设备运行状态、仓储数据等信息汇总，经数据分析后将有价值的数据信息展示在大屏幕上。这样管理者对实验室实时运行状态一目了然，有助于保障实验室安全、高效、便捷管理运营，辅助决策。

（1）环境监控：该部分展示实时环境传感器参数。例如，低等级实验室可展示气压、风速、湿度、温度、照度、噪声、洁净度、尘埃粒子、浮游菌等指标数据。

（2）报警信息：在页面动态循环展示报警数据，鼠标放到报警区域可以手动滑动显示报警信息。

（3）出入库信息：每个实验室的样本、耗材当日出入库数据。

（4）设备总览：可展示实验室设备种类及数量占比。

（5）设备运行数据：可展示设备名称、类别、指标数据及运行状态。

（6）中控展示：中控部分可显示整楼平面效果图，中控部分两侧显示整楼实验室数量、设备类别及每一类设备的运行占比。

（7）循环播放设置：通过中控部分的循环展示按钮控制是否自动循环播放。在自动循环播放模式下，楼体可以自动旋转，整楼平面效果图从当前选中的实验室开始，依次高亮显示所有实验室在大楼的相对位置。关闭自动循环播放模式，则停留在当前实验室信息，支持鼠标拖拽及缩放。

（8）实验室选择：在楼层效果图上可以选择实验室，选中后高亮显示，并更新为当前选择实验室数据。

2. 支持决策管理　对系统相关的数据进行多维度分析，包括动物相关的信息、人员相关的信息、实验相关的信息、设备相关的信息、废弃物相关的信息、危化品相关的信息、试剂耗材相关的信息，结合不同维度的数据报表分析，提供决策支持，包括物料采购计划、动物订购计划、设备使用计划、实验室使用计划等。

3. 能耗低碳运行管理　随着双碳的相关要求越来越高，实验室必须走绿色低碳发展之路，建立实验室低碳管理体系也越来越重要。运营管理可按照时间维度、实验室维度、设备维度进行能耗分析，进行能耗考核。

第二篇

病原微生物实验室安全操作规范

第八章　实验室进出程序和个体防护装备穿脱的安全操作

在了解实验活动的安全操作技术之前，需要先了解个体防护装备的选择、实验室进出流程和个体防护装备穿脱的安全操作。个体防护装备是生物安全实验室的一级防护屏障，安全、有效的个体防护能够保护实验操作人员免受病原微生物及其他物理、化学因素的侵害。实验室的退出流程及个体防护装备穿脱的操作，也涉及生物安全实验室的二级防护屏障，正确、安全的退出流程和操作行为是保障实验室外环境生物安全的关键要素。个体防护装备的选择，除了需要依据相关的国家标准外，还需考虑具体实验室设施的安全防护条件、实验室的进出流程、所操作病原微生物的传播途径、敏感消毒剂、具体实验活动的风险评估结果等影响因素。因此，具体实例中个体防护装备的选择、实验室进出流程及个体防护装备穿脱的操作程序会有所不同。本章将列举实验室进出及个体防护装备选择和穿脱的常用流程，旨在帮助读者建立个体安全防护的理念，理解和掌握个体防护装备穿脱的流程与安全操作要点。

第一节　个体防护装备的种类和选择

参照国家标准《个体防护装备配备规范》（GB 39800—2020），生物安全实验室的个体防护装备主要包括手部防护、呼吸防护、眼面防护、躯体防护、足部防护和听力防护。应依据实验室设施的具体安全防护条件、实验室的进出流程、所操作病原的传播途径、敏感消毒剂、具体实验活动的风险评估结果，并应依据《医用防护口罩技术要求》（GB 19083—2010）、《呼吸防护　动力送风过滤式呼吸器》（GB 30864—2014）、《眼面防护面具通用技术规范》（GB 14866—2023）、《医用一次性防护服技术要求》（GB 19082—2009）、《一次性使用灭菌橡胶外科手套》（GB/T 7543—2020）和《一次性使用医用橡胶检查手套》（GB 10213—2006）等国家标准对个体防护装备技术性能及质量标准的具体要求进行选择。

一、个体防护装备的种类

（一）手部防护装备

手套是用于保护手部免受伤害的防护装备，可以增加长度覆盖前臂和上臂。

手套的材质包括聚乙烯（polyethylene，PE）、乳胶、丁腈、皮革、金属等。按照功能可分为一般工作手套、防微生物手套、防昆虫手套、防辐射手套、防酸碱手套、防震手套等。一次性医用检查手套的材质主要有两种，即天然橡胶的乳胶手套和丁腈橡胶手套。根据表面不同可分为麻面手套和光面手套、有粉手套和无粉手套。根据灭菌情况可分为灭菌手套和非灭菌手套。应根据实验所操作的对象确定手套类型，根据实验操作对象的特性如单次接触时间、接触频率等确定手套应具备哪些防护性能和防护性能等级。防护多种有害因素，可选择多功能的防护手套或多重穿戴。使用者应选择大小适合的手套，手套过大或过小都会影响实验操作。选择手套时，还应考虑手套的安全性。手套的制作材料、结构等可能会影响使用安全和健康。如天然橡胶中的胶乳蛋白质可能会引起使用者过敏反应，需要通过实际使用验证手套的适用性。

（二）呼吸防护装备

呼吸防护装备是防范缺氧和空气污染物进入呼吸道的装备。按功能主要分为颗粒物防护装备和气体防护装备。按形式又可分为过滤式和隔绝式两类，过滤式又可分为自吸过滤式（半面式、全面式、随弃式）和电动送风式，一次性医用防护口罩属于自吸过滤式中的随弃式半面罩。

呼吸器要根据空气中污染物存在形态来选择适当的类型。首先区分污染物是颗粒物、气体或蒸汽，还是它们的组合，是固态还是液态，是油性还是非油性，有无刺激性，是否为缺氧状态环境，然后判断危险程度，最后确定使用的种类。如果选用密合型面罩，使用前应对所选择的呼吸器做适合性检验。

（三）眼面部防护装备

眼面部防护装备是预防电磁辐射、紫外线及有害光线、烟雾、化学物质、金属火花和飞屑、尘粒、抗机械和运动冲击等伤害眼睛、面部和颈部的用具，包括眼镜式眼护具、护目镜和防护面罩。防护面罩是保护面部的防护用品，可以直接戴在头上或者连接在防护头盔上，既可以保护眼部，也可以保护面部、喉部和颈部。根据外形结构，眼罩分为开放型和封闭型，眼镜分为带侧光板型和普通型等。

应根据实际工作需要选择眼部护具，如果需防护多种危害，应选用具有多种组合防护功能的护具。选择护具时应注意护具镜片的质量，不应引起视力损害，矫正视力的眼镜不能替代眼部护具。

（四）躯体防护装备

躯体防护装备即通常讲的防护服，可以防御物理、化学和生物等外界因素伤害，分为一般作业防护服和特殊作业防护服，可以有效地保护作业人员，并且不会对工作场所、操作对象产生不良影响。根据防护对象，可分为化学防护服、生物防护服、防尘服、防水服、防寒服、防辐射服、防酸碱服等。一次性医用防护服适用于在接触具有潜在感染性的血液、体液、分泌物、空气中的颗粒物时，可提供阻隔、起到防护作用的场合。

应根据实际工作需要选择不同类型的防护服，必要时可选择具有多种功能的防护服，应选用符合行业标准并经专业技术部门检验的品种。使用前应详细阅读使用说明，特殊防护服使用前应进行培训，熟练掌握防护服的正确穿脱及使用后的处置、保存方法。

（五）足部防护装备

足部防护装备是保护穿用者的小腿或足部免受物理、化学和生物等外界因素伤害的装备。按功能分为防尘鞋、防水鞋、防静电鞋、防高温鞋、防酸碱鞋、防滑鞋、防穿刺鞋等。实验室中常用的工作鞋、长筒胶靴、鞋套、防水靴套等应防滑、防穿刺、防水、防静电。

应根据工作内容及工作场所的情况选择足部防护器具，必要时可选择多功能防护器具或不同器具的组合。足部防护器具应大小适合，容易穿脱。不应随意增加或去掉鞋垫，改变鞋的防护性能，选择工作鞋和长筒胶靴时应防滑、防穿刺、防水、防静电，必要时还应防酸碱。在常规实验室中，如没有特殊要求，应选择舒适、防滑、不露脚趾、符合人体功效的平底鞋，可选用皮质或合成材料等不渗液体的鞋类。在实验室特殊区域或高等级防护区内应使用专用鞋。

（六）听力防护装备

听力防护装备是能够防止过量的声能侵入外耳道，使人耳避免噪声的过度刺激，减小听力损伤，预防噪声对人耳引起不良影响的个体防护用品，包括耳塞、耳罩和防噪声头盔。选择护听器时应考虑环境和个体条件，合适的护听器应既能降低噪声，又不影响工作。佩戴及摘取时不应影响其他 PPE 的使用。使用前应进行培训，正确掌握佩戴及摘取方法，以达到护听器的防护效果。耳道有疾病的人员不应使用插入式耳塞。

二、个体防护装备的选择

应根据保护程度的要求和用品的适用性选择正确的 PPE。选择 PPE 的种类应考虑适合性，包括屏障保护（穿透和渗透）耐受性、质量（材质、有效性、安全性、舒适度）、便利性（尺码、体型、方便使用）、环境相容性（温度、湿度、氧浓度）和成本，PPE 经分析满足要求后，应在实际工作条件下进行测试，避免产生器械性损伤。所选用 PPE 的技术指标应符合国家相关标准或行业标准，因此在选择 PPE 时一定要检查 PPE 上是否有相应的国家相关标准或行业标准标识，必要时可要求供应商提供检测报告。所选用的 PPE 与所从事的作业类型应匹配，选购 PPE 时应详尽了解实验活动的各个环节风险点、风险评估结果及 PPE 的防护性能。PPE 应在有效期内使用，并进行定期检查，及时更换。如果发现 PPE 有损坏（如破损、腐蚀、风化等），应及时更换。

（一）（A）BSL-1 实验室的个体防护装备选择

（A）BSL-1 实验室基本的个体防护装备包括实验服和一次性手套，可穿个人的鞋进入实验室，但不可露脚趾和脚面。在进行有喷溅风险的实验操作时，特别是操作有腐蚀性酸、碱溶液时，须戴护目镜或面屏；在进行粉状有害化学试剂称量和配制时，须戴医用防护口罩；在进入动物屏障饲养设施时，须穿洁净的连体防护服和工作鞋；在进行动物实验操作时，可选用防撕咬手套；在操作高压蒸汽灭菌器或超低温冰箱时，须戴隔热手套，防止烫伤或冻伤。

（二）（A）BSL-2 实验室的个体防护装备选择

（A）BSL-2 实验室基本的个体防护装备包括医用防护口罩、防护服、一次性手套和工作鞋。依据具体实验活动的风险评估结果，可选用一次性医用外科口罩或 N95 防护口罩，防护服可选用防水、防溅、耐消毒剂腐蚀的连体防护服或外层隔离衣（后系带、前襟一体的防护服）。在进行有喷溅风险的实验操作时，须选用外层隔离衣，戴护目镜或面屏；在进行动物实验操作时，可选用防撕咬手套；在操作高压蒸汽灭菌器或超低温冰箱时，须戴隔热手套，防止烫伤或冻伤。

（三）（A）BSL-3 实验室的个体防护装备选择

（A）BSL-3 实验室基本的个体防护装备包括呼吸防护装备、防护服、一次性手套和工作鞋。依据具体实验活动的风险评估结果，呼吸防护装备可选用 N95 防护口罩或正压生物防护头罩；防护服可选用舒适吸汗的棉质内层防护服和连体防护服及外层隔离衣；工作鞋可选用防水、防溅、耐消毒剂腐蚀的胶鞋、胶靴，也可选用舒适、非防水的工作鞋配套具有防水、防溅、耐消毒剂腐蚀功效的鞋套。在进行有喷溅风险的实验操作时，须戴护目镜或面屏；在进行动物实验操作时，可选用防撕咬手套；在操作高压蒸汽灭菌器或超低温冰箱时，须戴隔热手套，防止烫伤或冻伤。

（四）（A）BSL-4 实验室的个体防护装备选择

（A）BSL-4 实验室分为生物安全柜型实验室和防护服型实验室。在生物安全柜型（A）BSL-4 实验室内，个体防护装备通常与（A）BSL-3 实验室的个体防护装备相同或相似。在防护服型（A）BSL-4 实验室内，个体防护装备主要是穿着由生命支持系统供气的正压防护服，在正压防护服内，应穿着舒适吸汗的棉质内层防护服，戴一次性手套；在进行动物实验操作时，可在正压防护服手套外面加戴防撕咬手套，如涉及动物解剖等操作，须在正压防护服手套外面加戴防划伤手套；在操作高压蒸汽灭菌器或超低温冰箱时，须在正压防护服手套外面戴隔热手套，防止烫伤或冻伤。

第二节　实验室进出程序和个体防护装备穿脱安全操作要点

一、（A）BSL-1 实验室

1. 进入实验室　（A）BSL-1 实验室入口处宜设更衣柜或衣架 / 衣钩，进入实验室时穿实验服，戴一次性手套，每只手套在戴前须进行检漏确认，然后进入实验室开始工作。

2. 退出实验室　（A）BSL-1 实验室出口附近应设洗手池，退出实验室时须脱去实验服和一次性手套，洗手后离开实验室。脱实验服和一次性手套时，应注意避免实验服和一次性手套的外表面接触或沾染内层的个人衣物或皮肤，必要时及时更换、清洗。

二、（A）BSL-2 实验室

1. 进入实验室　（A）BSL-2 实验室入口处或缓冲间宜设更衣柜或衣架 / 衣钩，进入实验室时穿外层隔离衣或连体防护服，戴两层一次性手套，每只手套在戴前须进行检漏确认，内层手套须覆盖防护服袖口，必要时可用胶带固定，方便随时更换外层手套。然后戴一次性医用外科口罩或 N95 防护口罩，更换工作鞋后进入实验室开始工作。

2. 退出实验室　（A）BSL-2 实验室出口附近应设洗手池，退出实验室时依次脱去外层隔离衣或连体防护服、外层手套、一次性医用外科口罩或 N95 防护口罩，更换工作鞋，最后脱去内层手套，洗手后离开实验室。脱防护服、一次性手套和口罩时，应注意避免防护服、一次性手套和口罩的外表面接触或沾染内层的个人衣物、头发或皮肤，必要时及时对潜在污染的部位进行消毒和清洁处理。

三、（A）BSL-3 实验室

1. 进入实验室

（1）进入（A）BSL-3 实验室时，在一更脱去个人衣物及佩饰、手表等，依次穿戴内层防护服、连体防护服、一次性防护帽、内层手套、N95 防护口罩、外层隔离衣、外层手套。每只手套戴之前须进行检漏，内层手套须覆盖连体防护服袖口，必要时可用胶带固定，方便随时更换外层手套，外层手套须覆盖外层隔离衣的袖口；N95 戴好后亦须用手捂住口罩中央，用力吹气，检查四边是否漏气；对照穿衣镜检查是否正确穿戴所有个体防护装备。

（2）穿过淋浴间进入二更，更换工作鞋，套双层鞋套。

（3）进入缓冲走廊，如须戴正压生物防护头罩，在缓冲走廊或核心区缓冲间戴，戴前须检查蓄电池电量，测试动力送风系统的流量，然后进入实验室核心区开始工作。

2. 退出实验室

（1）退出实验室核心区前，应使用评估有效的消毒剂对外层防护装备的手、肘、前襟部位和脚底进行彻底消毒，然后脱下非一次性使用的护目镜或面屏进行消毒处理后留在核心区以备下一次使用。如已戴正压生物防护头罩，须在离开实验室核心区前对其外表面进行彻底的喷洒消毒。实验废弃物外包装的表面，在移出实验室核心区前亦须再次进行喷洒消毒。

（2）退至核心区缓冲间后，依次脱去外层隔离衣、外层鞋套和正压生物防护头罩，再次消毒正压生物防护头罩的内外表面和主机的外表面，面罩悬挂晾干，蓄电池卸下充电，以备下次使用。然后更换外层手套，转移实验废弃物至高压蒸汽灭菌器中，再次更换或消毒外层手套。

（3）退至二更后，依次脱去连体防护服、内层鞋套和外层手套。双手喷洒 75% 乙醇消毒，更换工作鞋，脱去一次性防护帽、N95 防护口罩和内层手套，用 75% 乙醇喷洒消毒手部。脱防护服、一次性手套和口罩时，应注意避免防护服、一次性手套和口罩的外表面接触或沾染内层的防护服或头发、皮肤，必要时及时对潜在污染的部位进行消毒和清洁处理。

（4）退至淋浴间，脱去内层防护服淋浴。

（5）退至一更，穿戴个人衣物后离开实验室。

四、（A）BSL-4 实验室

1. 进入实验室

（1）进入（A）BSL-4 实验室时，在一更脱去个人衣物及佩饰、手表等，依次穿戴内层防护服、一次性防护帽、内层手套、医用防护口罩。每只手套戴之前须进行检漏，内层手套须覆盖连体防护服袖口，用胶带固定。

（2）穿过淋浴间进入二更，更换工作鞋。

（3）穿过缓冲走廊，进入正压防护服更换间，检查正压防护服气密性及状态是否正常，确认正常后脱下工作鞋穿正压防护服。两人相互检查确认穿着正确后穿过化学淋浴间，进入实验室核心区开始工作。

2. 退出实验室

（1）退出实验室核心区前，应使用评估有效的消毒剂对正压防护服的手部和脚底进行彻底消毒，然后进入化学淋浴间，按设定程序进行化学淋浴，化学淋浴结束后退出化学淋浴间。

（2）退至正压防护服更换间后，脱掉正压防护服并将正压防护服放于指定位置，双手喷洒 75% 乙醇消毒，穿上工作鞋。

（3）穿过缓冲走廊进入二更，依次脱去一次性防护帽、防护口罩、内层手套，用 75% 乙醇喷洒消毒手部。

（4）退至淋浴间，脱去内层防护服淋浴。

（5）退至一更，穿戴个人衣物后离开实验室。

第三节　个体防护装备的使用规范

一、手部防护装备

1. 手套的检查　在使用手套前应检查手套是否老化、褪色、穿孔（漏损）和有裂缝。可以通过充气试验（可以浸入水中观察是否有气泡）检查手套的质量。

2. 手套的使用　一般情况下，戴一副手套即可［（A）BSL-1 和（A）BSL-2 实验室］，在（A）BSL-3 实验室使用Ⅱ级生物安全柜操作感染性物质时，应该戴两副手套。在操作过程中，外层手套被污染时应立即用消毒剂喷洒手套并脱下后丢弃在生物安全柜中的高压灭菌袋中，并立即戴上新手套继续实验。手套戴好后应完全包裹手及腕部，如必要可覆盖实验服衣袖。

3. 手套的更换　生物安全实验室中使用过的一次性手套不可再次使用，须进行高压灭菌后丢弃。不得戴手套离开实验区域。工作人员在完成感染性物质实验离开生物安全柜之前，应该脱去外层手套丢入生物安全柜内的高压灭菌袋中。然后用消毒液喷洗内层手套，以避免污染门把手、电灯开关、电话等［（A）BSL-2 和（A）BSL-3 实验室］。在撕破、损坏或受到污染时应及时更换手套。

4. 避免手套的“触摸污染”　禁止戴着手套触摸鼻、面部，避免触摸或调整其他个体防护装备（如眼镜等），以及避免触摸不必要的物体表面如灯开关、门或把手等；如果手套撕破应该脱去，在换戴新手套前应清洗手部；注意尽量不要触摸工作台面和其他物品。

5. 戴手套过程的注意点　选择正确类型和尺寸的手套；将手插入手套后，将手套口遮盖实验服袖口；工作过程中要一直保持戴手套状态。

6. 脱手套过程的注意点　用一只手捏起另一只近手腕处的手套外缘，将手套从手上脱下并将手套外表面翻转入内，用戴着手套的手拿住该手套，用脱去手套的手指插入另一只手套腕部内面，脱下该手套使其内面向外并形成一个由两只手套组成的袋状，丢弃在高温消毒袋中进行消毒处理。

二、呼吸防护装备

（一）口罩穿脱

1. 杯式口罩的穿脱　①手捧口罩，指尖位于鼻夹位置，让头带自由地悬垂；②使鼻夹朝上，让口罩扣住下巴，将上头带戴在头顶位置，下头带戴在耳部以下的位置；③用双手示指，从鼻夹中部开始，向两侧一边移动一边向下按压鼻夹，塑造鼻梁形状；④每次佩戴后，必须进行佩戴气密性检查，双手捂住口罩、呼气，若感觉有气体从鼻夹处漏出，按照步骤重新调整鼻夹，若感觉气体从口罩两侧漏出，进一步向头后方调整头带位置。

杯式口罩的摘脱：一只手先取颈部的下方头带，将头带绕过头顶摘下，再取头顶的上方头带。

2. 折叠式口罩的穿脱　①口罩背面朝下，分开上下折叠的部分，使其成杯状，确保上下折叠部分形成杯状，一手捧着杯状的口罩，另一手拿住两根头带，使鼻夹朝上，让口罩扣住下巴，将头带拉过头顶；②将上头带置于头顶，下头带置于耳下方；③调整上下折叠部分，达到舒适密合；④拉伸调整上、下固定带，根据鼻梁形状塑造鼻夹并调整松紧程度，检测气密性。

折叠式口罩的摘脱：一只手先取颈部的下方头带，将头带绕过头顶摘下，再取头顶的上方头带。

（二）注意事项

（1）应严格按照使用说明书佩戴口罩。使用前应详细阅读呼吸器说明书，并进行使用前的培训，应示范如何检测口罩、如何固定于面部、如何调节口罩弹性带、如何确定密合度。

（2）佩戴前一定要确保手部清洁。佩戴时单手捏鼻夹会使鼻夹出现镜角，导致泄漏，并降低防护性能，应双手按压鼻夹。脱去口罩时不要将手放在口罩上，并注意不要使口罩接触干净衣物。如果使用的是紧密配合型面罩，还必须通过适合性检验。应使用符合国家标准的口罩。

三、眼面部防护装备

（一）佩戴正压动力送风装置

（1）佩戴时注意电池是否有电。

（2）呼吸管与正压呼吸防护装置进行连接（连接时呼吸管管口上的凸出部位要与防护装置上的管口凹处对接）。

（3）呼吸管与正压头盔进行连接（连接时正压呼吸防护装置上的呼吸管直接与正压头盔管口对接）。

（4）将正压呼吸防护装置的腰封系在腰部，并调节腰带长度。

（5）打开电源，将正压头盔佩戴在头上（佩戴时要将头盔调整恰当位置并将正压头盔上的防护披肩整理平整）。

（二）摘正压动力送风装置

（1）小心将双手插入正压头盔下方防护披肩内侧，将防护披肩向上卷起后，将正压头盔小心摘掉，不要接触面部皮肤。

（2）将呼吸管摘去，将正压头盔放于适合的位置。

（3）摘下腰带，将正压送风装置放在桌上。

（4）用含消毒剂的纸巾擦拭正压头盔、呼吸管及腰带，注意不要将液体喷入电源处，消毒后应彻底晾干。

（5）将电池卸下，用含消毒剂的纸巾擦拭后充电。

（三）注意事项

（1）使用前应详细阅读说明书，并请厂家工程师讲解装置的使用注意事项、调试仪器的方法、保养方法。

（2）应按照厂家提供的方法进行消毒。

（3）如为镍氢电池，应将电量放尽后再进行充电，以延长电池使用寿命。电池的保养和更换应按照厂家提供的方法进行。

（4）头盔的面屏如果受化学试剂腐蚀后影响视线，应及时更换。

四、躯体防护装备

（一）一次性医用连体防护服

1. 穿衣 脱下鞋子，小心地把双脚依次伸入连体防护服的裤腿中，再穿上适合的鞋子，将连体防护服拉到腰部，然后把双臂伸入衣袖中，再拉上连体防护服的拉链。戴上头套，将连体防护服的拉链拉至顶端，并按下拉片以锁定，确保拉锁不外露。

2. 脱衣 穿戴者应在戴着防护手套的情况下，拉开连体防护服拉链，由里朝外卷起连体防护服，卷至肩部以下。将双手放到背后，从两条手臂上完全拉下，向下卷动防护服至膝盖以下，直到完全脱下防护服（注意避免受污染侧触碰内层衣物），将卷成团的防护服丢弃到医疗废物垃圾袋中。

3. 注意事项　穿衣时应取出所有个人物品，存放在安全的环境中，选择适合尺寸的防护服；脱衣时应先做手部消毒，不可用被污染的手接触衣物的清洁部分，在未脱去连体防护服前，双臂不可在胸前交叉。

（二）外科手术服

1. 穿衣　将手臂分别插入两个袖筒后，将手术服穿到身上，系好颈部和腰部的系带，调整手术服，将身体完全包裹，背后不应裸露。

2. 脱衣　解开颈部和腰部的系带，不要碰触手术服内侧及皮肤，抓住手术服肩部，使其远离身体，将手术服内侧向外卷起，直到手术服脱下，卷成一团，丢弃到医疗废物垃圾袋中。

五、听力防护装备

暴露于高强度的噪声可以导致听力下降甚至丧失。当实验室中的噪声达 75dB 时或在 8h 内噪声大于平均值时，例如，在生物安全实验室中常用超声粉碎器处理细胞等时产生高分贝噪声，实验人员应该佩戴听力保护器以保护听力。常用的听力保护器为御寒式防噪声耳罩和一次性泡沫材料防噪声耳塞。各类听力防护装备不得带离实验室区域。

第九章 实验室常规仪器设备的安全操作

第一节 安全防护设备的安全操作

实验室的安全防护设备包括生物安全柜、负压排风柜、动物隔离饲养设备、换笼机和负压解剖台等。这些安全防护设备属于生物安全实验室的一级防护屏障，可有效隔离病原微生物与实验操作人员，是实验人员和实验室环境生物安全的基本保障。除此之外，实验人员良好的安全工作行为也是实验室一级防护屏障的重要组成部分，是保障安全防护设备发挥正常防护功能的必备要素。

一、生物安全柜

参照国家标准《生物安全柜》（GB 41918—2022）、中国医药行业标准《Ⅱ级 生物安全柜》（YY 0569—2011）、美国国家标准学会标准 NSF/ANSI 49—2020《生物安全柜：设计、构造、性能及现场验证》（*Biosafety Cabinetry*：*Design*，*Construction*，*Performance and Field Certification*，NSF/ANSI 49—2020），生物安全柜分为Ⅰ级、Ⅱ级、Ⅲ级。

Ⅰ级生物安全柜仅保护操作人员和环境，不能有效保护实验样本，目前已停产。

Ⅱ级生物安全柜又分为 A、B、C 三型，包括 A1、A2、B1、B2 和 C1 型。其中，A1 型和 B1 型生物安全柜已极少使用；A2 型生物安全柜广泛用于（A）BSL-2、（A）BSL-3 和（A）BSL-4 实验室，进行常规实验操作时，能有效保护操作人员、实验样本和环境；当实验操作过程同时存在生物危害、挥发性有害化学品的危害或放射性实验材料的危害时，建议选用 B2 型生物安全柜。C1 型生物安全柜是以 B1 型为基础设计的，对外排和循环风量的分配做了微量调整，64% 外排、36% 循环；在生物安全柜台面的操作区做了特殊的下沉设计，下沉区的四边设计有排风孔；在生物安全柜排风口增加了一个排风风机，连接排风罩。上述设计特点改变了生物安全柜的气流模式，使操作区样本逸出的绝大部分有害挥发性化学试剂被直接吸入排风孔并排出室外，而不加入循环气流。这在最大限度上降低了实验操作人员的暴露风险，可同时满足对生物危害和化学危害的防护。C1 型生物安全柜与 B1 型生物安全柜相比更安全，与 B2 型生物安全柜相比更节能。但目前只有 NuAire 和 Labconco 生产 C1 型生物安全柜，尚未得到推广使用。

Ⅲ级生物安全柜俗称手套箱，具有密闭的手套、观察窗和传递舱的气密性结构设计，是防护等级最高的生物安全柜。

以下将分述 A2、B2 型生物安全柜和Ⅲ级生物安全柜的安全操作要点。

（一）A2 型生物安全柜

1. A2 型生物安全柜的工作原理　如图 9-1 所示，A2 型生物安全柜是一个有气密性结构的半开放箱体，通过特定的定向气流模式维持工作台面均匀稳定的垂直下降层流、稳定的前窗进风风速和 HEPA 过滤器的净化滤过功能，保障操作人员、实验样本和环境的生物安全。在正常运行状态下，实验室内的空气由前窗以稳定风速（≥ 0.5m/s）的气流进入格栅进气孔，在前窗形成气幕将生物安全柜内环境与外环境阻隔，既阻挡柜内污染的空气逸出生物安全柜，又阻挡实验室内未经过滤净化的空气进入生物安全柜污染实验样本。而柜内操作空间的空气随着定向气流，其中 30% 的空气通过排风口 HEPA 过滤器排至室内，滤除 99.97% 可能黏附污染物、粒径在 0.3μm 以上的气溶胶粒子，实现对生物安全柜外部环境即实验室内环境的生物安全防护；剩余的 70% 空气，随着定向气流通过 HEPA 过滤器过滤净化后，以垂直下降的层流模式吹向工作台面，并保持一定的下降风速（0.25 ～ 0.5m/s），保障了实验样本洁净的操作环境，也使平行放置的样本之间不会产生交叉污染。

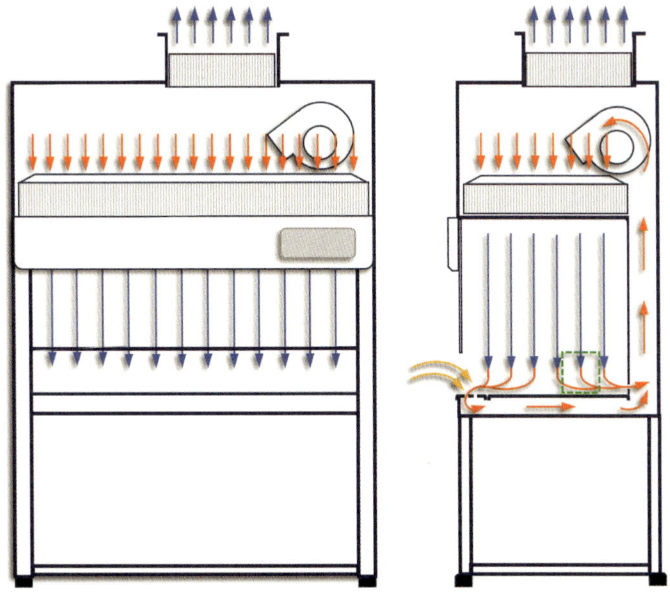

图 9-1　A2 型生物安全柜的工作原理示意图

2. A2 型生物安全柜的安全操作要点

（1）生物安全柜使用前须对侧壁、台面和前窗内外表面进行擦拭消毒，实验物品表面消毒后移入生物安全柜，按清洁区、操作区、污染区分区摆放（图 9-2），避免阻挡进风口和排风口。开启风机后运行 5min，以稳定气流，使柜内空气充分净化，手臂伸入安全柜后至少静止 1min 后开始操作。

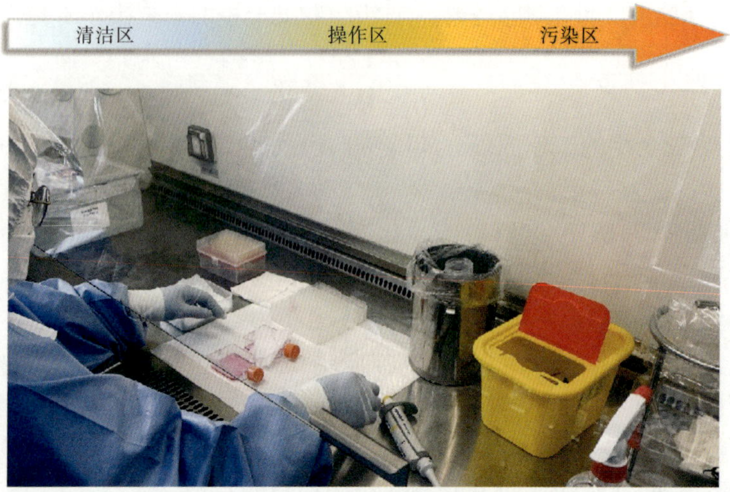

图 9-2 生物安全柜中实验物品的分区摆放

（2）操作过程中，操作人员应尽量减少手臂进出生物安全柜的频次，必要时由辅助操作人员在清洁区一侧传递物品。手臂和实验物品移入、移出生物安全柜前，应使用可靠的消毒剂消毒表面，保持足够的消毒时间，并以与前窗气流垂直的角度缓慢移进、移出，避免横向扫入、扫出破坏前窗气幕，使柜外未经过滤的空气进入柜内污染实验样本，使柜内污染的空气逸出生物安全柜，对实验人员和实验室环境造成危害。

（3）生物安全柜台面距四边 15cm 的区域是气流不稳定区域，不能提供有效防护，不可摆放物品及进行任何操作。前窗格栅不可摆放任何物品，也不可用手肘覆盖，以免阻塞进风口破坏前窗气幕的隔离作用。操作样本时，应尽量在距前窗 2/3 的区域操作，避免在开口样本上方横向扰动气流，造成样本的交叉污染。

（4）生物安全柜内不可使用明火，以免干扰生物安全柜的气流模式，产生乱流并造成样本间的交叉污染。灼烧沾染感染性液体的物品时，也会产生感染性微液滴的迸溅和感染性气溶胶的扩散。同时，在生物安全柜中使用明火，也有损害生物安全柜过滤材料或导致失火的潜在风险。必要时，可采用无火焰灭菌器进行高温消毒处理，或使用一次性接种环或手术器械。

（5）需要在生物安全柜内使用会产生气溶胶的小型实验仪器时，如涡旋振荡器、小型离心机等，应放置在污染区一侧，以减少发生生物安全柜柜内交叉污染的概率，提高对操作人员、实验样本和环境的安全防护。

（6）生物安全柜使用后须彻底消毒、清空柜内所有物品，实验废弃物须分类收集、包装，表面充分消毒后移出生物安全柜。生物安全柜侧壁、台面和前窗内外表面亦须进行充分擦拭消毒，保持生物安全柜运行 5min，待气流稳定、柜内空气充分净化后方可关闭风机，开启紫外灯照射 20min。

（二）B2 型生物安全柜

1. B2 型生物安全柜的工作原理 B2 型生物安全柜是全排型的生物安全柜，在正常运行状态下，实验室内的空气由前窗以稳定风速（≥ 0.5m/s）进入格栅进气孔，在前窗形成气幕将生物安全柜内环境与外环境阻隔；在生物安全柜的顶部，实验室内的空气通过HEPA 过滤器过滤净化后，以垂直下降的层流模式吹向工作台面，并保持一定的下降风速（0.25 ～ 0.5m/s），保障了实验样本洁净的操作环境，也使平行放置的样本之间不会产生交叉污染；而柜内操作空间的空气随着定向气流，全部通过排风口的 HEPA 过滤器，由连接排风口的排风管道排出实验室，保障实验室外环境的安全（图 9-3）。由于 B2 型生物安全柜操作空间的空气通过 HEPA 过滤器 100% 排放至实验室外，不在柜内和实验室内循环，适用于在从事病原微生物实验操作时，同时涉及挥发性有害化学品或放射性实验材料操作的实验工作，可提供生物危害、化学危害或辐射危害的双重防护，最大限度地保护实验人员的安全。

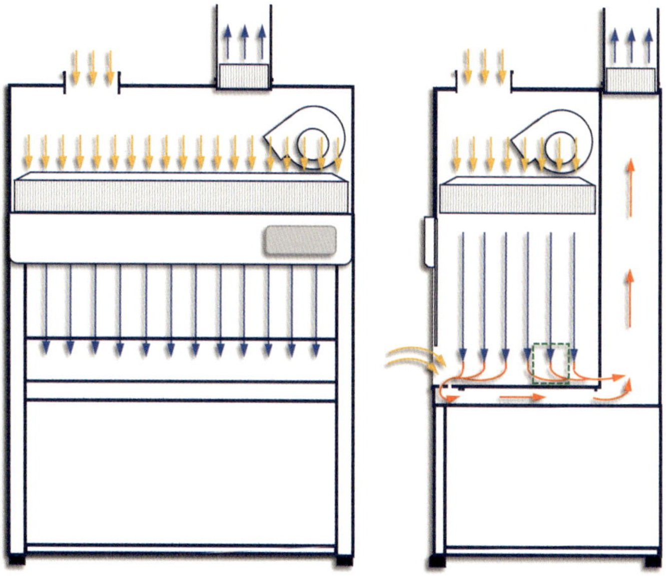

图 9-3　B2 型生物安全柜的工作原理示意图

2. B2 型生物安全柜的安全操作要点　B2 型生物安全柜主要的安全操作要点同 A2 型生物安全柜。但由于 B2 型生物安全柜的排风量较大，生物安全柜的启停需要与实验室的送排风系统联动，以维持实验室稳定的气流模式。另外，在实验室或生物安全柜排风系统发生故障的情况下，容易发生生物安全柜中污染的空气外逸，因此需要在生物安全柜上安装互锁系统，以保障实验人员和环境的生物安全。

（三）Ⅲ级生物安全柜

1. Ⅲ级生物安全柜的工作原理　Ⅲ级生物安全柜是一种完全气密、100% 全排放式无泄漏的通风安全柜，Ⅲ级生物安全柜的所有接口都是密封的，送风经 HEPA 过滤器过滤，排风则经过双重 HEPA 过滤器，由一个外置的专用通风系统来控制气流，使安全柜内部始终处于负压状态（约 –120Pa）。通过与生物安全柜操作面板相连接的橡胶一体化袖管手套进行生物安全柜内的操作，实验材料及废弃物通过双门设计的传递仓进出生物安全柜

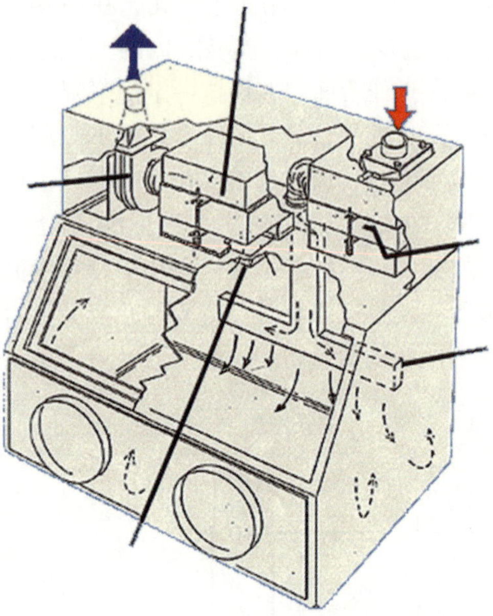

图 9-4 Ⅲ级生物安全柜的工作原理示意图

以确保实验材料和环境不被污染，适用于高风险的病原微生物实验，如开展埃博拉病毒等一类病原微生物相关的实验，同时涉及挥发性有害化学品或放射性实验材料操作的实验工作，可提供生物危害、化学危害或辐射危害的双重防护，在最大程度上保护实验人员和环境的安全，是目前最高安全防护等级的生物安全柜（图 9-4）。

2. Ⅲ级生物安全柜的安全操作要点 当操作一类病原微生物和相关材料时，采用Ⅲ级生物安全柜可以提供很好的防护。只有通过连接在生物安全柜上的橡胶手套，手才能伸至工作台面。Ⅲ级生物安全柜配备了可以经过压力蒸汽灭菌或化学消毒灭菌，并装有 HEPA 过滤排风装置的密闭传递桶。Ⅲ级生物安全柜也可与一个双扉压力蒸汽灭菌器相连接，可以对传出生物安全柜的所有废弃物进行灭菌处理。必要时也可以根据工作需要将几个Ⅲ级生物安全柜连接在一起形成完全密闭的系列Ⅲ级生物安全柜。

二、负压排风柜

负压排风柜用于隔离非生物安全型的实验仪器设备，如流式细胞分选仪、冻干机、气溶胶吸入暴露系统、冰冻切片机等，实现对实验人员和环境的安全防护。通常需要依据实验仪器设备的尺寸定制 A2 型的负压排风柜，或在 A2 型的负压排风柜的排风口加装排风罩。其安全操作规范要点同 A2 型生物安全柜，需要特别注意的是：实验仪器设备使用结束后，需要用经过验证的、确认有效的方法进行擦拭或熏蒸消毒后，方可关闭负压排风柜的风机。

三、动物隔离饲养设备

（一）小动物负压隔离笼

1. 小动物负压隔离笼的工作原理 小动物负压隔离笼的每个笼盒的通风系统都是独立的，并维持负压状态。房间中的空气经过 HEPA 过滤器过滤后通过独立的密闭连接快接进风口送入笼盒；笼盒中污染的空气通过笼盒独立的 HEPA 过滤器过滤后由密闭连接快接排风口排入负压隔离笼的排风管道，再经主机 HEPA 过滤器过滤后通过密闭连接的排风管排出实验室。另外，每个笼盒扣紧上架，在使用过程中都是气密的，从笼架上取下时也可维持 15min 的负压状态。因此，在使用小动物负压隔离笼饲养感染实验动物时，可有效避免笼盒之间的交叉污染，同时可有效保护实验人员和环境的生物安全。

2. 小动物负压隔离笼的安全操作要点

（1）笼盒上架时，需要确认正确卡位，以免未能连通快接送排风口，导致动物窒息死亡。

（2）取下笼盒放入生物安全柜进行换笼或实验操作前，须对笼盒表面进行有效消毒。

（3）操作结束后，扣紧盒盖、对笼盒表面进行彻底消毒，作用足够的时间后移出生物安全柜上架。

（4）更换下来的污染笼盒，须将笼盖、笼底、隔栅、水瓶和水瓶嘴分类收集、包装，表面消毒后移出生物安全柜进行后续的高压灭菌处理。如不同材质、不同部件组合打包，在进行高压灭菌时容易发生变形和出现烫痕，影响笼盒的气密性和承压能力。

（5）笼盒的 HEPA 过滤器可随笼盖一起高压灭菌，重复使用 5 次。HEPA 过滤器不可卸下单独高压灭菌，以免在包装和高压灭菌过程中造成 HEPA 过滤器的破损。

（6）更换下来的污染笼盒如不即刻打包，可扣紧盒盖，对笼盒表面进行彻底消毒后，移出生物安全柜上架暂置，待实验结束后集中打包。不可将其放置在实验室内，以免笼盒内污染的空气逸出。

（二）禽负压隔离器

1. 禽负压隔离器的工作原理　在现有技术中，禽隔离器种类繁多，按照禽隔离器与环境之间的压差可分为正压隔离器和负压隔离器，正压隔离器多用于清洁级及以上禽类饲养（防感染），负压隔离器多用于感染动物饲养与试验（防止病原微生物扩散到隔离器外的环境中）。生物安全型禽负压隔离器是开展高致病性病原微生物实验操作及感染禽类动物饲养的关键防护装备，禽负压隔离器具有独立的通风系统并维持隔离舱保持负压状态：房间中的空气经过 HEPA 过滤器过滤后通过独立的密闭连接快接送风口送入禽负压隔离器隔离舱；禽负压隔离器隔离舱中污染的空气通过独立的 HEPA 过滤器过滤后排入密闭连接的排风管道，再经房间 HEPA 过滤器过滤后通过密闭连接的排风管排出实验室。按行业标准《实验室设备生物安全性能评价技术规范》（RB/T 199—2015）要求，禽负压隔离器去掉单只手套后，手套连接口处的气流均明显向内、无外逸，正常运行状态下隔离器内应有不低于房间 50Pa 负压、工作区气密性在隔离器内压力低于周边环境压力 250Pa 下的小时泄漏率不高于净容积的 0.25%。禽负压隔离器通过隔离舱及传递装置气密隔离、空气负压隔离、袖套操作和安全可靠的空气高效过滤与消毒等技术手段，确保实验人员和环境的安全。

2. 禽负压隔离器的安全操作要点

（1）禽负压隔离器在使用前应进行彻底清洗消毒，检测气密性、压差、换气次数等参数，符合要求后方可使用。

（2）禽负压隔离器使用时首先记录其使用时间、周期，饲养动物的品种、品系、数量等。

（3）向禽负压隔离器内传递动物时，先将动物保定，打开传递装置外门，把保定的动物放入传递装置内，关闭传递装置外门。然后将双手戴上隔离器上配备的手套打开传递装内门，把传递装置内的动物传进隔离器，关闭传递装置内门。将动物解除固定并放在笼架上，检查动物是否有损伤（外伤）等异常情况及隔离器运行状态是否正常（压力、温度、湿度）。

（4）物品及粪便等废弃物传递装置是禽负压隔离器对外物品交换的重要通道，只有正确使用传递装置才能保证在物品传递过程中隔离舱对外接空间的独立性和气密性。传递装置的操作虽然简单但非常重要。

（5）在实验期间应每日检查和记录禽负压隔离器运行情况，确保禽负压隔离器始终处于良好运行状态。

（6）当动物需要传出时，先将动物按要求进行保定（必要时进行麻醉），然后放入密闭有氧容器，打开传递装置内门，将装有动物的密闭容器放入传递装置内并使用有效消毒剂对装有动物的密闭容器外表面进行彻底消毒，关闭传递装置内门，经过有效消毒时间后，再打开传递装置外门，取出装有动物的容器，然后关闭传递装置外门。

（7）一个实验周期结束后，料盒等物品要密闭包装后传出并进行高压消毒，使用过氧化氢熏蒸消毒等方法对禽负压隔离器及实验室房间进行终末消毒后评价消毒效果，彻底洗刷、清洗禽负压隔离器后使用过氧化氢熏蒸消毒等方法再次对禽负压隔离器进行熏蒸消毒以备用。

（8）每完成一批次实验后，须在完成消毒洗刷等工作后对禽负压隔离器排风机及排风粗效空气过滤器、HEPA 过滤器进行检修，检测禽负压隔离器气密性、压差、换气次数等参数。

（三）貂负压隔离器

1. 貂负压隔离器的工作原理　同禽负压隔离器，是开展高致病性病原微生物感染貂类动物饲养的关键防护装备，在貂负压隔离器内部通常单独放置开放式貂饲养笼，貂饲养在貂负压隔离器中内置的开放式貂饲养笼中，貂负压隔离器具有独立的通风系统并维持隔离舱处于负压状态：房间中的空气经过 HEPA 过滤器过滤后通过独立的密闭快接进风口送入貂负压隔离器隔离舱；貂负压隔离器隔离舱中污染的空气通过独立的 HEPA 过滤器过滤后排入密闭连接的排风管道，再经房间 HEPA 过滤器过滤后通过密闭连接的排风管排出实验室。按行业标准《实验室设备生物安全性能评价技术规范》（RB/T 199—2015）要求，貂负压隔离器去掉单只手套后，手套连接口处的气流均明显向内、无外逸，正常运行状态下隔离器内应有不低于房间 50Pa 负压、工作区气密性在隔离器内压力低于周边环境压力 250Pa 下的小时泄漏率不高于净容积的 0.25%。貂负压隔离器通过隔离舱及传递装置气密隔离、空气负压隔离、袖套操作和安全可靠的空气高效过滤与消毒等技术手段，确保实验人员和环境的安全。

2. 貂负压隔离器的安全操作要点

（1）貂负压隔离器在使用前应进行彻底清洁消毒，确认隔离器舱门处于关闭状态，各锁扣均处于锁闭状态。检测气密性、压差、换气次数等参数，一切符合要求后方可使用。

（2）貂负压隔离器使用时首先记录使用时间、周期，饲养动物的品种、品系、数量等。

（3）向貂负压隔离器内传递貂时，先将貂保定，打开貂负压隔离器操作面，把保定的貂放入貂负压隔离器内置的开放式貂饲养笼，确认锁闭开放式貂饲养笼笼门，然后锁闭貂负压隔离器操作面，确认气密性及隔离器运行状态是否正常（压力、温度、湿度）。

（4）物品及粪便等废弃物传递装置是貂负压隔离器对外物品交换的重要通道，只有正确使用传递装置才能保证在物品传递过程中隔离舱对外接空间的独立性和气密性。传递装置的操作虽然简单但非常重要，不能有半点马虎。

（5）在实验期间应每日检查和记录貂负压隔离器运行情况，确保貂负压隔离器始终处于良好运行状态。

（6）当貂需要传出时，先将貂按要求进行保定（必要时进行麻醉），然后放入密闭有氧容器，打开传递装置内门，将装有貂的密闭容器放入传递装置内并使用有效消毒剂对装有貂的密闭容器外表面进行彻底消毒，关闭传递装置内门，经过有效消毒时间后，再打开传递装置外门，取出装有貂的容器，然后关闭传递装置外门。

（7）一个实验周期结束后，内置的开放式貂饲养笼、饮水瓶及料盒等物品要密闭包装后传出进行高压消毒，使用过氧化氢熏蒸消毒等方法对貂负压隔离器及实验室房间进行终末消毒后评价消毒效果，彻底洗刷、清洗貂负压隔离器后使用过氧化氢熏蒸消毒等方法再次对貂负压隔离器进行熏蒸消毒以备用。

（8）每完成一批次实验后，须在完成消毒洗刷等工作后对貂负压隔离器排风机及排风粗效、HEPA 过滤器进行检修，检测开放式貂饲养笼负压隔离器气密性、压差、换气次数等参数。

（四）猴负压隔离器

1. 猴负压隔离器工作原理　猴负压隔离器是通过物理屏障手段将实验动物独立饲养的设备。机械结构一般由不锈钢架构、玻璃观察面板、密闭的手套、橡胶密封条和液压伸缩杆构成。电气结构一般由控制器、电机、变频器、压力传感器、气密阀门、断路器、电源线构成。为避免动物互相伤害和雌雄分开饲养要求，隔离器内应有独立猴饲养笼具，并且有配套的笼具固定措施。每个笼具必须有安全有效的喂食、喂水器具或结构。隔离器设备底部应有可手动开关的密闭下水口，以方便清洁和消毒。

为防止病原微生物外泄和动物逃逸，隔离器对外密闭，有动物饲养在内时不可轻易打开密闭箱门，所有操作通过戴隔离器手套进行。按行业标准《实验室设备生物安全性能评价技术规范》（RB/T 199—2015）要求，每年必须通过有资质的第三方机构进行气密性检测、过滤效率检测、手套连接口气流流向检测和设备内外压差检测，合格后方可投入使用。因此，隔离器装有独立的送排风和电控系统。送风机抽取房间内的空气经过 HEPA 过滤器送入隔离器内，风力较大的排风机抽取柜内的污染空气经 HEPA 过滤器再通过密闭排风管道排出实验室，以此维持负压状态，保持动物饲养环境的空气洁净，保障实验人员的生物安全。

2. 猴负压隔离器安全操作要点

（1）只有经培训考核合格、获得授权的人员方可使用猴负压隔离器。

（2）操作人员按照风险评估和相关 SOP 要求，穿戴个体防护装备。

（3）猴负压隔离器在使用前应确认隔离器舱门处于关闭状态，各锁扣均处于锁闭状态。检查压差等各项参数达到设定的参数值并稳定，无报警，外观完好、符合要求后方可使用。

（4）向猴负压隔离器内传递猴时，先将猴进行保定，然后进行麻醉，待猴失去意识后，可采用取下猴负压隔离器手套的方式，通过手套口把保定的猴放入猴负压隔离器内置的猴饲养笼，锁闭猴饲养笼笼门并确认，然后固定猴负压隔离器上的手套，确认气密性及隔离器运行状态是否正常（压力、温度、湿度）。

（5）在实验期间应每日进行猴饲养操作，检查和记录猴负压隔离器运行情况，确保猴负压隔离器始终处于良好的运行状态。

（6）当猴需要传出时，先将猴按要求进行保定，然后进行麻醉，待猴失去意识后，取下猴负压隔离器手套，通过手套口快速将猴传出。当实验操作完成后，通过同样的方式尽快将实验动物放回负压猴隔离器内的猴饲养笼内并确认锁好，然后固定猴负压隔离器上的手套，确认气密性及隔离器运行状态是否正常（压力、温度、湿度）。使用有效消毒剂对实验过程中所有涉及的区域进行有效消毒。

（7）一个实验周期结束后，猴隔离器和猴饲养笼要使用消毒液进行人工清洗消毒，猴饲养笼需要取出隔离器进行清洗消毒，然后再放回隔离器内，此过程应保证至少 2 人协同操作。

（8）在完成清洗消毒等工作后，须对猴负压隔离器排风机及 HEPA 过滤器进行检测，检测其气密性、压差等参数。

四、换 笼 机

（一）换笼机的工作原理

换笼机适用于小鼠、大鼠、豚鼠等小型动物的换笼操作，旨在防止换笼操作过程中产生的病原体和过敏原危害，保护实验人员、动物和环境。

换笼机的工作原理（图 9-5）与Ⅱ级 A2 型生物安全柜类似，不同点是，工作窗口为适应笼盒的高度，开口比安全柜大一些，工作台面可升降，以最大限度地满足生物安全和人机功效学要求。风机通过后部和侧面气流管道将房间和再循环的混合气体送到机柜顶部。在顶部，约 40% 的空气通过 HEPA 过滤器重新进入房间，剩余 60% 的空气通过 HEPA 过滤器，重新循环至柜内操作区域。其中，前进气格栅吸入的内向气流可提供人员保护。经 HEPA 过滤器过滤后的垂直层流可最大限度地减少工作台面发生交叉污染的概率，从而提供交叉污染保护。换笼机排出空气经 HEPA 过滤器从顶部排放，可提供环境保护。

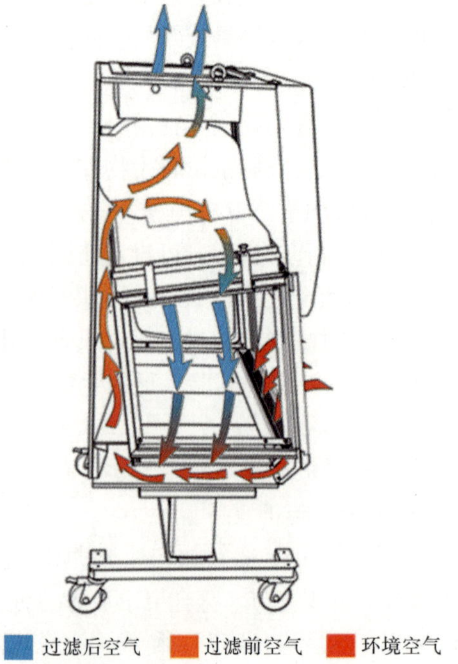

图 9-5 换笼机的工作原理示意图

（二）安全操作要点

（1）在正式使用之前，让设备正常运行至少 15min，待设备层流稳定后再使用。

（2）只有经培训考核合格、获得授权的人员方可使用换笼机，并且按照换笼机说明书进行操作。

（3）操作人员按照风险评估和相关 SOP 要求穿戴个体防护装备。

（4）操作过程中应确保人员头面部始终位于视窗上方符合生物安全和人机功效学要求的位置。

（5）只有经培训考核合格、获得授权的人员才可以执行维护任务。在进行维护时，操作人员必须遵守为了保障人身安全而制定的所有操作规范和防范措施。

五、负压解剖台

（一）负压解剖台的工作原理

负压解剖台是专门为中、大型动物解剖手术设计的，一般采用 SS304 全不锈钢结构，负压解剖台的一侧设有清洗水池，台面多为模块化可卸式台面，以便于清洗消毒，台面下方设负压进风口，将手术过程中所产生的气溶胶通过负压风机排到室外或实验室排风口，从而实现对实验室内环境和操作人员的保护。

（二）负压解剖台的安全操作要点

（1）打开负压解剖台左侧的通风阀开关，打开负压解剖台排风机开关，运行 2min，待气流稳定后再使用。

（2）负压解剖台中只能摆放与本次实验相关的物品，摆放的物品不得阻挡通气孔。实验完毕所有物品消毒后方可拿出负压解剖台。

（3）清洁物品（未使用的手术器械、纱布、棉花等）和污染物品（正在使用的手术器械，装了血液、组织的管子等）分别放置在负压解剖台操作区的两侧。

（4）在操作过程中，操作人员应尽量减少手部进出负压解剖台的频次，必要时由辅助操作人员在清洁区一侧传递物品。手和实验物品移入、移出负压解剖台前，应使用可靠的消毒剂消毒表面，并保持足够的消毒时间。其他人员不得在负压解剖台后频繁走动，以免干扰气流。

（5）解剖结束后，用酒精棉球擦去手术器械表面的血迹，放入有效消毒液中浸泡 1h 以上，洗净、晾干后备用，用有效消毒液清理台面。

（6）关闭负压解剖台风机和通气阀开关。

第二节　常用实验仪器设备的安全操作要点

一、气溶胶暴露感染设备操作要点

生物安全实验室使用的气溶胶暴露感染设备包括两大类：一类是用雾化器人工发生气溶胶，通过控制发生液浓度、雾化发生量、气溶胶粒径、传输气体流量和动物吸入暴露时间以实现精确控制动物吸入暴露剂量的动物口鼻、头部或全身气溶胶暴露设备；另一类是用感染动物呼吸及排泄物产生的气溶胶通过气流对下风向正常饲养的健康动物造成感染的病原体空气传播感染装置。为便于说明，下文分别以气溶胶暴露感染设备和病原体空气传播感染装置为例进行介绍。

（1）前期：由于相关设备涉及实验室整体稳定运行，前期设备供应商、实验室承建方和实验室运营方应统一设计方案，满足实验室使用要求，工厂验收合格。

（2）投入使用前：需完成3Q验证，即安装认证（IQ）、运行认证（OQ）、性能认证（PQ）和第三方评价，形成SOP规范和消毒手册，完成消毒效果验证；进行人员防护、动物饲养、动物转运、准备操作、实验、动物操作、消毒、后续分析等的全流程生物安全风险评估并制定应对策略，需对人员进行全流程培训并在合格后上岗。

（3）预实验：确定正式实验时微生物气溶胶的发生条件、仪器运行条件、动物暴露时间、气溶胶浓度、采样方法、检测方法、消毒灭菌等全流程预实验。

（4）正式实验：通常通过预实验、查阅文献资料并结合实验室实际情况，确定正式实验方案。实验前确认仪器运行正常，把实验中的全部用品放入Ⅲ级生物安全柜中。按照设计的实验方案及预定程序进行实验，实验过程中观察实验设备和运行的各项参数情况，实验结束前尽量不要传递物品。

（5）实验结束：先传出实验动物和实验样本，再对全部实验用品采用高压灭菌或者其他消毒灭菌方式进行无害化处理。

（6）维保：每年组织第三方检测机构对仪器设备进行防护性能检测（厂家提供技术支持），主要检测项目包括过滤器过滤效率、Ⅲ级生物安全柜压差、手套口气流流速等，同时每年进行OQ和PQ认证，进行耗材的检查和更换。

二、冷冻干燥机

（1）冷冻干燥操作应至少由两人配合完成，并按规定做好个体防护。

（2）实验结束后，实验人员在生物安全柜内用75%乙醇消毒防护手套并进行打包处理。

（3）实验过程中产生的废物必须分类放入高压灭菌袋，按实验室废物处理要求进行。

（4）冷冻干燥初期如发现真空度不降低或＞700mbar（$1bar=10^5Pa$），需立即按冷冻干燥机操作规程停机后再检查。如问题不能在短时间（5min）内解决，应立即在做好个体防护的情况下，从冷冻干燥机样本干燥室取出不锈钢支架及托盘，并放回–40℃冰柜保存（反复冻融会影响制品的溶解度）。待故障排除后再按照上述操作规程进行制品的入机。

（5）封口时如真空度不降或＞300mbar，检查安瓿管管体是否完好及其与96孔安瓿瓶多支管样本柱之间的连接情况，并及时排除故障。

（6）封口过程中如发生安瓿管损坏，则应立即停止抽滤，并更换完好的安瓿管后再行真空抽滤。

三、细胞培养生物反应器

（1）检查实验室是否已清洁，确认工作地点无与本次操作不相关的物料、溶液、文件等物品。

（2）检查设备是否正常运行。

（3）毒种吸取添加过程中容易发生气溶胶逸出、液体溅出，因此病毒稀释前应在操作区域放置两层吸水纸或小白布，并倒上含氯消毒剂。操作过程中动作要轻柔。另外，毒种添加过程中不能把吸管中毒种全部吹打掉，以防止产生气溶胶和液体溅出。

（4）毒种接种完成后管道断开过程中容易发生气溶胶的逸出、液体滴落至生物安全柜台面，甚至溅出。病毒接种过程中动作要轻柔，以防止产生气溶胶逸出和液体溅出，并且在操作开始前，在连接口下平铺两层使用含氯消毒剂浸湿的无毛布。若液体滴落，应立即更换无毛布，并进行暴露应急处置

（5）灭活剂添加过程中易发生气溶胶逸出、液体滴落至生物安全柜台面，甚至溅出，因此操作过程中动作要轻柔。在操作开始前，应在连接口下平铺两层使用含氯消毒剂浸湿的无毛布。若液体滴落，应立即更换无毛布，并进行暴露应急处置。

（6）清场：使用后管道在生物安全柜内进行消毒处理后，放入生物安全垃圾袋，扎紧袋口。对生物安全垃圾袋外表面使用含氯消毒剂消毒后拿出，高压灭菌后废弃。所有废弃物放于垃圾袋内通过高压灭菌柜灭菌处理后废弃。剩余病毒工作种子放入垃圾袋内通过高压灭菌后废弃。生物安全柜用消毒剂擦拭台面，风淋 10min 后关闭。

四、离　心　机

（1）使用密封离心舱、气密型转子和离心杯的生物安全型离心机。如为非生物安全型离心机，需要匹配经过验证性能可靠的负压排风柜。

（2）使用塑料材质、质量合格、带密封圈的外旋螺旋口离心管或离心瓶。不可使用 EP 管，避免离心过程中感染性液体和气溶胶外逸、泄漏，在开盖时感染性液体迸溅的风险。

（3）离心转子、离心杯及适配器经消毒后，传入生物安全柜，在生物安全柜中装载经表面消毒的离心管或离心瓶，离心管须对称放置，装载好的离心转子或离心杯经表面消毒后方可移出生物安全柜。

（4）装载好的离心杯在离心前，须用天平确认平衡。在离心过程中如有异响及其他异常情况，应立即断电，启动应急处置程序。

（5）离心结束应静置 5min 后打开机盖，对离心腔喷洒消毒后取出转子或离心杯，经表面消毒后移入生物安全柜。打开机盖后如发现有溢洒，应立即轻轻关闭机盖，启动应急处置程序。

（6）在生物安全柜中打开离心转子或离心杯后，首先检查、确认离心管或离心瓶有无裂隙、渗漏的情况，如有应立即启动应急处置程序。正常情况下，使用消毒湿巾擦拭消毒离心管或离心瓶表面后继续实验操作。

（7）使用过的离心转子或离心杯在生物安全柜中盖盖，经表面消毒后移出生物安全柜，浸入装有消毒剂的浸泡盒中，在液面以下开盖浸泡消毒 20min。

（8）离心机内腔、机盖内外表面及操作面板，亦须用消毒剂消毒。

图 9-6　二氧化碳培养箱的放置

（9）依据所操作病原的理化特性选择敏感的有效消毒剂，使用时尽量选用无水乙醇，以减少对金属和橡胶材质等部件的腐蚀，避免影响离心机、离心转子和离心杯的密封性能与使用寿命。如果必须使用含氯消毒剂，在达到有效消毒时间后应立即用清水或无水乙醇冲洗或擦拭，充分去除残余的含氯消毒剂。使用清水冲洗或擦拭后，立即擦干水分，再用无水乙醇擦拭一遍，以减少对仪器的损害。

五、二氧化碳培养箱

（1）二氧化碳培养箱应靠近生物安全柜放置，高度适宜（图 9-6），便于近距离操作。应避免操作时弯腰、踮脚，以减少操作失误带来的风险。

（2）不使用培养皿而选用带滤膜的培养瓶进行感染性材料的培养，降低溢洒、泄漏的风险。使用多孔板进行感染性材料的培养时，可选用透气板封膜密封培养板（图 9-7），避免溢洒和泄漏。

（3）将培养瓶移至二氧化碳培养箱培养时，应将培养瓶瓶盖拧紧，表面消毒后放入防摔裂密封盒，密封盒扣紧盒盖，表面消毒后移出生物安全柜放入二氧化碳培养箱，应注意避免转移过程中不慎跌落造成感染性液体溢洒和泄漏。

图 9-7　多孔板透气板封膜

（4）将多孔板转移至二氧化碳培养箱培养时，可用板封膜密封，或用胶带密封板盖四周，表面消毒后放入防摔裂密封盒，密封盒扣紧盒盖，表面消毒后移出生物安全柜放入二氧化碳培养箱。

（5）密封盒移入培养箱后，小心、平稳打开盒盖，继续培养。

六、显　微　镜

（1）装有感染性培养物的培养瓶或多孔培养板用显微镜观察时，有发生生物安全柜外跌落、溢洒的风险，特别是多孔板。因此，多孔培养板最好用板封膜密封，或用胶带密封板盖四周。

（2）培养瓶或多孔培养板移出生物安全柜前同样需要进行表面消毒、放入密封盒，然后移出生物安全柜转移至显微镜工作台。小心开盖取出培养瓶或多孔板用显微镜观察，观察结束后仍需将培养瓶或多孔板放入密封盒，转移至培养箱继续培养，或表面消毒后移入生物安全柜进行后续操作。

（3）显微镜使用结束后，需用消毒剂擦拭消毒。

七、真空吸液仪

（1）使用生物安全型真空吸液仪，吸液管与收集瓶以快接气密接口连接，连接吸液手持器的吸液管和废液收集瓶可分别进行包装和高压灭菌处理，使废液收集、处理过程高效、安全。

（2）废液收集瓶内不必预装消毒剂，尤其不可预装含氯消毒剂，以免腐蚀、损害快接气密接口的金属件和密封材料。

（3）收集液位不可超过收集瓶容量的 2/3，使用没有液位报警功能的吸液仪时，应标出液位警示线，注意废液不可超出警示线，以免感染性废液吸入真空泵，造成破坏性污染，导致仪器消毒灭菌后报废。

（4）吸液手持器使用后应妥善放置，避免污染操作台面或其他实验物品。使用时应注意调节、掌握吸头吸力，以免造成细胞脱落。

（5）使用结束后，连接吸液手持器的吸液管和废液收集瓶应分别进行双层包装，表面消毒后移出核心区，装入高压蒸汽灭菌器。放置平稳后，隔袋拧下废液收集瓶的瓶盖，以免废液收集瓶灭菌后变形，影响后续使用。

八、气体麻醉机

（1）使用前，仔细检查管路连接是否正确，并确保管路完好、不漏气。

（2）将挥发罐锁紧并处于关闭状态。

（3）将气体麻醉机麻醉盒内部和外部表面消毒后，在盒内铺一层消毒湿巾，放入生物安全柜。拧开挥发罐上的加注密封帽，缓慢倒入麻醉剂。

（4）调节气体流量。高压氧气瓶供气：逆时针旋转气源阀门，使氧气流量计处于完全开放状态，再打开氧气瓶供气气源，调节泄压阀，使输出的气体达到所需流量（大鼠麻醉一般调节为 500 ～ 700ml/min，小鼠麻醉一般调节为 300 ～ 500ml/min），所需气体流量的大小取决于动物的种类、体重及状态，可在正式实验前进行预实验来确定。麻醉空气泵供气：打开空气泵，旋转气源阀门使输出的气体达到所需流量。

（1）调节流量表到指定刻度，使麻醉气体流向麻醉诱导盒。

（2）打开挥发罐：旋转刻度盘至所需麻醉剂的浓度数值，放开控制按钮，对应的数值即为麻醉气体在混合气体中所占的百分比浓度。

（3）调节诱导浓度（大鼠一般诱导浓度为 3% ～ 3.5%，小鼠一般诱导浓度为 2% ～

2.5%）后，用镊子夹取小鼠迅速放入诱导盒，随即关闭诱导盒，等待动物完全麻醉（此过程需 2 ～ 3min）。可通过轻轻摇晃诱导盒以检查动物是否完全麻醉，一般情况下，若动物身体翻倒为侧姿，表明动物已完全麻醉。

（4）诱导麻醉完成后，旋转刻度盘，调节合适的维持麻醉浓度（大鼠一般维持浓度为 2% ～ 2.5%，小鼠一般维持浓度为 1% ～ 1.5%）后，将气体流向阀拨向面罩通路，使气体流向麻醉面罩。

（5）此时可将动物取出，放置于带有麻醉面罩的手术操作平台、立体定位仪等设备。

（6）将动物头 / 鼻放置于麻醉面罩中固定（详细操作取决于所使用的麻醉面罩类型），并且检查动物的麻醉状态（可用两手指头捏压动物脚爪或尾巴，若动物无反应，表明动物依然处于完全麻醉状态，此时可以开始进行手术等实验操作）。

（7）动物实验完毕后，关闭挥发罐，保持动物在纯氧（或室内空气）中呼吸 5 ～ 10min，以利于动物快速苏醒。

（8）关闭氧气（或空气泵）气源，旋转气源阀门，关闭氧气流量计。

（9）若长时间不使用麻醉设备，建议排出挥发罐内剩余的麻醉剂。

（10）使用消毒剂清理麻醉诱导盒、手术台面等（对金属部件可使用 75% 乙醇擦拭，若麻醉诱导盒为有机玻璃材质，不建议使用 75% 乙醇进行擦拭）。

九、组织研磨仪

（1）使用带密封舱的生物安全型组织研磨仪，否则需要匹配性能可靠的负压排风柜。

（2）使用质量可靠的带密封圈外旋盖研磨管。需特别注意不同品牌研磨管可以使用的最大线速度，通常在 4 ～ 5.8m/s，使用时不可超出产品允许速值，以免发生意外。

（3）研磨管需在生物安全柜中分装组织、研磨液，并用电子秤称重，不同管之间的重量误差应≤ 100mg。确认每只研磨管旋盖已拧紧，用消毒湿巾消毒表面后放入样本盒，样本盒表面消毒后移出生物安全柜。

（4）将研磨管放入研磨仪时，应注意确认研磨管在卡位中卡紧，然后关闭密封舱盖并开始运行。

（5）在运行过程中如有异响或其他异常情况，应立即断电，启动应急处置程序。

（6）运行结束后，需静置 5min，通过透明密封舱盖观察所有研磨管是否有破裂、渗漏现象。如发现有破裂、渗漏，则启动应急处置程序。

（7）如无异常状况，正常关机，将研磨管取出用消毒湿巾消毒表面后放入离心机短暂离心，再次表面消毒后移入生物安全柜进行后续操作。

（8）组织研磨仪使用结束后，仪器内外表面须用消毒剂彻底消毒。

十、动物电子计算机断层扫描

（1）CT 影像机环境要求：应放置在《实验室 生物安全通用要求》（GB 19489—2008）的 4.4.3 条规定的动物生物安全实验室中，严格按照说明书进行操作。

（2）动物载床：动物载床用于置放动物或样本。载床运动由两个电机控制：一个是床身升降电机；另一个是床面水平移动电机。为了保证扫描位置的精确，无论是垂直方向床身的升降还是水平方向床面的移动都应平稳。必要时，动物载床还应配置呼吸麻醉系统，以保证动物在扫描过程中保持稳定、减少伪影。

（3）动物麻醉：麻醉气体（异氟烷、七氟烷等）的麻醉效果要优于腹腔注射麻醉剂（三溴乙醇、水合氯醛等）。当采集时间较长时应使用呼吸麻醉方式。

（4）动物运输：动物麻醉后应严格按照生物安全控制要求，如使用运输桶等装置进行室内运输。

（5）动物的摆位：将动物置于传动系统并传至扫描位置。为防止呼吸、心跳等生理性运动，或因各种原因抽搐甚至醒来导致动物移动，从而产生运动伪影，通常会将动物固定在动物载床上，通过立体框架结构固定或缠绕固定，将动物摆放于俯卧姿，头摆正，使头正中矢状面与身体长轴平行，身体中轴线与床板中轴重合。当需要对活体动物某一特定部分进行高分辨率成像时，应将待扫描部位摆放至床板正中，采用激光定位装置进行轴向、水平位置的精确定位。

（6）CT 影像机消毒灭菌：使用后的 CT 影像机应严格进行消毒灭菌处理，最好采用整体包裹式气体消毒。如采用其他方式消毒，应严格按照 CT 影像机消毒灭菌要求，避免损坏机器。

（7）人员防护要求：严格按照 CT 影像机实验室类型进行实验人员安全防护。

十一、流式细胞仪

（1）确定样本来源，尤其是细胞或样本中所包含病原体等信息对于明确生物安全级别、确定防护措施至关重要。对于流式分选而言，样本可能通过液滴振荡产生气溶胶，按照细胞来源（人源或非人源）、样本是否带有传染性病原体、是否经转染或转化处理等进行分组（图 9-8）。

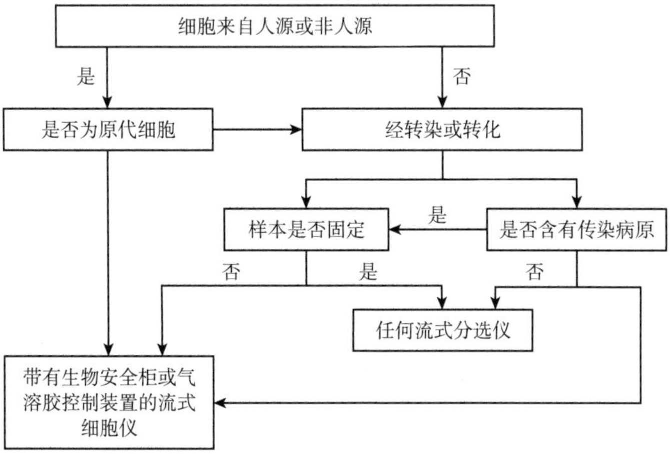

图 9-8　流式细胞仪分选样本的分类依据

（2）对于操作人员的培训，需遵照严格的培训流程，并按照人员需求进行分类培训。根据样本和病原等信息，严格遵从操作规程，穿戴适当的个体防护装备持证上岗操作。

（3）涉及生物安全的流式操作应统一纳入生物安全体系，由生物安全委员会负责流式细胞仪及相关操作的生物安全评审，保障相关操作及管理措施的生物安全，保障操作的有效实施和运行。

（4）进行流式细胞检测之前，应对样本、试剂、操作流程进行风险评估，流式细胞仪操作人员应严格遵守实验室生物安全管理规定和实验室管理制度，了解样本的有关背景情况，记录样本状况，确保样本按照实验室要求进行制备。检测人员应与流式细胞仪管理人员、生物安全员、生物安全委员会及时协调沟通，登记仪器使用记录和实验记录。

（5）仪器及其配套设施应定期进行保养、维护和质控，尽可能降低由管道堵塞和跑冒滴漏等导致的生物安全风险。

（6）无论是流式细胞分析仪还是分选仪，废液的消毒处理是进行生物安全管理非常重要的一个环节。常用的处理措施为在废液桶里加入次氯酸钠等有效消毒剂，并保证在废液桶内液体达到最大限量时，仍然在有效杀菌浓度范围内。但鉴于消毒剂的稳定性和消毒效果受诸多因素影响，包括但不限于 pH、温度、曝光程度和稀释度等，所以需要进行消毒效果验证以保证消毒效果可靠。

十二、超低温冰箱

温度在 –40℃、–60℃、–86℃的超低温冰箱适用于电子器件、特殊材料的低温试验，以及血浆、生物材料、疫苗、试剂的保存等，另外还有 –120℃、–136℃、–160℃、–192℃的极度超低温冰箱。

为了保障超低温冰箱的安全使用，在安装及使用方面需要关注以下几方面。

（1）环境温度：5 ～ 32℃。由于超低温冰箱散热较大，如环境温度过高，超低温冰箱的制冷效果将大大降低。

（2）落地四脚平稳，处于水平位。由于大部分超低温冰箱为压缩机制冷，为了保障压缩机的稳定运行，需要保证压缩机水平放置。

（3）冰箱距离四周墙壁和杂物 30cm 以上，以利于压缩机散热。

（4）超低温冰箱应放置在干燥、通风良好的室内，周围应无腐蚀性气体，不应靠近热源，并应避免阳光直射。

（5）首次使用超低温冰箱，或超低温冰箱经搬运后，须至少静置 12h 才能通电，如搬运过程中倾斜度较大（超过 45°），须静置 24h 以上方可通电。

（6）冰箱通电时，保持空箱状态，待箱内温度达到设定温度后，依次放入保存物品，每次放入量以不超过冰箱容积的 1/ 3 为佳。

（7）禁止：所有低温冰箱均为保存设备，严禁一次性放入过多相对太热的物品，以免造成压缩机长时间不停机，温度不下降且很容易烧毁压缩机。物品一定要分批放入。

（8）超低温保存箱外面箱体不应泼水，在冲刷地面时严禁水溅入控制盘内和压缩机室内，也不应在雨中或相对湿度大于 85% 的环境中使用，以免引起漏电等事故。

（9）超低温保存箱一旦停电或停机，须等待 5min 以上方可重新启动，以免压缩机或系统受到损坏。

（10）超低温保存箱内不应存放易燃、易爆、易挥发的危险品，以及强腐蚀性的酸碱等。

（11）每个月必须清洗过滤网一次（先用吸尘器吸，然后用水冲洗，最后晾干复位），内部冷凝器必须每 2 个月清理一次灰尘。

（12）如保存箱内物品水分含量大，箱体四周会出现结霜现象，半年内至少应停机除一次霜，以使冰箱更好地运行，并降低冰箱的耗电量。

（13）存取样本时门开得不要过大，存取时间尽量要短，这样可保证开门时冷气不过度损耗，温度不会上升太快。如开门时间过长，冷空气与外界空气容易在门框处结露，容易关门后发生冻住门的情况。

（14）由于超低温冰箱属于低温保藏设备，设备内温度较低，易发生冻伤，故在存取样本时需戴防冻伤手套。同时，由于样本取出时存在温差较大的情况，易发生样本管破裂，故需戴口罩和面屏进行拿取，如发现破裂，按溢洒处理程序进行安全处理。

第十章　常规实验活动的安全操作规范

第一节　常规病毒相关实验活动的安全操作规范

由于不同病原实验活动所采用的实验材料和消毒方法有所区别，本节将以新型冠状病毒为例，详述病毒培养、病毒滴度测定（$TCID_{50}$）和中和试验的安全操作规范。

一、新型冠状病毒培养

（一）主要试剂与材料

（1）病毒样本。

（2）Vero E6 细胞。

（3）培养基：DMEM 培养基 +10% 胎牛血清 + 青链霉素。

（4）无菌 PBS 缓冲液（pH 为 7.2）。

（5）青、链霉素母液：100 000U/ml 青霉素，100 000U/ml 链霉素。

（6）病毒稀释液：DMEM 液中加入青、链霉素（终浓度达 100U/ml 青霉素和 100U/ml 链霉素）。

（7）一次性耗材：10ml、5ml 一次性无菌移液管，50ml、15ml 一次性离心管，1000μl、200μl 无菌带滤芯移液头，T-25 带滤膜细胞培养瓶，2ml 外旋盖细胞冻存管。

（8）冻存盒。

（二）主要仪器设备

（1）生物安全柜。

（2）二氧化碳培养箱。

（3）倒置显微镜。

（4）离心机。

（5）电动移液器。

（三）操作程序

1. 实验前准备

（1）实验材料：实验材料和其他用具表面喷洒 75% 乙醇消毒后，放入 BSL-3 实验室传递窗，紫外线照射 20min；从毒种库领取的病毒样本用密封盒包装，表面用 75% 乙醇喷洒消毒后放入传递窗，紫外线照射 20min。

（2）细胞准备：对数生长期的 Vero E6 细胞以 5×10^5 细胞 / 瓶接入 T-25 带滤膜细胞培养瓶中，当细胞汇合度达到 80% ～ 90% 时，放入洁净的密封盒中盖紧盒盖，表面消毒后放入 BSL-3 实验室传递窗，紫外线照射 20min。

（3）填写记录表，进入一更脱去个人衣物及配饰、手表等，依次穿戴内层防护服、连体防护服、内层手套、N95 防护口罩、外层隔离衣、外层手套。每只手套戴之前须进行检漏，内层手套须覆盖连体防护服袖口，用胶带固定，方便随时更换外层手套，外层手套须覆盖外层隔离衣袖口；N95 口罩戴好后亦须用手捂住口罩中央，然后用力吹气，检查四边是否漏气；对照穿衣镜检查所有个体防护装备的穿戴是否有纰漏。穿过淋浴间进入二更更换工作鞋，套双层鞋套；进入缓冲走廊，取出传递窗中的实验材料及用品用具；通过核心区缓冲间进入实验室。

（4）传入的病毒样本先放入冰箱保存，细胞先放入提前 1 日调试好的二氧化碳培养箱备用。检查实验仪器设备、溢洒处理箱和急救箱是否正常。

（5）生物安全柜台面及侧壁先用 75% 乙醇喷洒、擦拭消毒，生物安全柜台面操作区铺吸水垫，实验材料及用品用具表面用 75% 乙醇喷洒消毒后放入生物安全柜分区摆放，开启生物安全柜运行 5min，待生物安全柜操作空间充分净化、气流稳定后方可正常使用。

2. 实验操作

（1）手套表面用 75% 乙醇消毒后，手臂垂直气流缓慢伸入生物安全柜，静置 1min 后开始实验操作。

（2）病毒接种：从二氧化碳培养箱中取出装有细胞的密封盒，表面消毒后移至生物安全柜中，用移液管轻轻吸出细胞生长液，弃入废液收集瓶中，然后用 PBS 清洗细胞 1 ～ 2 遍，废液吸弃于废液收集瓶中，移液管弃入移液管收集盒中。加入 5ml 病毒稀释液和 100μl 病毒样本，移液头弃入利器盒，拧紧瓶盖轻轻混匀。用消毒湿巾擦拭消毒细胞培养瓶表面，标记样本名称、编号、实验日期、操作人员后放入密封盒中，密封盒表面喷洒 75% 乙醇消毒 5min 后移出生物安全柜至二氧化碳培养箱中，打开密封盒盒盖静置培养。

（3）每日观察细胞病变情况：将密封盒的盒盖扣紧，移出二氧化碳培养箱至倒置显微镜台面，打开盒盖小心取出培养瓶在显微镜下观察。观察结束后将培养瓶放入密封盒中，移至二氧化碳培养箱中，打开盒盖继续培养。

（4）收获病毒：当 75% 以上的细胞出现病变时收获病毒，即使无细胞病变也应于第 4 ～ 6 日收获病毒。扣紧密封盒盖后从二氧化碳培养箱中取出装有细胞培养瓶的密封盒，表面喷洒 75% 乙醇消毒后移至生物安全柜中，取出细胞培养瓶，用移液管吹打细胞，转移至 15ml 离心管中，移液管弃入移液管收集盒，拧紧管盖。离心杯及适配器用 75% 乙醇消毒后传入生物安全柜，用消毒湿巾擦拭消毒离心管表面后在离心杯中对称放置，拧紧离心杯盖，表面用 75% 乙醇喷洒消毒后移出生物安全柜。

（5）离心：用天平确认离心杯已配平，4000 ～ 5000r/min 离心 7 ～ 10min，沉淀细胞碎片。离心结束后静置 5min 后打开机盖，用无水乙醇喷洒消毒离心腔取出离心杯，表面经 75% 乙醇喷洒消毒后移入生物安全柜。打开离心杯首先检查、确认离心管没有裂隙、渗漏，然后用消毒湿巾擦拭消毒离心管表面，置于离心管架。拧紧离心杯杯盖，表面用

75% 乙醇喷洒消毒，5min 后移出生物安全柜，浸入装有无水乙醇的浸泡盒中，在液面以下开盖浸泡消毒 20min。

（6）分装保存：将离心上清液移至新的 50ml 离心管中，混匀，小心分装至冻存管中，0.2 ～ 0.5ml/ 管，移液头弃入利器盒，离心管、管盖分离后弃入专用高压灭菌袋。拧紧冻存管管盖，用消毒湿巾擦拭消毒表面后标记毒种名称、培养细胞、代次、分装量、样本管唯一编号、日期、操作人员姓名，放入冻存盒。冻存盒表面用 75% 乙醇喷洒消毒后移出生物安全柜，于 –80℃冰箱中冻存。如毒种需保存于保藏库，则应将冻存盒放入密封盒，密封盒表面用 75% 乙醇喷洒消毒后通过传递窗移出实验室，转移至保藏库保存。

3. 清场与消毒

（1）实验结束后，首先用 75% 乙醇喷洒、擦拭、消毒最左侧清洁区台面，然后从清洁区向操作区再向污染区进行清场消毒。移液头盒、试管架、移液器先用 75% 乙醇喷洒消毒表面，放置在最左侧清洁区台面，5min 后移出生物安全柜。

（2）用消毒湿巾抓取废液收集瓶，拧紧瓶盖，装入专用高压灭菌袋双层包装，对着生物安全柜后壁排风口排出袋内气体，用高压灭菌指示带封口，表面用 75% 乙醇喷洒消毒后放置在最左侧清洁区台面，5min 后移出生物安全柜。

（3）移液管收集盒扣盖，用消毒湿巾覆盖抓取并装入专用高压灭菌袋，对着柜内里侧排风口按压排出袋内气体，双层包装，用高压灭菌指示带封口，表面喷洒 75% 乙醇消毒后放置于最左侧清洁区台面，5min 后移出生物安全柜。

（4）利器盒用消毒湿巾覆盖按下盒盖扣紧，装入专用高压灭菌袋，对着柜内里侧排风口按压排出袋内气体，双层包装，用高压灭菌指示带封口，表面喷洒用 75% 乙醇喷洒消毒后放置于最左侧清洁区台面，5min 后移出生物安全柜。

（5）由边缘向内折叠吸水垫弃入收集固体废弃物的专用高压灭菌袋中，更换外层手套，脱下的外层手套弃入垃圾袋中，然后用消毒湿巾擦拭消毒剂喷壶表面进行消毒，湿巾弃入专用高压灭菌袋中。然后从垃圾袋架取下垃圾袋，双层包装，对着生物安全柜后壁排风口排出袋内气体，用高压灭菌指示带封口，表面用 75% 乙醇喷洒消毒后放置在最左侧清洁区台面，垃圾袋架用 75% 乙醇喷洒消毒，5min 后移出生物安全柜。

（6）生物安全柜台面和侧壁用 75% 乙醇喷洒、擦拭消毒后让其继续运转 5min，使柜内空气充分循环净化后落下前窗，紫外灯照射 20min 后关闭生物安全柜。离心机内腔、机盖内外表面、操作面板，二氧化碳培养箱门外表面及把手，显微镜载物台、目镜及调节旋钮接触部位，用无水乙醇消毒、擦拭。

（7）实验人员更换外层手套，脱下的外层手套弃入生物安全柜外的高压灭菌袋中，身体平行气流方向，对着房间排风口按压排出袋内气体，用灭菌指示带封口，表面用 75% 乙醇喷洒消毒；用消毒湿巾从房间上风向至下风向拖地消毒地面。用消毒湿巾从房间上风向至下风向拖地消毒地面。所有高压灭菌袋表面用 75% 乙醇喷洒消毒，标记实验人员姓名、项目组和日期，放入废弃物转移箱，以便后续移出实验室。

（8）操作人员退至核心区出口处，先用 75% 乙醇喷洒消毒外层防护装备的手、肘、前襟、脚面、脚底部位，然后脱下面屏，用 75% 乙醇喷洒消毒内、外表面，留在核心区以备下一次使用。退至核心区缓冲间，脱去外层防护服和外层鞋套，然后更换外层手套，退至内走廊，将实验废弃物放入双扉高压灭菌器，废液收集瓶放置平稳后，隔袋打开瓶盖，以免高压灭菌后容器变形，影响后续使用。

（9）进入二更后依次脱去连体防护服、内层鞋套和外层手套，更换工作鞋。用 75% 乙醇喷洒消毒手部，脱去一次性防护帽、N95 防护口罩和内层手套，双手喷洒 75% 乙醇消毒后进入淋浴间，脱去内层防护服、淋浴。之后进入一更更换个人衣物，填写记录表后离开实验室。

二、新型冠状病毒 $TCID_{50}$ 测定

（一）主要试剂与材料

（1）病毒样本。

（2）Vero E6 细胞。

（3）培养基：DMEM 培养基 +10% 胎牛血清 + 青、链霉素。

（4）无菌 PBS 缓冲液（pH=7.2）。

（5）青、链霉素母液：100 000U/ml 青霉素，100 000U/ml 链霉素。

（6）病毒稀释液：DMEM 液中加入青、链霉素（终浓度达 100U/ml 青霉素和 100U/ml 链霉素），可加 2% 胎牛血清。

（7）一次性耗材：1000μl、200μl 无菌带滤芯移液头，T-25 带滤膜细胞培养瓶、96 孔细胞培养板、2ml 外旋盖离心管。

（8）板封膜。

（二）主要仪器设备

（1）生物安全柜。

（2）二氧化碳培养箱。

（3）倒置显微镜。

（4）多道移液器。

（三）操作程序

1. 实验前准备

（1）实验材料：实验材料和其他用具表面喷洒 75% 乙醇消毒后，放入 BSL-3 实验室传递窗，紫外线照射 20min；从毒种库领取的病毒样本用密封盒包装，表面用 75% 乙醇喷洒消毒后放入传递窗，紫外线照射 20min。

（2）细胞准备：提前 24h 将 Vero E6 细胞接种至 96 孔培养板中，约 10^4 细胞 / 孔。24h 后将长满细胞的 96 孔培养板放入洁净的密封盒中扣紧盒盖，表面消毒后转移至 BSL-3 实验室传递窗，紫外线照射 20min。

（3）填写记录表，进入一更脱去个人衣物及配饰、手表等，依次穿戴内层防护服、连体防护服、内层手套、N95 防护口罩、外层隔离衣、外层手套。每只手套戴之前须进行检

漏，内层手套须覆盖连体防护服袖口，用胶带固定，方便随时更换外层手套，外层手套须覆盖外层隔离衣袖口；N95口罩戴好后亦须用手捂住口罩中央，然后用力吹气，检查四边是否漏气；对照穿衣镜检查所有个体防护装备的穿戴是否有纰漏。穿过淋浴间进入二更更换工作鞋，套双层鞋套；进入缓冲走廊，取出传递窗中的实验材料及用品用具；通过核心区缓冲间进入实验室。

（4）传入的病毒样本先放入冰箱保存，细胞先放入提前1日调试好的二氧化碳培养箱备用。检查实验仪器设备、溢洒处理箱和急救箱是否正常。

（5）生物安全柜台面及侧壁先用75%乙醇喷洒、擦拭消毒，生物安全柜台面操作区铺吸水垫，实验材料及用品用具表面用75%乙醇喷洒消毒后放入生物安全柜分区摆放，开启生物安全柜运行5min，待生物安全柜操作空间充分净化、气流稳定后方可正常使用。

2. 实验操作

（1）手套表面用75%乙醇消毒后，手臂垂直气流缓慢伸入生物安全柜，静置1min后开始实验操作。

（2）病毒稀释：在2ml外旋螺口离心管中小心进行病毒的10倍梯度稀释，100μl病毒液加入900μl病毒稀释液中轻柔吹吸混匀，移液头弃入利器盒中。

（3）接种细胞：从二氧化碳培养箱中取出装有铺好细胞的96孔培养板的密封盒，表面用75%乙醇喷洒消毒后移入生物安全柜。吸弃96孔板中的培养基至铺有吸水纸的废液收集盒中，加PBS轻轻清洗细胞一次，吸弃96孔板中的PBS至铺有吸水纸的废液收集盒中。然后由低浓度向高浓度加入病毒稀释液，100μl/孔，每个稀释梯度8个重复孔，用病毒稀释液作为阴性对照（*N*），100μl/孔。移液头弃入利器盒，离心管弃入废液收集盒中，废液收集盒中的吸水纸应足够吸附废液，不应残留可流动的废液，以免处置过程中发生溢洒和泄漏。

（4）培养：用透气板封膜密封96孔培养板，或用胶带密封板盖四周，用消毒湿巾擦拭、消毒表面后放入密封盒中，表面用75%乙醇喷洒消毒后移出生物安全柜至二氧化碳培养箱中，打开密封盒盖，在5% CO_2、37℃、95%湿度条件下培养。

（5）接毒后48～96h，每日观察细胞病变，记录结果。将密封盒的盒盖扣紧，移出二氧化碳培养箱至倒置显微镜台面，打开盒盖小心取出培养瓶在显微镜下观察。观察结束后将培养瓶放入密封盒中，移至二氧化碳培养箱中，打开盒盖继续培养。第4日观察结束后，用吸水垫或吸水纸包裹96孔培养板，再用在专用高压灭菌袋双层包装，表面用75%乙醇喷洒消毒后待移出实验室进行灭菌处置。

（6）结果计算：用Reed-Muench公式计算$TCID_{50}$。

3. 清场与消毒 参见本节“一、新型冠状病毒培养”部分。

三、新型冠状病毒中和试验

（一）主要试剂与材料

（1）血清样本：包括待检血清、阳性及阴性对照血清。如果待检血清可能需要多次检测，则需将待检血清在生物安全柜内小量分装至 2ml 的外旋螺口样本管中，–80 ～ –20℃保存，避免多次反复冻融。

（2）Vero E6 细胞。

（3）细胞培养液：DMEM +10% 胎牛血清 + 抗生素（500ml DMEM 培养液），5.5ml 100× 青、链霉素母液（10 000U/ml 青霉素 G，10 000μg/ml 硫酸链霉素），50ml 胎牛血清，4℃保存。

（4）病毒稀释液：DMEM+2% 胎牛血清 + 抗生素，即配即用 500ml DMEM 培养液，10ml 胎牛血清，5ml 100× 青、链霉素母液（10 000U/ml 青霉素 G，10 000μg/ml 硫酸链霉素）。

（5）一次性耗材：50ml 离心管、10ml 移液管、2ml 外旋螺口离心管、1000μl 带滤芯移液状、200μl 带滤芯移液头、96 孔细胞培养板。

（6）板封膜。

（二）主要仪器设备

（1）生物安全柜。

（2）金属浴。

（3）二氧化碳培养箱。

（4）倒置显微镜。

（5）电动移液器。

（6）多道移液器。

（三）操作程序

1. 实验前的准备

（1）实验材料：实验材料和其他用具表面喷洒 75% 乙醇消毒后，放入 BSL-3 实验室传递窗，紫外线照射 20min；从毒种库领取的病毒样本用密封盒包装，表面用 75% 乙醇喷洒消毒后放入传递窗，紫外线照射 20min。

（2）细胞准备：提前 24h 将 Vero E6 细胞接种至 96 孔培养板中，约 10^4 细胞 / 孔。24h 后将长满细胞的 96 孔培养板放入洁净的密封盒中扣紧盒盖，表面消毒后转移至 BSL-3 实验室传递窗，紫外线照射 20min。

（3）填写记录表，进入一更脱去个人衣物及配饰、手表等，依次穿戴内层防护服、连体防护服、内层手套、N95 防护口罩、外层隔离衣、外层手套。每只手套戴之前须进行检漏，内层手套须覆盖连体防护服袖口，用胶带固定，方便随时更换外层手套，外层手套须覆盖外层隔离衣袖口；N95 口罩戴好后亦须用手捂住口罩中央，然后用力吹气，检查四边是否漏气；对照穿衣镜检查所有个体防护装备的穿戴是否有纰漏。穿过淋浴间进入二更更换工作鞋，套双层鞋套；进入缓冲走廊，取出传递窗中的实验材料及用品用具；通过核心区缓冲间进入实验室。

（4）传入的病毒样本先放入冰箱保存，细胞先放入提前 1 日调试好的二氧化碳培养箱备用。检查实验仪器设备、溢洒处理箱和急救箱是否正常。

（5）生物安全柜台面及侧壁先用 75% 乙醇喷洒、擦拭消毒，生物安全柜台面操作区铺吸水垫，实验材料及用品用具表面用 75% 乙醇喷洒消毒后放入生物安全柜分区摆放，开启生物安全柜运行 5min，待生物安全柜操作空间充分净化、气流稳定后方可正常使用。

2. 实验操作

（1）手套表面用 75% 乙醇消毒后，手臂垂直气流缓慢伸入生物安全柜，静置 1min 后开始实验操作。

（2）血清灭活和稀释：用 75% 乙醇喷洒消毒金属浴后移入生物安全柜中，将装有待检血清的外旋螺口离心管放入金属浴孔槽内，56℃灭活处理 30min。用镊子取出离心管放置在离心管架上，加入病毒稀释液进行 5 倍稀释后作为起始浓度，每份样本需 4 个重复，做好标记。金属浴用 75% 乙醇喷洒内外表面，5min 后移出生物安全柜。

（3）病毒稀释：吸取 40ml 病毒稀释液于 50ml 离心管中，吸弃 320μl 病毒稀释液于废液桶中，再加入 1×10^6 $TCID_{50}$/ml 的病毒液 320μl，使其终浓度为 $100TCID_{50}$/50μl，轻柔吹吸 5 次混匀，移液头弃于利器盒中，移液管弃于移液管收集盒中。

（4）共孵育：用移液管转移稀释后的病毒液至一次性加样槽中，再用多道移液器加入 96 孔培养板的第 2 ～ 11 列，每孔 50μl。96 孔培养板第 1 列加入稀释的起始浓度血清样本，每孔 100μl，每份样本重复 4 孔。然后用多道移液器从第 1 列吸取 50μl/ 孔加入第 2 列，轻轻吹吸 5 次混匀，作系列倍比稀释，至第 10 列轻轻吹吸 5 次混匀后吸弃 50μl 至铺有吸水纸的废液收集盒中。第 11 列为病毒对照，不加血清样本；第 12 列为细胞对照，不加病毒和血清。96 孔培养板盖盖后用消毒湿巾擦拭、消毒表面后小心放入密封盒中，再用 75% 乙醇喷洒消毒表面，5min 后移出生物安全柜至二氧化碳培养箱中孵育 1h。一次性加样槽中剩余的液体放入吸水纸充分吸附，然后和加样槽一起放入专用高压灭菌袋中；移液头弃于利器盒中，移液管弃于移液管收集盒中。

（5）感染细胞：从二氧化碳培养箱中取出各自放入装有病毒 – 血清共孵育混合液的 96 孔板和铺有 Vero E6 细胞的 96 孔板的密封盒，表面用 75% 乙醇喷洒消毒后移入生物安全柜。打开密封盒，轻轻取出 96 孔板，用多道移液器吸取病毒 – 血清共孵育混合液逐列加至铺有 Vero E6 细胞的 96 孔板中，用透气板封膜密封 96 孔培养板，或用胶带密封板盖四周，用消毒湿巾擦拭、消毒表面后放入密封盒中，表面用 75% 乙醇喷洒消毒后移出生物安全柜至二氧化碳培养箱中，打开密封盒盖，在 5% CO_2、37℃、95% 湿度条件下培养 3 日。移液头弃于利器盒中。

（6）结果观察和计算：第 3 日，扣紧盒盖，从二氧化碳培养箱中取出密封盒至显微镜台面，取出 96 孔培养板观察、记录细胞病变，并用 GraphPad Prism 计算 IC_{50}。将 96 孔板放入密封盒中，再用专用高压灭菌袋双层包装，表面用 75% 乙醇喷洒消毒后待移出实验室进行高压灭菌处理。

3. 清场与消毒 参见本节“一、新型冠状病毒培养”部分。

第二节　常规细菌相关实验活动的安全操作规范

一、结核分枝杆菌分离培养

（一）主要试剂与材料

（1）样本：疑似结核病患者样本，包括痰、胸腔积液、尿液、心包积液、气管冲洗液、组织。

（2）罗氏培养基。

（3）痰样本处理液，液体培养基及药液（异烟肼、利福平、链霉素、乙胺丁醇）。

（4）标准螺盖培养管。

（5）无菌吸管。

（二）主要仪器设备

（1）恒温培养箱。

（2）蒸汽凝固灭菌器。

（3）振荡器。

（4）BECTEC MGIT960 全自动分枝杆菌快速鉴定仪。

（三）操作程序

1. 实验前准备

（1）实验材料：实验材料和其他用具表面喷洒 75% 乙醇消毒后，放入 BSL-3 实验室传递窗，紫外线照射 20min；从菌种库领取的细菌样本用密封盒包装，表面用 75% 乙醇喷洒消毒后放入传递窗，紫外线照射 20min。

（2）填写记录表，进入一更脱去个人衣物及配饰、手表等，依次穿戴内层防护服、连体防护服、内层手套、N95 防护口罩、外层隔离衣、外层手套。每只手套戴之前须进行检漏，内层手套须覆盖连体防护服袖口，用胶带固定，方便随时更换外层手套，外层手套须覆盖外层隔离衣袖口；N95 口罩戴好后亦须用手捂住口罩中央，然后用力吹气，检查四边是否漏气；对照穿衣镜检查所有个体防护装备的穿戴是否有纰漏。穿过淋浴间进入二更更换工作鞋，套双层鞋套；进入缓冲走廊，取出传递窗中的实验材料及用品用具；通过核心区缓冲间进入实验室。

2. 实验操作

（1）样本的前期处理：无菌部位样本无须消化和去除杂菌，直接接种在固相或液相培养基中培养；体液样本 3000*g* 离心 30min，取沉淀部分接种；污染样本用消化去污染法处理，即 2% NaOH 和 *N*- 乙酰 -L- 半胱氨酸联合使用，以达到消化痰液及去杂菌的目的。

（2）接种和培养：样本处理后，取样本做涂片；同时接种于罗氏固相培养基和液相培养基；固相培养基置于 37℃孵育培养，液相培养基置于 MGIT960 培养仪中，仪器报警阳性后，结合涂片和固相培养结果鉴别是否为结核分枝杆菌。

（3）观察：接种于固相培养基后每周观察细菌的生长状况，记录菌落生长和污染情况。

（4）结核分枝杆菌分离培养实验操作仅限在生物安全柜内进行，应由两人配合操作，并按规定做好个体防护。

（5）所有用过的实验消耗品放入高压灭菌桶后密封高压灭菌桶，表面用 70% 乙醇消毒，在双扉高压灭菌器内经 121℃、30min 高压灭菌处理后移出实验室，放置于指定地点，由协议垃圾处理公司清运、焚烧处置。

（6）在离心过程中怀疑离心管发生破裂时应立即关闭电源，保持离心机盖子关闭 30min，及时通知中控室管理员。从溢出处理工具箱中取出高压灭菌桶，放入生物安全柜中。将离心机吊桶放入高压灭菌桶内，打开吊桶盖子，倒进充足的 70% 乙醇（浸没吊桶），封住袋口，放置过夜。消毒后小心处理破碎的离心管，清洗吊桶、胶圈和适配器，更换吊桶盖子的滤膜，重复使用。中控室管理员上报生物安全负责人。

（7）小心操作感染性材料，当发生溅洒时应停止实验，使用溢出处理工具箱。用绵球擦拭、吸收溢出物。将擦拭后的棉球置于高压灭菌桶中待处理。若含有感染性物质，用纱布覆盖，加 0.5% 有效氯消毒剂，作用 30min，将纱布置于高压灭菌桶中，再用 70% 乙醇擦拭消毒。对于纱布无法覆盖及擦拭的表面，用 70% 乙醇喷洒消毒 2 次。

3. 清场与消毒　参见本章第一节“一、新型冠状病毒培养”部分。

二、鼠疫耶尔森菌分离培养及活菌计数

（一）主要试剂与材料

（1）赫氏培养基平板。
（2）甲紫。
（3）生化培养基。
（4）接种环。
（5）比浊管。

（二）主要仪器设备

本实验所需的仪器设备为生物安全柜。

（三）操作程序

1. 实验前准备

（1）实验材料：实验材料和其他用具表面喷洒 75% 乙醇消毒后，放入 BSL-3 实验室传递窗，紫外线照射 20min；从菌种库领取的细菌样本用密封盒包装，表面用 75% 乙醇喷洒消毒后放入传递窗，紫外线照射 20min。

（2）填写记录表，进入一更脱去个人衣物及配饰、手表等，依次穿戴内层防护服、连体防护服、内层手套、N95 防护口罩、外层隔离衣、外层手套。每只手套戴之前须进行检

漏，内层手套须覆盖连体防护服袖口，用胶带固定，方便随时更换外层手套，外层手套须覆盖外层隔离衣袖口；N95 口罩戴好后亦须用手捂住口罩中央，然后用力吹气，检查四边是否漏气；对照穿衣镜检查所有个体防护装备的穿戴是否有纰漏。穿过淋浴间进入二更更换工作鞋，套双层鞋套；进入缓冲走廊，取出传递窗中的实验材料及用品用具；通过核心区缓冲间进入实验室。

2. 实验操作

（1）腐败材料可接种于甲紫 [1 ：（10 万～ 20 万）] 赫氏溶血琼脂平板。

（2）液体材料及骨髓用灭菌接种环取样本划线。脏器材料先在平板表面压印，再以接种环划线，棉拭子可直接涂布于培养基表面。

（3）同一来源的不同部位的样本可以分格涂于同一平板表面。

（4）如果材料充足，每份样本应接种一式 2 个平板，一个做分离培养，另一个做鼠疫噬菌体裂解实验。

（5）置于 28℃温箱培养，观察 14 ～ 96h，发现具有鼠疫耶尔森菌典型形态的菌落，及时挑取可疑菌落进一步纯化分离，或进行鼠疫噬菌体实验。已接种的没有严重污染的平板需连续培养观察 7 日，确认无疑似鼠疫耶尔森菌落出现时方可经高压灭菌后弃去。

（6）详细登记鼠疫耶尔森菌落或可疑菌落的培养量、培养份数、培养用途。

（7）菌株鉴定：将被试菌株分别接种于上述各种培基发酵管内，37℃培养 7 ～ 14 日，每日观察一次，或 37℃培养 7 日后置于室温再观察 7 日，每日记录结果。选择已知菌种分别接种各发酵管做对照；同时用各发酵反应管培基做空白阴性对照。硝酸盐还原试验（脱氮作用）：待试菌株接种脱氮试验培基孵育 3 ～ 5 日，加溶于乙酸的氨基苯磺酸 0.1ml 混合后，再加溶于乙酸的 α- 萘胺 0.1ml，若显色则为阳性，若不显色则为阴性。

（8）活菌计数：用接种环挑取适量纯培养物，溶于生理盐水，混匀。在比浊管内加入 1ml 生理盐水，在生理盐水中逐渐滴加菌悬液，至观察溶液和标准比浊管浓度一致。按照标准比浊管的浓度，将比浊管内的菌悬液成倍稀释为 1000 个菌 /ml。用微量移液器取 1000 个菌 /ml 的菌悬液 100μl，滴在赫氏琼脂平板上，均匀涂开，共涂 3 个平板；28℃培养 72h 后观察菌落数目，取 3 个平板的平均值，即可推算原菌悬液的实际活菌数量。

3. 清场与消毒　参见本章第一节“一、新型冠状病毒培养”部分。

三、结核分枝杆菌 T 细胞免疫检测

（一）主要试剂与材料

（1）样本：疑似结核患者外周血。

（2）生理盐水。

（3）PRMI 1640 培养基和含 10% 胎牛血清的 PRMI 1640 培养基。

（4）肝素抗凝的真空采血管。

（5）15ml、50ml 离心管。

（6）淋巴分离液。

（7）Elispot 试剂盒。

（8）移液管。

（二）主要仪器设备

（1）CO_2 恒温培养箱。

（2）离心机。

（3）显微镜和细胞计数板。

（三）操作程序

1. 实验前准备

（1）实验材料：实验材料和其他用具表面喷洒 75% 乙醇消毒后，放入 BSL-3 实验室传递窗，紫外线照射 20min；从菌种库领取的细菌样本用密封盒包装，表面用 75% 乙醇喷洒消毒后放入传递窗，紫外线照射 20min。

（2）填写记录表，进入一更脱去个人衣物及配饰、手表等，依次穿戴内层防护服、连体防护服、内层手套、N95 防护口罩、外层隔离衣、外层手套。每只手套戴之前须进行检漏，内层手套须覆盖连体防护服袖口，用胶带固定，方便随时更换外层手套，外层手套须覆盖外层隔离衣袖口；N95 口罩戴好后亦须用手捂住口罩中央，然后用力吹气，检查四边是否漏气；对照穿衣镜检查所有个体防护装备的穿戴是否有纰漏。穿过淋浴间进入二更更换工作鞋，套双层鞋套；进入缓冲走廊，取出传递窗中的实验材料及用品用具；通过核心区缓冲间进入实验室。

2. 实验操作

（1）样本采集：使用肝素抗凝的真空采血管采集外周静脉血 3 ～ 5ml。样本采集后尽快分离外周血单个核细胞（PBMC），室温保存时间应不超过 4h，请勿冷藏或冷冻。

（2）外周血单个核细胞分离：将抗凝血沿淋巴细胞分离管（含淋巴分离液）管壁缓缓倒入分离管中，室温（18 ～ 25℃）条件下 700*g* 离心 20min。

（3）离心结束后，管底是红细胞，中间层是分离液，最上层是血浆 / 组织匀浆层，血浆层与分离液层之间是白色云雾状的单个核细胞（包括淋巴细胞和单核细胞）层。用吸管吸取白色云雾状细胞层并转移至 15ml 无菌离心管中。加入 PBS 至 10ml，室温条件下 800*g* 离心 10min。

（4）弃去上清，重悬后加入 7ml RPMI 1640 培养液，700*g* 离心 7min。

（5）弃去上清，重悬后加入 7ml 含 10% 胎牛血清的 RPMI 1640 培养液洗涤细胞，700*g* 离心 7min。

（6）弃去上清，加 0.5ml 含 10% 胎牛血清的 RPMI 1640 培养液重悬沉淀。

（7）外周血单个核细胞计数：可采用计数板手工计数或自动细胞计数仪计数。计数前确保细胞悬液充分混匀。实验要求每个检测孔含有 25 万个细胞。用含 10% 胎牛血清的 RPMI 1640 培养液调整细胞浓度为 2.5×10^6/ml。

（8）IGRA 检测（γ- 干扰素释放试验）：细胞悬液调整好之后，将细胞分别加至 Elispot 96 孔板进行结核分枝杆菌特异性 T 细胞检测，从包装袋中取出培养板条，确定检测所需的板条数，并将其嵌入培养板架内，将剩余的板条放回铝箔袋中，重新塑封。

（9）每个样本需要用到3个孔：①空白对照孔，加入100μl含10%FBS的RPMI 1640细胞培养液；②检测孔，加入100μl结核分枝杆菌特异抗原（20μg/ml）；③阳性质控孔，加入100μl阳性质控品。

（10）之后向上述3个孔每孔加入100μl细胞悬液（含有25万个细胞）。

（11）在37℃、5%CO_2、100%湿度养箱中孵育18～20h。培养板不要堆叠，否则会导致温度不均匀和空气不流通，从而对检测结果产生影响。

（12）结果检测及显色：实验前请将试剂盒所有组分平衡至室温。

（13）洗涤液工作液：将浓缩洗涤液（20×）用去离子水稀释成工作浓度。

（14）生物素化抗体工作液：以生物素化抗体稀释液将浓缩生物素化抗体（250×）稀释成工作浓度（如40μl抗体稀释至10ml）。

（15）酶结合物工作液：按当次检测所需要的用量，以酶结合物稀释液将浓缩酶结合物（200×）稀释成工作浓度（如50μl稀释至10ml）。

（16）显色底物AEC工作液：按当次检测所需要的用量现配现用，以显色底物AEC稀释液将显色底物AEC（50×）稀释成工作浓度（每1ml稀释液加入1滴AEC）。

（17）从培养箱中取出培养板弃去细胞培养液。每孔加入200μl生理盐水，浸泡20～30s后弃去，洗涤2次。然后换洗涤液洗涤3次，每次洗完后，将板在吸水纸或毛巾上轻轻叩干；每孔加入100μl生物素化抗体工作液，室温孵育1h；弃去生物素化抗体，用洗涤液洗涤3次，扣干后每孔加入100μl酶结合物工作液，室温孵育1h；弃去酶结合物，用洗涤液洗涤3次，然后换用生理盐水洗涤2次，最后一次扣干后每孔加入100μl显色底物AEC工作液，室温孵育7min。当孔内出现红色斑点后用蒸馏水或去离子水终止反应；在通风处干燥培养板。记录每个反应孔内红色清晰的斑点。

（18）结果判断标准：如果空白对照孔斑点数为0～5个，检测孔斑点数减去空白对照孔斑点数≥6，或者空白对照孔斑点数为6～10个且检测孔斑点数≥2倍空白对照孔斑点数，则检测结果为阳性；如果不符合上述标准且阳性质控孔正常，则检测结果为“阴性”。

3. 清场与消毒　参见本章第一节“一、新型冠状病毒培养”部分。

四、结核分枝杆菌染色体DNA提取

（一）主要试剂与材料

（1）菌株：放置于37℃恒温培养箱培养，生长状况良好的结核分枝杆菌强毒株H37Rv等。

（2）试剂：缓冲液（0.3mol/L Tris，pH 8.0；0.1mol/L NaCl；6mmol/L EDTA）；酚；氯仿；异丙醇；无水乙醇；3mol/L NaAc（pH 5.0）；TE缓冲液（10mmol/L Tris，pH 8.0；1mmol/L EDTA）；RNase A；溶菌酶；70%乙醇。

（3）耗材：无菌的白枪头、黄枪头和蓝枪头；15ml离心管；接种环或尖吸管；1.5ml、2ml EP管；无菌3mm直径玻璃珠。

（二）主要仪器设备

（1）恒温培养箱。
（2）蒸汽凝固灭菌器。
（3）移液枪和加样枪。
（4）生物安全柜。
（5）涡旋器。
（6）冰箱（4℃、–20℃、–80℃）。
（7）离心机。
（8）恒温水浴锅。

（三）操作程序

1. 实验前准备

（1）实验材料：实验材料和其他用具表面喷洒 75% 乙醇消毒后，放入 BSL-3 实验室传递窗，紫外线照射 20min；从菌种库领取的细菌样本用密封盒包装，表面用 75% 乙醇喷洒消毒后放入传递窗，紫外线照射 20min。

（2）填写记录表，进入一更脱去个人衣物及配饰、手表等，依次穿戴内层防护服、连体防护服、内层手套、N95 防护口罩、外层隔离衣、外层手套。每只手套戴之前须进行检漏，内层手套须覆盖连体防护服袖口，用胶带固定，方便随时更换外层手套，外层手套须覆盖外层隔离衣袖口；N95 口罩戴好后亦须用手捂住口罩中央，然后用力吹气，检查四边是否漏气；对照穿衣镜检查所有个体防护装备的穿戴是否有纰漏。穿过淋浴间进入二更更换工作鞋，套双层鞋套；进入缓冲走廊，取出传递窗中的实验材料及用品用具；通过核心区缓冲间进入实验室。

2. 实验操作

（1）提取染色体 DNA 实验操作：用接种环或尖吸管将菌落刮下并置于 15ml 离心管中（事先已加入 1ml 缓冲液）。

（2）在离心管中加入 8 粒直径 3mm 的玻璃珠，并于涡旋器剧烈振荡 1min。

（3）将离心管中的菌液转移至一新的 15ml 离心管中，并用 1ml 缓冲液再洗一次，也转入 15ml 新离心管中。

（4）加入 50μl 20mg/ml 溶菌酶，放置于 37℃恒温培养箱中培养 30min。

（5）加入等体积的酚、氯仿、异丙醇（25 ∶ 24 ∶ 1），轻摇混匀，4000r/min 离心 5min，将上清加入一新的 15ml 离心管中（此步骤重复一次）。

（6）加入等体积的氯仿、异丙醇（24 ∶ 1），轻摇混匀，4000r/min 离心 5min，将上清加入一新的 15ml 离心管中。

（7）加入两倍体积的冷乙醇和 1/10 体积的 3mol/L NaAc 沉淀，轻摇混匀（此时可见到白色絮状的染色体 DNA）。

（8）将离心管消毒后放入专用的盒中，盒外表面消毒后放入 BSL-3 实验室的传递舱，通过传递舱将其带出 BSL-3 实验室。

（9）由于带出的已是无生物公害的结核分枝杆菌的染色体 DNA，所以在 BSL-1 实验室进行以下染色体 DNA 纯化实验：将样本放置于 –80℃冰箱中，30min 后取出，4000r/min 离心 15min。倒掉上清，沉淀用 1ml 70% 乙醇洗 2 次，4000r/min 离心 5min，室温晾干。用 1ml TE 缓冲液溶解沉淀。加入 RNase A，使终浓度达 100μg/ml，放置于 37℃恒温水浴锅中水浴 30min。用等体积酚、氯仿、异丙醇（25 ∶ 24 ∶ 1）抽提 2 次，再用等体积氯仿、异戊醇（24 ∶ 1）抽提 1 次；上清加入 2 倍体积冷乙醇和 1/10 体积 3mol/L NaAc，放置于 –80℃冰箱中，30min 后取出，4000r/min 离心 15min。沉淀用 1ml 70% 乙醇洗 2 次，4000r/min 离心 5min，室温晾干。用 200μl 的 TE 溶解后测定吸光度（OD）值，并进行凝胶电泳鉴定，放入 –20℃冰箱长期保存。

3. 清场与消毒　参见本章第一节“一、新型冠状病毒培养”部分。

五、结核分枝杆菌细胞感染实验

（一）主要试剂与材料

（1）菌株及细胞：结核分枝杆菌标准毒株 H37Rv，小鼠巨噬细胞 RAW264.7 等。

（2）试剂：0.9% 氯化钠（含 0.05% 吐温 80），0.1mol/L PBS，胎牛血清，庆大霉素。

（3）培养基：7H10 平板培养基，7H9 液体培养基，DMEM 培养基。

（4）耗材：无菌的白枪头、黄枪头和蓝枪头，1.5ml、15ml、50ml 离心管，10ml 移液管，10cm 细胞培养皿。

（二）主要仪器设备

（1）恒温培养箱。

（2）蒸汽凝固灭菌器。

（3）移液枪和加样枪。

（4）生物安全柜。

（5）倒置显微镜。

（6）冰箱（4℃、–20℃、–80℃）。

（7）液氮罐。

（8）离心机。

（9）CO_2 恒温培养箱。

（10）37℃振荡培养箱。

（三）操作程序

1. 实验前准备

（1）实验材料：实验材料和其他用具表面喷洒 75% 乙醇消毒后，放入 BSL-3 实验室传递窗，紫外线照射 20min；从菌种库领取的细菌样本用密封盒包装，表面用 75% 乙醇喷洒消毒后放入传递窗，紫外线照射 20min。

（2）填写记录表，进入一更脱去个人衣物及配饰、手表等，依次穿戴内层防护服、连体防护服、内层手套、N95 防护口罩、外层隔离衣、外层手套。每只手套戴之前须进行检漏，内层手套须覆盖连体防护服袖口，用胶带固定，方便随时更换外层手套，外层手套须覆盖外层隔离衣袖口；N95 口罩戴好后亦须用手捂住口罩中央，然后用力吹气，检查四边是否漏气；对照穿衣镜检查所有个体防护装备的穿戴是否有纰漏。穿过淋浴间进入二更更换工作鞋，套双层鞋套；进入缓冲走廊，取出传递窗中的实验材料及用品用具；通过核心区缓冲间进入实验室。

2. 实验操作

（1）7H10 平板培养基：取 19g 7H10 培养基粉末溶解于 900ml 去离子水中，加入 10ml 50% 的甘油，于 121℃下高压灭菌 20min，加入已过滤除菌的 100ml OADC 营养物，混匀后倒入无菌细菌平板中，放于超净台中干燥。制备好的培养基 37℃无菌试验 12h，检查培养基的污染情况后置 4℃避光保存。

（2）7H9 液体培养基：取 4.7g 7H9 培养基粉末溶解于 900ml 去离子水中，加入 2.5ml 20% 的吐温 80、10ml 50% 的甘油和已过滤除菌的 100ml OADC 营养物，用 0.22μm 滤器过滤后分装于 250ml 试剂瓶中。制备好的培养基 37℃无菌试验 12h，检查培养基的污染情况后置 4℃避光保存。

（3）用接种环挑生长良好的结核分枝杆菌 H37Rv 加入 15ml 离心管中（事先加入 5ml 7H9 液体培养基）中，放入 37℃振荡培养箱中培养。

（4）培养 3 ～ 4 周后收集培养的菌液并分装于 1.5ml 离心管中，每个离心管分装 1ml 菌液，液氮速冻后保存于 –80℃冰箱。

（5）取 1 管菌液离心后重悬于 0.9% 的氯化钠（含 0.05% 吐温 80）中。

（6）进行系列梯度稀释后铺于 7H10 平板培养基上，37℃保湿培养 3 周。

（7）通过测定 CFU 确定菌液浓度。

（8）取对数生长期的小鼠巨噬细胞 RAW264.7，以 3×10^6 接种于 10cm 细胞培养皿中。

（9）待细胞贴壁后加入结核分枝杆菌菌液（数量为 3×10^7，MOI 为 10 ∶ 1）。

（10）置于 37℃ CO_2 培养箱培养 2h 后用无菌的 0.1mol/L PBS 充分洗涤细胞以除去胞外残留的菌。

（11）用含有 10μg/ml 庆大霉素的完全培养基继续培养至所需的时间，培养结束后收集细胞进行实验分析。

3. 清场与消毒 参见本章第一节“一、新型冠状病毒培养”部分。

六、结核分枝杆菌组分的分离和鉴定

（一）主要试剂与材料

（1）样本：结核分枝杆菌培养液。

（2）试剂：7H9、提取缓冲液、福尔马林。

（3）耗材：细菌培养管、比色皿、离心管、封口膜。

（二）主要仪器设备

（1）振荡器。
（2）分光光度计。
（3）生物安全柜。
（4）离心机。
（5）匀浆破碎仪。

（三）操作程序

1. 实验前准备

（1）实验材料：实验材料和其他用具表面喷洒75%乙醇消毒后，放入BSL-3实验室传递窗，紫外线照射20min；从菌种库领取的细菌样本用密封盒包装，表面用75%乙醇喷洒消毒后放入传递窗，紫外线照射20min。

（2）填写记录表，进入一更脱去个人衣物及配饰、手表等，依次穿戴内层防护服、连体防护服、内层手套、N95防护口罩、外层隔离衣、外层手套。每只手套戴之前须进行检漏，内层手套须覆盖连体防护服袖口，用胶带固定，方便随时更换外层手套，外层手套须覆盖外层隔离衣袖口；N95口罩戴好后亦须用手捂住口罩中央，然后用力吹气，检查四边是否漏气；对照穿衣镜检查所有个体防护装备的穿戴是否有纰漏。穿过淋浴间进入二更更换工作鞋，套双层鞋套；进入缓冲走廊，取出传递窗中的实验材料及用品用具；通过核心区缓冲间进入实验室。

2. 实验操作

（1）将结核分枝杆菌在振动器中培养至OD_{600}值为0.8～1.0。
（2）将培养管取出，在生物安全柜中将菌液转入离心管，离心收菌。
（3）用提取缓冲液将菌体重悬，加入无菌玻璃珠，匀浆破碎2min。
（4）进行相关组分分离提取及测定。

3. 清场与消毒 参见本章第一节“一、新型冠状病毒培养”部分。

七、鼠疫耶尔森菌蛋白质提取及无菌实验

（一）主要试剂与材料

（1）鼠疫耶尔森菌。
（2）赫氏平板。
（3）血平板。

（二）主要仪器设备

（1）离心机。

（2）生物安全柜。

（三）操作程序

1. 实验前准备

（1）实验材料：实验材料和其他用具表面喷洒 75% 乙醇消毒后，放入 BSL-3 实验室传递窗，紫外线照射 20min；从菌种库领取的细菌样本用密封盒包装，表面用 75% 乙醇喷洒消毒后放入传递窗，紫外线照射 20min。

（2）填写记录表，进入一更脱去个人衣物及配饰、手表等，依次穿戴内层防护服、连体防护服、内层手套、N95 防护口罩、外层隔离衣、外层手套。每只手套戴之前须进行检漏，内层手套须覆盖连体防护服袖口，用胶带固定，方便随时更换外层手套，外层手套须覆盖外层隔离衣袖口；N95 口罩戴好后亦须用手捂住口罩中央，然后用力吹气，检查四边是否漏气；对照穿衣镜检查所有个体防护装备的穿戴是否有纰漏。穿过淋浴间进入二更更换工作鞋，套双层鞋套；进入缓冲走廊，取出传递窗中的实验材料及用品用具；通过核心区缓冲间进入实验室。

2. 实验操作

（1）按照蛋白质检测要求，培养必需量的鼠疫耶尔森菌，28℃或者 37℃培养鼠疫耶尔森菌 24 ～ 72h。

（2）按照蛋白质检测要求，提取鼠疫耶尔森菌的蛋白质成分。传统尿素法提取全菌蛋白质：28℃ 48h 培养鼠疫耶尔森菌，刮取菌苔（约 100mg 湿菌），用生理盐水悬菌，4300*g*、4℃离心 10min，弃去上清。重复 2 次。

（3）向沉淀中加入 1ml 溶液（0.01mol/L Tris，7mol/L 尿素，2mol/L 硫脲，4% CHAPS）。

（4）0.5h 后，4300*g*、4℃离心 10min，弃去上清。

（5）将提取的蛋白质恢复成近中性的水溶液。

（6）新尿素法提取全菌蛋白：37℃ 48h 培养鼠疫耶尔森菌，刮取 1 环菌落，加入到 400μl 8mol/L 的尿素中混匀。

（7）微生物鉴定提取全菌蛋白质：37℃ 48h 培养鼠疫耶尔森菌，取适量（半接种环）样本，加入到 200μl 18.2MΩ 超纯水，仔细混匀，再加入 600μl 无水乙醇（色谱级），振荡混匀；12 000r/min 离心 2min，弃去上清（尽量去除乙醇）；沉淀中加入 50μl 70% 的甲酸（色谱级），仔细混匀，再加入 50μl 乙腈（色谱级），混匀。

（8）1-D 电泳提取全菌蛋白质：37℃ 48h 培养鼠疫耶尔森菌，刮取 1 环（大接种环）菌落，加入到 500μl RIPA 裂解液（1ml RIPA 裂解液加 10μl 蛋白酶抑制剂，现用现配，冰上配制），冰上裂解 2h，煮沸 10min。13 000r/min 离心 2min，取上清转移至新的离心管中。

（9）2-D 电泳提取全菌蛋白质：37℃ 48h 培养鼠疫耶尔森菌，取适量菌落，加入到 2ml 生理盐水中，菌浓度调至麦氏 1.0。取 1ml 菌悬液，13 000r/min 离心 2min，弃去上清，加入 200μl RIPA 裂解液（1ml RIPA 裂解液加 10μl 蛋白酶抑制剂，现用现配，冰上配制），冰上裂解 2h，加入 40μl 6× 蛋白质上样缓冲液，煮沸 10min。12 000r/min 离心 10min，取上清转移至新的离心管中。

（10）每份鼠疫耶尔森菌蛋白质提取物至少抽取 10% 样本接种于赫氏平板或者血平板，

28℃或37℃孵育72h，应无细菌生长。如有细菌生长，应改变蛋白质提取方法，直至无细菌生长为止。

（11）做过无菌试验的菌蛋白提取物应该暂存于–20℃冰箱，检查无细菌生长的蛋白质提取物，可在容器表面消毒后，携出BSL-3实验室并做进一步处理和检测。

3. 清场与消毒　参见本章第一节“一、新型冠状病毒培养”部分。

八、结核分枝杆菌胁迫模型的建立

（一）主要试剂与材料

（1）样本：结核分枝杆菌培养液。

（2）试剂：7H9、次甲基蓝、7H10培养基、PBST。

（3）耗材：细菌培养管、比色皿、厌氧瓶、磁力搅拌子、封口膜。

（二）主要仪器设备

（1）振荡器。

（2）分光光度计。

（3）生物安全柜。

（4）磁力搅拌器。

（5）恒温培养箱。

（三）操作程序

1. 实验前准备

（1）实验材料：实验材料和其他用具表面喷洒75%乙醇消毒后，放入BSL-3实验室传递窗，紫外线照射20min；从菌种库领取的细菌样本用密封盒包装，表面用75%乙醇喷洒消毒后放入传递窗，紫外线照射20min。

（2）填写记录表，进入一更脱去个人衣物及配饰、手表等，依次穿戴内层防护服、连体防护服、内层手套、N95防护口罩、外层隔离衣、外层手套。每只手套戴之前须进行检漏，内层手套须覆盖连体防护服袖口，用胶带固定，方便随时更换外层手套，外层手套须覆盖外层隔离衣袖口；N95口罩戴好后亦须用手捂住口罩中央，然后用力吹气，检查四边是否漏气；对照穿衣镜检查所有个体防护装备的穿戴是否有纰漏。穿过淋浴间进入二更更换工作鞋，套双层鞋套；进入缓冲走廊，取出传递窗中的实验材料及用品用具；通过核心区缓冲间进入实验室。

2. 实验操作

（1）将结核分枝杆菌在振动器中培养至OD_{600}值为0.8～1.0。

（2）将培养管取出，在生物安全柜中按要求接种菌至厌氧瓶（内含磁力搅拌子）中，并按比例加入次甲基蓝。

（3）将厌氧瓶封好，双手及厌氧瓶等用消毒液处理，从生物安全柜取出放到恒温培养箱中的磁力搅拌器上，设置温度和转数。

（4）定期观察菌液颜色，待变无色时收菌，鉴定特征性基因的表达量。

3. 清场与消毒 参见本章第一节“一、新型冠状病毒培养”部分。

九、鼠疫耶尔森菌侵染细胞实验

（一）主要试剂与材料

（1）鼠疫耶尔森菌及对照菌株、培养细胞。
（2）含胎牛血清的细胞用培养基。
（3）肝素。
（4）庆大霉素。
（5）TritonX-100。
（6）PBS。
（7）鼠疫耶尔森菌及对照菌的培养平板。
（8）吸管、移液器及配套吸头。
（9）接菌环。
（10）细菌涂布器。
（11）离心管。

（二）主要仪器设备

（1）生物安全柜。
（2）离心机。
（3）比浊仪。

（三）操作程序

1. 实验前准备

（1）实验材料：实验材料和其他用具表面喷洒 75% 乙醇消毒后，放入 BSL-3 实验室传递窗，紫外线照射 20min；从菌种库领取的细菌样本用密封盒包装，表面用 75% 乙醇喷洒消毒后放入传递窗，紫外线照射 20min。

（2）填写记录表，进入一更脱去个人衣物及配饰、手表等，依次穿戴内层防护服、连体防护服、内层手套、N95 防护口罩、外层隔离衣、外层手套。每只手套戴之前须进行检漏，内层手套须覆盖连体防护服袖口，用胶带固定，方便随时更换外层手套，外层手套须覆盖外层隔离衣袖口；N95 口罩戴好后亦须用手捂住口罩中央，然后用力吹气，检查四边是否漏气；对照穿衣镜检查所有个体防护装备的穿戴是否有纰漏。穿过淋浴间进入二更更换工作鞋，套双层鞋套；进入缓冲走廊，取出传递窗中的实验材料及用品用具；通过核心区缓冲间进入实验室。

2. 实验操作

（1）从鼠疫耶尔森菌（或对照菌）培养平板上刮取细菌，用 PBS 重悬于比浊管中。

（2）用比浊仪测定细菌比浊度，并将细菌密度稀释成 McF=2.0。

（3）用含 2% 胎牛血清的细胞培养基 10 倍稀释足够量的细菌悬液。

（4）细胞准备：细胞用合适的器皿预先在 BSL-2 实验室培养至对数生长期。

（5）用含 2% 胎牛血清及 10μg/ml 肝素的细胞培养基洗细胞 3 次，用移液器吸弃液体。

（6）加入一定量的含 2% 胎牛血清及 10μg/ml 肝素的细胞培养基，在 37℃、5%CO_2 的温箱中放置 20min。

（7）细菌侵染：弃去培养基，加入一定量的（3）中稀释好的细菌悬液，在 37℃、5%CO_2 的温箱中放置 2h。

（8）抗生素作用：用含 2% 胎牛血清的细胞培养基配制庆大霉素溶液，使庆大霉素的浓度达到 100μg/ml。从温箱中取出细胞，放入生物安全柜。用含 2% 胎牛血清的细胞培养基洗细胞 2 次，用移液器吸弃液体，加入一定量的庆大霉素溶液在 37℃、5%CO_2 的温箱中放置 1h。

（9）细胞裂解及细菌培养：用 PBS 配制含有 1% TritonX-100 的溶液。从温箱中取出细胞，放入生物安全柜。用含 2% 胎牛血清的细胞培养基洗细胞 3 次，用移液器吸弃液体；加入一定量的 TritonX-100 溶液，用移液器吹吸溶液，使贴壁的细胞裂解。收集裂解产物，并用含 2% 胎牛血清的细胞培养基 10 倍稀释。取适量稀释产物，用细菌涂布器涂布于鼠疫耶尔森菌（或对照菌相应的）培养平板上。在 28℃培养细菌，24 ～ 48h 后计算形成的菌落数。

3. 清场与消毒　参见本章第一节“一、新型冠状病毒培养”部分。

十、结核分枝杆菌活性化合物的筛选

（一）主要试剂与材料

（1）菌株培养物、7H9 培养基。

（2）样本板、检测板、带滤芯吸头、吸管。

（3）电动移液器、多道移液器。

（二）主要仪器设备

（1）酶标仪。

（2）分光光度计。

（3）离心机。

（三）操作程序

1. 实验前准备

（1）实验材料：实验材料和其他用具表面喷洒 75% 乙醇消毒后，放入 BSL-3 实验室传递窗，紫外线照射 20min；从菌种库领取的细菌样本用密封盒包装，表面用 75% 乙醇喷洒消毒后放入传递窗，紫外线照射 20min。

（2）填写记录表，进入一更脱去个人衣物及配饰、手表等，依次穿戴内层防护服、连体防护服、内层手套、N95 防护口罩、外层隔离衣、外层手套。每只手套戴之前须进行检漏，内层手套须覆盖连体防护服袖口，用胶带固定，方便随时更换外层手套，外层手套须覆盖外层隔离衣袖口；N95 口罩戴好后亦须用手捂住口罩中央，然后用力吹气，检查四边是否漏气；对照穿衣镜检查所有个体防护装备的穿戴是否有纰漏。穿过淋浴间进入二更更换工作鞋，套双层鞋套；进入缓冲走廊，取出传递窗中的实验材料及用品用具；通过核心区缓冲间进入实验室。

2. 实验操作

（1）将结核分枝杆菌 H37Rv 菌株接入含有 50ml 7H9 培养基的无菌聚苯乙烯滚瓶中（规格：侧面积 490cm^2）。

（2）滚瓶转速设定为 2r/min，培养温度 37℃。培养菌株使其 OD_{600} 值为 0.6 ～ 0.8，达到对数生长期。

（3）500r/min 离心菌液，使成团块状的菌体部分沉淀；转移上清菌液至新管，并使用分光光度计读取 OD_{600} 值。

（4）用 7H9 培养基将菌液上清稀释至为 OD_{600} 值为 0.05。

（5）取 100 块 96 孔黑色细胞培养板，该培养板的底部透明，将该培养板的盖子取下，分装 40μl 前述 7H9 培养基到 96 孔培养板各个孔。

（6）转移 2μl 二甲基亚砜梯度稀释溶液到每个孔。

（7）将稀释后的 H37Rv 菌液分装到 96 孔培养板，每孔分装 40μl。

（8）重新盖上 96 孔培养板板盖进行培养。

（9）将中密封的培养板置于 37℃培养箱中培养 6 ～ 7 日。

（10）取出 96 孔培养板，取下板盖，使用酶标仪读取 OD_{600} 值，记录数据。

3. 清场与消毒 参见本章第一节“一、新型冠状病毒培养”部分。

十一、结核分枝杆菌活性化合物的药理学评价

（一）主要试剂与材料

（1）H37Rv 人型分枝杆菌，7H9 培养基，RM 1640 培养基，Hanks 缓冲液。

（2）待检测药物、小鼠、带滤芯吸头、吸管。

（3）电动移液器、多道移液器。

（二）主要仪器设备

（1）酶标仪。

（2）分光光度计。

（3）离心机。

（三）操作程序

1. 实验前准备

（1）实验材料：实验材料和其他用具表面喷洒 75% 乙醇消毒后，放入 BSL-3 实验室传递窗，紫外线照射 20min；从菌种库领取的细菌样本用密封盒包装，表面用 75% 乙醇喷洒消毒后放入传递窗，紫外线照射 20min。

（2）填写记录表，进入一更脱去个人衣物及配饰、手表等，依次穿戴内层防护服、连体防护服、内层手套、N95 防护口罩、外层隔离衣、外层手套。每只手套戴之前须进行检漏，内层手套须覆盖连体防护服袖口，用胶带固定，方便随时更换外层手套，外层手套须覆盖外层隔离衣袖口；N95 口罩戴好后亦须用手捂住口罩中央，然后用力吹气，检查四边是否漏气；对照穿衣镜检查所有个体防护装备的穿戴是否有纰漏。穿过淋浴间进入二更更换工作鞋，套双层鞋套；进入缓冲走廊，取出传递窗中的实验材料及用品用具；通过核心区缓冲间进入实验室。

2. 实验操作

（1）卡介菌（BCG）接种：将 BCG 菌种用 300μl 0.05% 吐温及生理盐水稀释后移至中试管内，用消毒磨菌棒研磨成菌悬液后均匀涂布于改良罗氏培养基上，用封口膜封闭，37℃保湿培养 2 周；自罗氏培养基上刮取生长良好的干菌落约 20mg 并置于中试管中，加入 0.5ml 0.05% 吐温生理盐水用磨菌棒研磨均匀，再用生理盐水稀释成 1mg/3ml 的菌悬液，于每只小鼠胸壁皮内注射 0.3ml（相当于 0.1mg/ 只含活菌 1×10^6CFU）。

（2）H37Rv 攻击：将在小鼠体内传两代的 H37Rv 约 10mg 用 300μl 0.05% 吐温及生理盐水稀释后，移至中试管内，用消毒磨菌棒研磨散后均匀涂布于改良罗氏培养基上，用封口膜封闭，37℃保湿培养 2 周；自罗氏培养基上刮取生长良好的干菌落约 20mg 并置于中试管中，加入 0.5ml 0.05% 吐温及生理盐水用磨菌棒研磨均匀，再用生理盐水稀释成 1mg/3ml 的菌悬液，于每只小鼠胸壁皮内注射 0.3ml（相当于 0.1mg/ 只含 H37Rv 1×10^6CFU 活菌）。

（3）治疗药物以每只小鼠当日 0.2ml/10g 体重一次灌胃给药，对照组以等量生理盐水灌胃。6 周后处死小鼠，收集外周血血清，分离脾淋巴细胞，进行脾、肺荷菌量及药理学检测。

（4）抗酸染色法：石蜡切片脱蜡，浸入石碳酸品红染色液，于 60℃温箱中染色 1h，自来水冲洗 1 ～ 2min，用 3% 盐酸乙醇水溶液脱色直至切片呈淡粉红色，蒸馏水洗 10 ～ 20min，0.1% 亚甲蓝水溶液复染色 10 ～ 30s，用 95% 乙醇分色 5 ～ 10s，无水乙醇脱水，二甲苯透明中性树脂封固。

（5）血清 PPD 特异性抗体的 ELISA 检测：①抗原包被。PPD 标准品用包被液稀释至 10g/ml，以 100μl/ 孔加入酶标板孔中，置湿盒中 4℃过夜，弃去包被液，加入 3% BSA/PBST 溶液 100μl/ 孔，置湿盒中 37℃封闭 2h。样本处理：眼球摘除法取血，室温静置 2h，10 000r/min 离心 5min，吸取上清。②加样。弃封闭液，每孔加入不同稀释度待测样本 50μl，以正常鼠血清作为阴性对照，设阴性对照孔，置湿盒中 37℃ 30min。③洗涤。弃去孔内液体，洗涤液注满各孔，静置 1min 后弃去孔内的液体，重复 5 次。④加二抗。

每孔加入 HRP 标记的羊抗鼠 IgG 50μl，混匀，置 37℃孵育 30min。⑤显色。每孔加入显色液 50μl（包括对照孔），轻轻振荡混匀，置 37℃孵育 15min。⑥终止。每孔加终止液 50μl 终止反应。⑦判读。在 490nm 处先用空白孔调零后读取各孔的 OD 值。

（6）免疫小鼠脾淋巴细胞的制备：眼球摘除法处死小鼠，称体重；置 70% 乙醇缸中消毒 1min 后切开腹部皮肤；用无菌剪刀剪开腹膜取脾脏，置于 4℃预冷的 Hanks 液中洗涤，修剪去除脾脏周脂肪组织，称取脾重，于 200 目不锈钢筛网研磨，反复用 Hanks 液吹打，1000r/min 离心 10min，洗 2 次；加 4ml RM 1640 重悬，按 1 ∶ 1 体积比用小鼠淋巴细胞分离液分离脾淋巴细胞（2000r/min 离心 30min），吸取淋巴细胞层液体；用 RM 1640 洗涤 2 次，再用完全 RM 1640 重悬（含 10% 胎牛血清）。

（7）免疫小鼠脾肺荷菌量和病理检测：①脾组织。无菌手术取脾，称取全脾重和用于荷菌的脾重，一部分用作细胞培养，另一部分经 4% 多聚甲醛固定后送病理检查。称取一定量的脾组织，加入经过灭菌的 5ml 组织匀浆器中，再加入 2ml 灭菌生理盐水，研磨成匀浆。用 2ml 4% 的硫酸中和，摇匀后静置 15min，以此原液作 10 倍梯度稀释。选取 3 个稀释度的悬液 500μl 分别涂布于 3 个经过 37℃复温的改良罗氏培养基上，置 37℃孵育 4 周，然后进行菌落计数，计算每克脾组织的荷菌量。②肺组织。无菌手术取左侧全肺称重，用于荷菌量检测。取右上肺叶，用 4% 多聚甲醛固定后送病理检查。称取一定量的左肺组织，加入经过灭菌的 5ml 组织匀浆器中，再加入 2ml 灭菌生理盐水，研磨成匀浆；用 2ml 4% 的硫酸中和，摇匀后静置 15min，以此原液作 10 倍梯度稀释；选取 3 个稀释度的悬液 100μl 分别涂布于 3 个经过 37℃复温的改良罗氏培养基上，用灭菌涂布棒涂布均匀，封口膜封闭平皿；置 37℃孵育 4 周，然后进行菌落计数，计算每克肺组织的荷菌量。

3. 清场与消毒 参见本章第一节“一、新型冠状病毒培养”部分。

十二、鼠疫耶尔森菌噬菌体试验

（一）主要试剂与材料

（1）接种环。

（2）赫氏血琼脂平板。

（3）鼠疫噬菌体。

（二）主要仪器设备

本实验所需主要设备为生物安全柜。

（三）操作程序

1. 实验前准备

（1）实验材料：实验材料和其他用具表面喷洒 75% 乙醇消毒后，放入 BSL-3 实验室传递窗，紫外线照射 20min；从菌种库领取的细菌样本用密封盒包装，表面用 75% 乙醇喷洒消毒后放入传递窗，紫外线照射 20min。

（2）填写记录表，进入一更脱去个人衣物及配饰、手表等，依次穿戴内层防护服、连体防护服、内层手套、N95 防护口罩、外层隔离衣、外层手套。每只手套戴之前须进行检漏，内层手套须覆盖连体防护服袖口，用胶带固定，方便随时更换外层手套，外层手套须覆盖外层隔离衣袖口；N95 口罩戴好后亦须用手捂住口罩中央，然后用力吹气，检查四边是否漏气；对照穿衣镜检查所有个体防护装备的穿戴是否有纰漏。穿过淋浴间进入二更更换工作鞋，套双层鞋套；进入缓冲走廊，取出传递窗中的实验材料及用品用具；通过核心区缓冲间进入实验室。

2. 实验操作

（1）用无菌接种环挑取待检样本或可疑鼠疫耶尔森菌落，致密划线接种于赫氏血琼脂平板上。

（2）在划线区内用接种环或微量移液器滴加鼠疫噬菌体一滴，倾斜平板使其垂直流过划线处。

（3）置 28℃温箱 24h，观察有无特异性噬菌现象，噬菌带宽于噬菌体流过的痕迹时，方可判定为鼠疫噬菌体试验阳性。

3. 清场与消毒 参见本章第一节“一、新型冠状病毒培养”部分。

第十一章　感染性材料的安全操作

感染性材料是指任何含有能够引起人、动物或两者感染的生物因子的固体或液体物质。感染性材料包括临床样本、培养物、医疗废物或疫苗等生物制品。感染性材料的安全操作对保障生物实验室的安全运行至关重要，操作环节包括感染性材料的采集、包装、内部转移、外部运输、接收、查验、保存、培养、检测、灭活、销毁和实验废物处置等。其中，感染性材料培养、检测及实验废物处置的安全操作已在本书第十章详细描述，本章不再赘述。

第一节　感染性材料分类和采集的安全操作要点

病原微生物实验室的感染性材料包括三类，其中经过培养的感染性材料的操作风险较高。

一、感染性材料的分类

（一）经过培养的感染性材料

（1）病原微生物菌（毒）种、培养物。

（2）由感染动物采集的组织和体液样本。

（二）未经培养的感染性样本

（1）上呼吸道样本：鼻拭子、咽拭子等。

（2）下呼吸道样本：深咳痰液、肺泡灌洗液、支气管灌洗液、呼吸道吸取物等。

（3）粪便样本 / 肛拭子样本：粪便样本，如果不便留取粪便样本，可采集肛拭子样本。

（4）血液样本：抗凝血，使用含有抗凝剂的真空采血管采集的血液样本。

（5）血清样本：使用无抗凝剂真空采血管采集的血清样本。

（6）尿样：留取的中段晨尿样本。

（7）物体表面样本：对物体外表面可能被污染的部位进行涂抹采集的样本，包括实验室环境监测样本。

（8）污水样本：污水排水系统中污水排水口、内部管网汇集处、污水流向的下游或与市政管网的连接处等点位采集的样本。

（三）其他感染性材料

（1）疫苗等生物制品。

（2）实验废物。

二、感染性材料采集的安全操作要点

（1）进行感染性材料的采集时，应注意做好个人呼吸道、眼面、身体和手部的防护，避免感染性气溶胶的吸入、感染性液体的喷溅和手部皮肤的污染及刺伤等。

（2）采集的样本应在生物安全柜中分装，使用大小适合、带密封圈的外旋螺旋盖、耐冷冻的样本采集管。拧紧后注明样本名称、编号、种类、操作人员姓名及采样日期。

第二节　感染性材料包装、内部转移和外部运输的安全操作要点

感染性材料的内部转移包括：在实验室内部不同设备之间的转移，如由生物安全柜转移至培养箱、显微镜或冰箱等；在机构内部不同工作区之间的转移，如在菌（毒）库与实验室之间的转移等。外部运输包括机构间、市内、省内、跨省、跨境的运输。感染性材料的内部转移应遵循双层防护包装的原则，外部运输应遵循三层防护包装的原则。

一、感染性材料内部转移的包装和安全操作要点

（1）在生物安全柜中用密封容器如密封塑料袋或带有密封圈的外旋螺旋盖样本管分装样本，不可使用EP管，以免发生溅洒、泄漏等意外事故。

（2）用消毒湿巾擦拭消毒样本管表面后，标记感染性材料的相关信息，然后放入密封、防摔裂、表面光滑、便于消毒清洁的二级容器中，如带卡扣的密封盒或样本转移专用保温箱等。如果是涉及高致病性病原微生物的感染性材料，应在二级容器表面使用生物危害标识。二级容器表面用有效消毒剂擦拭消毒后可移出生物安全柜，转移至二氧化碳培养箱、显微镜、冰箱或菌（毒）库（图11-1）。

（3）需要时可使用带护栏或围挡的手推车转移样本，并确保装载的二级容器放置平稳、不会跌落。

（4）如果有泄漏风险，应在主容器和二级容器之间放置吸附材料，防止感染性液体的污染扩散。

（5）在实验室中常备溢洒处理箱，并对实验人员进行培训和模拟演练，确保在转移过程

图11-1　感染性材料内部转移的包装

引自：WHO，2020. Laboratory Biosafety Manual. 4th ed：67.

中发生意外泄漏时，能够及时、安全地进行处置。

二、感染性材料外部运输的包装和安全操作要点

（1）国际民航组织文件《危险物品航空安全运输技术细则》（Doc9284）将运输包装分为 A、B 两类，对应的联合国编号分别为 UN2814（动物病毒为 UN2900）和 UN3373。因此，需要首先依据《人间传染的病原微生物目录》确定感染性材料的运输包装类型。

（2）A 类和 B 类均为三层包装：由内到外分别为耐温、耐压、防渗水、防泄漏的密闭主容器，具有同样耐温、耐压、防渗水、防泄漏、防摔裂性能的密闭次级容器，具有防护作用的外包装。包装容器和包装材料应符合国际民航组织文件《危险物品航空安全运输技术细则》规定的包装标准（图 11-2）。

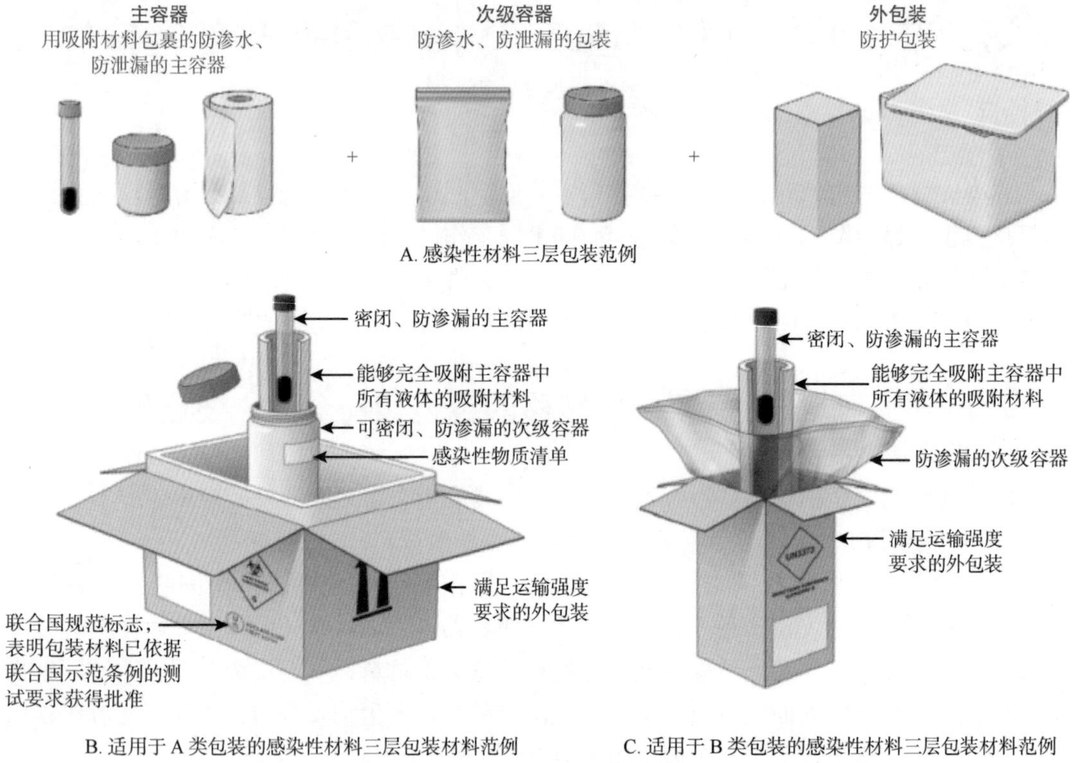

图 11-2　感染性材料外部运输的包装

引自：WHO，2020. Laboratory Biosafety Manual. 4th ed：73-75.

（3）主容器须使用无菌产品，表面标识感染性材料的类别、编号、名称、样本量等信息；主容器必须用足够的吸附材料包裹，以防发生意外时导致感染性材料的泄漏；次级容器中装有多个主容器时，须使用缓冲材料间隔，以防主容器发生倾倒、挤压、破裂；次级容器与外包装之间可使用胶体冰或干冰等冷却剂，使用干冰时，外包装必须能够释放二氧化碳气体以防止爆炸；外包装表面也须标记相关信息，如生物危害标识，干冰的危害标识，发货人、接收人和承运人信息，包装箱方向箭头等。

（4）外部运输应有不少于 2 人的专人护送，护送人员应取得中国民用航空危险品运输训练合格证，并经过相关的生物安全知识培训和应急演练。同时，在护送过程中应采取相应的防护措施，配备应急处置所需的物资，以便在发生意外时及时进行安全处置。

（5）如通过民航运输，托运人应按《中国民用航空危险品运输管理规定》（CCAR276）和国际民航组织文件《危险物品航空安全运输技术细则》的要求，进行正确分类、包装、标记，并向航空承运人提交相关审批和运输文件。

第三节　感染性材料接收、查验、保存、灭活和销毁的安全操作要点

一、感染性材料接收、查验和保存的安全操作要点

（1）接收感染性材料时，首先应查验外包装是否完整，核实运输文件是否与计划接收的感染性材料一致，且与外包装标记的信息一致。在外包装完好的情况下，在实验室打开外包装，进一步查验次级容器是否完整，确认没有破损、经表面消毒后移入生物安全柜进行进一步的查验。如果外包装或次级容器有破损，应立即打包用压力蒸汽灭菌器灭菌销毁。如为特别珍贵、不可再次获得的样本，进行表面消毒后移入生物安全柜中进行进一步查验。

（2）在生物安全柜中打开次级容器，查验主容器是否有破裂、泄漏。如主容器完好、没有泄漏，则继续核实主容器的标记信息是否与运输文件一致。如一致，可对感染性材料进行必要的分装、保存或其他实验操作。如发现主容器有破损、泄漏，应立即打包，表面消毒后移出实验室，用压力蒸汽灭菌器灭菌销毁。如为特别珍贵、不可再次获得的样本，可取出主容器中完好的样本，对表面进行彻底消毒后，按程序核实主容器标记信息并进行必要的分装、保存或其他实验操作。然后将装有破损、泄漏主容器的次级容器打包，表面消毒后移出实验室，用压力蒸汽灭菌器灭菌销毁。

（3）分装的样本如需保存，则应消毒样本管表面、标记样本信息、装入样本盒，再对样本盒表面进行消毒和标记后，移出生物安全柜，放置于专用冰箱中保存。

二、感染性材料灭活的安全操作要点

（1）感染性材料如感染动物的组织、感染血清、纯培养物、感染细胞、组织匀浆液及其他临床样本，需灭活后移出实验室进行后续检测时，应依据感染性材料的特性，经评估、验证，选用可靠的灭活剂和灭活方法进行有效灭活。特别是经过培养的感染动物组织、感染血清、纯培养物、感染细胞、组织匀浆液，由于病原体载量较大，尤其需要选取可靠的灭活剂和灭活方法。

（2）感染动物组织或感染细胞用 4% 多聚甲醛固定、灭活时，组织块应 $\leq$ 1cm^3，确保固定时间在 6 ～ 8h；单层感染细胞需固定 30 ～ 60min；感染动物血清通常采用 95℃、

5min 加热灭活；纯培养物或感染动物组织匀浆液采用 TRIzol 裂解液灭活时，通常会加入氯仿进行二次灭活；而采用 AVL 缓冲液灭活时，通常会加入无水乙醇进行二次灭活。

（3）灭活后的样本，需用消毒湿巾擦拭消毒样本管外表面后，再装入方便安全转移的二级容器中，表面消毒后移出实验室进行后续的检测。

三、感染性材料销毁的安全操作要点

（1）不具有使用和保存价值的感染性材料需要进行销毁处理时，通常选用压力蒸汽灭菌的方法进行灭活。

（2）需销毁的样本应进行适当的包装，一方面需要避免在转移至压力蒸汽灭菌器的过程中发生泄漏、溢洒，另一方面需要保证在压力蒸汽灭菌过程中能有效灭活。

（3）通常选用防泄漏、防摔裂的二级容器包装感染性材料的主容器，然后用医疗垃圾专用高压灭菌袋进行双层包装，表面消毒后移出生物安全柜，放入压力蒸汽灭菌器中，高压前隔袋打开二级容器的盒盖，以保证感染性材料被充分灭活。

第十二章　动物实验的安全操作规范

第一节　实验动物的接收

用于科学研究的实验动物应当经人工饲养、繁育，对其携带的微生物及寄生虫实行控制，遗传背景明确或者来源清楚。实验室应具备动物饲养、实验相关资质及完善的管理体系。动物转入实验设施，应当严格遵循实验室管理要求，对动物质量严格把关。实验动物接收、转入实验室应做到以下几点。

（1）从事动物实验活动的实验室应有相应资质，从事实验活动的实验室的设施应取得行政部门颁发的实验动物使用许可证，从事实验活动的实验人员应取得实验动物从业人员上岗证。

（2）实验动物转入前应提前 1 ～ 2 周向生物安全管理委员会负责人提交申请，填写动物转入申请表，经过批准后方可安排转入实验动物。

（3）实验室管理人员负责实验动物的接收，确认动物来源、品系、级别、数量、遗传性状等相关信息，并填写动物转入登记表。

（4）转入的实验动物必须来源于有实验动物生产和繁育资质的单位，转入时需提供《实验动物质量合格证》。动物来源地为实验动物使用单位时，则需提供 3 个月内微生物、寄生虫检测报告。由外地转入的动物，需提供《动物检疫合格证明》。

（5）实验动物应外观健康，可以通过临床观察到的外观健康状况进行判断，如活动、精神状态、食量等无异常；头、眼、耳、皮肤、四肢、尾、被毛等无损伤、异常；分泌物、排泄物等无异常。

（6）应当使用专用车辆运输实验动物，车内的温度、换气次数和空气洁净度等参数应当符合国家相应规定。实验动物到场后按照标准操作规程，对实验动物包装表面进行消毒处理，将实验动物转入实验室并进行分笼饲养。

第二节　实验动物的抓取和保定

实验人员进行动物实验时，必须以正确和适宜的方式抓取动物，禁止对动物采取突然、粗暴的抓取方法，确保福利伦理的实施，避免造成动物呼吸困难、体温升高等过度应激反应，甚至组织损伤、死亡等，同时避免实验人员被动物咬伤。抓取和保定动物需充分了解动物的生活习性并根据其习性采用相应的抓取和保定方法。本节将以小鼠、大鼠、地鼠及豚鼠为例讲述实验过程中动物的抓取和保定。

一、小鼠的抓取和保定

（一）风险控制

实验室，尤其是生物安全实验室使用小鼠进行实验操作前，需将小鼠使用气体麻醉机麻醉（推荐），或戴专用防抓咬手套进行实验操作，防止实验操作过程中发生动物逃逸或咬伤。

（二）保定方法

1. 双手保定 使用不锈钢长柄镊夹住小鼠尾部，将其自笼盒中提出，置于笼盒格栅上。右手轻轻向后拉动小鼠尾部，小鼠会向反方向向前爬行，此时左手弯曲示指第一、第二指节，张开拇指，使示指与拇指呈“V”形，顺势按压小鼠颈部及脊背部，固定小鼠头部及颈部。根据实验操作需求，适量抓取小鼠耳后、颈部、背部皮肤，使小鼠体位摆正。小鼠腹侧面面对实验人员，使用左手环指或小指固定小鼠尾部。小鼠呈竖直状态保定于操作人员手掌中，头部固定，无挣脱迹象，视为保定成功。

2. 单手保定 使用不锈钢长柄镊夹住小鼠尾部，将其自笼盒中提出，置于笼盒格栅上。使用拇指与示指捏住小鼠尾尖部，环指与小指夹住小鼠尾根部，轻轻向后拉动小鼠尾部，小鼠会向反方向向前爬行，此时示指与拇指松开小鼠尾尖部，并顺势按压小鼠颈部及脊背部，固定小鼠头部及颈部。根据实验操作需求，适量抓取小鼠耳后、颈部、背部皮肤，使小鼠体位摆正。小鼠腹侧面面对实验人员，使用环指或小指固定小鼠尾部。小鼠呈竖直状态保定于操作人员手掌中，头部固定，无挣脱迹象，视为保定成功。

3. 注意事项

（1）保定小鼠时应避免保定过紧，以防颈部皮肤压迫气管，导致动物窒息死亡。

（2）保定过程中如小鼠有挣脱迹象，应立即重新保定。

（3）保定过程中如小鼠有攻击实验人员行为，应先行麻醉再进行保定。

二、大鼠、地鼠的抓取和保定

（一）风险控制

（A）BSL-3 实验室使用大鼠、地鼠进行实验操作前，需将大鼠、地鼠使用气体麻醉，防止实验操作过程中发生动物逃逸或咬伤、抓伤实验人员的安全事故。

（二）保定方法

使用左手示指与拇指按压大鼠、地鼠颈部及脊背部，固定其头部及颈部。根据实验操作需求，适量抓取大鼠、地鼠耳后、颈部、背部皮肤，使其体位摆正。大鼠、地鼠腹侧面面对实验人员，使用右手固定大鼠、地鼠后肢及尾部。大鼠、地鼠呈竖直状态保定于操作人员手掌中，头部固定，无挣脱迹象，视为保定成功。

（三）注意事项

（1）保定大鼠、地鼠时应避免保定过紧，以防颈部皮肤压迫气管，导致动物窒息死亡。
（2）地鼠颊囊处皮肤松弛，保定时应注意拉紧颊囊处皮肤。

三、豚鼠的抓取和保定

（一）风险控制

（A）BSL-3 实验室使用豚鼠进行实验操作前，需将豚鼠使用气体麻醉，防止实验操作过程中发生动物逃逸或咬伤、抓伤实验人员的安全事故。

（二）保定方法

（1）双手保定（适用于豚鼠短途转移）：实验人员使用左手自豚鼠背部经腋下保定豚鼠前肢及躯干部位，右手自腹部经胯下轻托并保定豚鼠后肢。
（2）台面保定（适用于实验操作）：实验人员使用左手自豚鼠背部经腋下保定豚鼠前肢，并轻轻按压头部、颈部于实验操作台面上，右手自背部经髋部固定豚鼠后肢，并轻轻按压于实验操作台面上。此外，也可使用此方法使豚鼠腹侧面向上进行保定。

（三）注意事项

保定豚鼠时应避免颈部保定过紧，导致动物窒息死亡。

第三节　实验动物的麻醉

实验动物麻醉是指通过给予麻醉剂，抑制动物局部或中枢神经系统的知觉，以利于进行动物实验，其目的是使实验动物镇静，保证实验动物和操作人员的安全，是采血、手术、取材、成像等实验操作不可缺少的环节。

实验动物麻醉因动物种类、目的等不同而需选择不同的麻醉方法和麻醉药。麻醉方法的选择，要考虑所需的麻醉深度和持续时间，所选方法是否会对研究目的造成干扰。此外，麻醉方法应给药简单，不会对动物造成重大痛苦，无不良反应，恢复平稳、快速。

地氟烷（地氟醚）：麻醉诱导浓度 18%，维持浓度 11%，最低有效肺泡浓度 6.5% ～ 8%（不同药剂在大鼠体内的相对效力）。

异氟烷（异氟醚）：麻醉诱导浓度 5%，维持浓度 1.5% ～ 3%，最低有效肺泡浓度 1.38%（不同药剂在大鼠体内的相对效力）。

七氟烷（七氟醚）：麻醉诱导浓度 8%，维持浓度 3.5% ～ 4.0%，最低有效肺泡浓度 2.7%（不同药剂在大鼠体内的相对效力）。

一、麻 醉 方 法

动物实验常采用全身麻醉，全身麻醉按照给药途径不同，可分为腹腔注射全身麻醉、肌内注射全身麻醉、静脉注射全身麻醉、吸入全身麻醉等。啮齿类动物实验常采用吸入全身麻醉和腹腔注射全身麻醉。

（一）吸入全身麻醉

吸入全身麻醉是指将挥发性麻醉剂或麻醉气体，经由实验动物呼吸道吸入体内，从而产生麻醉效果的方法。实验动物气体麻醉目前临床应用最多的麻醉剂是异氟烷、地氟烷、七氟烷，配合气体麻醉机使用。

操作方法及注意事项详见第九章第二节相关内容。

（二）腹腔注射全身麻醉

腹腔注射操作简单，是啮齿类实验动物常用的全身麻醉给药方法之一。可根据实验或手术类型及需要麻醉的时间选择适当的麻醉剂（表 12-1），推荐如下。

（1）氯胺酮 + 塞拉嗪（甲苯噻嗪）：混合麻醉剂，麻醉时间为 30min 左右，安全范围大，小鼠麻醉非常平稳，而且有一定的镇痛作用。

（2）戊巴比妥钠：麻醉时间一般为 40 ～ 60min，但安全范围窄，一旦过量动物容易死亡，并且戊巴比妥钠没有镇痛作用，只有镇静作用，因此手术前配合镇痛剂使用效果会更好。

（3）三溴乙醇：麻醉时间约为 30min，不同品系的小鼠耐受性不同，不能反复注射，否则容易引发动物肠道炎症。

（4）舒泰：麻醉时间约为 30min，部分品系小鼠不适合使用，如裸鼠使用效果一般。

表 12-1 小鼠、大鼠腹腔注射麻醉推荐剂量

麻醉剂	使用剂量	持续时间	注意事项
氯胺酮 + 塞拉嗪（甲苯噻嗪）	氯胺酮 60 ～ 100mg/kg，塞拉嗪 5 ～ 10mg/kg	20 ～ 30min	如需要补加，只需使用氯胺酮，使用阿替美唑可加速苏醒
戊巴比妥钠	40 ～ 50mg/kg	麻醉持续 20 ～ 40min；完全恢复 120 ～ 180min	高剂量可导致严重的呼吸抑制
三溴乙醇	250 ～ 500mg/kg，最常用的推荐剂量为 250mg/kg	麻醉持续 16 ～ 20min，完全恢复 40 ～ 90min	高剂量可导致腹膜炎、肠梗阻和腹部粘连
舒泰	50mg/kg	30min	部分品系小鼠不适合

操作方法及注意事项（以小鼠为例）：进行感染性实验操作时，建议先对动物进行吸入麻醉或戴防咬手套，以免被实验动物咬伤。拿取注射器，用镊子拔掉针帽，根据小鼠体重吸取麻醉剂。注意排气，使用镊子夹取干棉球，将注射器针头插入棉球，排出注射器中的气泡。然后将麻醉的小鼠从麻醉盒中取出，左手保定小鼠，右手用镊子夹取酒精棉球消

毒小鼠腹部，然后腹腔注射麻醉剂进行药物麻醉，注射器使用后应立即弃入利器盒。

小鼠注射麻醉剂几分钟后才会起效，注射后应将小鼠放回笼具并观察小鼠状态，确认麻醉程度。

二、麻醉程度的确认

实验动物麻醉程度由浅入深，一般可分为以下 4 个阶段。

1. 诱导期 动物仍有主动动作，呼吸频率与心率增加，运动时步态不稳、后半身摇晃，后肢无力。

2. 浅外科期 动物停止运动后呈侧卧状，置于仰卧位后不能翻正。对非疼痛刺激物肢体动作反应：捏夹皮肤或刺激脚趾仍有收缩反射；呼吸规则，以胸式呼吸为主；出现中等程度的肌肉松弛；眼睑和角膜反射存在。

3. 深外科期 动物呼吸频率下降，呼吸规则，以腹式呼吸为主；肌肉完全松弛；眼睑反射消失、角膜反射微弱；严重刺激不能引起有害反射。

4. 脱离深外科期 动物四肢持续震颤、抽搐，全身肌肉开始收缩，由平坦仰卧状转为侧卧蜷缩状。

啮齿类动物麻醉后可使用镊子夹捏脚趾，如果动物有反应如缩回后肢，则动物意识未完全消失；如果动物对测试无反应，则为无意识或意识消失，麻醉达到要求，可以开始实验。

三、麻醉过程中的注意事项

（1）麻醉前应认真检查所用麻醉剂的有效期，不可以使用过期的药物。

（2）从开始麻醉到动物清醒必须对动物进行实时监护。麻醉的动物会出现反应迟钝、无方向感，麻醉时应将动物放置于笼中或采取适当的措施防止造成动物损伤。动物完全麻醉（完全失去意识）方可开始手术。条件允许的情况下，可以配备手术监测仪器，用于监测血流、心率、血压、体温、呼吸频率、血氧饱和度、微血管充盈时间等指标。

（3）麻醉后小鼠体温调节功能被抑制，出现体温下降，麻醉期间应注意对动物采取适当的保温措施，如用电热毯或红外线加热灯。

（4）在动物手术过程中，如果脏器长时间暴露，应适当滴加温生理盐水，防止黏膜发干；眼部周围可以涂抹润滑的眼膏，减少由于眼部干燥引发的术后不适。

（5）如果动物有翻身反应或对疼痛和刺激发生反应，如表现为蠕动、移动、收回肢体，则手术必须延迟进行。

（6）如果手术时间较长，建议每 10 ～ 15min 给小鼠翻身 1 次，防止血液沉积或肺叶塌陷。另外，应注意观察小鼠的心率、毛细管充盈程度和呼吸频率等指标。

四、术 后 恢 复

麻醉的动物可与正处于恢复期的同一品系动物放在一个笼具中，也可单独放在一个饲养笼内，但不得与未麻醉的动物放在一起，防止恢复期动物受伤。动物恢复期应注意保温。当动物恢复正常活动时，可与其他动物放于同一笼或一个动物房间。随后几日定时对动物进行观察。必要时可使用镇痛药物，如美洛昔康、布洛芬等，对动物进行肌内注射（啮齿类动物可投喂药物果冻）。

第四节　实验动物的称重、感染和给药

动物称重和感染是动物实验中最常见的两项实验内容。动物称重因动物种类不同需选用不同的称量器具。动物感染应根据实验目的、动物种类、感染性材料特性等决定感染方式。本节以小动物为例介绍称重、感染和给药。

一、实验动物称重

（一）天平的选用

啮齿类动物应选用量程范围在 0 ～ 1000g、精确度为 0.1g 的电子天平。天平应结构简单，便于清理、消毒，按键位置带有防水贴纸，配有专用称量盒（以有盖为宜）。

（二）实验动物体重测定

1. 操作前准备　开启生物安全柜电源，使用 75% 乙醇喷洒安全柜前窗外表面及格栅，用吸水纸擦拭消毒；打开前窗，使用 75% 乙醇喷洒安全柜台面、侧壁及前窗内表面，用吸水纸擦拭消毒。擦拭方向由消毒传递区至污染区。在擦拭消毒过程中，吸水纸每擦拭一次，须将接触面向内对折，再继续擦拭，避免用同一接触面往复擦拭。

将体重测定所需物品使用 75% 乙醇进行表面消毒，按照消毒传递区、清洁区、操作区和污染区，分区摆放于生物安全柜内，电子天平应放置于生物安全柜操作区，远离安全柜排气孔，防止气流干扰造成测定值不稳定。生物安全柜内所有物品均须距离生物安全柜排气孔超过 10cm。

生物安全柜运行 5min，待气流平稳后可进行实验操作。

2. 体重测定　将待测定体重的实验动物从饲养设备笼架上取出，使用 75% 乙醇喷洒消毒笼盒表面，转移至生物安全柜操作区。拿取和放回动物笼盒的过程要注意动作轻柔，防止磕碰，以免造成动物应激。

使用 75% 乙醇浸湿的吸水纸擦拭消毒电子天平及专用称量盒，并传入生物安全柜内。天平放置于生物安全柜操作区，打开电子天平电源，将称量盒放于天平上，按“清零”键将数值归零。使用不锈钢长柄镊或戴专用防抓咬手套，将实验动物从笼盒内取出，转移至专用的称量盒内，盖好称量盒盖，防止动物逃逸。待天平测定数值稳定后，读取并记录体重测定值。

体重测定完毕，将动物放回笼盒内，检查动物饲料、饮水及笼盒密闭性，将笼盒放回原位，并确认笼盒安插到位。每一笼盒实验动物体重测定完毕，须对专用称量盒进行清理、擦拭消毒，不同实验组最好配置不同的称量盒，以避免不同笼盒动物间化学信息干扰及交叉污染。体重测定实验结束后须清洁天平及专用称量盒内的动物排泄物，并使用 75% 乙醇及吸水纸进行擦拭消毒，紫外线照射 20min 后放回原位。

3. 注意事项

（1）体重测定前须对实验动物进行编号，已达到体成熟的实验动物可进行芯片注射编号，实验动物体成熟前可进行剪耳编号。

（2）体重测定电子天平须有校正合格证书。

（3）若称重感染动物，称重过程中应注意避免交叉污染，不同实验组称重结束后须进行擦拭消毒及紫外线照射消毒。

二、实验动物感染方法

（一）操作前准备

1. 注射器的选择及注射剂量 根据腹腔注射感染性材料的注射量，以及被感染动物的体型选择不同规格和最小刻度的注射器。感染小鼠常用 1ml 一次性注射器或胰岛素注射器，选择最小刻度以 10μl 为宜，选择胰岛素注射器应注意单位换算。注射剂量应根据实验动物实际体重进行核算。

2. 注射器的使用操作 使用不锈钢镊拔掉注射器针帽，根据实验动物体重吸取药液或感染性材料。不锈钢镊夹取干棉球，将注射器针头插入干棉球中，排出注射器中气泡。如注射器内存在贴壁小气泡，可向下拉动针栓，使小气泡上移，推动针栓排出。注射器吸取药液或感染性材料后，使用不锈钢镊将注射器针头放入针帽内备用，严禁裸手操作此步骤，防止注射器扎伤、划伤实验人员。注射器使用后须立即弃入利器盒。

3. 生物安全柜的准备 开启生物安全柜电源，使用 75% 乙醇喷洒安全柜前窗外表面及格栅，用吸水纸擦拭消毒；打开前窗，使用 75% 乙醇喷洒安全柜台面、侧壁及前窗内表面，用吸水纸擦拭消毒。擦拭方向由消毒传递区至污染区。在擦拭消毒过程中，吸水纸每擦拭一次，须将接触面向内对折，再继续擦拭，避免用同一接触面往复擦拭。

将注射操作所需设备及物品（麻醉机、注射器、酒精棉球、干棉球、利器盒、固定器、废液桶、器械、垃圾袋等）使用 75% 乙醇进行表面消毒，按照消毒传递区、清洁区、操作区和污染区，分区摆放于生物安全柜内。生物安全柜内所有物品均须距离生物安全柜排气孔超过 10cm。生物安全柜运行 5min，待气流平稳后可进行实验操作。

4. 实验动物的准备 将笼盒从笼架上取下，使用 75% 乙醇喷洒消毒笼盒表面。在生物安全柜中打开笼盒，使用长柄不锈钢镊将小鼠放置于麻醉诱导盒中进行麻醉。实验完成后，应将实验动物安置于原笼盒或洁净笼盒内。使用腹腔注射麻醉时应注意，麻醉后的小鼠苏醒需要一定的时间，全麻的小鼠体温调节功能被抑制，体温下降，应采取保温措施，可在笼盒内放置适量棉片或刨花，并观察实验动物状况。

（二）灌胃

1. 灌胃风险控制 进行灌胃操作前需将实验动物使用气体麻醉，或戴专用防抓咬手套进行实验操作，防止实验操作过程中发生动物咬伤、抓伤实验人员的安全事故。

灌胃结束后，保持动物身体竖直，防止因操作不当残留在口腔或食管中的感染性材料溢洒到台面。

2. 灌胃方法

（1）保定：使实验动物身体处于竖直姿态，保持动物气管与食管畅通。

（2）运针角度与灌胃深度：使用不锈钢灌胃针，安装于一次性注射器上。使用待灌胃药物润湿灌胃针前端，灌胃针自动物口角进入动物口腔，沿硬腭后经软腭到达咽喉。此时以灌胃针前端为原点向上将动物头部后仰，灌胃针抵达会厌软骨后方的食管位置，可见动物出现自主吞咽动作，灌胃针可顺势进入食管。成年小鼠灌胃时，食管可随灌胃针延展，成年小鼠常用 8 号灌胃针（全长 45mm），可将药物灌至食管，由动物自主吞咽进入胃部。酸性较强的药物及需要酸性环境的药物，需选用 12 号灌胃针（全长 55mm 或 65mm）将药物直接灌至胃部，以免损伤食管黏膜或破坏药物成分。

（3）给药量及药物吸收途径：灌胃常用给药量为 100 ～ 200μl/10g 体重。灌胃后药物或感染性材料经胃壁细胞吸收进入毛细血管，经胃静脉→肝门静脉（于肝脏发生首过效应）→后腔静脉回流至心脏，注入右心耳。

（4）注意事项：胃部贲门狭小，操作难度较大，可将药物灌入食管，然后由动物自主吞咽进入胃部。灌胃时运针应轻柔，不可强行进入，以免造成食管损伤。

（三）滴鼻

1. 滴鼻风险控制

（1）进行滴鼻操作前需将实验动物使用气体麻醉，或戴专用防抓咬手套进行实验操作，防止实验操作过程中发生动物逃逸或咬伤、抓伤实验人员的安全事故。

（2）关注实验动物呼吸频率，防止在鼻孔外形成液滴或产生气泡，造成感染性材料外溢。

2. 滴鼻方法

（1）保定：使实验动物身体处于竖直姿态，动物呈仰头状，保持动物气管畅通、呈直线。

（2）操作方法：使用移液枪吸取药液或感染性材料，随小鼠呼吸频率，经小鼠单侧鼻孔，吸气时一次性滴入。滴鼻完成后，须停留观察数秒，以保证滴鼻成功。

（3）给药量及药物吸收途径：小鼠滴鼻的常用给药量为 50μl/ 只。滴鼻后药物经鼻黏膜毛细血管吸收，或进入气管及肺部，经微小血管吸收参与肺循环。

（4）注意事项：切勿反复麻醉，保持实验动物呼吸平稳。

三、实验动物给药方法

（一）腹腔注射

1. 腹腔注射操作风险控制

（1）进行腹腔注射操作前需将实验动物使用气体麻醉，或戴专用防抓咬手套进行实验操作，防止实验操作过程中发生动物逃逸或咬伤、抓伤实验人员的安全事故。

（2）动物保定过程中，固定动物后肢及尾部，防止动物因肢体抗拒而造成注射器伤及本体或实验人员的安全事故。

2. 腹腔注射方法

（1）保定：常规捉拿并保定实验动物，使其腹面向上，为避免注射时伤及脏器，捉拿保定后可以使动物头部略低于尾部，以使其下腹部脏器向胸腔方向靠拢。

（2）消毒：使用 75% 乙醇棉球消毒注射部位。消毒时应逆被毛方向和顺被毛方向均涂擦若干遍，使皮肤和被毛得到充分消毒；注射完毕后退针，使用 75% 乙醇棉球消毒注射部位。

（3）注射位置：在实验动物下腹部、腹部正中线两侧 0.5cm 处；雄性动物应避开包皮腺位置，雌性动物可选择腹部第四对乳头。

（4）注射角度及进针深度：将注射器针头以 10° 角刺入皮肤，进入皮下后，向下倾斜针头，以约 45° 角刺入动物腹腔。穿透腹膜后，针尖阻力消失，有空腔感，进针深度应小于 1cm；回抽针栓，如无回血或液体即可注入药物。注射完成后，缓慢退出注射器针头，并轻微旋转注射器防止漏液。

（5）注射量：腹腔注射常用注射量为 100 ～ 200μl/10g 体重。

（6）注意事项

1）保定动物时应避免过紧，以防颈部皮肤压迫气管，导致动物窒息。

2）不应选择在上腹部或腹正中线位置进行注射，以免伤及动物脏器。

3）回抽针栓时，如有血液或液体回流应废弃注射器及药物，重新进行注射操作。

4）如需连续多日进行腹腔注射操作，应在下腹部左侧及右侧交替进行操作，避免单侧多次注射。

5）特殊动物模型（如妊娠期实验动物、巨脾症模型等）不适合使用此操作方法。

（二）眼底静脉丛注射

1. 眼底静脉丛注射操作风险控制

（1）进行眼底静脉丛注射操作前需将实验动物使用气体麻醉，或戴专用防抓咬手套进行实验操作，防止实验操作过程中发生动物逃逸或咬伤、抓伤实验人员的安全事故。

（2）眼底静脉丛注射应注意注射量及注射角度，防止感染性材料通过泪小管、鼻泪管进入鼻腔造成溢洒。

2. 眼底静脉丛注射方法

（1）注射位置：眼底静脉丛位于实验动物眼球后方眼眶内，多条小静脉于眼球后方静脉丛交汇。

（2）注射角度及进针深度：将小鼠保定，并使眼球突出于眼眶，使针头与小鼠鼻尖成30° 角或 120° 角刺入，刺入深度为 3 ～ 4mm，见注射器有回血即可进行注射；推注时无明显注射阻力，无明显眼球后肿胀，鼻腔无药液溢出；缓慢退出注射器针头，拔针时无明显出血。

（3）注射量与药物吸收途径：眼底静脉丛注射常用注射量为 100μl/10g 体重。注射后药物经眼底静脉丛→颞浅静脉→面后静脉→颈外静脉→锁骨下静脉→前腔静脉回流至心脏。

（4）注意事项

1）注射时须慢速推注，以免引起动物休克，甚至死亡。

2）注入药液的温度须接近体温，悬浊液须充分混匀后进行推注。

3）药物须保证无菌，避免引起急性死亡。

4）固定动物头部时切勿压迫颈外静脉，避免注射过程中眼底静脉丛回流受阻。

（三）尾静脉注射

1. 尾静脉注射操作风险控制

（1）进行尾静脉注射操作前需将实验动物使用气体麻醉，或戴专用防抓咬手套进行实验操作，防止在将动物放入或取出固定器过程中发生逃逸或咬伤、抓伤实验人员的安全事故。

（2）根据动物体型大小选择适合的固定器，将动物身体及尾巴固定，固定效果以动物不能突然回抽尾巴为宜，防止注射过程中动物因回抽尾巴造成注射器刺伤、划伤实验人员的安全事故。

2. 尾静脉注射方法

（1）消毒：适当清除尾部角质层，以利于观察尾静脉血管，注射部位的皮肤使用 75% 乙醇棉球擦拭消毒。

（2）注射位置：选择尾部侧静脉进行注射，避免选用尾静脉代偿血管分支进行注射。因代偿血管较细，会增加注射难度。注射位置应选择尾部距尾尖 1/3 处，行针方向为向心方向。

（3）注射角度及进针深度：对血管近心端施压使血管内血液充盈、血管隆起，或使用75% 乙醇反复擦拭尾部，使血管扩张。使用拇指与示指固定尾尖呈水平状，进针与尾部成10° 角，针尖刺入后立即平行运针，使针尖进入血管 3 ～ 4mm。如针管前端可见少量血液流入，或试探性推针毫无阻力，则说明针头已进入血管，此时解除对近心端施加的压力，进行推注。注射完毕，使用干棉球压迫进针位置，再将注射器退出血管，防止出血及药液回流。对注射部位持续压迫数秒，防止形成血肿。

（4）注射量与药物吸收途径：尾静脉注射常用注射量为 100μl/10g 体重。注射后药物由尾部侧静脉经臀下静脉→髂内静脉→髂总静脉→后腔静脉回流至心脏，注入右心耳。

（5）注意事项

1）可使用物理压迫、75% 乙醇擦拭、热水浸泡尾部或红外灯全身加热等方式扩张尾部血管。热水浸泡，水温以 40 ～ 50℃为宜。采用红外灯全身加热时，须留意动物状态，避免中暑休克。

2）推注时如尾部注射位置出现白色皮丘且注射有阻力，视为注射未成功。如退出注射器针头时无出血，则药液可能推注至皮下；如退出时有出血，则注射器针头可能未完全进入血管内，推注药液部分进入血管、部分进入皮下。

3）一次注射未成功，可退出注射器针头，压迫止血注射点位。不可强行推注，药液进入皮下出现白色皮丘，会影响观察尾静脉走向。再次注射时向尾根方向少量移动，重新进针，可避免药液从上一注射位点溢洒到台面。

4）注射时须控制速度，应慢速推注，以免引起动物休克甚至死亡。

5）注入药液的温度须接近体温，悬浊液须充分混匀后进行推注。

6）药物须保证无菌，避免引起动物急性死亡。

（四）皮内注射

1. 皮内注射操作风险控制

（1）进行皮内注射操作前需将实验动物使用气体麻醉，或戴专用防抓咬手套进行实验操作。由于小鼠皮下神经末梢丰富，会有明显痛感，操作前须确认小鼠麻醉深度，防止小鼠因疼痛反应咬伤、抓伤实验人员，以及防止实验操作过程中刺伤实验人员的安全事故。

（2）注意牵引力度及进针深度，防止注射器刺穿皮肤，造成药液或感染性材料的喷溅、溢洒。

2. 皮内注射方法

（1）消毒：注射部位使用脱毛膏去除被毛，使用 75% 乙醇棉球消毒注射位置及周围皮肤。

（2）注射位置：将药物或感染性材料注射到实验动物的皮肤表皮层以下、真皮层以上位置，区别于皮下注射。小鼠的皮内注射可选择在胸部、腹部、臀部、背部，注射时应避开主要神经和血管。大鼠可选择脚掌垫进行注射。

（3）注射角度及进针深度：使用眼科镊牵引注射部位皮肤，使局部皮肤绷紧，注射器针头斜面向上，与皮肤成 5° 角刺入皮肤，直到针头斜面完全进入皮内后，平行走针。试探性左右活动针头，如果感觉针头活动受限，基本无活动空间，则说明针头进入皮内。推动针栓时应有一定的阻力，缓慢注入药液或感染性材料，形成“橘皮样”皮丘，皮丘通透且立体，表面无毛细血管。如皮丘呈半球状，无“橘皮样”形态，并在形成后快速消失，则注射药液进入皮下筋膜层。

（4）注射量与药物吸收途径：皮内注射常用注射量为每个点位 50μl。药物或感染性材料进入皮内，经毛细血管吸收，进入血液循环。

（5）注意事项：注射完成后迅速退针，不可按压局部，防止药液或感染性材料溢洒。

（五）皮下注射

1. 皮下注射风险控制　进行皮下注射操作前需将实验动物使用气体麻醉，或戴专用防抓咬手套进行实验操作，防止在将动物放入或取出固定器过程中发生动物逃逸或咬伤、抓伤实验人员的安全事故。

2. 注射方法

（1）消毒：使用 75% 乙醇棉球消毒注射部位。消毒时应逆被毛方向和顺被毛方向均涂擦若干遍，使皮肤和被毛得到充分消毒。

（2）注射位置：皮下注射是将药物注射到实验动物皮下浅筋膜层中，因而应选在实验动物皮肤较为松弛、筋膜层较厚的部位注射，如腹侧部位。

（3）注射角度及进针深度：将动物保定，腹侧面向上，注射器与动物鼻尖呈钝角刺入皮下。注射器针头进入皮下后可沿皮下平行运针 5mm，回抽针栓如无回血，缓慢推注。退出注射器针头时，可使用棉签按压针孔片刻，以防止药物溢出。

（4）注射量与药物吸收途径：皮下注射的常用注射量为 100 ～ 300μl/10g 体重。药物注射到皮下筋膜层，通过毛细血管吸收进入血液循环。

（5）注意事项：皮下筋膜层较松弛，注射器针尖活动空间较大，运针时应保持手臂处有平稳着力点，以防止刺伤。

（六）肌内注射

1. 肌内注射操作风险控制 进行肌内注射操作前需将实验动物使用气体麻醉，或戴专用防抓咬手套进行实验操作。操作前须确认动物麻醉深度，防止出现动物因疼痛反应咬伤、抓伤实验人员，以及实验操作过程中刺伤实验人员的安全事故。

2. 注射方法

（1）消毒：使用 75% 乙醇棉球消毒注射部位。消毒时应逆被毛方向和顺被毛方向均涂擦若干遍，使皮肤和被毛得到充分消毒。

（2）注射位置：肌内注射应选择肌肉厚的部位，多选择后肢。后肢注射时应避开血管、神经分布密集的后肢内侧，也可选择腓肠肌、股直肌、胫前肌进行注射。

（3）注射角度及进针深度：消毒注射部位后，沿肌肉纤维走向进针，以免损伤肌肉纤维。回抽无回血，可缓慢注入药液或感染性材料。小鼠的个体较小，注射器的刃角斜面长度约为 2.5mm，注射时应注意进针深度为 3 ～ 4mm，以及注意注射角度，以免刺穿肌肉组织。

（4）注射量及药物吸收途径：肌内注射常用注射量为 10 ～ 25μl/10g 体重。药物或感染性材料进入肌肉内，经毛细血管吸收进入腘静脉，经股静脉→髂外静脉→髂总静脉→后腔静脉回流至心脏，注入右心耳。

（5）注意事项：推注药液或感染性材料时应速度适中，以免引起动物疼痛。动物挣扎明显时可适当活动肌肉，以利于吸收。

第五节 实验动物血液和体液样本的采集与处理

实验动物血液和体液样本的采集与处理是动物实验中最常规的操作，而样本的采集和处理方式决定了实验数据的可用性与可靠性。本节以小动物为例介绍血液和体液样本的采集与处理方法。

一、外周血液采集

1. 外周血采集风险控制　外周血采集操作前需将实验动物麻醉，以确保采集过程对实验操作人员及实验动物的风险控制。

2. 采集方法

（1）保定实验动物，用采血器具经眼眶静脉丛取血。从前或后眼角静脉窦处进入，缓慢吸取血液，一般取血 100 ～ 200μl，用镊子夹取干棉球按压采血部位止血，然后将血液贴壁轻轻打入合适的收集管中，并将使用过的采血器具弃入利器盒。

（2）注意事项：若血液溢出眼球，应快速用干棉球按压止血，尽量避免血液滴落，造成溢洒污染。

二、心脏血液采集

1. 心脏血液采集风险控制　进行心脏血液采集操作前需将实验动物麻醉，以确保采集过程对实验操作人员及实验动物的风险控制。

2. 采集方式

（1）固定麻醉的实验动物，用镊子夹取酒精棉球充分消毒实验动物腹部，注射器针头微微向下，从胸骨下方偏右 1 ～ 2mm 下压 3 ～ 4mm 进针，针头进入 1/3 左右时轻缓前后调整针尖位置或轻微转动针头，直到观察到血液涌入针筒，然后持稳注射器，缓慢拉动注射器针芯，直至取血 500 ～ 800μl。

（2）注意事项：心脏采血时需明确进针位置，以防穿刺位置错误导致无法收集血液；采血结束后应缓慢抽针，以防血液溅出，造成溢洒污染。

三、尾尖血液采集

（1）将小鼠放入固定器中。

（2）一只手抓住小鼠尾部，另一只手用酒精棉球擦拭消毒鼠尾，直至血管扩张。

（3）用无菌剪刀剪断尾尖处，将血液轻轻自尾根部挤向尾尖部。

（4）将血液滴入事先准备好的收集管内，采血完成后，用干棉球按压止血。

四、体 液 采 集

（一）尿液采集

实验动物尿液的采集可分为自然排尿收集法和强制排尿收集法。

1. 自然排尿法　通常将代谢笼配备粪尿分离漏斗后收集尿液。收集时将实验动物装入特制的代谢笼内，笼下放置干燥洁净的粪尿分离漏斗，将漏斗与代谢笼的锥形漏斗口连接，侧口连接集尿容器，按实验要求定时定量收集。

2. 强制排尿法 将实验动物固定后，轻轻压迫膀胱的体表部位，使其排尿。将尿液收集到预先准备的平皿中，然后用移液器将收集到的尿液转移至离心管中。

（二）腹水采集

1. 风险控制 进行腹水采集操作前需将实验动物使用麻醉剂持续麻醉。

2. 采集方法 固定麻醉的实验动物，下腹部使用 75% 乙醇棉球擦拭消毒，用镊子小心提起腹部皮肤，沿下腹部靠腹壁正中线处轻轻垂直刺入针头。当腹水多时，腹水可自然滴出；当腹水少时，可稍微转动针头回抽。采集完毕后，用干棉球按压穿刺部位，拔出针头。

（三）胸腔积液采集

1. 风险控制 进行胸腔积液采集操作前需将实验动物进行麻醉。

2. 采集方法 固定麻醉的实验动物，胸部使用 75% 乙醇棉球擦拭消毒。经肋间刺入注射器针头，针头穿刺肋间肌时有一定的阻力，当阻力消失且有落空感时，表明已刺入胸腔，即可抽取胸腔积液。

注意事项：穿刺时应尽量避免损伤肋间血管和神经；操作过程中应保持胸腔负压，严防空气进入胸腔；穿刺不能过深，以免刺伤内脏。

第六节 实验动物组织样本的采集与处理

实验动物组织样本的采集是动物实验中最常见的操作，本节以小鼠为例介绍组织样本的采集与处理方法。

一、组织样本的采集

（一）风险控制

组织样本采集前应确保实验动物已安乐死。解剖过程中，用镊子夹取酒精棉球，与剪刀配合相互擦去血污，严禁徒手操作。

（二）组织样本采集

（1）消毒：固定实验动物，用酒精棉球消毒整个腹部皮毛，或用 75% 乙醇浸泡消毒。

（2）采集方法：从实验动物腹部沿中线剪开皮毛，边剪边进行钝性分离，暴露腹部和胸部，直至下颌。剪开实验动物腹腔和胸腔，剪下胸骨和肋骨，暴露内脏。先用镊子夹起心脏，用剪刀剪下放入样本管中，再用镊子夹住实验动物喉部气管进行钝性剥离，最后在喉头上端剪断，继续顺着气管进行钝性分离，取出整个肺脏放入样本管中，然后继续采集脾脏或其他脏器。

（3）注意事项：解剖过程中要小心操作，持有剪刀的右手动作幅度要小。每解剖完一只，使用过的剪刀和镊子都首先用镊子夹着75%乙醇浸泡过的棉球擦拭表面，除去血污，然后放入75%乙醇中浸泡5min，取出后再用镊子夹着干纸巾擦干，继续解剖下一只。实验结束后所有用过的剪刀和镊子放到金属饭盒中，用胶带封好，避免发生利器划伤、刺伤。

二、组织样本的处理

（一）组织研磨

组织样本采用组织研磨仪研磨处理。

（1）用镊子夹起剪好的小块肺组织和全部盲肠壁组织分别放入提前加入500μl PBS的2ml研磨管中，在研磨管表面喷洒75%乙醇消毒后拿出生物安全柜。

（2）组织研磨仪接通电源，打开开关。将拧紧盖的2ml研磨管管盖向内、管底向外，插入2ml适配器中，卡紧，盖上设备防护盖。

（3）设置参数后按启动键启动仪器。

（4）运行结束后，将研磨管取出。盖上设备的透明防护盖，关机。将研磨管放入离心机，12 000r/min离心10min。离心结束后，将研磨管表面喷洒75%乙醇消毒后放入生物安全柜中。

（5）注意事项：观察防护罩内是否有可见的液体溢洒，研磨管是否有破裂现象。确认安全后，打开透明防护盖，喷洒75%乙醇，取出研磨管，用75%乙醇喷洒研磨盘和透明防护盖的内侧。取下固定盘，均匀喷洒75%乙醇，作用5min，然后用湿巾擦拭整个研磨仪工作区域，将固定盘放回并关上防护罩。关机，喷洒75%乙醇消毒研磨仪防护罩外层和电子屏幕及开关处等使用过程中接触的部位。

（二）组织固定

（1）固定方法：向50ml离心管中加入30ml 4%多聚甲醛，将组织样本放入固定48h以上，表面用75%乙醇喷洒消毒后放入传递窗，紫外线照射20min后从传递窗另一侧取出，带出实验室。

（2）注意事项：组织样本体积不宜过大，否则无法充分固定。

第七节　实验动物尸体的处理

对实验动物尸体的处理是动物实验中一项重要的工作，正确处理实验后的动物尸体，对保证人员安全、保护生态环境具有重要意义。实验室应制定完善的动物尸体暂存管理制度和处理方法，原则上应按相关规定进行无害化处置。

需要终结实验动物生命时，必须采用人道的手段对实验动物进行安乐死。

当实验动物数量有变更时，应填写相应的记录表，记录实验动物去向、增减数量、解剖/处死数量、动物尸体暂存位置等信息。

动物尸体使用双层垃圾袋包装，注明动物数量、实验人员姓名、课题组、日期。动物尸体包装袋应结实，不渗漏。

实验人员可将包装好的动物尸体及记录表拍照后发给相应的负责人进行记录、归档，之后将动物尸体放入实验室 –20℃冰箱暂存。

定期清理实验室 –20℃冰箱，动物尸体经过高温灭菌处理后传出实验室，清点数量后送至指定的专业机构进行无害化处理。

工作人员填写记录表，统计动物尸体数量，检查动物转入数量和动物尸体数量是否对应，形成闭环，确保实验动物尸体无害化处理工作可追溯、可考察、可监督。

实验动物尸体处理应注意以下几点。

（1）实验动物尸体严禁食用和出售。

（2）不得随意丢弃实验动物尸体。

（3）动物尸体收集袋中不能混有其他实验废弃物。

（4）暂存动物尸体的冰柜不得放置其他物品。

（5）有条件者应单独设置动物尸体暂存室，以避免交叉污染。

第十三章　消毒灭菌和废物处置的安全操作规范

清场消毒和废物处置是生物安全实验室实验活动安全管理的关键环节，是保障实验操作人员、实验样本和实验室环境生物安全的重要手段。

对于（A）BSL-2 ～ 4 实验室，使用前的实验用品和（A）BSL-1 实验室使用后无生物危害且需重复使用的实验用品，可先进行清洁处理去除绝大部分的污物，然后再经消毒灭菌处理后使用。对于（A）BSL-2 ～ 4 实验室所有的实验废物，以及（A）BSL-1 实验室对环境有生物危害的废物（如重组质粒、重组工程菌等），则须首先进行灭菌处理杀灭污染物，不需要重复使用的物品则废弃、清运，需要重复使用的物品灭菌后再经清洁处理重复使用（图 13-1）。

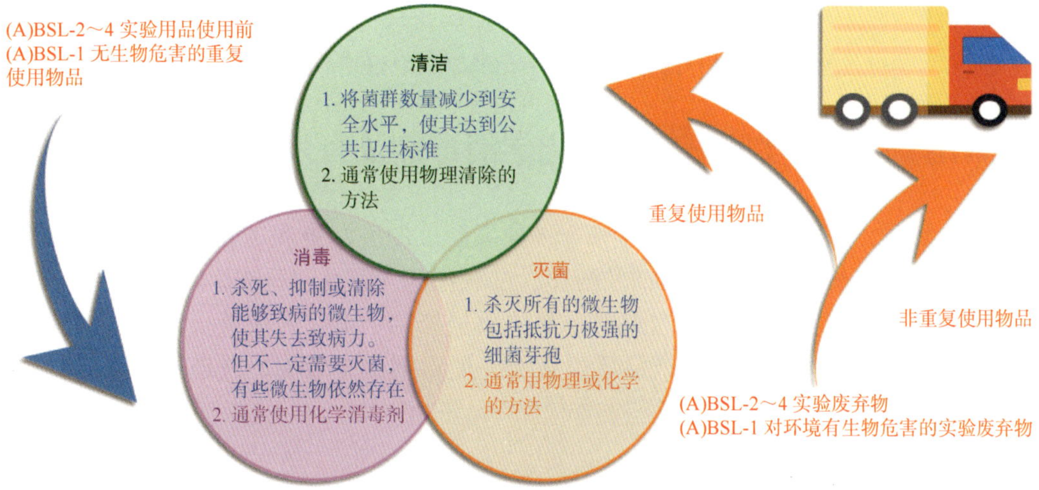

图 13-1　实验室的清洁、消毒、灭菌

蓝色箭头指示的是实验活动过程的消毒灭菌流程，橘色箭头指示的是实验室三废处置的消毒灭菌流程

第一节　实验室常用的化学消毒剂和消毒灭菌方法

实验室的消毒灭菌流程包括实验活动过程的消毒灭菌、意外事故应急处置过程的消毒灭菌和实验室三废处置过程的消毒灭菌。涉及的消毒灭菌方法包括化学消毒剂表面消毒、紫外线消毒、压力蒸汽灭菌和 HEPA 过滤器过滤，有效的消毒灭菌方法须依据危害因子的理化特性和实验室消毒灭菌的管理要求进行选择（图 13-2）。

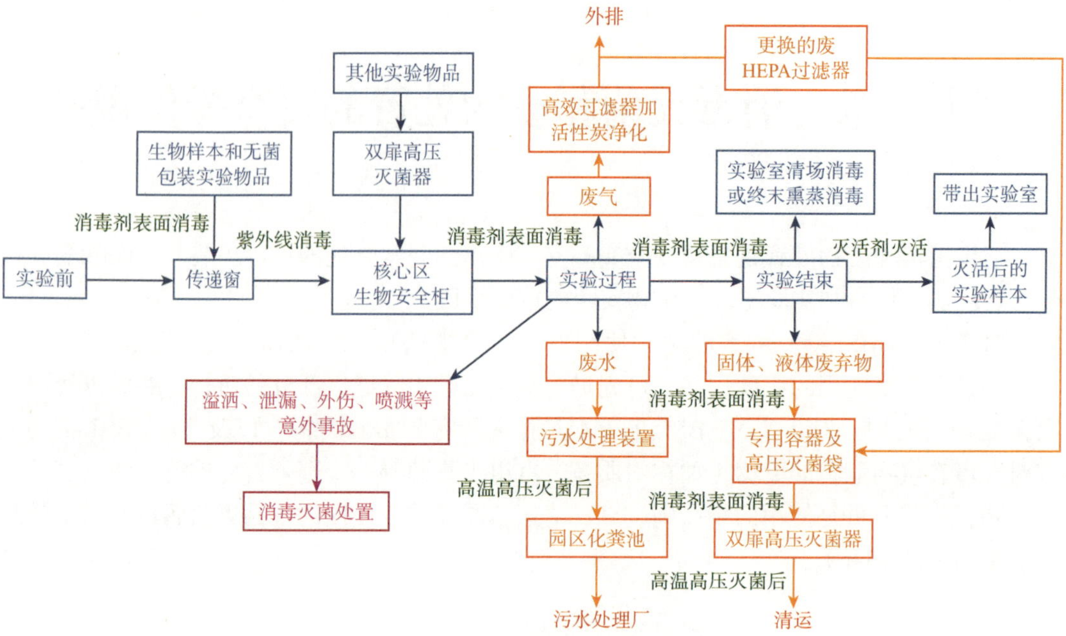

图 13-2 实验室的消毒灭菌流程

一、实验室常用的化学消毒剂及有效性验证

参照 WHO《实验室生物安全手册》（第 4 版）的去污染和废物管理内容，实验室常用的化学消毒剂分为含氯消毒剂及酚类、过氧化物、醛类、季铵盐类和醇类消毒剂。选择使用化学消毒方法时，应注意消毒剂的质量控制。采购时应审核消毒剂的生产卫生许可证、依据的质量标准、产品质检报告、消毒剂的有效期，并进行消毒剂有效性验证。

（一）化学消毒剂细菌杀灭效果的有效性验证

化学消毒剂细菌杀灭效果的有效性验证通常采用稀释法，验证流程包括标准菌悬液制备、载体染菌、消毒剂杀菌、中和剂中和、涡旋振荡洗脱、洗脱液梯度稀释、真空过滤、固体培养、菌落计数和结果计算，验证全程采用无菌操作技术（图 13-3）。

1. 标准菌悬液制备 实验室消毒评价常用的标准菌株为金黄色葡萄球菌 ATCC 6538。用胰蛋白胨大豆肉汤培养基复苏、活化金黄色葡萄球菌菌种，然后用胰蛋白胨大豆琼脂培养基（TSA）进行菌落计数，计算菌液的浓度，并根据结果调整菌悬液浓度至（1.0×10^6～1.0×10^7）CFU/10μl。

2. 载体染菌 可选用直径为 1cm、中部微凸的不锈钢拉丝圆片，使用前进行无菌处理。染菌时在每片无菌载体中央滴加 10μl 标准浓度菌悬液，使其载菌量为（1.0×10^6～1.0×10^7）CFU/ 片。

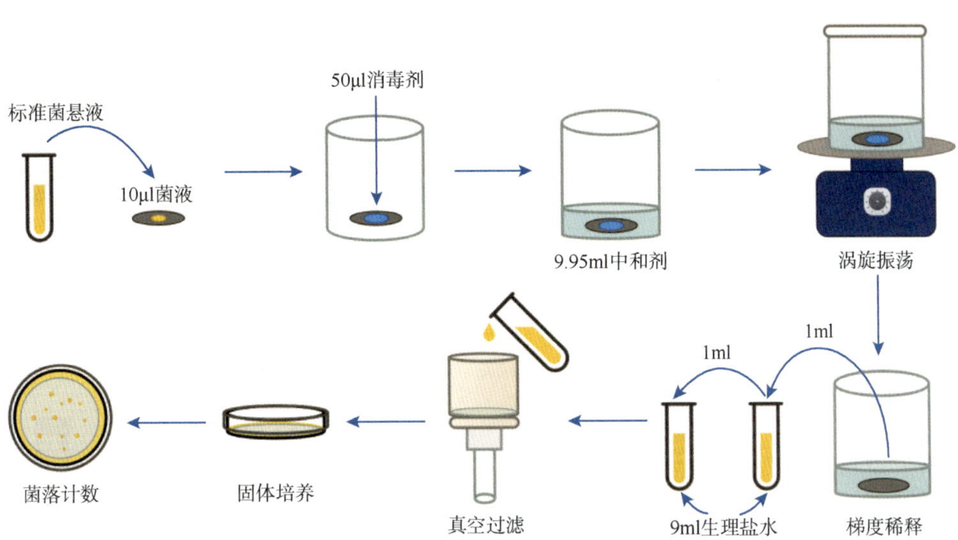

图 13-3　化学消毒剂细菌杀灭效果有效性验证的流程

3. 消毒剂杀菌　将消毒剂稀释至工作浓度，待载体上的菌液干燥后，立即用无菌镊子由边缘夹至 50ml 烧杯中，然后每片载体即刻滴加 50μl 消毒液进行杀菌处理。不同的试验组采用不同的作用时间进行消毒效果验证，如 30s、60s、180s 和 300s，阳性对照组不进行消毒处理，阴性对照组使用不染菌的无菌载体，每组做 3 个平行试验。

4. 中和剂中和　根据消毒剂的有效成分选择相应的中和剂，在进行消毒剂有效性验证试验之前，可参考《消毒技术规范》（卫法监发〔2002〕282 号）中的中和剂鉴定试验方法，对中和剂进行验证合格后方可使用。

在达到试验组的消毒作用时间后，立即向烧杯中加入 9.95ml 的中和剂终止消毒作用。

5. 涡旋振荡洗脱　将加入中和剂的烧杯放置在涡旋振荡器上涡旋振荡 60s，将测试菌充分洗脱下来。

6. 洗脱液梯度稀释　取 1ml 洗脱液加入装有 9ml 生理盐水的试管中进行梯度稀释。

7. 真空过滤　选取适当稀释梯度的稀释液，加入布氏漏斗进行过滤，然后用 15ml 生理盐水冲洗稀释试管并将冲洗液加入布氏漏斗，同时用足量的生理盐水冲洗布氏漏斗的侧壁。

8. 固体培养　用无菌镊子夹取漏斗中的滤纸片，放入胰蛋白胨大豆琼脂培养基平皿中，置 37℃培养箱中培养 48h。

9. 菌落计数和结果计算　到达培养时间后进行菌落计数，并根据计数结果计算杀灭细菌的对数值。

杀灭细菌对数值≥ 4 时达到消毒水平，杀灭细菌对数值≥ 6 时达到灭活水平。

（二）化学消毒剂病毒杀灭效果的有效性验证

化学消毒剂病毒杀灭效果的有效性验证可以采用悬液法，验证流程包括标准病毒悬液制备、消毒剂杀毒、中和剂中和、涡旋振荡混匀、超滤、梯度稀释、接种细胞、观察细胞病变或噬斑计数和结果计算（图 13-4）。

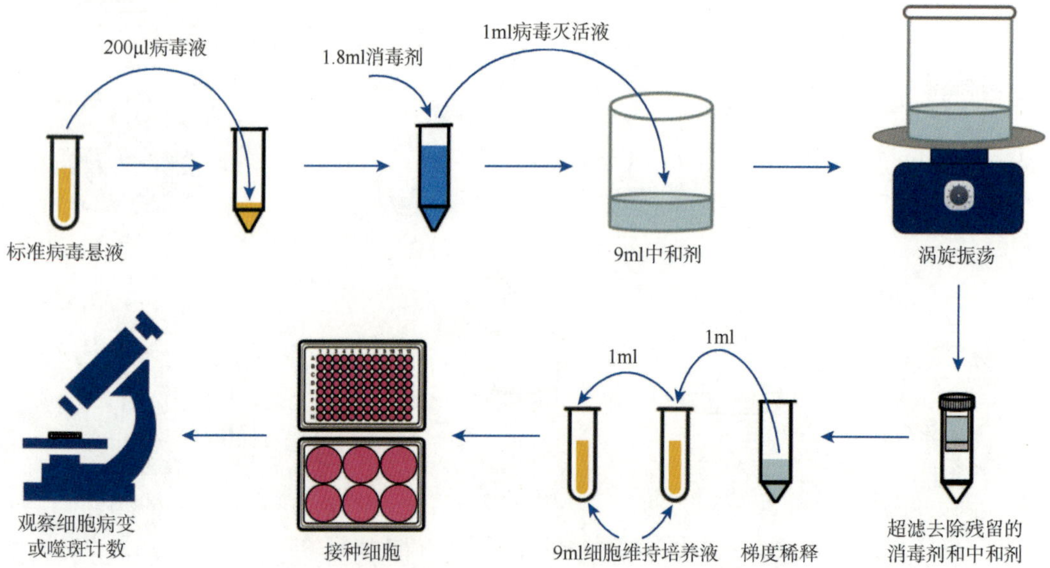

图 13-4 化学消毒剂病毒杀灭效果有效性验证的流程

1. 标准病毒悬液制备 参照《消毒技术规范》（卫法监发〔2002〕282 号）中病毒灭活试验的方法，可用脊髓灰质炎病毒 1 型（PV-Ⅰ）疫苗株和人类免疫缺陷病毒 1 型（HIV-1）美国株作为病毒灭活效果评价的标准毒株。

经病毒培养和滴度测定的病毒原液用细胞维持培养液稀释至 10^5 $TCID_{50}$/ml 或（1.0×10^5 ～ 1.0×10^6）CFU/ml 制成标准病毒悬液。

2. 消毒剂杀毒 取 200μl 病毒悬液加入离心管中，再加入 1.8ml 消毒液进行病毒杀灭处理。不同的试验组采用不同的作用时间进行消毒效果验证，如 30s、60s、180s 和 300s，阳性对照组不进行病毒杀灭处理，阴性对照组加入 200μl 细胞维持培养液代替病毒悬液，每组做 3 个平行试验。

3. 中和剂中和 根据消毒剂的有效成分选择相应的中和剂，在进行消毒剂有效性验证试验之前，可参考《消毒技术规范》（卫法监发〔2002〕282 号）中的中和剂鉴定试验方法，对中和剂进行验证合格后方可使用。

在达到试验组的病毒杀灭作用时间后，立即吸取 1ml 病毒灭活液加入装有 9ml 中和剂的烧杯中终止病毒杀灭作用。

4. 涡旋振荡混匀 将烧杯放置在涡旋振荡器上涡旋振荡 60s，使液体充分混匀。

5. 超滤 用超滤管过滤混匀的病毒灭活液，去除残留的消毒剂和中和剂，以免在后续细胞培养过程中对细胞的生长产生抑制作用。

6. 梯度稀释 吸取 1ml 经过超滤的病毒灭活液加入装有 9ml 细胞维持培养液的试管中进行梯度稀释。

7. 接种细胞 吸取不同稀释梯度的病毒灭活液加入铺有 70% ～ 80% 汇合度单层细胞的多孔板中，用终点稀释法（$TCID_{50}$）或噬斑法测定病毒灭活液，以及阳性对照和阴性对照样本的病毒滴度。

8. 观察细胞病变或噬斑计数　试验结束后用显微镜观察细胞病变，或进行噬斑计数。

9. 结果计算　根据细胞病变或噬斑计数结果计算病毒灭活对数值（病毒滴度对数值）。

依照《消毒技术规范》（卫法监发〔2002〕282 号）中病毒灭活试验的判断原则。当病毒灭活对数值≥ 4 时，可判为该消毒剂浓度与作用时间，对病毒污染物消毒的实验室试验合格。同时，阳性对照组病毒滴度对数值应在 5 ～ 7。

二、实验室常用的消毒灭菌方法

参照 WHO《实验室生物安全手册》（第 4 版）的去污染和废物管理内容，实验室常用的去污染方法包括化学消毒灭菌法和物理消毒灭菌法。化学法使用的消毒剂又分气体 / 蒸气和液体消毒剂两类，物理灭菌方法又包括压力蒸汽灭菌法、焚烧法、干热烘烤法和煮沸法。应针对不同的生物因子、消毒对象及相应消毒灭菌水平的要求，选用可靠、有效的消毒方法，以及消毒剂的浓度和有效作用时间。对于金属和橡胶材质的实验仪器设备或部件，如显微镜、离心机和离心杯等，应避免选择具有腐蚀性的消毒剂，以免影响仪器的使用寿命和密封性能。必须使用具有腐蚀性的消毒剂时，在达到有效消毒灭菌时间后，应立即用清水或无水乙醇冲洗或擦拭，充分去除残余的消毒剂。使用清水冲洗或擦拭后，应立即擦干水分，再用无水乙醇擦拭一遍，以减少对仪器的损害。

实验室常见的消毒灭菌对象和方法如下所述。

（1）喷洒消毒：针对实验物品表面、包装容器表面、个体防护装备表面等，通常使用 75% 乙醇或含氯消毒剂（清场消毒常采用有效氯含量为 500 ～ 1000mg/L 的消毒剂，污染表面的消毒常采用有效氯含量为 2000mg/L 的消毒剂）。

（2）擦拭消毒：针对操作台面、容器表面、离心机内腔、显微镜、移液器等，通常使用 75% 乙醇或含氯消毒剂（清场消毒常采用有效氯含量为 500 ～ 1000mg/L 的消毒剂，污染表面的消毒常采用有效氯含量为 2000mg/L 的消毒剂）。

（3）浸泡消毒：针对离心杯、离心转子、手术器械、护目镜等，通常使用 75% 乙醇或含氯消毒剂（清场消毒常采用有效氯含量为 500 ～ 1000mg/L 的消毒剂，污染物品的消毒常采用有效氯含量为 2000mg/L 的消毒剂）。

（4）压力蒸汽灭菌：针对防护服、动物饲养笼盒、动物尸体、锐器、固体实验废物、废液等，通常采用 121℃、20 ～ 30min 条件灭菌。

（5）喷雾消毒：针对实验室空间的清场消毒，通常采用 3% 过氧化氢、10 ～ 20ml/m^3，维持 60min。

（6）熏蒸消毒：针对实验室空间的终末消毒，常用过氧化氢蒸气熏蒸和二氧化氯气体熏蒸两种方法。

1）过氧化氢蒸气熏蒸：分为汽化和雾化两种，对消毒环境湿度和温度的要求，以及消毒剂的使用剂量依不同类型的消毒设备、实验室空间大小和室内物品摆放状况会有所不同。因此，实验室须依照消毒设备的使用指南对实验室的消毒效果进行测试和评价，以确定有效的消毒参数。

2）二氧化氯气体熏蒸：通常要求实验室环境相对湿度为 60% 以上、环境温度

20～30℃。同样需要根据实验室实际情况，依照消毒设备的使用指南对实验室的消毒效果进行测试和评价，以确定有效的消毒参数。

在进行实验室终末消毒时须注意消毒操作人员的防护，包括生物防护和化学防护。呼吸防护常用全面具，配置生物防护和化学防护滤盒。

（7）焚烧：针对实验室经压力蒸汽灭菌处理的固体废弃物进行清运后的无害化处置。

（8）干热烘烤：通常针对玻璃和金属材质的实验器具进行使用前的灭菌处理，如手术器械。

（9）煮沸：针对需要经过灭活处理带出实验室的感染性实验样本，通常采用金属浴进行处理。

第二节　实验废物的分类收集和包装

实验室废物的安全处置是为了保障实验人员、实验室外环境，以及实验室废物处置、转移、清运人员的安全。实验室废物需要分类收集、包装和处置。

一、实验废物的分类

参照 WHO《实验室生物安全手册》（第 4 版）的去污染和废物管理内容，实验废物分为以下 4 类。

1. 锐器　包括污染或未被污染的针头、碎玻璃、培养皿、载玻片和盖片、碎移液管、注射器和手术刀等。

2. 污染废物　包括血液和体液、微生物培养物和保存样本、组织、感染动物尸体、被血液或体液污染的样本管、容器和废水等。

3. 化学废物　包括固定液、甲醛、二甲苯、甲苯、甲醇、二氯甲烷等溶剂和破碎的实验室温度计等。

4. 无害或普通废物　包括未被污染的包装、办公纸张和塑料容器等。

二、实验废物的分类收集和包装

无害废物需与有害废物区分，单独收集、包装，无害废物通常包括未被污染的包装、办公纸张、纸巾、饮料瓶及其他塑料容器等。

有害废物笼统来讲就是进行实验操作时使用过的一切废物，包括个体防护装备、固体和液体污染废物、实验耗材、锐器、化学废物、动物尸体、电泳胶等。其中，固体废物、液体废物、玻璃碎片、化学废物、动物尸体和锐器应分别单独收集、包装，经高温压力蒸汽灭菌处理后，液体废物可以直接倾入下水道排入污水处理站、汇入市政污水管道；其他所有固体废物在指定废物暂存间分类暂存，由有医疗垃圾清运和处理资质的协议公司清运处理。

需要特别注意的是，不同化学性质的化学废物必须分别收集，不可混装，以免发生剧烈化学反应引起喷溅、爆炸，造成有害化学品释放导致工作人员伤害的恶性事故（图 13-5）。

A. 无害与有害废物须分别收集和包装

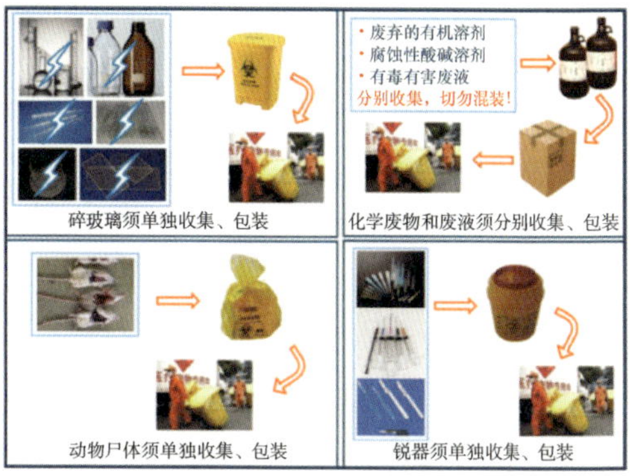

B. 实验废物的分类收集和包装

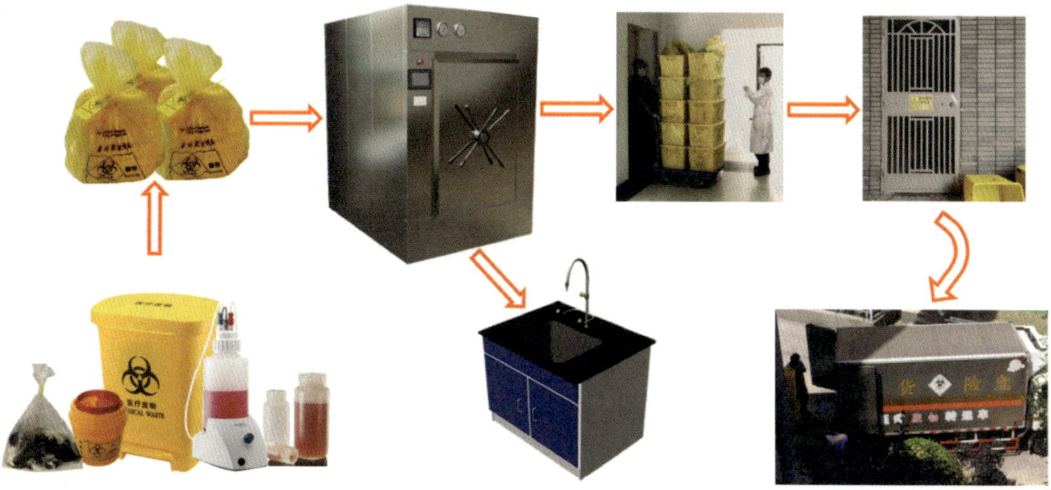

C. 实验废物的分类包装和处置

图 13-5　实验废物的分类收集、包装和处置

第三节　清场消毒和实验废物的包装与处置

一、清 场 消 毒

（1）实验结束后，首先擦拭、消毒最左侧清洁区台面，然后从清洁区向操作区再向污染区依序进行清场消毒。所有实验用品，如移液头盒、试管架、移液器等，均须首先用消毒剂喷洒消毒表面，放置在最左侧清洁区台面，达到有效消毒时间后移出生物安全柜。

（2）废液用移液器转移至废液收集瓶中拧紧瓶盖，表面喷洒消毒剂消毒后用专用压力蒸汽灭菌袋双层包装，对着生物安全柜后壁排风口排出袋内气体，用压力蒸汽灭菌指示胶带封口，表面喷洒消毒剂消毒后放置在最左侧清洁区台面，达到有效消毒时间后移出生物安全柜。

（3）锐器盒用消毒湿巾覆盖按下盒盖扣紧，装入压力蒸汽灭菌袋双层包装，用压力蒸汽灭菌指示带封口，表面喷洒消毒剂消毒后放置在最左侧清洁区台面，达到有效消毒时间后移出生物安全柜。

（4）移液管收集盒扣盖，用消毒湿巾覆盖抓取，装入专用压力蒸汽灭菌袋双层包装，对着生物安全柜后壁排风口排出袋内气体，用压力蒸汽灭菌指示带封口，表面喷洒消毒剂消毒后放置在最左侧清洁区台面，达到有效消毒时间后移出生物安全柜。

（5）动物尸体用压力蒸汽灭菌袋单独收集，双层包装，对着生物安全柜后壁排风口排出袋内气体，用压力蒸汽灭菌指示带封口，表面喷洒消毒剂消毒后放置在最左侧清洁区台面，达到有效消毒时间后移出生物安全柜。

（6）由边缘向内折叠吸水垫并弃入收集固体废物的垃圾袋，更换外层手套，脱下的外层手套弃入垃圾袋；然后用消毒湿巾擦拭消毒剂喷壶表面进行消毒，湿巾弃入垃圾袋；从垃圾袋架取下垃圾袋，双层包装，对着生物安全柜后壁排风口排出袋内气体，用压力蒸汽灭菌指示带封口，表面喷洒消毒剂消毒后放置在最左侧清洁区台面，达到有效消毒时间后移出生物安全柜。

（7）生物安全柜台面和侧壁用消毒剂喷洒、擦拭消毒后继续运转 5min，使柜内空气充分循环净化，然后落下前窗，紫外线照射 20min 后关闭生物安全柜。

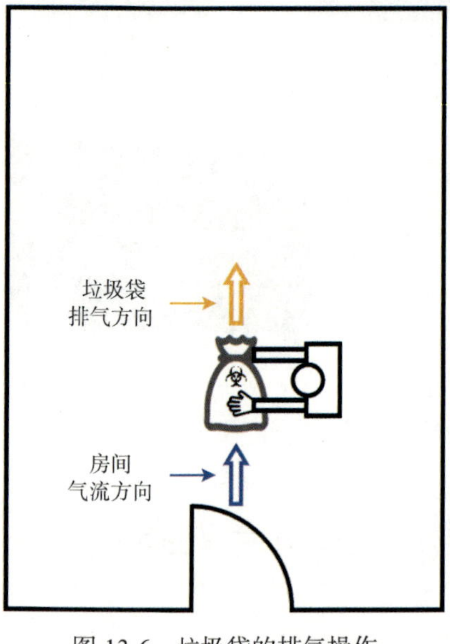

图 13-6 垃圾袋的排气操作

（8）所有使用过的仪器设备表面及试验台台面亦需用消毒剂喷洒、擦拭消毒，然后用消毒湿巾由房间上风向至下风向用平板拖把擦拭、消毒地面。

（9）实验人员更换外层手套，脱下的外层手套弃入生物安全柜外的压力蒸汽灭菌袋，身体平行于房间气流方向，对着房间排风口按压排出袋内气体（图 13-6），用灭菌指示带封口，表面用消毒剂喷洒消毒。

（10）所有压力蒸汽灭菌袋均应标记实验人员姓名、项目组和日期，动物尸体的灭菌袋表面还应标记实验动物的种类和数量，表面用消毒剂喷洒消毒后拿出核心区，放入双扉压力蒸汽灭菌器中灭菌。如果压力蒸汽灭菌袋中有密封容器，如废液收集瓶和密封盒等，在双扉压力蒸汽灭菌器中放置平稳后，应隔袋打开容器盖，以免压力蒸汽灭菌后容器变形，影响后续使用。

二、实验废物的压力蒸汽灭菌、暂存和清运

（1）双扉压力蒸汽灭菌器应由有特种设备操作资质的工作人员操作，进行消毒灭菌处理，每次灭菌均应放入带有灭菌指示卡的测试包，验证灭菌效果。

（2）实验室应有专用的废物暂存间，经过分类收集、包装和高温压力蒸汽灭菌处理后的固体废物，用医疗垃圾专用周转箱收集暂存，动物尸体需要暂存于冰柜中。

（3）由有医疗垃圾处理资质的协议公司定期进行清运、分类处置。负责从实验室向暂存间转运废物，并定期转交协议公司的工作人员应注意做好防护、轻拿轻放，避免实验废物泄漏和洒落。

第四节　终末消毒和消毒效果验证的操作规范

目前，实验室最常用的终末消毒方法是过氧化氢和二氧化氯气体熏蒸消毒。

一、过氧化氢熏蒸消毒

过氧化氢熏蒸消毒由于消毒成本低，消毒效果可靠，是目前实验室应用最广泛的终末消毒方法。在消毒和验证操作过程中应注意以下安全操作规范。

1. 消毒操作

（1）在开始消毒操作之前，需要安置、设定消毒机，排布消毒效果验证的生物指示剂菌片。同时，将房间排风 HEPA 过滤器下游风阀关闭；生物安全柜风机开启，前窗开至工作位置；小动物负压隔离笼开启，排风管连接口断开，连通室外一端用双层橡胶手套密封；所有实验仪器门、盖，以及抽屉、柜门打开，与实验室空间一同消毒。在这个过程中，需要操作人员，尤其是设施设备工程师做好防护，提前依据风险评估做好个体防护和安全操作规范的实操培训与考核。

（2）过氧化氢熏蒸干法和湿法的选择，与对消毒环境湿度和温度的要求，以及消毒剂的使用剂量与不同类型的消毒设备、实验室空间大小和室内物品摆放状况相关。实验室应依照消毒设备使用指南对实验室的消毒效果进行测试和评价，以确定有效的消毒参数。

（3）根据实验室空间大小及设备排布的复杂程度排布消毒效果验证的生物指示剂菌片，须包括潜在污染和消毒剂最难到达的区域，如生物安全柜台面、生物安全柜 HEPA 过滤器下游、实验仪器内部、门和设备的背面、台面和设备的底面等。

2. 消毒效果验证

（1）进行消毒效果验证时，通常选用嗜热脂肪芽孢杆菌生物指示剂菌片（ATCC 12980，载菌量≥ 10^6CFU/ 片），注意菌片须在有效期内。

（2）消毒结束后菌片的采集和培养过程应注意无菌操作，培养时采用溴甲酚紫葡萄糖蛋白胨水培养基，加入 0.5% 硫代硫酸钠作为菌片表面残留消毒剂的中和剂，以免干扰培养结果造成假阴性的误判。

（3）除消毒验证的菌片样本外，须同时设置阳性对照样本和阴性对照样本，在 56℃下静置培养 48h，记录结果。阴性结果的样本继续培养 7 日，再次记录结果。

二、二氧化氯气体熏蒸消毒

由于二氧化氯是纯气体，扩散和穿透性能好，对 HEPA 过滤器及有微小孔隙仪器设备或用品用具的消毒效果比较可靠，适用于在对房间或关键防护设备的 HEPA 过滤器进行扫描检漏前，用该法进行终末消毒。但与过氧化氢熏蒸相比，该法消毒成本较高。在消毒和验证操作过程中应注意以下安全操作规范。

1. 消毒操作

（1）在开始消毒操作之前，需要安置、设定消毒机，以及涡流风扇和加湿器，辅助室内二氧化氯气体的均匀混合及湿度控制，由二氧化氯消毒机实时监测和调控室内二氧化氯气体的浓度，还需排布消毒效果验证的生物指示剂菌片。同时，将房间排风 HEPA 过滤器下游风阀关闭，通过循环泵使气体在室内循环；生物安全柜风机开启，前窗开至工作位置；小动物负压隔离笼开启，排风管连接口断开，连通室外一端用双层橡胶手套密封；所有实验仪器门、盖，以及抽屉、柜门打开，与实验室空间一同消毒。在这个过程中，需要操作人员，尤其是设施设备工程师做好防护，包括生物防护和化学防护。呼吸防护常用全面具，配置生物防护和化学防护滤盒。应提前依据风险评估做好个体防护和安全操作规范的实操培训与考核。

（2）消毒效果受消毒设备品牌型号、实验室环境湿度和温度、空间大小和室内物品摆放状况等因素的影响，实验室应依照消毒设备使用指南对消毒效果进行测试和评价，以确定有效的消毒参数。常用的消毒参数为 $1mg/m^3$ 二氧化氯，维持 120min[消毒剂量 720mg/（L · h）]，环境相对湿度在 60% 以上，温度在 20 ～ 30℃。

（3）根据实验室空间大小及设备排布的复杂程度排布消毒效果验证的生物指示剂菌片，应包括潜在污染和消毒剂最难到达的区域，如生物安全柜台面、房间及关键防护设备 HEPA 过滤器下游、实验仪器内部、门和设备的背面、台面和设备的底面等。

2. 消毒效果验证

（1）进行消毒效果验证时，通常选用枯草芽孢杆菌黑色变种生物指示剂菌片（ATCC 9372，载菌量≥ 10^6CFU/ 片），注意菌片须在有效期内。

（2）消毒结束后菌片的采集和培养过程应注意无菌操作，培养时采用胰蛋白胨大豆肉汤培养基，加入 1% 硫代硫酸钠作为菌片表面残留消毒剂的中和剂，以免干扰培养结果造成假阴性的误判。

（3）除消毒验证的菌片样本外，须同时设置阳性对照样本和阴性对照样本，在 37℃下静置培养 48h，记录结果。阴性结果的样本继续培养 7 日，再次记录结果。

第十四章 意外事件或意外事故应急处置的安全操作规范

第一节 生物安全柜内溢洒

生物安全柜是有效隔离人员、环境和感染性物质的重要安全屏障。在生物安全柜内发生溢洒时，首先应保持冷静，避免因慌乱操作而扰乱生物安全柜气流，然后生物安全柜内操作人员应立即停止实验，及时处理溢洒区，防止污染扩大。同时，辅助操作人员应报告实验活动管理人员。实验活动管理人员监督、指导实验人员按照实验室的安全柜内溢洒操作规程进行处理。处理溢洒物时不应将头伸入安全柜内，也不应将面部直接面对前操作口，而应处于前视面板的后方。

生物安全柜内溢洒应根据溢洒的量、溢洒物的性质及危害程度采取不同的处置措施。

下面以含新型冠状病毒的样本溢洒为例，对生物柜内发生溢洒的处理步骤进行简要介绍。

实验开始前，在生物安全柜内的操作台面铺吸水垫。若溢洒发生在吸水垫内，未超出吸水垫，则生物安全柜内操作人员用吸水纸覆盖溢洒区域，从外向内淋现有消毒液，将吸水纸巾浸湿，再使用含消毒液的湿巾擦拭周围物品并放置于干净区域，用镊子将吸水垫缓慢卷起后弃入垃圾袋，同时报告生物安全负责人。

若溢洒超出吸水垫或在垫单外，生物安全柜内操作人员在检查手上有无喷溅后立即用足量吸水纸覆盖溢洒部位，充分吸附溢洒液体，然后喷洒有效氯含量为 0.55% 的消毒液，消毒液应全部浸湿覆盖的纸巾，作用 20min。消毒作用结束后，用镊子夹取纸巾弃入垃圾袋。用 75% 乙醇喷湿的纸巾，从外向里擦拭溢洒区域 3 遍，去除残留的消毒液。用消毒湿巾擦拭周围物品，然后用 75% 乙醇擦拭柜内物品表面及生物安全柜台面，依次擦拭干净后更换外层手套。报告生物安全负责人，待评估是否可以继续实验。

若溢洒量大，超出安全柜台面，则应立即停止实验，停止使用生物安全柜。加强个体防护后使用足量吸水纸覆盖溢洒部位，充分吸附溢洒液体，然后喷洒有效氯含量为 0.55% 的消毒液，作用 30min；底槽中倾倒足够的含氯消毒液，作用 30min。可重复上述步骤 1 次或 2 次。消毒整个安全柜的台面、内壁及安全柜内的物品。最后使用乙醇消毒剂或者清水清理干净含氯消毒液。同时报告生物安全负责人，进行危害评估及消毒处置，暂停使用实验室，对安全柜和房间进行熏蒸消毒。

实验结束后填写溢洒处理相关记录，对事件进行分析，并提出有效防护措施，避免类似事件重复发生。

第二节　生物安全柜外溢洒

当感染性物质在生物安全柜外发生溢洒时，由于缺乏生物安全柜的有效隔离，人员暴露和感染的概率增加，因此发生生物安全柜外溢洒时应以人员防护为第一要则。正确及有效穿戴个体防护装备是此类事故中预防人员感染和降低人员感染概率的关键。无论溢洒量多少，一旦发生生物安全柜外溢洒，辅助操作人员须第一时间报告及通知周边人员，根据感染性物质的性质、溢洒量采取不同的处置措施。

1. 生物安全柜外少量溢洒　当少量（体积较小或者感染性因子浓度较低等）感染性物质在生物安全柜外发生溢洒时，所有操作人员应立即转移到溢洒区域上风向处，检查是否喷溅到身上。如有喷溅，用消毒液喷洒消毒鞋底，实验人员退出实验室更换新的防护服。更换防护服后，实验人员重新进入实验室进行溢洒处理。溢洒处用消毒液作用 20min，之后用镊子镊取纸巾清理，纸巾弃入高压灭菌袋，再用含消毒液的纸巾，从外向里擦拭消毒区域 2 遍，使用乙醇消毒剂去除残留的消毒液。评估处置结束后是否可继续实验，实验结束后填写溢洒处理相关记录。如没有喷溅，直接打开溢洒处理箱按上述方法处理。

2. 生物安全柜外大量溢洒　当大量（体积较大或者感染性因子浓度较高等）感染性物质在生物安全柜外发生溢洒时，所有操作人员应立即按实验室退出流程退出实验室，让污染的微液滴和气溶胶充分沉降到地面。在门上悬挂“发生溢洒、禁止入内”的警示标识，同时报告实验室管理人员。30 ～ 60min 后加强个体防护并再次进入核心区。所有操作人员应站在溢洒区域上风向处，打开溢洒处理箱，先用足量的吸水纸覆盖大量溢洒部位，充分吸附溢洒液体，然后由外向里倾倒有效氯含量 0.55% 的消毒液等，再用有效的消毒液喷洒周边的区域及行走过的地面，同时用有效氯含量 0.55% 的消毒液喷洒消毒鞋底。消毒作用 30min 之后，用镊子清理纸巾和溢洒物并弃入高压灭菌袋。可根据溢洒的性质重复上述步骤 1 次或 2 次。最后使用 75% 乙醇喷湿的纸巾，由外向里擦拭消毒区域 3 遍，去除残留的消毒液。处置结束后须对实验室进行消毒，然后方可继续实验，处置结束后填写溢洒处理相关记录。

第三节　离心管破裂或渗漏

离心是常规的实验操作，也是极易产生气溶胶的过程。为防止离心操作气溶胶引起的感染风险，实验室的离心应做到以下几点。

（1）离心前的所有操作均应在生物安全柜内进行。

（2）气溶胶感染途径的病原体实验操作时离心机应为生物安全型离心机，以免发生因离心管破裂引起的污染。

（3）严格遵照离心操作的规则，离心前确认离心机可正常使用、样本已配平、离心管或离心杯均已密封。

（4）离心过程中若出现异响（离心管脆裂声）或离心机剧烈振荡，应立即停止离心，静置 30min 后打开离心舱，喷洒 75% 乙醇消毒，将离心杯或离心转子移入生物安全柜内，用无腐蚀性消毒剂浸泡消毒处理；未破碎的样本管使用有效消毒液浸泡；破碎样本打包后进行高压灭菌处理。同时，报告管理人员。

（5）离心结束后，在生物安全柜中打开离心转子，如发现离心管有破裂或渗漏，用镊子夹取离心管或碎片并放入浸泡有效消毒液的利器盒中消毒 20min 以上，打包 2 层高压灭菌袋进行高压灭菌处理；离心转子用无腐蚀性消毒剂浸泡消毒处理；未破碎的样本管使用有效消毒液浸泡。同时，报告管理人员。处置结束后填写意外事故记录表。

（6）离心结束后，在生物安全柜中打开离心转子，如发现离心管有破裂或渗漏，而离心样本较为珍贵，在确保无污染风险的前提下用镊子夹取含有样本的离心管并放于大于此离心管的一次性管中，密封，待移取样本。离心转子用无腐蚀性消毒液浸泡消毒处理，未破碎的样本管使用有效消毒液浸泡。同时，报告管理人员。

第四节　仪器设备故障

生物安全实验室是通过物理手段结合标准的微生物操作规程和规范的管理，在实验室从事与病原微生物菌（毒）种、样本有关的研究、教学、检测、诊断等实验活动时，确保工作人员、所操作样本和外环境安全的实验室。安全防护设备和实验仪器是构成生物安全实验室的基本要素，也是实现实验室生物安全并完成实验室工作的必备条件。生物安全实验室的关键防护设备主要有生物安全柜、压力蒸汽灭菌器、动物饲养隔离器和个体防护装备等，研究设备主要有生物安全型离心机、生物安全型培养箱、组织研磨仪、荧光显微镜等。这些设备若发生故障都会给实验室生物安全带来极大安全隐患。

当实验室内仪器设备发生故障时需要按以下步骤操作。

（1）报告设备负责人或实验室安全负责人，由负责人共同判断故障原因及风险等级。如无替代仪器，实验人员退出实验室待设备修复后，经检测无问题方可使用。

（2）仪器设备故障主要分为一般故障和重要故障两大类。一般故障主要为供给故障，如电力供应、气体供应等外在供给资源。重要故障主要是通过沟通暂时无法修复的故障，如分机停转、光源无法工作、过滤器出现破损等。重要故障需要厂家具有资质的专业人员进行修复，一般故障可由设备运维人员进行恢复工作。

（3）仪器设备出现故障后均应在确保安全的情况下将正在处理的感染性样本进行处理后，方可离开实验室，并进行故障记录。

（4）关键防护设备发生故障后，如无法继续进行处理，须立即撤离实验室，待实验室净化处理后，方可返回实验室进行后续处理。例如，生物安全柜操作时突然停机，操作人员进行报告的同时应立即降下前窗玻璃，进行自清洁后按流程退出实验室。

（5）研究设备发生故障时，应立即在设备周围喷洒有效消毒剂，之后操作人员退回实验室上风口处，或按流程退出实验室，静置一段时间后，再返回实验室进行后续处理。例如，组织研磨仪在研磨组织时突然停机或者研磨管破损，应立即在设备周围喷洒有效消毒剂，然后退至上风口处，等待 30min 后，可根据情况将整个设备移至生物安全柜内进行后续处理。

第五节 实验室电力故障

生物安全实验室内的仪器设备、送排风机组、照明、自控系统、监视和报警系统等是保障实验室生物安全的关键基础装置与系统。这些设备的正常运转，需要持续的电力供应。《生物安全实验室建筑技术规范》（GB 50346—2011）中规定 BSL-3 级及以上级别实验室属于特别重要的用电负荷用户，实验室用电应按照一级供电负荷设计，即应由两个独立的电源供电，在设备的控制装置内自动互投，并应满足设备对电源中断供电时间的要求或选用可靠的不间断电源（uninterrupted power supply，UPS）供电。

当主电源故障时，必须通过备用电源保持关键设备和系统不间断运行，以使实验人员有足够的时间终止实验活动并安全撤离。

主电源（市电）断电或者跳闸时，监控系统应有声光报警提示，此时监控室人员应第一时间与配电部门相关后勤保障人员确定复电时间。一般情况下 UPS 所带负载为重要设备、风机、自控系统、照明系统、重要工艺配电等。如复电时间在 30min 以内，则需要及时提醒实验人员，尽快处理手中工作，退出实验室。如复电时间在 30min 以上，则需要通知实验人员停止手中实验，并安全撤离。

中控室工作人员要随时观察监视控制系统的状态，发现主供电路停电报警后及时报告设施设备负责人或生物安全负责人。中控室立即检查 UPS 是否能够保证送排风机和生物安全柜等正常工作，实验室压力梯度、照明、视频监控、通信等是否正常。

供电系统如果能自动切换到备用电源，则中控室工作人员应检查电源切换情况；如切换异常，则中控室工作人员应立即联系配电部门相关责任人，确保电源在主供电路停电后立即切换到备用电源。同时，实验室运维人员确定 UPS 的剩余电量和可以维持的时间。如果不能正常切换到备用电源，则应通知实验室内工作人员立即停止实验并退出实验室。

尽快查询主供电路停电的原因，尽量解除故障。主供电路来电后，应恢复到主供电路。实验室运维人员应记录事件相关情况。

第六节 实验室通风系统故障

通风系统是生物安全实验室的核心设施之一，是维持实验室内负压和有序压力梯度，以及形成定向气流的重要保障。实验室在安装和设置送排风系统时，应独立自成系统，不允许和其他公共区域共用。通风系统安装后，应以保证在实验室运行时气流由低风险区向高风险区流动为原则，同时确保实验室空气只能经 HEPA 过滤器过滤后再由专用的排风管道排出。

排风高效过滤装置是生物安全实验室最重要的关键防护装备。排风高效过滤装置的安装目的在于有效阻止实验室空气中的有害因子未经处理直接排入环境。而送风端 HEPA 过滤器的安装不仅可以确保当出现正压等意外事故时经送风口逸出的空气生物安全风险是可接受的，而且能保证送进实验室的空气是洁净的，以维持实验室的清净度。因此，其安装应尽可能选择靠近实验室内的送风口端和排风口端。此外，还应考虑可以在原位对排风

HEPA 过滤器进行消毒和检漏。

实验室在运行时，常见的通风系统故障包括送排风系统故障和过滤器故障。

一、送排风系统故障

送排风机出现故障时，实验室内自控系统报警。实验室压力出现波动时，系统应自动切换到备用风机维持实验室压力梯度不变，自控系统报警。管道出现泄漏时，管道内静压值下降，自控系统报警。

出现送排风系统故障报警时，中控值班人员应立即查看自控系统的报警情况，同时查看自控界面系统是否自动切换到备用风机。如正常切换，观察实验室内压力变化，并告知实验室内工作人员当前情况。如无法正常切换，应立即通知实验人员迅速退出实验室。

运维人员应立即检查故障情况，依次检查变频器、风机、自控柜、风阀。如无法自动切换，须将自控系统切换到手动状态，通过多人协作，手动调整送排风量，维持实验室压力梯度，待实验人员退出后关闭系统，进行故障维修，待维修验证无问题后方可再次投入使用。

二、过滤器故障

过滤器故障一般分为过滤器破损泄漏和过滤器堵塞两种。过滤器故障均会引起实验室内压力波动，压力失衡后系统自动报警。中控人员应立即查看自控系统中各过滤器阻力值，如阻力值升高，则表明过滤器出现堵塞，须协调进行更换；如阻力值降到很低，则表明过滤器有破损泄漏情况，须尽快停机进行修复。

第七节　地震、火灾和水灾

一、地震、水灾等自然灾害

在发布的地震、水灾预告时间段内，实验室工作人员严禁进入实验室开展相关实验工作。

建在地下的实验室收到水灾危害预警后，应立即增加沙袋围堰，并应测试排水水泵运行是否正常，必要时封闭实验室各入口。

一般高等级生物安全实验室所在建筑为甲类抗震结构，具有一定的抗震基础，在发生地震的情况下不会出现结构变形，人员可以顺利逃生。

发生地震、水灾等自然灾害时，实验室工作人员应立即停止工作，妥善处置所操作的样本。

当地震、水灾等自然灾害发生时，应立即疏散相关人员，封闭实验室相关区域，严禁无关人员靠近，同时通知相关部门，等待救援人员救援。

二、火　　灾

火灾是实验室较为高发的事故之一。生物安全实验室的防火和消防具有一定的特殊性，《实验室 生物安全通用要求》（GB 19489—2008）指出，生物安全实验室围护结构（包括墙体）的防火设计应满足《建筑设计防火规范》（2018 年版）（GB 50016—2014）和《建筑灭火器配置设计规范》（GB 50140—2005）等国家通用的消防规定。《生物安全实验室建筑技术规范》（GB 50346—2011）也规定，BSL-2 ～ 4 实验室应设在耐火等级不低于二级的建筑物内，并且要求 BSL-3 和 BSL-4 实验室应采取有效的防火防烟分隔措施。所有这些标准都要求生物安全实验室的消防工作既要满足国家规定，又要确保实验室内的危险不扩散。在确保实验室生物风险可控的情况下，实验室应采取严格的消防措施，避免因过于强调生物风险而忽视火灾和其他风险。

实验室内引起火灾的常见原因如下。

（1）超负荷用电。

（2）电器保养不善，如电缆的绝缘层损坏。

（3）仪器设备在不使用时未关闭电源。

（4）实验室内的明火。

（5）易燃易爆品处理或保存不当。

（6）不相容化学品没有正确隔离。

（7）在易燃物品或蒸气附近有可能产生火花的设备。

（8）通风系统不当或通风不充分。

实验室可以根据自身的特点制订年度消防安全计划，包括对实验室人员的消防指导和培训，内容至少应包括：火险的识别和判断、减少火险的良好操作规程、失火时应采取的规范行为；实验室消防设施设备和报警系统状态的检查；消防安全定期检查计划；消防演习。

实验室可以规范实验操作来完善消防管理，如不在实验室存放可燃气体和液体，气体通过管路将气瓶间的气体送到实验室，液体每次适量带入实验室，避免在实验室大量存放。实验室不可使用明火，可使用无火焰加热装置。

火灾可以分为可控火灾和不可控火灾两大类。可控火灾是指情况不紧急，可以由实验室人员自行迅速扑灭的火灾事故。不可控火灾是指实验室人员无法迅速控制火情的火灾事故。不同级别的火灾事故处理难度差异很大，所产生的危害也有很大差别。总之，一旦发生火灾事故，应立即采取以下应对原则或措施。

1. 可控火灾　如果发现着火或烟雾，保持镇静，警示同伴。若情况不危急，可使用实验室内准备的灭火毯或灭火器灭火，灭火后进行清理工作。根据火灾事故程度向安全负责人、实验室负责人报告。记录事故原因、处理经过，并分析制定防止类似事故发生的措施。

2. 不可控火灾　如遇不可控火灾，首要任务是保证人身安全，实验室工作人员迅速撤离火灾区域。同时保持镇静，立即按下手动报警器，发出火警报告。中控室应根据火灾情况，报告安全负责人或实验室主任处理，必要时立即报警，寻求消防部门的帮助，并告知实验室内存在的危险。同时，实验室运维人员封闭事故区域，指导其他人员疏散撤离。

三、紧急救援

由实验室工作人员和相关领域专家根据实验室损害程度对实验室内保存菌毒种样本的泄漏情况和生物危险性进行评估，并根据评估结果采取相应的急救措施。同时，报告上级主管部门。应告知紧急救援人员实验室建筑内和附近存在的潜在风险。只有在受过训练的实验室工作人员的陪同下，穿戴相应的防护装备后，救援人员才能进入这些区域展开救援工作。培养物和感染物应收集在防漏的盒子内或专用垃圾袋内，由实验室工作人员和相关专家依据现场情况决定挽救或最终按废弃物处理。

四、发生地震、水灾和火灾等自然灾害后的危害性评估

由实验室有经验的工作人员和相关专家对灾后实验室状况进行风险评估。

如未对实验室造成结构性破坏，则请相关专家和部门对实验室进行检测，根据检测结果决定实验室是否需要维修或改造。待确认检测合格后实验室方可重新投入使用。

第八节　恐怖袭击

生物安全实验室主要从事菌毒种的相关研究工作，随着人们对该领域的认知不断加深，恐怖组织为了制造异乎寻常的轰动效应，并令恐怖袭击的效果放大，也逐渐增加了对这类研究和保藏机构的兴趣，这也为恐怖袭击留下了伏笔。

一、应对恐怖袭击的防范要点

实验室地理位置和实验活动的保密机制，确保实验室的保密信息不外泄。

通过设施设备对实验室进行安全防护装配，如安装一键报警装置、防侵入报警装置、无人机干扰装置、人员识别系统等。

通过与属地公安系统交流，增加联动性，遇突发情况公安人员可以尽快出警处理。

进行实验室工作人员的安全培训教育、模拟演习，增加其专业知识和技能的储备。

二、突发事件应急处置流程

突发事件有恐怖分子闯入实验室、通过无人机监视或袭击实验室、邮寄不明物品等。

实验室工作人员遇到陌生人闯入时，首先确认其身份，如劝阻后仍继续闯入，工作

人员应立即按下一键报警装置（该装置可以联动属地公安部门），尽可能地关闭所有通道，工作人员尽快撤离到安全地区，等待公安人员的介入，切不可贸然与恐怖袭击人员进行搏斗。

实验室一般装有反无人机装置，可以避免所在区域无人机的监视与攻击。

对不明来路的邮寄物品，不要随意打开，可交由安全部门进行后续处理。

突发事件发生后，应进行风险分析，查漏补缺，避免此类事件再次发生。

第九节　人员的紧急就医和医学观察

一、急救物资的准备

1. 急救包　包括常用的伤口消毒用聚维酮碘，伤口包扎用绷带、胶布和创可贴，并确保在有效期内。

2. 个体防护装备　必要时为疑似暴露人员及送诊人员配备连体防护服、N95 口罩和手套等防护装备。

二、紧急救护小组

实验室成立紧急救护小组，实验室主任任组长，现场实验安全负责人与相关感控负责人为组员。

急救员的设立要求覆盖整个工作区域和工作时段，各课题组必须配备一名救护员，每个工作单元不得少于两人。

三、紧 急 就 医

发生实验室意外事故（如被感染性液体污染黏膜，或者被感染性液体污染的针头及其他锐器刺破皮肤）时，应由相关感控负责人用紧急联系电话联系协议医院，沟通事故情况，并在相关感控负责人的指导下及根据协议医院责任医生的指导意见进行紧急处置，包括伤口的冲洗、消毒和包扎。

同时，相关感控负责人报告安全负责人、实验室主任，实验室主任向生物安全管理委员会主任报告，启动应急预案，联系协议医院将疑似暴露感染人员送诊就医，并在 2h 内报告当地卫生健康委员会，报告事故的经过、后果、原因和影响，同时通知项目负责人。实验室主任须随时跟进诊治及医学观察情况。

根据协议医院责任医生对意外事故暴露风险的预评估结果，对于疑似暴露的实验人员，由相关感控负责人护送至协议医院就诊。

对于与实验室安全事故无关的其他突发疾病，或由突发灾害事件造成的意外伤害，应由相关感控负责人用紧急联系电话联系协议医院，沟通疾病或伤害的情况，同时报告安全负责人。随后在相关感控负责人的指导下协助伤患人员按退出程序撤出实验室，依据协议医院责任医生的评估结果送诊或观察。

如伤患人员的生命体征不稳定或消失，应由相关感控负责人紧急联系协议医院，在责任医生的指导下采取初步救护措施，同时报告安全负责人，待救护车到达后进行急救并送往协议医院救治。

四、协议医院的接诊及医学观察

协议医院的责任医生接诊疑似暴露的实验人员后，应追加采集本底血清，由协议医院和实验室分别保存待检。

由协议医院的责任医生及相关专家根据临床诊断结果评估意外事故的暴露风险（包括暴露级别和暴露量）。

按照暴露风险的评估结果，尽快按责任医生的处方给疑似暴露的实验人员服用感染阻断或其他治疗药物，并进行后续诊断、观察和治疗。

在暴露后按照暴露病原的性质进行监测，并保留血清，对服用药物的毒副作用进行监控和处理，观察和记录病原感染的早期症状等。

对于与实验室安全事故无关的其他突发疾病，或由突发灾害事件造成的意外伤害，接诊后按常规诊治程序进行观察、诊断和治疗。

由相关感控负责人按照责任医生及相关专家的诊断和评估结果填写相关记录表。

第十节　人员晕倒和昏迷

在实验过程中实验人员可能会因某些意外情况而出现晕倒或昏迷，这可能与实验人员自身的原因有关，也可能与实验环境因素造成的伤害有关，如低血糖、缺氧、意外滑倒等。

实验操作人员在进入实验室前应进行健康和情绪状况检查与确认。健康检查包括：体温、血氧饱和度的检测；情绪状况检查，主要以聊天交流的形式进行，以确定该实验人员无不良情绪、精神不振、精神紧张等情况。

在进入实验区前，实验操作人员应确认核心工作区的压力是否在安全值内。在实验过程中，如身体出现不适，应立即报告相关负责人并退出实验室，必要时联系协议医院送诊。

如在实验过程中出现晕倒或昏迷情况，处置方式如下。

（1）实验人员发生晕厥时，应立即报告相关负责人，同时联系协议医院，调用救护车。

（2）值班人员在中控室通过对讲机和监控，指导、监督实验人员安全处置晕倒或昏迷人员。必要时，值班人员穿戴防护装备，进入实验区参与处置。

（3）同伴让晕倒人员平卧、头侧向一边，并呼叫该人员，确认其是否有意识。

（4）协助脱去外层手套，用 75% 乙醇喷洒消毒晕倒或昏迷人员的防护服及其他防护装备外表面。

（5）将晕倒或昏迷人员移至带轮担架或灭火毯上拖至缓冲间，或将晕倒或昏迷人员扶为坐姿，使其背和头靠在救护者的胸前，救护者的双手和胳膊架在晕倒或昏迷人员的腋下，在保证无障碍的情况下，将晕倒或昏迷人员拖到实验室缓冲间。

（6）在缓冲间脱去晕倒或昏迷人员的外层隔离衣、胶靴或鞋套。

（7）将晕倒或昏迷人员拖至逃生门处，用剪刀剪开连体防护服、脱下，再脱去其口罩、帽子和内层手套。

（8）打开逃生门，将晕倒或昏迷人员拖出实验室，由协议医院医护人员进行急救、医学观察、健康监测及事件报告。处置结束后填写相关记录表。

第十一节　利器刺伤或感染动物抓伤和咬伤

实验室宜尽量避免使用利器，但动物实验等部分实验离不开注射器、解剖器械等利器的使用，因而利器刺伤是实验过程中需关注的意外事件。动物实验操作的前提是熟练掌握动物的抓取，然而动物咬伤事件仍时常发生。

1. 应急物资　操作人应熟悉实验室内的应急储备物资，了解实验室内急救箱的位置，包括常用的伤口消毒用聚维酮碘，伤口包扎用绷带、胶布和创可贴，以及个体防护装备的使用方法。相关管理人员应定期检查急救箱中的物资，确保物资齐全。

2. 应急处置　生物安全柜内操作人员被利器刺伤或动物咬伤后，应立即在生物安全柜内脱下外层手套，辅助操作人员立即报告并简要说明事件，按照实验室应急处置操作规程进行处置。

生物安全柜内操作人员应退出生物安全柜并迅速脱下内层手套，另一只手捏紧受伤手指的根部，防止伤口处污染血液回流。快速走到水池边（或备水的区域），由辅助操作人员协助用清水冲洗伤口 10 ～ 15min，同时由近心端向远心端轻轻挤出污染血液。

打开外伤急救箱，使用 0.5% 聚维酮碘消毒伤口，贴创可贴后重新戴双层手套。按照正常退出程序退出实验室，根据病原体性质等待就医。

由实验室相关负责人用紧急联系电话联系协议医院，沟通事故情况，在专业医务人员的指导下隔离和紧急就医。

3. 事故报告　根据相关政策、法规及实验室事故处理报告程序，逐级上报。

4. 送诊程序　送诊程序参见“人员紧急就医”相关内容。

5. 处置记录　事故相关人员事后应做好事故分析并填写相关记录表。

第十二节　小鼠逃逸

生物安全实验室核心区门口应设置挡鼠板，以防小鼠逃出。

在实验操作过程中，如果遇到小鼠逃逸，应根据不同情况进行应急处理。

一、小鼠逃到生物安全柜内

实验小鼠掉落至生物安全柜台面，但未逃出生物安全柜，此时操作人员应立即用长柄镊快速夹住小鼠尾根部，捕获后放回笼具中，待动物情绪稳定后继续实验。同时，辅助操作人员报告相关人员。

若实验小鼠已染毒，将小鼠捕获并放回笼具后，小鼠经过的地方应按照发生溢洒事故进行消毒处理。操作人员用足量吸水纸覆盖小鼠留下排泄物的地方，然后倾倒足量的有效消毒液，作用 20min。其间应检查周边的物品污染情况，用 75% 乙醇擦拭柜内物品表面和生物安全柜台面。之后用镊子清理吸水纸并投入垃圾袋中。再用 75% 乙醇喷湿的吸水纸从外向里擦拭消毒区域 3 遍，去除残留的含氯消毒液，再次用 75% 乙醇喷洒柜内物品表面和生物安全柜台面，依次擦拭干净后继续实验。

实验人员应向安全负责人报告相关事件，实验结束后讨论、分析，填写记录表，提交实验室主任审核、签字。

二、小鼠逃到生物安全柜外

实验小鼠逃出生物安全柜，操作人员应立即戴加厚手套捕捉小鼠或使用捕鼠网等工具捕捉小鼠，然后使用长柄镊夹住小鼠尾根部，将小鼠放回独立的笼子里观察。同时，辅助操作人员应报告中控室值班人员。

若实验小鼠已染毒，则需要评估病原体的特性，根据情况对小鼠经过的地方按照发生溢洒事故进行消毒处理。所有操作人员转移到上风向处，打开溢洒处理箱，用足量吸水纸覆盖小鼠经过的地方，然后由外向内倾倒有效消毒液，同时用有效氯消毒液喷洒消毒鞋底。作用 20min 后，用镊子清理吸收纸并投入垃圾袋中。再用 75% 乙醇喷湿的纸巾从外向里擦拭消毒区域 3 遍，去除残留的含氯消毒液。

实验人员应向安全负责人报告相关事件，实验结束后讨论、分析，填写记录表，提交实验室主任审核、签字。

三、注 意 事 项

（1）在未抓获逃逸的动物前，实验人员不得离开实验室。

（2）小鼠逃出生物安全柜外，根据实验评估是否对结果产生影响，从而决定小鼠是否再用。

（3）开展动物实验的人员应充分进行动物实验操作技能培训并通过考核。

（4）建议小鼠在充分麻醉后再行实验操作。

（5）实验操作完毕后，核查小鼠数量，确定隔离笼具盖好后放回笼具架。

第十三节　实验室意外事件和意外事故案例分析

实验室是通过建筑设计、设备配置、个体防护装备的使用、安全操作规程的严格遵守及规范管理等综合措施，以确保实验操作人员不受实验对象的伤害、周围环境不受污染与威胁、实验对象不被污染的场所。然而，实验室因其实验对象的不确定性、潜在危害性等因素存在诸多隐患。病原微生物泄漏、化学品爆炸、火灾等意外事件、意外事故在实验室频频发生，稍有不慎或疏忽，就会造成生命财产的巨大损失。因此，实验室安全应时刻警钟长鸣。

案例分析一：爆炸火灾事故

2011 年洛杉矶地方检察官以“故意违反职业安全和卫生标准引起雇员死亡”的几项重罪罪名指控美国加州大学洛杉矶分校（UCLA）的化学教授 Patrick Harran。据悉，这是第一次在美国出现科学家因实验室事故而面临刑事指控。马萨诸塞州纳蒂克实验室安全研究所所长 Jim Kaufman 说，这场法律诉讼面临“规则改变”，这将显著影响人们思考自身责任的方式，以及释放一个很清楚的信号：有坐牢的可能性。

事件起因是 2008 年 12 月 28 日，研究人员 Sheharbano Sangji 在 Patrick Harran 的实验室做实验，她在把一个瓶子里的叔丁基锂（*t*-butyl lithium，又称特丁基锂）抽入注射器时，注射器的活塞滑出了针筒，叔丁基锂遇空气立即着火，而 Sangji 当时并没有穿防护服，结果全身遭到大面积烧伤，最终因救治无效于 18 天后死亡。之后，UCLA 赔付了约 7 万美元的罚款，并加强实验室的安全管理。如果罪名成立，Harran 将面临 4.5 年的牢狱之灾，理由是未能改善不安全的实验环境和未提供适当的化学品实验安全培训。2014 年，Harran 与检察官达成暂缓起诉协议，协议条款包括设置一系列安全培训课程等。同时，2015 年美国科学促进会因此实验室安全事故撤销了对 Harran 的会员提名。美国化学会因此事故将安全加到协会的核心理念中，并在化学专业的行为准则中强化安全条款。

近年来，我国亦发生多起实验室爆炸事故。2009 年 10 月 25 日，某大学实验室发生爆炸，爆炸的厌氧培养箱为新购进的设备，调试中可能因压力不稳引发事故；2010 年 6 月 9 日，某研究所实验室发生爆炸，爆炸化学物品为过氧化氢溶液；2011 年 4 月 14 日，某大学实验室三名学生在做常压流化床包衣实验过程中，实验物料意外发生爆炸；2012 年 3 月 17 日，某高校大学城校区生物催化实验室发生火灾，实验室仪器发生爆炸；2013 年 4 月 30 日，某大学一平层实验室发生爆炸；2018 年 12 月 26 日，某大学实验室进行垃圾渗滤液污水处理科研实验时发生爆炸；2021 年 3 月 31 日，某研究所实验室发生安全事故，疑为反应釜高温高压爆炸；2021 年 7 月 13 日，某大学一化学实验室发生火情；2021 年 7 月 27 日，某大学药学实验室发生爆炸；等等。

爆炸事故危害大，必须防范。首先，实验前一定要仔细学习实验操作规程，了解实验过程中的安全风险和控制措施，做好相应的防范准备，检查实验仪器设备的完好性、合格效期，充分了解实验中使用的化学试剂的特性；其次，操作过程严格遵守作业手册，严格控制实验过程参数，切不可超温超压长时间运行仪器设备；再次，加强对实验过程中危险化学品的使用管理，特别是对强酸强碱反应、铝粉镁粉等易发生剧烈化学反应的化学试剂，要加强贮存、领用及使用管理；最后，危险实验一定要由熟练且经验丰富的操作人员带领操作，不能让不熟悉或实习人员独立操作。因此，对于可能发生爆炸的实验，应从爆炸特点进行分析，做好防范工作，规范操作，同时加强日常管理，预防爆炸事故。

案例分析二：生物安全事故

2010 年 12 月，某大学动物医学院几名教职工先后在某养殖场购入 4 只实验山羊，并在以这 4 只山羊为实验动物的 5 次实验前未按规定对实验山羊进行现场检疫，同时在指导学生实验过程中也没有切实按照标准的实验规范严格要求学生进行有效防护。2011 年 3 月 4 日，一名男同学出现发热、头晕，并伴有左膝关节疼痛症状，经医院检验，该学生布鲁氏菌血清学阳性。随后，又有多名学生被检测出布鲁氏菌血清学阳性。据学校排查，2010 年 11 月 4 日至 2011 年 3 月 31 日，布鲁氏菌高危感染涉及 3 门实验课、5 次实验，涉及 4 名教师、2 名实验员、110 名学生，此次事故共造成 27 名学生和 1 名教师感染。

该校布鲁氏菌感染事故是一起因学校相关责任人在实验教学中违反有关规定造成的重大教学责任事故，然而，这起事故所引发的问题暴露了高校对实验室生物安全知识教育与培训的匮乏，以及实验室管理的不足。在全国，不仅高校，研究机构也存在实验室管理问题，管理不严格造成了隐患。

2019 年新冠疫情暴发，给全球人民健康带来威胁。2021 年 11 月，中国台湾地区某研究机构一名实验室助理感染了新冠病毒，经测序，该实验人员感染的病毒序列与台湾地区疾病控制中心提供给该研究机构实验室的 Delta 变异株相匹配，但是与之前几个月在社区中发现的 Delta 变异株不匹配，这表明该助理感染的就是实验室中的病毒。据该研究机构 12 月 19 日提交的报告得出结论，该助理可能是吸入了实验室中存在的病毒，或者是因为她按错误的顺序（从她的面罩开始）拆除了个体防护设备。随后，外部调查委员会调查指出，该实验室中参与实验的工作人员没有按要求穿戴防护服、N95 口罩、双重手套、护目镜，也没有遵守使用生物安全柜和移除个体防护设备的程序。实验室的工作人员培训被认为是不够的，该研究机构的生物安全委员会没有对新进入人员进行充分的培训和评估。

2019 年 5 月教育部发布了《关于加强高校实验室安全工作的意见》，强调高校要把安全摆在各项相关工作的首位，把实验室安全作为不可逾越的红线。同时，工作意见中强化落实、健全实验室安全责任体系，完善实验室生物安全管理制度，狠抓安全教育、宣传培训，加强生物安全工作能力建设，建立问责追责机制等一系列举措。2021 年 4 月 15 日《中华人民共和国生物安全法》施行，将“病原微生物实验室生物安全”作为独立章节，足可见实验室生物安全的重要性。

案例分析三：设施设备损坏事故

2016 年 1 月 10 日，某高校一化学实验室起火，并伴有刺鼻气味的黑烟冒出。经初步调查，是实验室内存放化学试剂的冰箱因电线老化短路引发自燃所致。起火时该实验室内没有人，因此没有造成人员伤亡。

虽然这起事故并未引起人员伤亡，但是实验室仪器设施设备的误用、操作不当等引发的各种设备设施事故必须引起实验室管理人员的高度重视。实验室常见的仪器设备如离心机、高压锅、气相色谱仪、分光光度计、微波炉、搅拌机等均有潜在风险。例如，有一次样本前处理高速离心时，实验人员听到离心机发出“隆隆”的响声，整个实验室都能感到震动，放入的离心管飞出了离心机内的转子，幸好有外盖的阻挡离心管才没飞出来，然而盖子内壁严重磨损，离心机也烧坏了。事后发现实验人员离心前忘记把离心机的内盖盖上，而设定的转速为10 000r/min。因此，实验室应制定设施设备管理规定，由专人负责，设置购入、使用、维护、报废等记录，重大仪器设备设立使用审批制，相关仪器设施设备应有风险评估报告，安全使用培训等制度。

造成实验室意外事件、意外事故的原因如下所述。

（1）对实验对象、实验内容不熟悉。开展实验前并未了解实验过程，对实验材料、仪器设备也没有充分的认识，导致操作人员在实验过程中出现误用等情况。

（2）违规开展实验。实验人员依从性较差，不遵守实验规程，采用未经论证或审核的实验方法；不遵守实验室规章制度，擅自安排实验，冒险作业；违规购买、违法贮存危险化学品。

（3）疏忽大意。很多意外事故是由实验人员粗心大意导致，殊不知每个细节都有可能酿成大事故。

（4）缺乏实验室安全培训教育。实验室岗前培训非常重要，每位实验室人员在进入实验室前必须严格进行实验室安全培训、生物安全理论培训、实验操作培训、仪器设施设备使用培训等。

（5）实验室安全管理不到位。实验室应设置全面的安全管理职责，对人员、危化品、仪器设备等严格管理，细化岗位职责。

（6）人员与岗位不匹配。实验室是一个具有潜在危险的场所，进入实验室的人员应具备相关专业知识，同时应具备一定责任心、依从性等素质，针对实验岗位应选择、培养适合的固定实验人员。

我国近年发生多起实验室意外事故，这些意外事故既伤害了自己，又伤害了别人，值得深思，应引以为戒。

第三篇

病原微生物实验室设施设备运维管理

第十五章　病原微生物实验室设施设备理论基础

第一节　病原微生物实验室生物安全发展概况

实验室生物安全是指为了避免各种有害生物因子造成的实验室生物危害而通过规范的实验室设施的设计建造、实验设备的配置、个体防护装备的使用（硬件）和实验人员严格遵从标准化的操作程序及实行严格的安全管理规定（软件）等，最终确保操作生物危险因子的工作人员不受实验对象的伤害，周围环境不受实验对象污染，以及实验对象保持原有本性。

一、国际发展情况

有记载的首例实验室感染死亡病例是 1849 年维也纳的一名医生，他因在解剖一例产褥败血症死亡病例时划破手指，发病而亡。20 世纪 40 年代，美国为了研究生物武器，开始实施“气溶胶感染计划”，大量使用烈性传染病的病原体进行实验室、武器化和现场实验。在这些研究和相关的实验室工作中实验室感染事件频频发生。据报道，从 1983 年发现人类免疫缺陷病毒（HIV）至 1995 年，至少有 39 人在实验室感染了 HIV。2003 年 7 月，全球控制了严重急性呼吸综合征（SARS）流行后，在新加坡、中国台湾和北京先后发生了实验室 SARS 冠状病毒感染事件。

实验室生物安全的概念于 20 世纪 50 ～ 60 年代由美国科学家提出。当时为防止生物战剂的泄漏，明确了对实验设施建设的建筑设计要求。20 世纪 70 ～ 80 年代，实验室生物安全事故频发，促进了病原微生物操作规范、个体防护措施和实验室设施设备的有机结合。1979 年，美国著名的实验室感染研究专家 Pike 指出：知识、技术和设备对防止大多数实验室感染是有用的。此后，美国职业安全健康署（Occupational Safety and Health Administration，OSHA）发布《基于危害程度的病原微生物分类》，首次提出了把病原微生物和实验室活动分为四级的概念。从此，实验室生物安全引起了许多国家的重视，并相继制定了病原微生物实验室生物安全相关法律、法规、指南和标准。一些发达国家，如英国、加拿大、美国、日本、澳大利亚等先后开启了高等级生物安全实验室的建设。

随着实验室生物安全科技和相关产业的快速发展，对人员培训、生物安全防护技术、信息交流、仪器设备更新等提出了更高的要求。为此，很多国家和地区先后成立了生物安全协会，以期开展快速、畅通的信息交流，促进行业发展，努力保障实验室生物安全。

二、国内发展情况

我国各级政府和从事病原微生物相关工作的专家已逐渐认识到实验室安全管理工作的重要性。1987 年，军事医学科学院修建我国第一个国产（A）BSL-3 实验室，并制定了比较系统的操作规程。此后我国建造了一批接近（A）BSL-3 实验室水平的生物安全实验室。2002 年 12 月，卫生部批准并发布了行业标准《微生物和生物医学实验室生物安全通用准则》（WS 233—2002），成为我国实验室生物安全领域的一项开创性工作。2003 年 5 月 6 日，科技部、卫生部、国家食品药品监督管理局和国家环境保护总局联合发布了《传染性非典型肺炎病毒研究实验室暂行管理办法》和《传染性非典型肺炎病毒的毒种保存、使用和感染动物模型的暂行管理办法》。2003 年 SARS 流行期间，在科技部、卫生部、农业部和总后卫生部等的支持下，由国家实验室认证认可委员会（CNAL）牵头，组织生物安全专家起草国家标准《实验室 生物安全通用要求》（GB 19489—2004）。2004 年 5 月，国家质量监督检验检疫总局和国家标准化管理委员会正式发布了该标准，后于 2008 年修订，这是我国第一部关于实验室生物安全的国家标准。该标准的发布对我国实验室安全管理、公共卫生体系建设及认证认可体系设置具有里程碑意义，标志着我国实验室生物安全管理和实验室生物安全认可工作步入了科学、规范和发展的新阶段。此后，2004 年 9 月 1 日，建设部与国家质量监督检验检疫总局又联合发布了《生物安全实验室建筑技术规范》（GB 50346—2004），后于 2011 年修订，提出了生物安全实验室建设的技术标准。2004 年 11 月 12 日，国务院发布了《病原微生物实验室生物安全管理条例》，该条例规定了在病原微生物实验活动中保护实验人员和公众健康的宗旨。2006 年 2 月，卫生部制定并发布了《医疗机构临床实验室管理办法》，其中对临床实验室生物安全管理做了明确要求。

2003 年 SARS 疫情以后，我国实验室生物安全工作得到了高度重视。除了国务院发布的《病原微生物实验室生物安全管理条例》，有关部委相继制定和发布了系列法规、标准及文件，如《人间传染的病原微生物目录》《人间传染的病原微生物菌（毒）种保藏机构管理办法》《可感染人类的高致病性病原微生物菌（毒）种或样本运输管理规定》《人间传染的高致病性病原微生物实验室和实验活动生物安全审批管理办法》等。随着《实验室 生物安全通用要求》（GB 19489—2008）、《病原微生物实验室生物安全通用准则》（WS 233—2017）、《生物安全实验室建筑技术规范》（GB 50346—2011）和《Ⅱ级生物安全柜》（YY 0569—2011）等标准相继发布，我国实验室生物安全工作逐渐步入法制化和规范化的轨道。实验室生物安全工作越来越受到各方面高度重视，并已成为新时期国家安全的重要组成部分。国家对实验室生物安全管理的不断加强，支持力度不断加大，促使我国生物安全实验室建设进入蓬勃发展的新时期。为全方位提高我国实验室工作人员的安全水平，我国从管理体系、管理制度、人才培养开展有效尝试，加强科学研究，初步建立了适合我国国情的实验室生物安全管理体系，为传染病疫情控制打下了坚实的基础。随着新发病原体的不断出现，实验室生物安全始终面临巨大挑战。我国实验室生物安全的发展，使我国实验室生物安全实现了从无到有，进而形成了传染病疫情控制和研究的坚强保障体系。

《中华人民共和国生物安全法》已由中华人民共和国第十三届全国人民代表大会常务委员会第二十二次会议于 2020 年 10 月 17 日通过，自 2021 年 4 月 15 日起施行。

第二节　病原微生物实验室生物安全防护基本原理和技术措施

实验室生物安全防护是指实验室工作人员在处理病原微生物时，为确保实验对象不对人和动物造成生物伤害，确保周围环境不受污染，在实验室和动物实验室的设计与建造、使用个体防护装置、严格遵守标准化的工作及操作程序和规程等方面所采取的综合防护措施。该防护又被称为物理防护。

物理防护又称物理隔离，顾名思义就是通过物理方式达到安全防护的目的，物理防护的主要作用在于推迟危险的发生，为“反应”提供足够的时间。现代的物理防护已经不是单纯的物质屏障的被动防护，而是越来越多地采用高科技手段，一方面使实体屏障被破坏的可能性变小，增大延迟的时间；另一方面也使实体屏障本身增加探测和反应的功能。

实验室生物安全防护主要基于接触隔离、静态密封隔离、动态密封隔离、高效空气过滤隔离、机械通风隔离、空气动力学隔离和消毒灭菌几个方面的隔离手段进行防护，通过不同的隔离方法的配合使用，通过设施设备来保障实验室的生物安全。

一、接 触 隔 离

1. 防护原理　通过个体防护装备来实现防护隔离，包括手套、口罩、面屏（护目镜）、防护服、正压头罩等。此类隔离手段主要体现在工作人员与所操作病原微生物之间的直接防护隔离。

2. 技术措施　通过穿戴合适的个体防护装备，保障人员的安全。如进行手套检漏测试，口罩密合度测试，防护服、面屏和正压头罩的完整性测试。

二、静态密封隔离

（一）设施密封隔离

1. 防护原理　生物安全实验室进行建筑分区，用严密的围护结构将实验室隔开为若干功能分区，以达到静态的密封状态。

2. 技术措施　建立不同隔离区域，如核心工作间外设置缓冲间，缓冲间外设置走廊或准备间等，通过不同隔离区域来实现静态密封隔离。同时还需要严密的围护结构作为隔离区域的支撑，如打胶密封、涂料密封等。一般该类密封多采用直观方法进行检查，部分严密性更高的设施采用压力变化测试。

（二）设备密封隔离

1. 防护原理 通过对设备本身进行密封处理，达到一定的密闭状态，从而实现单独设备的静态密封隔离。

2. 技术措施 对设备可能出现泄漏情况的位置进行密封处理，该处理可以用打胶密封、胶条密封、果冻胶或粘贴密封，以实现设备的静态密封。

三、动态密封隔离

1. 防护原理 通过空气负压进行隔离，负压就是人为造成低于常压的气体压力状态，负压状态可以使实验室内的空气由低风险区向高风险区流动，从而保障实验室的生物安全。

2. 技术措施 负压状态可以使空气具有可控的流向性，但如果为单独区域，出现压力波动时，会出现气流逆流情况，所以要配合静态密封隔离的区域化设置，同时对每个房间的压力状态值按梯度进行调整，一般实验室的相邻区域压力差为 10 ～ 25Pa。这样通过不同区域设置不同压力，形成从外向内具有压力梯度的定向气流，从而保证实验室气流流向的稳定性，在实验室正常运行开关门或压力突然波动时，不致出现实验室内污染物外泄的情况，从而实现实验室的动态密封隔离。

四、高效空气过滤隔离

1. 防护原理 高效空气过滤器（HEPA 过滤器）是指以 0.3μm 微粒为测试物，在规定的条件下滤除效率高于 99.97% 的空气过滤器。过滤器的过滤介质通过范德瓦尔斯力捕捉空气中的粒子，大粒子通过惯性运动被捕捉，小粒子通过布朗（扩散）运动被捕捉，同时通过静电力来增加过滤材料与粒子间的沾粘力。

2. 技术措施 通过发挥 HEPA 过滤器的过滤拦截特性，在实验室风口处安装高效过滤器来实现实验室的换气和压力的调节，污染物经过滤后排出实验室，保证实验室空气处理的安全性。

五、机械通风隔离

1. 防护原理 依靠风机提供的风压、风量，通过管道和送排风系统可以有效地将室外新鲜空气或经过处理的空气送到实验室的任何工作场所，还可以将实验室内受到污染的空气及时排至室外，或者送至净化装置处理合格后再进行排放。这类通风方法称为机械通风。其防护的原理就是通过机械干预，使实验室内形成需要的通风环境。

2. 技术措施 通过对实验室内送排风口的设计，形成特定区域的气流组织，空气以层流的方式进行规律性运动。风口之间的间距不能过近，否则容易出现气流短路的情况，送排风口之间尽量拉开距离，使得房间的层流均匀流动。风机的选择也很关键，风机风量留出冗余，防止使用中风量不够的情况发生。

六、空气动力学隔离

1. 防护原理　空气动力学是力学的一个分支，研究飞行器或其他物体在同空气或其他气体做相对运动情况下的受力特性、气体的流动规律和伴随发生的物理化学变化。通过控制气流速度和方向使某一小空间的空气不能自由与其他空间的空气交换，只能通过 HEPA 过滤器过滤排放。

2. 技术措施　该防护主要应用在设备上，如生物安全柜。生物安全柜的工作原理主要是将柜内空气向外抽吸，使柜内保持负压状态，通过垂直气流来保护工作人员；外界空气经 HEPA 过滤器过滤后进入安全柜内，以避免处理样本被污染；柜内的空气也需经过 HEPA 过滤器过滤后再排放到大气中，以保护环境。

七、消 毒 灭 菌

生物安全实验室消毒灭菌的常用方法有紫外线照射、化学消毒剂喷雾等。由于紫外线照射需要对被消毒物体表面或气体进行直接照射才起作用，对被遮挡的墙面、地面、工作台面等不能有效消毒灭菌，故在高等级生物安全实验室的终末消毒中基本采用气体熏蒸消毒方式。

第三节　病原微生物实验室设施分类

根据实验室操作的生物因子的危害等级不同，生物安全实验室分为 4 个等级：一级生物安全实验室、二级生物安全实验室、三级生物安全实验室和四级生物安全实验室，也就是常说的（A）BSL-1、（A）BSL-2、（A）BSL-3 和（A）BSL-4 实验室。（A）BSL-1 实验室防护水平最低，（A）BSL-4 实验室防护水平最高。各级实验室所需要的设施设备也有所不同。

一、（A）BSL-1 实验室

（A）BSL-1 实验室适用于操作在通常情况下不会引起人类或者动物疾病的微生物。（A）BSL-1 实验室需满足如下设施和设备要求。

（1）实验室的门应有可视窗并可锁闭，门锁及门的开启方向不应妨碍室内人员逃生。

（2）应设洗手池，宜设置在靠近实验室的出口处；实验室门口应设存衣或挂衣装置，可将个人服装与实验室工作服分开放置。

（3）实验室的墙面、顶棚和地面应易清洁、不渗水、耐化学品和消毒灭菌剂的腐蚀。地面应平整、防滑，不应铺设地毯。

（4）实验室台柜和座椅等应稳固，边角应圆滑。实验室台柜等和其摆放应便于清洁，实验台面应防水、耐腐蚀、耐热和坚固。

（5）实验室应有足够的空间和台柜等摆放实验室设备和物品。应根据工作性质和流程合理摆放实验室设备、台柜、物品等，避免相互干扰、交叉污染，并不应妨碍逃生和急救。

（6）实验室可以利用自然通风。如果采用机械通风，应避免交叉污染。如果有可开启的窗户，应安装防蚊虫的纱窗。

（7）实验室内应避免不必要的反光和强光。若操作刺激或腐蚀性物质，应在30m内设洗眼装置，必要时应设紧急喷淋装置。

（8）若操作有毒、刺激性、放射性挥发物质，应在风险评估的基础上，配备适当的负压排风柜。若使用高毒性、放射性等物质，应配备相应的安全设施、设备和个体防护装备，并应符合国家、地方的相关规定和要求。若使用高压气体和可燃气体，应有安全措施，并应符合国家、地方的相关规定和要求。

（9）应设应急照明装置，并应有足够的电力供应。

（10）应有足够的固定电源插座，避免多台设备使用共同的电源插座。应有可靠的接地系统，并应在关键节点安装漏电保护装置或监测报警装置。

（11）供水和排水管道系统不应渗漏，下水应有防回流设计。

（12）应配备适用的应急器材，如消防器材、意外事故处理器材、急救器材等。

（13）应配备适用的通信设备。

（14）必要时，应配备适当的消毒灭菌设备。

二、（A）BSL-2 实验室

（A）BSL-2 实验室适用于操作能够引起人类或者动物疾病，但一般情况下对人类、动物或者环境不构成严重危害，传播风险有限，实验室感染后很少引起严重疾病，并且具备有效治疗和预防措施的微生物。

（A）BSL-2 实验室的设施和设备除要达到（A）BSL-1 实验室的要求外，还要满足以下要求。

（1）实验室主入口的门、放置生物安全柜实验间的门应可自动关闭，实验室主入口的门应有进入控制措施。

（2）实验室工作区域外应有存放备用物品的条件。

（3）应在实验室工作区配备洗眼装置。

（4）应在实验室或其所在的建筑内配备高压蒸汽灭菌器或其他适当的消毒灭菌设备，所配备的消毒灭菌设备应以风险评估为依据。

（5）应在操作病原微生物样本的实验间内配备生物安全柜，并应按产品的设计要求安装和使用生物安全柜。如果生物安全柜的排风在室内循环，室内应具备通风换气的条件；如果使用需要管道排风的生物安全柜，应通过独立于建筑物其他公共通风系统的管道排出。

（6）应有可靠的电力供应。必要时，重要设备（如培养箱、生物安全柜、冰箱等）应配置备用电源。

三、（A）BSL-3 实验室

（A）BSL-3 实验室适用于操作能够引起人类或者动物严重疾病，比较容易直接或者间接在人与人、动物与人、动物与动物间传播的微生物。（A）BSL-3 实验室通过一级和二级防护屏障来保护实验操作人员和实验室周围免受污染。（A）BSL-3 实验室的设施和设备要求很严格，在实验室建造时应实施一级屏障和二级屏障，防护的原则是在一级屏障中将污染控制在源头，并通过二级屏障控制可能经由人为或意外事故导致的风险。

设计与建造的关键点包括：对围护结构的气密性要求，有序压力梯度和定向流要求，废气、废水、固体废物的三废处理要求。对于（A）BSL-3 而言，生物安全防护区内形成相邻房间的压力梯度和定向气流是必需的，围护结构的气密性要求根据实验室的类型有所不同。三废处理原则为废气通过高效过滤后排放，废水、固体废物采用高压灭菌处理，处理方式略有不同。

（一）平面布局

实验室应明确区分辅助工作区和防护区，应在建筑物中自成隔离区或为独立建筑物，并应有出入控制。防护区中直接从事高风险操作的工作间为核心工作间，人员应通过缓冲间进入核心工作间。适用于操作危害等级Ⅰ级的微生物实验室辅助工作区应至少包括监控室和清洁衣物更换间；防护区应至少包括缓冲间（可兼作脱防护服间）及核心工作间。适用于操作危害等级Ⅱ级的微生物实验室辅助工作区应至少包括监控室、清洁衣物更换间和淋浴间；防护区应至少包括防护服更换间、缓冲间及核心工作间。适用于操作危害等级Ⅱ级的微生物实验室核心工作间不宜直接与其他公共区域相邻。如果安装传递窗，其结构承压力及密闭性应能符合所在区域的要求，并具备对传递窗内物品进行消毒灭菌的条件。必要时，应设置具备送排风或自净化功能的传递窗，排风应经 HEPA 过滤器过滤后排出。

（二）围护结构

围护结构（包括墙体）应符合国家对该类建筑的抗震要求和防火要求。顶棚、地面、墙面间的交角应易清洁和消毒灭菌。实验室防护区内围护结构的所有缝隙和贯穿处的接缝都应可靠密封。实验室防护区内围护结构的内表面应光滑、耐腐蚀、防水，以易于清洁和消毒灭菌。实验室防护区内的地面应防渗漏、完整、光洁、防滑、耐腐蚀、不起尘。实验室内所有的门应可自动关闭，需要时应设观察窗；门的开启方向不应妨碍逃生。实验室内所有窗户应为密闭窗，玻璃应耐撞击、防破碎。实验室及设备间的高度应满足设备的安装要求，并应有维修和清洁空间。在通风空调系统正常运行状态下，采用烟雾测试等目视方法检查实验室防护区内围护结构的严密性时，所有缝隙应无可见泄漏。

（三）通风空调系统

应安装独立的实验室送排风系统，确保在实验室运行时气流由低风险区向高风险区流动，同时确保实验室空气只能通过 HEPA 过滤器过滤后经专用的排风管道排出。实验室防护区房间内送排风口的布置应符合定向气流的原则，这样有利于减少房间内的涡流和气流死角；送排风不应影响其他设备（如Ⅱ级生物安全柜）的正常功能。不得循环使用实验室防护区排出的空气。应按产品的设计要求安装生物安全柜和其排风管道，可以将生物安全柜排出的空气排入实验室的排风管道系统。实验室的送风应经过 HEPA 过滤器过滤，宜同时安装粗效和中效过滤器。实验室的外部排风口应设置在主导风的下风向（相对于送风口），与送风口的直线距离应大于 12m，应至少高出本实验室所在建筑的顶部 2m，应有防风、防雨、防鼠、防虫设计，但不应影响气体向上空排放。HEPA 过滤器的安装位置应尽可能靠近送风管道在实验室内的送风口端和排风管道在实验室内的排风口端。应能在原位对排风 HEPA 过滤器进行消毒灭菌和检漏。如在实验室防护区外使用 HEPA 过滤器单元，其结构应牢固，应能承受 2500Pa 的压力；HEPA 过滤器单元的整体密封性能应达到在关闭所有通路并维持腔室内的温度在设计范围上限的条件下，当空气压力维持在 1000Pa 时，腔室内每分钟泄漏的空气量不应超过腔室净容积的 0.1%。应在实验室防护区送排风管道的关键节点安装生物型密闭阀，必要时可完全关闭。必要时可完全关闭。生物型密闭阀与实验室防护区相通的送排风管道应牢固、易消毒灭菌、耐腐蚀、抗老化，宜使用不锈钢管道；管道的密封性能应达到在关闭所有通路并维持管道内的温度在设计范围上限的条件下，当空气压力维持在 500Pa 时，管道内每分钟泄漏的空气量不应超过管道内净容积的 0.2%，并应有备用排风机。应尽可能减少排风机后排风管道正压段的长度，该段管道不应穿过其他房间。不应在实验室防护区内安装分体空调。

（四）供水与供气系统

应在实验室防护区内实验间的靠近出口处设置非手动洗手设施；如果实验室不具备供水条件，则应设置非手动手消毒灭菌装置。应在实验室的给水与市政给水系统之间设防回流装置。进出实验室的液体和气体管道系统应牢固、不渗漏、防锈、耐压、耐温（冷或热）、耐腐蚀。应有足够的空间清洁、维护和维修实验室内暴露的管道，并应在关键节点安装截止阀、防回流装置或 HEPA 过滤器等。如果有供气（液）罐等，应放在实验室防护区外易更换和维护的位置，安装牢固，不应将不相容的气体或液体放在一起。如果有真空装置，应有防止真空装置内部被污染的措施；不应将真空装置安装在实验场所外。

（五）污物处理与消毒灭菌系统

应在实验室防护区内设置生物安全型高压蒸汽灭菌器。宜安装专用的双扉高压灭菌器，其主体应安装在易维护的位置，与围护结构的连接处应可靠密封。对实验室防护区内不能高压灭菌的物品应有其他消毒灭菌措施。高压蒸汽灭菌器的安装位置不应影响生物安全柜等安全隔离装置的气流。如果设置传递物品的渡槽，应使用强度符合要求的耐腐蚀性材料，并应方便更换消毒灭菌液。淋浴间或缓冲间的地面液体收集系统应有防液体回流的装置。

实验室防护区内如果有下水系统，应与建筑物的下水系统完全隔离；下水应直接通向本实验室专用的消毒灭菌系统。所有下水管道应有足够的倾斜度和排量，确保管道内不存水；管道的关键节点应按需要安装防回流装置、存水弯（深度应适用于空气压差的变化）或密闭阀门等；下水系统应符合相应的耐压、耐热、耐化学腐蚀的要求，安装牢固，无泄漏，便于维护、清洁和检查。应使用可靠的方式处理处置污水（包括污物），并应对消毒灭菌效果进行监测，以确保达到排放要求。应在风险评估的基础上，适当处理实验室辅助区的污水，并应监测，以确保排放到市政管网之前达到排放要求。可以在实验室内安装紫外线消毒灯或其他适用的消毒灭菌装置。应具备对实验室防护区及与其直接相通的管道进行消毒灭菌的条件。应具备对实验室设备和安全隔离装置（包括与其直接相通的管道）进行消毒灭菌的条件。应在实验室防护区内的关键部位配备便携的局部消毒灭菌装置（如消毒喷雾器等），并备有足够的适用消毒灭菌剂。

（六）电力供应系统

电力供应应满足实验室的所有用电要求，并应有冗余。生物安全柜、送排风机、照明、自控系统、监视和报警系统等应配备 UPS，备用电力供应应至少维持 30min，应在安全的位置设置专用配电箱。

（七）照明系统

实验室核心工作间的照度不应低于 350lx，其他区域的照度不应低于 200lx，宜采用吸顶式防水洁净照明灯。应避免反光和强光。应设不少于 30min 的应急照明系统。

（八）自控、监视与报警系统

进入实验室的门应有门禁系统，应保证只有获得授权的人员才能进入实验室。需要时应可立即解除实验室门的互锁；应在互锁门的附近设置紧急手动解除互锁开关。核心工作间的缓冲间的入口处应有指示核心工作间工作状态的装置（如文字显示或指示灯），必要时应同时设置限制进入核心工作间的联锁机制。启动实验室通风系统时，应先启动实验室排风、后启动实验室送风；关停时，应先关闭生物安全柜等安全隔离装置和排风支管密闭阀，再关闭实验室送风及密闭阀，后关闭实验室排风及密闭阀。当排风系统出现故障时，应有机制避免实验室出现正压和影响定向气流。当送风系统出现故障时，应有机制避免实验室内负压影响实验室人员的安全、影响生物安全柜等安全隔离装置的正常功能和围护结构的完整性。应通过对可能造成实验室压力波动的设备和装置实行联锁控制等措施，确保生物安全柜、负压排风柜（罩）等局部排风设备与实验室送排风系统之间的压力关系和必要的稳定性，并应在启动、运行和关停过程中保持有序的压力梯度。应设装置连续监测送排风系统 HEPA 过滤器的阻力，需要时及时更换 HEPA 过滤器。应在有负压控制要求的房间入口的显著位置安装显示房间负压状况的压力显示装置和控制区间提示。中央控制系统应能实时监控、记录和存储实验室防护区内有控制要求的参数、关键设施设备的运行状态；应能监控、记录和存储故障的现象、发生时间和持续时间；应能随时查看历史记录。中央控制系统的信号采集间隔时间不应超过 1min，各参数应易于识别。中央控制系统应能对所有故障和控制指标进行报警，报警应区分一般报警和紧急报警。紧急报警应为声光同时报警，应能向实验室内外人员同时发出紧急警报；应在实验室核心工作间内设置紧急报警按钮。应在实验室的关键部位设置监视器，需要时可实时监视并录制实验室活动情况和实验室周围情况。监视设备应有足够的分辨率，影像存储介质应有足够的数据存储容量。

（九）实验室通信系统

实验室防护区内应设置向外部传输资料和数据的传真机或其他电子设备。监控室和实验室内应安装语音通信系统。如果安装对讲系统，宜采用向内通话受控、向外通话非受控的选择性通话方式。通信系统的复杂性应与实验室的规模和复杂程度相适应。

（十）参数要求

实验室的围护结构应能承受送排风机异常时导致的空气压力载荷。适用于操作危害等级Ⅰ级的微生物实验室核心工作间的气压（负压）与室外大气压的压差不应小于 30Pa，与相邻区域的压差（负压）不应小于 10Pa；适用于操作危害等级Ⅱ级的微生物实验室核心工作间的气压（负压）与室外大气压的压差不应小于 40Pa，与相邻区域的压差（负压）不应小于 15Pa。实验室防护区各房间的最小换气次数不应小于 12 次 / 时，实验室温度宜控制在 18 ～ 26℃。正常情况下，实验室的相对湿度宜控制在 30% ～ 70%；消毒状态下，实验室的相对湿度应能满足消毒灭菌的技术要求。在安全柜开启情况下，核心工作间的噪声不应大于 68dB（A），实验室防护区的静态洁净度不应低于 8 级水平。

四、（A）BSL-4 实验室

（A）BSL-4 实验室适用于操作能够引起人类或者动物非常严重疾病的微生物，以及我国尚未发现或者已经宣布消灭的微生物。（A）BSL-4 实验室的操作、安全设备和实验设施的设计与建设适用于进行非常危险的外源性生物因子或未知的高度危险的致病因子的操作，操作对象通常是一类病原微生物或那些未知的且与一类病原微生物具有相似特点的微生物。（A）BSL-4 的危险主要包括病原微生物通过黏膜或破损皮肤进入人体，或通过呼吸道吸入感染性气溶胶。实验室人员通过Ⅲ级生物安全柜或Ⅲ级生物安全柜加正压服与感染性气溶胶完全隔离，并且（A）BSL-4 实验室有复杂的特殊通风装置和废弃物处理系统。（A）BSL-4 实验室的设施和设备除要达到（A）BSL-3 实验室的要求外，还要满足以下要求。

（1）实验室应建造在独立的建筑物内或建筑物中独立的隔离区域内。

（2）应有严格限制进入实验室的门禁措施，应记录进入人员的个人资料、进出时间、授权活动区域等信息。

（3）与实验室运行相关的关键区域也应有严格和可靠的安保措施，防止非授权进入。

（4）实验室的辅助工作区应至少包括监控室和清洁衣物更换间。

（5）适用于《实验室 生物安全通用要求》（GB 19489—2008）4.4.2 条规定的实验室，防护区应至少包括防护走廊、内防护服更换间、淋浴间、外防护服更换间和核心工作间，外防护服更换间应为气锁。适用于《实验室 生物安全通用要求》（GB 19489—2008）4.4.4 条规定的实验室，防护区应包括防护走廊、内防护服更换间、淋浴间、外防护服更换间、化学淋浴间和核心工作间，化学淋浴间应为气锁，具备对专用防护服或传递物品的表面进行清洁和消毒灭菌的条件，具备使用生命支持供气系统的条件。

（6）实验室防护区的围护结构应尽量远离建筑外墙，实验室的核心工作间应尽可能设置在防护区的中部。应在实验室的核心工作间内配备生物安全型高压灭菌器；如果配备双扉高压灭菌器，其主体所在房间的室内气压应为负压，并应设在实验室防护区内易更换和维护的位置。

（7）如果安装传递窗，其结构承压力及密闭性能应符合所在区域的要求；需要时，应配备符合气锁要求并具备消毒灭菌条件的传递窗。实验室防护区围护结构的气密性能应达到以下标准：在关闭受检测房间所有通路并维持房间内的温度在设计范围上限的条件下，当房间内的空气压力上升到 500Pa 后，20min 内自然衰减的气压小于 250Pa。

（8）利用具有生命支持系统的正压服操作常规量经空气传播致病微生物因子的实验室应同时配备紧急支援气罐，紧急支援气罐的供气时间不应少于每人 60min。生命支持供气系统应由自动启动的UPS供电，供电时间不应少于60min。供呼吸使用的气体的压力、流量、含氧量、温度、湿度、有害物质含量等应符合职业安全的要求。生命支持系统应具备必要的报警装置。实验室防护区内所有区域的室内气压应为负压，实验室核心工作间的气压（负压）与室外大气压的压差不应小于 60Pa，与相邻区域的压差（负压）不应小于 25Pa，适用于《实验室 生物安全通用要求》（GB 19489—2008）4.4.2 条规定的实验室，应在Ⅲ级生物安全柜或相应的安全隔离装置内操作致病性生物因子；同时配备与安全隔离装置配套的物品传递设备及生物安全型高压蒸汽灭菌器。

（9）实验室的排风应经过两级 HEPA 过滤器处理后排放，应能在原位对送风 HEPA 过滤器进行消毒灭菌和检漏。实验室防护区内所有需要运出实验室的物品或其包装的表面应经过消毒灭菌。化学淋浴消毒灭菌装置应在无电力供应的情况下仍可以使用，消毒灭菌剂贮存器的容量应满足所有情况下对消毒灭菌剂使用量的需求。

第十六章　病原微生物实验室设施

第一节　病原微生物实验室分级和设计要求

一、生物安全实验室分级

根据实验室设计特点、建筑结构和屏障设施等可将生物安全实验室分为四个安全防护等级，即生物安全防护水平一级至四级［（A）BSL-1 至（A）BSL-4 实验室］，一级实验室防护水平和隔离要求最低，四级实验室防护水平和隔离要求最高。一级和二级实验室属于基础生物安全实验室，三级和四级实验室为高等级生物安全实验室。

1.（A）BSL-1 实验室　主要操作对人体、动植物或环境危害较低，不具有对健康成人、动植物致病的因子。其中需要防范生物危害性的措施是微乎其微的，手套和一些面部防护就可以满足防护要求，因此这一级别的实验室大多需要注意设计平面布局的合理性。

2.（A）BSL-2 实验室　主要操作对人体、动植物或环境具有中等危害或具有潜在危险的致病因子，对健康成人、动物和环境不会造成严重危害，同时有有效的预防和治疗措施。实验室具有限制出入的管理措施；实验操作必须在生物安全柜等一级屏障内完成；实验产生的废弃物需进行高压处理后按医疗垃圾处理。

3.（A）BSL-3 实验室　主要操作对人体、动植物或环境具有高度危险性，主要通过气溶胶使人感染严重的甚至是致命疾病，或对动植物和环境具有高度危害的致病因子，通常有预防治疗措施。该级别适用于临床、诊断、教学、科研或生产药物设施。该类实验室工作人员需穿戴适当的个体防护装备，在具有通风设施的屏障环境下进行实验活动，所使用设备需进行风险评估。该类实验室具有特殊的工程和设计特点。

4.（A）BSL-4 实验室　主要操作对人体、动植物或环境具有高度危险性，通过气溶胶途径传播或传播途径不明，或未知的、危险的致病因子，没有预防治疗措施。该类实验室为防护水平最高的实验室，一般分为生物安全柜型和正压防护服型两种实验室。其中，生物安全柜型实验室需使用Ⅲ级生物安全柜进行实验操作，正压防护服型实验室内工作人员需配备带有生命支持系统的正压防护服进行实验操作。

二、实验室设计要求

实验室生物安全防护的基本要求如下。首先，实验室在建设前就要委托具有生物安全实验室设计经验的设计单位进行科学合理的设计，并组织专业人员对设计方案安全性、科学性、实用性、选址布局的合理性及可行性等进行论证；其次，实验室的建设应由具有生物安全实验室建设经验的单位承建；再次，在建设过程中应对施工质量及用材等进行监督与质量控制；最后，应对建成的实验室进行工程质量验收。生物安全实验室在平面布局上可通过物理隔离措施，将实验防护区和其他辅助区域进行分区隔离。可通过合理的气流组织方式，使实验室形成定向气流（负压梯度），即空气气流由低风险区向高风险区流动，达到抑制感染性因子外泄的目的。

第二节　病原微生物实验室设施要求

一、（A）BSL-1 实验室设施要求

（A）BSL-1 实验室所在建筑物的选址及与其他建筑物的距离均没有特殊要求，但在建筑设施方面有以下要求和规定。

（1）实验室的门要求有可视窗并可锁闭，门锁及门的开启方向不应妨碍室内人员逃生。

（2）应设置洗手装置，水龙头开关宜为非手动式，建议设置在靠近实验室的出口处。

（3）在实验室入口处应有存放和挂工作服的场所与装置，应将个人服装和实验室工作服分开放置。

（4）实验室的墙面、顶棚和地面应易清洁、不渗水、耐化学品和消毒灭菌剂的腐蚀，地面应平整、防滑，不应铺设地毯。

（5）实验室应有足够的空间和台柜等摆放实验室设备与实验用品。

（6）实验室台柜等及其摆放应便于清洁，实验台面应防水、耐腐蚀、耐热和坚固。

（7）实验室台柜和座椅等应稳固，边角应圆滑，防止对人体产生伤害。

（8）应根据工作性质和流程要求合理摆放实验室设备、台柜、物品等，避免相互干扰、交叉污染，并不应妨碍逃生和急救。如生物安全柜应尽量避免摆放在实验室入口处、空调送风口下方及人员活动频繁的位置。

（9）实验室可以利用自然通风。如果采用机械通风，应避免交叉污染。

（10）采用自然通风的实验室，如有可开启的窗户，则应安装防蚊虫的纱窗，以防止蚊虫进入实验室。

（11）实验室内应避免不必要的反光、强光和阳光直射，以免对实验人员操作产生影响。

（12）若需要操作有刺激性或腐蚀性的物质，应在 30m 内设洗眼装置；如果需要应设紧急喷淋装置。

（13）若需要操作有毒、刺激性、放射性等挥发物质，应在风险评估的基础上，配备适当的通风及安全防护设备。

（14）若使用高毒性、放射性等物质，应配备相应的安全设施、设备和个体防护装备，同时应符合国家、地方的相关规定和要求。

（15）若使用高压气体和可燃气体，应采取相应的安全措施，并符合国家、地方的相关规定和要求。

（16）实验室应设应急照明装置，同时考虑合适的安装位置，以保证发生断电时人员能安全离开实验室。

（17）应有足够和稳定的电力供应，并确保用电安全。

（18）应有足够的固定电源插座，避免多台设备使用共同的电源插座。应有可靠的接地系统，应在关键节点安装漏电保护装置或监测报警装置。

（19）供水和排水管道系统不应渗漏，下水应有防回流设计，并按照规定安全排放。

（20）实验室应配备适用的应急器材，如消防器材、意外事故处理器材、急救器材等。

（21）配备适用的通信设备和网络端口，以满足实验室内、外的联络和实验数据的安全传输。

（22）必要时，实验室应配备适当的消毒、灭菌设备。

二、（A）BSL-2 实验室设施要求

（A）BSL-2 实验室通常分为常压型和负压型两种类型。常压型实验室可自然通风；负压型实验室通过机械通风系统等措施，使实验室内部气流得到控制，从而达到实验室生物安全防护要求。

（A）BSL-2 实验宜实施一级屏障和二级屏障，二级屏障的主要技术指标应符合《生物安全实验室建筑技术规范》（GB 50346—2011）中表 3.3.2 的规定。另外，除了需要满足上述（A）BSL-1 实验室的基本要求（如果适用时）外，（A）BSL-2 实验室同时还应符合以下要求。

（1）（A）BSL-2 实验室应包含缓冲间和核心工作间，缓冲间可兼作防护服更换间，必要时可设置准备间和洗消间等。实验室应设洗手池，水龙头开关应为非手动式，宜设置在靠近出口处。

（2）实验室主入口的门、放置生物安全柜实验间的门应可自动关闭，实验室主入口的门应有进入控制措施（门禁系统）。加强型（A）BSL-2 实验室缓冲间的门宜能互锁。如果使用互锁门，应在互锁门的附近设置紧急手动互锁解除开关。

（3）实验室工作区域外应有存放备用物品的条件。

（4）应在实验室工作区（操作间）设置洗眼装置。

（5）应在实验室或其所在的建筑内配备高压蒸汽灭菌器或其他需要的消毒灭菌设备，所配备的消毒灭菌设备应以风险评估为依据。加强型（A）BSL-2 实验室应配置压力蒸汽灭菌器，以及其他适用的消毒设备。

（6）应在操作病原微生物样本的实验间内配备生物安全柜，并摆放在合适的位置。

（7）应按产品的设计要求安装和使用生物安全柜。如果生物安全柜的排风在室内循环，室内应具备通风换气的条件；如果使用需要管道排风的生物安全柜，应通过独立于建筑物其他公共通风系统的管道排出，其排风口位置不得对周边人群和环境产生影响。

（8）应通过自动控制措施保证实验室压力及压力梯度的稳定性，并可对异常情况

报警。

（9）实验室应有措施防止产生对人员有害的异常压力，围护结构应能承受送排风机异常时导致的空气压力载荷。

（10）应有可靠的电力供应。必要时重要设备（如培养箱、生物安全柜、冰箱等）应配置备用电源或 UPS。

三、（A）BSL-3 实验室设施要求

（A）BSL-3 实验室适用于操作能够引起人类或者动物严重疾病，比较容易直接或者间接在人与人、动物与人、动物与动物间传播的微生物。（A）BSL-3 实验室除了应满足（A）BSL-2 实验室设计要求，还要满足以下要求。

1. 实验室建筑位置要求　可与其他实验室共用建筑物，但应自成一区，宜设在建筑物一端或一侧。

2. 满足排风间距要求　（A）BSL-3 实验室防护区室外排风口与周围建筑的水平距离不应小于 20m。

3. 实验室建筑平面布局要求

（1）实验室应在建筑物中自成隔离区或为独立建筑物，并应有出入控制。

（2）实验室应明确区分辅助工作区和防护区。防护区中直接从事高风险操作的工作间为核心工作间，人员应通过缓冲间进入核心工作间。

（3）对于操作通常认为非经空气传播致病性生物因子的实验室，实验室辅助工作区应至少包括监控室和清洁衣物更换间；防护区应至少包括缓冲间及核心工作间。

（4）对于可有效利用安全隔离装置（如生物安全柜）操作常规量经空气传播致病性生物因子的实验室，实验室辅助工作区应至少包括监控室、清洁衣物更换间和淋浴间；防护区应至少包括防护服更换间、缓冲间和核心工作间。实验室核心工作间不宜直接与其他公共区域相邻。

（5）应充分考虑生物安全柜、双扉压力蒸汽灭菌器等大设备进出实验室的需要，实验室应设有尺寸足够的设备门或搬运孔洞。

（6）可根据需要安装传递窗。如果安装传递窗，其结构承压力及密闭性能应符合所在区域的要求，以保证围护结构的完整性；传递窗两门应互锁，并应具备对传递窗内物品表面进行消毒的条件。当传递不能灭活的样本出防护区时，应采用具有熏蒸消毒功能的传递窗或药液传递箱。

（7）实验室防护区的围护结构宜远离实验室外墙，主实验室宜设置在防护区的中部。

（8）实验室应在防护区内设置生物安全型双扉压力蒸汽灭菌器，主体一侧应有维护空间。

（9）围护结构（包括墙体）应符合国家对该类建筑的抗震要求和防火要求。

（10）顶棚、地面、墙面间的交角应易清洁和消毒灭菌。

（11）实验室防护区内围护结构的所有缝隙和贯穿处的接缝都应可靠密封。

（12）实验室防护区内围护结构的内表面应光滑、耐腐蚀、防水，以易于清洁和消

毒灭菌。

（13）实验室防护区内的地面应防渗漏、完整、光洁、防滑、耐腐蚀、不起尘。

（14）实验室内所有的门应可自动关闭，需要时应设观察窗；门的开启方向不应妨碍逃生。

（15）实验室内所有窗户应为密闭窗，玻璃应耐撞击、防破碎。

（16）实验室及设备间的高度应满足设备的安装要求，实验室的室内净高不宜低于2.6m，设备层净高不宜低于2.2m，以便于维修和清洁。

（17）在通风空调系统正常运行状态下，采用烟雾测试等目视方法检查实验室防护区内围护结构的严密性时，所有缝隙应无可见泄漏。

（18）实验室防护区的顶棚上不得设置检修口等。

（19）实验室人流路线的设置，应符合污染控制和物理隔离的原则。

（20）实验室的防护区应设置安全通道和紧急出口，并应有明显的标志。

4. 实验室结构设计要求

（1）生物安全实验室的结构设计应符合国家标准《建筑结构可靠性设计统一标准》（GB 50068—2018）的有关规定。（A）BSL-3实验室的结构安全等级不宜低于一级。生物安全实验室的抗震设计应符合国家标准《建筑抗震设防分类标准》（GB 50223—2018）的有关规定。（A）BSL-3实验室宜按甲类建筑设防。

（2）生物安全实验室的地基基础设计应符合国家标准《建筑地基基础设计规范》（GB 50007—2011）的有关规定。（A）BSL-3实验室的地基基础宜按甲级设计。

（3）（A）BSL-3实验室的主体不宜采用装配式结构。

（4）（A）BSL-3实验室的吊顶作为技术维修夹层时，对于吊顶内特别重要的设备宜设单独的维修通道。

5. 实验室参数要求

（1）实验室的围护结构应能承受送排风机异常时导致的空气压力载荷。

（2）对于操作通常认为非经空气传播致病性生物因子的实验室，核心工作间的气压（负压）与室外大气压的差值不应小于30Pa，与相邻区域的压差（负压）不应小于10Pa；对于可有效利用安全隔离装置（如生物安全柜）操作常规量经空气传播致病性生物因子的实验室，核心工作间的气压（负压）与室外大气压的差值不应小于40Pa，与相邻区域的压差负压不应小于15Pa。

（3）实验室防护区各房间的最小换气次数每小时不应少于12次。

（4）实验室的温度宜控制在18～26℃。

（5）正常情况下，实验室的相对湿度宜控制在30%～70%；消毒状态下，实验室的相对湿度应能满足消毒灭菌的技术要求。

（6）在安全柜开启情况下，核心工作间的噪声不应大于68dB（A）。

（7）实验室防护区的静态洁净度不应低于8级水平。

6. 空调通风系统要求

（1）一般要求

1）实验室应采用全新风系统。

2）应在实验室防护区送排风管道的关键节点安装生物型密闭阀。

3）实验室防护区内不应安装风机盘管机组或房间空调器。

4）实验室防护区排风 HEPA 过滤器应能进行原位消毒和检漏。

5）空调机房宜邻近实验室。

6）送排风风机应选用风压变化较大时风量变化较小的类型。

7）应安装独立的实验室送排风系统，确保在实验室运行时气流由低风险区向高风险区流动，同时确保实验室空气通过 HEPA 过滤器过滤后排出室外。

8）实验室空调系统的设计应充分考虑生物安全柜、离心机、二氧化碳培养箱、摇床、冰箱、压力蒸汽灭菌器、真空泵等设备的冷、热、湿负荷。

9）实验室防护区房间内送排风口的布置应符合定向气流的原则，以利于减少房间内的涡流和气流死角；送排风不应影响其他设备的正常功能，在生物安全柜操作面或其他有气溶胶发生地点的上方不得设送风口。

10）排风 HEPA 过滤器宜设置在室内排风口或紧邻排风口处，应有足够空间对 HEPA 过滤器进行原位消毒和检漏，不应有障碍。

11）应按产品的设计要求和使用说明安装生物安全柜及其排风管道系统。

12）实验室应有能够调节送排风以维持室内压力和压差稳定的措施。

（2）送风系统

1）空气净化系统至少应设置粗、中、高三级空气过滤，并应符合下列规定：第一级是粗效过滤器，全新风系统的粗效过滤器可设在空调箱内；第二级是中效过滤器，宜设置在空气处理机组的正压段；第三级是 HEPA 过滤器，应设置在系统的末端或紧靠末端，不应设在空调箱内。

2）全新风系统宜在表冷器前设置一道保护用的中效过滤器。

3）送风系统新风口的设置应符合下列规定：①新风口应采取有效的防雨措施。新风口处应安装防鼠、防昆虫、阻挡线毛等的保护网，且应易于拆装。②新风口应高于室外地面 2.5m 以上，并应远离污染源。

4）实验室宜设置备用送风机。

（3）排风系统

1）实验室防护区室外排风口应设置在主导风的下风向（相对于送风口），与送风口的直线距离应大于 12m，并于所在建筑的屋面 2m 以上，应有防风、防雨、防鼠、防虫设计，但不应影响气向上空排放。HEPA 过滤器的安装位置应尽可能靠近实验室内的送排风口端。

2）应可以在原位对排风 HEPA 过滤器进行消毒和检漏。

3）如在实验室防护区外使用 HEPA 过滤器单元，其结构应牢固，应能承受 2.5kPa 的压力：HEPA 过滤器单元的整体密封性能应达到在关闭所有通路并维持腔室内温度稳定的条件下，当空气压力维持在 1kPa 时，腔室内每分钟泄漏的空气量不应超过腔室净容的 0.1%。

4）实验室的排风管道应采用耐腐蚀、耐老化、不吸水的材料制作，宜使用不锈钢管道。生物型密闭阀与实验室防护区相通的送排风管道应牢固、气密、易消毒，管道的密封性能应达到在关闭所有通路并维持管道内温度稳定的条件下，当空气压力维持在 500Pa 时，管道内每分钟泄漏的空气量不应超过管道内净容积的 0.2%。应尽可能减少排风机后排风管道正压段的长度，该段管道不应穿过其他房间。

5）防护区空调系统应有备用排风机，备用排风机应能自动切换，切换过程中应保持有序的压力梯度和定向流。应尽可能减少排风机后排风管道正压段的长度，该段管道不应穿过其他房间。

6）排风必须与送风联锁，排风先于送风开启、后于送风关闭。核心工作间必须设置室内排风口，不得只利用生物安全柜或其他负压隔离装置作为房间排风口。

7）对于可有效利用安全隔离装置（如生物安全柜）操作常规量经空气传播致病性生物因子的实验室中可能产生污染物外泄的设备，必须设置带 HEPA 过滤器的局部负压排风装置，负压排风装置应具有原位检漏功能。

8）风机应设平衡基座，并应采取有效的减振降噪措施。

（4）空调净化系统的部件与材料

1）送排风 HEPA 过滤器均不得使用木制框架。实验室防护区的 HEPA 过滤器应耐消毒气体的侵蚀，防护区内淋浴间、化学淋浴间的 HEPA 过滤器应防潮。

2）要消毒的通风管道应采用耐腐蚀、耐老化、不吸水、易消毒灭菌的材料制作，并应在整体焊接排风机外侧的排风管上室外排风口处安装保护网和防雨罩。

3）空调设备的选用应满足下列要求：①不应采用淋水式空气处理机组。当采用表面冷却器时，通过盘管所在截面的气流速度不宜大于 2.0m/s。②各级空气过滤器前后应安装压差计，测量接管应通畅，安装严密。③宜选用干蒸汽加湿器，加湿设备与其后的过滤段之间应有足够的距离。④在空调机组内保持 1kPa 的静压值时，箱体漏风率不应大于 2%。⑤消声器或消声部件的材料应耐腐蚀、不产尘和不易附着灰尘。⑥送排风系统中的中效、HEPA 过滤器不应重复使用。

7. 给排水、供气和污水系统要求

（1）给水和供气系统

1）应在实验室防护区靠近实验间出口处设置非手动洗手设施；如果实验室不具备供水条件，应设非手动手消毒装置。

2）应在实验室的给水与市政给水系统之间设防回流装置或其他有效防止倒流污染的装置，且这些装置应设置在防护区外，宜设置在防护区围护结构的边界处。

3）进出实验室的液体和气体管道系统应牢固、不渗漏、防锈、耐压、耐温（冷或热）、耐腐蚀。

4）应有足够的空间清洁、维护和维修实验室内暴露的管道，应在关键节点安装截止阀、防回流装置或 HEPA 过滤器等。

5）如果有供气（液）罐等，应放在实验室防护区外易更换和维护的位置，安装牢固，不应将不相容的气体或液体放在一起。

6）如果有真空装置，应有防止真空装置内部被污染的措施；不应将真空装置安装在实验场所之外。

（2）污水处理系统

1）地面液体收集系统应有防止液体回流的装置。

2）进出实验室的液体和气体管道系统应牢固、不渗漏、防锈、耐压、耐温（冷或热）耐腐蚀。排水管道宜明设，并应有足够的空间清洁、维护和维修实验室内暴露的管道。为减少意外情况下的污染范围，利于设备的检修和维护，应在关键节点安装截止阀。

3）实验室防护区内如果有下水系统，应与建筑物的下水系统完全隔离；下水应直接通向本实验室专用的消毒、灭菌系统。

4）所有下水管道应有足够的倾斜度和排量，确保管道内不存水；管道的关键节点应按需要安装防回流装置、存水弯（深度应适用于空气压差的变化）或密闭阀门等；下水系统应符合相应的耐压、耐热、耐化学腐蚀的要求，安装牢固，无泄漏，便于维护、清洁和检查。

5）实验室排水系统应单独设置通气管，通气管应设 HEPA 过滤器或其他可靠的消毒装置，同时应保证通气口四周通风良好。

6）实验室应以风险评估为依据，确定防护区污水（包括污物）的消毒方法：应对消毒效果进行监测，确保消毒的效果。

7）应在风险评估的基础上，适当处理实验室辅助区的污水。

8）应具备对实验室防护区、设施设备进行消毒的条件。

8. 电气和自控系统要求

（1）电力供应系统

1）应按一级负荷供电，满足实验室的所有用电需求，并应有冗余。当未达到一级负荷用电时，应配备独立供电电源，且特别重要负荷应设置应急电源；应急电源采用 UPS 时，UPS 的供电时间不应小于 30min：应急电源采用 UPS 加自备发电机时，UPS 应能确保自备发电机启动前的电力供应。

2）生物安全柜、送排风机、照明系统、自控系统、监视和报警系统等应配备 UPS，电力供应至少维持 30min。

3）应在安全的位置设置专用配电箱，其放置位置应考虑人员误操作的风险、恶意破坏的风险、受潮湿及水灾侵害等风险。

4）应设置足够数量的固定电源插座，重要设备应采用单独回路配电，且应设置漏电保护装置。

5）实验室配电管线应采用金属管敷设，穿过墙和楼板的电线管应加套管或采用专用电缆穿墙装置，套管内用不收缩、不燃材料密封。

（2）照明系统

1）实验室核心工作间的照度不应低于 350lx，其他区域的照度不应低于 200lx，宜采用吸顶式密闭防水洁净照明灯，并宜具有防水功能。

2）应避免反光和强光。

3）应设不少于 60min 的应急照明系统及发光应急疏散指示标识。

4）实验室的入口和核心工作间的缓冲间入口处应设置核心工作间工作状态的显示装置。

（3）自控、监视与报警系统

1）实验室自控系统应由计算机中央控制系统、通信控制器和现场执行控制器组成。应具备自动控制和手动控制的功能，应急手动应有优先控制权，且应具备硬件联锁功能。

2）实验室自控系统应保证实验室防护区内定向气流的正确及压力梯度的稳定。

3）实验室通风系统联锁控制程序应先启动排风、后启动送风；关闭时，应先关闭送风及密闭阀、后关闭排风及密闭阀。

4）通风系统应与Ⅱ级 B2 型生物安全柜、排风柜（罩）等局部排风设备联锁控制，确保实验室稳定运行，并在实验室通风系统开启和关闭过程中保持有序的压力梯度。

5）当排风系统出现故障时，应有机制避免实验室出现正压和影响定向气流。

6）当送风系统出现故障时，应有效控制实验室负压在可接受范围内，避免影响实验室人员安全、生物安全柜等安全隔离装置的正常运行和围护结构的安全。

7）应设装置连续监测送排风系统 HEPA 过滤器的阻力。

8）应在有压力控制要求的房间入口的显著位置，安装显示房间压力的显示装置。

9）中央控制系统应能实时监控、记录和存储实验室防护区内压力、压力梯度、温度、湿度等有控制要求的参数，以及送排风机等关键设施设备的运行状态、电力供应的当前状态等。应设置历史记录档案系统，以便随时查看历史记录，历史记录数据宜以趋势曲线结合文本的方式记录。

10）中央控制系统的信号采集间隔时间不应超过 1min，各参数应易于区分和识别。

11）实验室自控系统报警应分为一般报警和紧急报警。一般报警指暂时不影响安全，实验活动可持续进行的报警，如过滤器阻力的增大、风机正常切换、温湿度偏离正常值等；紧急报警指对安全有影响，需要终止实验活动的报警，如实验室出现正压、压力梯度持续丧失、风机切换失败、停电、火灾等。一般报警应为显示报警，紧急报警应为声光报警和显示报警，应能向实验室内外人员同时发出紧急警报；应在核心工作间内设置紧急报警按钮，以便需要时实验人员向监控室发出紧急报警。

12）核心工作间的缓冲间入口处应有指示核心工作间工作状态的装置，必要时应设置限制进入核心工作间的联锁机制。

13）实验室应设视频监控，在关键部位设置摄像机，可实时监视并录制实验室活动情况和实验室周围情况。监视设备应有足够的分辨率和影像存储容量。

14）自控系统应预留接口。

15）实验室空调净化系统启动和停机过程应采取措施防止实验室内负压值超出围护结构和有关设备的安全范围。

16）实验室防护区应设置送排风系统正常运转的标志，当排风系统运转不正常时应能报警。备用排风机组应能自动投入运行，同时应发出报警信号。

17）空调机组设置电加热装置时应设置送风机有风检测装置，并在电加热段设置监测温度的传感器，有风信号及温度信号应与电加热联锁。

18）空调通风系统未运行时，防护区送排风管上的密闭阀应处于常闭状态。

（4）实验室通信系统

1）实验室防护区内应设置向外部传输资料和数据的传真机或其他电子设备。

2）监控室和实验室内应安装语音通信系统。如果安装对讲系统，宜采用向内通话受控、向外通话非受控的选择性通话方式。

（5）实验室门禁管理系统

1）实验室应有门禁管理系统，应保证只有获得授权的人员才能进入实验室。

2）实验室应设互锁门系统，保障人员进出时实验室处于正常的运行状态，应在互锁门的附近设置紧急手动解除互锁开关，需要时可立即解除门的互锁。

3）当出现紧急情况时，所有设置互锁功能的门必须处于可开启状态。

（6）消防

1）实验室的耐火等级不应低于二级。

2）实验室的所有疏散出口都应有消防疏散指示标识和消防应急照明措施。

3）实验室吊顶材料的燃烧性能和耐火极限不应低于所在区域隔墙的要求。实验室与其他部位隔开的防火门应为甲级防火门。

4）生物安全实验室应设置火灾自动报警装置和合适的灭火器材。

5）实验室防护区不应设置自动喷水灭火系统和机械排烟系统，但应根据需要采取其他灭火措施。

6）独立于其他建筑实验室的送排风系统可不设置防火阀。

7）实验室的防火设计应以保证人员尽快安全疏散、防止病原微生物扩散为原则，火灾必须能从实验室的外部进行控制，使之不会蔓延。

9. 安全设备配置要求

1）应在实验室防护区内设置符合生物安全要求的压力蒸汽灭菌器。宜安装专用的双扉压力蒸汽灭菌器，其主体应安装在易维护的位置，与围护结构的连接处应可靠密封。

2）实验室防护区内不能用压力蒸汽灭菌的物品应有其他消毒、灭菌措施。

3）压力蒸汽灭菌器的安装位置不应影响生物安全柜等安全隔离装置的气流。

4）可根据需要安装传递窗。如果安装传递窗，其结构承压力及密闭性能应符合所在区域的要求，以保证围护结构的完整性，并应具备对传递窗内物品表面进行消毒的条件，措施通常包括消毒剂擦拭、气体消毒等。

5）可根据需要设置传递物品的渡槽。如果设置传递物品的渡槽，应使用强度符合要求的耐腐蚀性材料，并应方便更换消毒液；渡槽与围护结构的连接处应可靠密封。

6）应在实验室防护区可能发生生物污染的区域（如生物安全柜、离心机附近等）配备便携的局部消毒装置，如消毒喷雾器等，同时应备有足够的适用消毒剂。

7）当发生意外时，应进行局部消毒处理，以有效降低事故的危害程度。

四、（A）BSL-4 实验室的设施要求

（A）BSL-4 实验室为最高防护水平的实验室，适用于操作通常能引起人或动物的严重疾病，并且很容易发生个体之间的直接或间接传播，对感染一般没有有效的预防和治疗措施的高致病性生物因子。

根据（A）BSL-4 实验室使用防护装备的不同，（A）BSL-4 实验室分为安全柜型实验室和正压服型实验室。在安全柜型实验室中，所有微生物的操作均在Ⅲ级生物安全柜中进行。在正压服型实验室中，工作人员必须穿着配有生命支持系统的正压防护服。

（一）实验室建筑位置要求

（A）BSL-4 实验室宜远离市区。主实验室所在建筑物离相邻建筑物或构筑物的距离不应小于相邻建筑物或构筑物高度的 1.5 倍。

（二）建筑平面布局要求

（A）BSL-4 实验室应为独立建筑物，或与其他级别的生物安全实验室共用建筑物，但应在建筑物中独立的隔离区域内。

（三）实验室结构设计要求

（1）（A）BSL-4 实验室的结构设计应符合国家标准《建筑结构可靠性设计统一标准》（GB 50068—2018）的有关规定，其结构安全等级不应低于一级。

（2）（A）BSL-4 实验室的抗震设计应符合国家标准《建筑抗震设防分类标准》（GB 50223—2018）的有关规定。（A）BSL-4 实验室抗震设防类别应按甲类建筑设计。

（3）生物安全实验室的地基基础设计应符合国家标准《建筑地基基础设计规范》（GB 50007—2011）的有关规定。（A）BSL-4 实验室地基基础应按甲级设计。

（4）（A）BSL-4 实验室的主体不应采用装配式结构。

（四）设施和设备要求

1. 基本要求

（1）实验室应建造在独立的建筑物内或建筑物中独立的隔离区域内。应有严格限制进入实验室的门禁措施，应记录进入人员的个人资料、进出时间、授权活动区域等信息；与实验室运行相关的关键区域也应有严格和可靠的安保措施，防止非授权进入。

（2）（A）BSL-4 实验室防护区应至少包括主实验室、缓冲间、外防护服更换间等，外防护服更换间应为气锁，辅助工作区应包括监控室、清洁衣物更换间等；设有生命支持系统的（A）BSL-4 实验室的防护区应包括主实验室、化学淋浴间、外防护服更换间等，化学淋浴间应为气锁，可兼作缓冲间。

（3）实验室防护区的围护结构应尽量远离建筑外墙；实验室的核心工作间应尽可能设置在防护区的中部。

（4）应在实验室的核心工作间内配备生物安全型压力蒸汽灭菌器，如果配备双扉压力蒸汽灭菌器，其主体所在房间的室内气压应为负压，并应设在实验室防护区内易更换和维护的位置。

（5）可根据需要安装传递窗。如果安装传递窗，其结构承压力及密闭性能应符合所在区域的要求；需要时，应配备符合气锁要求并具备消毒条件的传递窗。

（6）实验室防护区围护结构的气密性能应达到以下标准：在关闭受检测房间所有通路

并保持房间内温度稳定的条件下，当房间内的空气压力上升到500Pa后，20min内自然衰减的气压小于250Pa。

（7）实验室防护区内所有区域的室内气压应为负压，实验室核心工作间的气压（负压）与室外大气压的差值不应小于60Pa，与相邻区域的压差（负压）不应小于25Pa。

（8）实验室必须配备带有内外更衣间的个人淋浴室。

（9）对于不能从更衣室携带进出安全柜型实验室的材料、物品，应通过双门结构的高压灭菌器或熏蒸室送入。只有在外门安全锁关闭后，实验室内的工作人员才可以打开内门取出物品。

（10）高压灭菌器或熏蒸室的门采用互锁结构，除非高压灭菌器运行了一个灭菌循环，或已清除熏蒸室的污染，否则外门不能打开。

（11）实验室应设置备用送风机。

（12）实验室双扉高压灭菌器的排水应接入防护区废水排放系统。

（13）实验室必须按一级负荷供电，特别重要负荷应同时设置UPS和自备发电机作为应急电源，UPS应能确保自备发电机启动前的电力供应。

（14）实验室的耐火等级应为一级，（A）BSL-4实验室应为独立防火分区。（A）BSL-3和（A）BSL-4生物安全实验室共用一个防火分区时，其耐火等级应为一级。

（15）实验室的排风应经过两级HEPA过滤器处理后排放。

（16）应能在原位对送排风HEPA过滤器进行消毒和检漏。

（17）实验室应设置备用送风机。

（18）实验室防护区内所有需要运出实验室的物品及其包装的表面应经过可靠灭菌，符合安全要求。

2.（A）BSL-4实验室–生物安全柜型实验室特殊要求

（1）在该类实验室结构中，由密封连接的Ⅲ级生物安全柜来提供基本防护。

（2）在进入有Ⅲ级生物安全柜的房间（安全柜房间）前，要先通过至少有两道门的通道。

（3）通入Ⅲ级生物安全柜的气体可以来自室内，并经过安装在生物安全柜上的HEPA过滤器，或者由供风系统直接提供。

（4）从Ⅲ级生物安全柜内排出的气体在排到室外前需经两级HEPA过滤器过滤。工作中，安全柜内相对于周围环境应始终保持负压。

（5）应为安全柜型实验室安装专用的直排式通风系统。

3.（A）BSL-4实验室–正压防护服型实验室特殊要求

（1）正压防护服型实验室应同时配备紧急支援气罐，紧急支援气罐的供气时间每人不应少于60min。

（2）生命支持系统应有UPS，连续供电时间不应少于60min（或保证气源不少于60min）。

（3）供呼吸使用的气体的压力、流量、含氧量、温度、湿度、有害物质含量等应符合职业安全的要求。

（4）生命支持系统应具备必要的报警装置。

（5）化学淋浴消毒装置应在无电力供应的情况下仍可以使用，消毒液贮存器的容量应满足所有情况下对消毒液使用量的需求。

（6）化学淋浴系统中的化学药剂加压泵应一用一备，并应设置紧急化学淋浴设备，在紧急情况下或设备发生故障时使用。

（7）根据工作情况，进入实验室的工作人员应配备合体的正压防护服，实验室应配备正压防护服检漏器具和维修工具。

第三节 （A）BSL-3 实验室设计建造

（A）BSL-3 实验室是操作对人体、动植物或环境具有高度危害性，通过直接接触或气溶胶使人感染严重的甚至是致命疾病，或对动植物和环境具有高度危害，较容易直接或者间接在人与人、动物与人、动物与动物间传播的微生物实验室。适用时，（A）BSL-3 实验室的设计和建造均应满足（A）BSL-2 实验室的基本要求。

一、建筑与布局

根据相关规定，（A）BSL-3 实验室可与其他实验室共用建筑物，共用时应独立成区，设在建筑物的一端或一侧。现行国家标准没有对（A）BSL-3 实验室与相邻建筑物最小间距给出数值，但要求本建筑物室外排风口与相邻建筑间距不小于 20m。

独立建筑物的实验室区域内多采用“盒中盒”布局方式，防护区总是由次级围墙或采用保护方式与外部分开，以确保最高风险区域被包围在“盒子”中间，将生物安全风险降至最低。高级别生物安全实验室建筑布局方式见图 16-1。

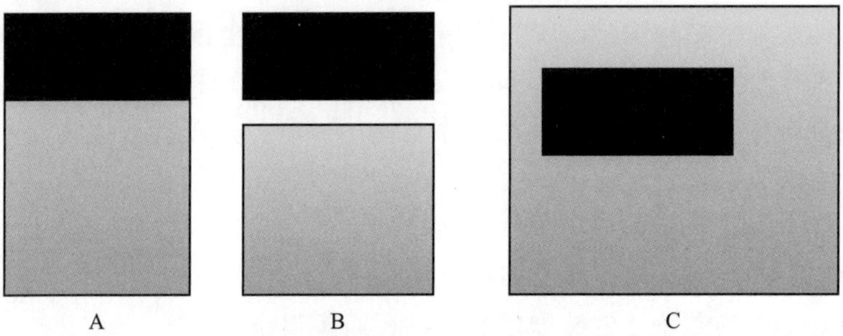

图 16-1 高级别生物安全实验室建筑布局方式

A. 共用建筑方式；B. 独立建筑方式；C. 独立生物安全实验室建筑内高风险区“盒中盒”方式。黑色区域为实验室区域

目前我国新建的适用于《实验室 生物安全通用要求》（GB 19489—2008）4.4.3 条规定及以上的 BSL-3 实验室多为独立建筑，适用于《实验室 生物安全通用要求》（GB 19489—2008）4.4.2 条规定及以下的 BSL-3 实验室多与其他建筑物共用。

实验室应明确区分辅助工作区和防护区，应在建筑物中自成隔离区或为独立建筑物，并应有出入控制。实验室为独立建筑时，不同的实验室区域宜按其生物安全风险形成递进关系，在布局上可采用“低风险”区域包围“高风险”区域的“盒中盒”方式，建筑物内总体气流应形成由外向内、由低风险区域到高风险区域的定向流，以更加有效地保证生物安全。

若（A）BSL-3 实验室与其他建筑物共用，则应自成一区、相对独立，宜设在建筑物一端或一侧，实验室区域采用隔墙等物理隔离措施，进出应有门禁系统，只有经授权的人员可以进入实验室工作区域。条件允许时，实验室区域应设于建筑物顶层，以有利于高空排放，减少对其他楼层的影响。

在设计初期应根据实验规划方案和使用需求确定防护区内核心工作间的个数、面积和等级，由于投资及防护操作的复杂程度有较大差别，不同生物安全等级的主实验室不宜设在同一单元内，可相互毗邻，通过负压走廊或传递窗进行衔接。

将高级别生物安全实验室整体区域划分为实验室区域，配套用房区域和交通核区域，其中实验室区域主要为防护区，承担实验室操作功能，其余区域均为实验室的支持区域，如监控室、清洁衣物更换间、淋浴间、洗消间等。应在实验室设计阶段就明确防护区和辅助区的范围，并考虑与实验室相邻区域的隔离措施。

适用于《实验室 生物安全通用要求》（GB 19489—2008）4.4.1 条规定的实验室，辅助工作区应至少包括监控室和清洁衣物更换间；防护区应至少包括缓冲间（可兼作脱防护服间）及核心工作间。适用于《实验室 生物安全通用要求》（GB 19489—2008）4.4.2 条规定的实验室，辅助工作区应至少包括监控室、清洁衣物更换间和淋浴间；防护区应至少包括防护服更换间、缓冲间及核心工作间，且核心工作间不宜直接与其他公共区域相邻。高级别生物安全实验室功能区域组成详见表 16-1。

表 16-1 高级别生物安全实验室功能区域组成

区域	功能	组成	备注
实验室区	实验操作	主实验室及相邻缓冲、人 / 物流通道、淋浴间、实验室走廊、高压前室、解剖间、尸体处理间（上游）、活毒废水间等	防护区
配套用房区	辅助配套	清洗准备区、动物饲料、垫料库房、笼具清洗间、垃圾处理间、监控值班室、动物尸体处理间（下游）、空调 / 动力 / 电气等设备用房及管道层等	普通区
交通核区	交通、参观、运输	楼梯、电梯、门厅、参观走廊、大型设备进出通道等	普通区

实验室区域由主实验室（核心工作间）及其相邻缓冲间组成，人员应通过缓冲间进入核心工作间。图 16-2 为加拿大国家标准给出的一个典型的（A）BSL-3 实验室单元布局示意图，该实验室设置了专用人员进出的更衣、淋浴通道，大型设备通道，高压灭菌的污物出口通道。

多个核心工作间可共用人、物流通道，通过共用走廊连接，节省空间和造价，但各个核心工作间均须设置其专用的相邻缓冲间，否则不能在不同房间同时开展不同病原微生物的操作。某 BSL-3 实验室多个核心工作间共用辅助用房布局示意见图 16-3。

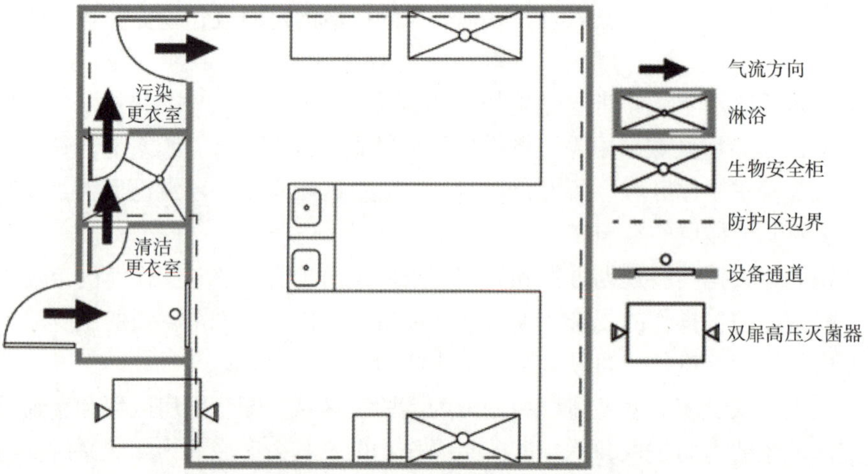

图 16-2 加拿大（A）BSL-3 实验室单元布局示意图

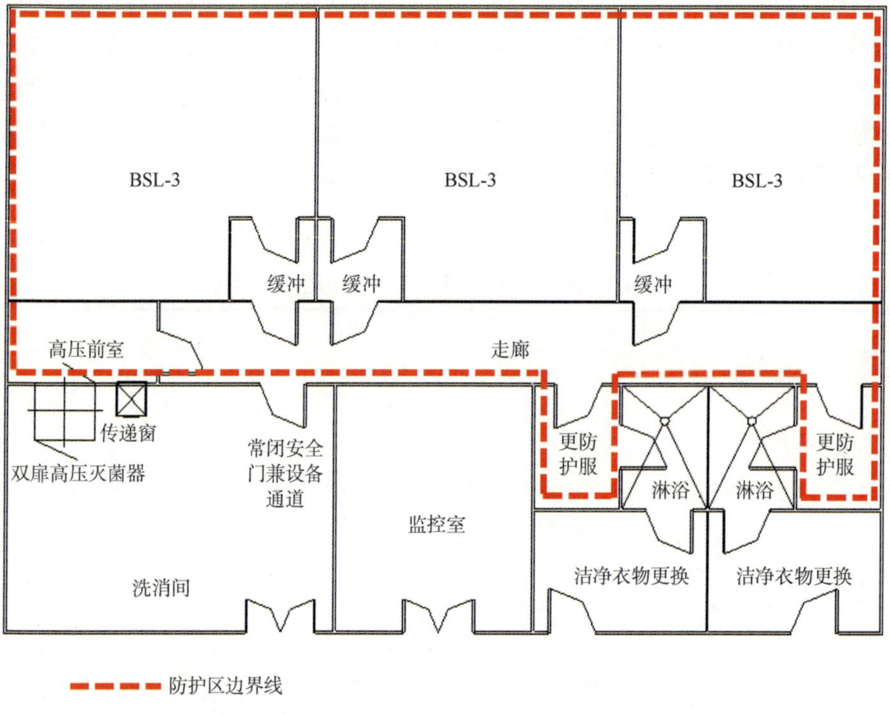

图 16-3 某 BSL-3 实验室多个核心工作间共用辅助用房的布局示意图

二、围护结构

围护结构（包括墙体）应符合国家对该类建筑的抗震要求和防火要求。无论是围护结构的抗震要求还是防火要求，均有其相对成熟的技术要求和监管体系，在其相关工程建设领域的建筑技术标准、设计规范及监管法规中均有明确描述，因此本书不再赘述，但须特别强调，在实验室的设计和建造过程中，抗震和防火方面均必须满足国家现行相关标准的要求。

根据《生物安全实验室建筑技术规范》（GB 50346—2011）相关规定，生物安全实验室结构设计应符合《建筑结构可靠性设计统一标准》（GB 50068—2018）有关规定。（A）BSL-3 实验室的结构安全等级宜不低于（A）BSL-1 实验室，（A）BSL-4 实验室的结构安全等级不应低于（A）BSL-1 实验室。生物安全实验室抗震设计应符合《建筑工程抗震设防分类标准》（GB 50223—2008）有关规定。（A）BSL-3 实验室抗震设防类别宜按特殊设防类，（A）BSL-4 实验室抗震设防类别应按特殊设防类。特别针对研究、中试生产和存放剧毒生物制品和天然人工细菌与病毒的建筑，其抗震设防类别应按特殊设防类。因此，在条件允许的情况下，新建的（A）BSL-3 实验室抗震设防类别按特殊设防类，既有建筑物改建为（A）BSL-3 实验室，必要时应进行抗震加固。

所谓特殊设防类，是指应该高于本地区抗震设防烈度 1 度的要求加强其抗震措施，但抗震设防烈度为 9 度时应按比 9 度更高要求加强其抗震措施。同时，应按批准的地震安全性评价结果并高于本地区抗震设防烈度要求确定其抗震措施。

生物安全实验室围护结构有密封要求，因此在考虑震动对围护结构的影响时，不仅仅是考虑结构安全的问题，在发生低烈度地震或其他震动后，应及时检查围护结构的密封性能。

（A）BSL-3 实验室围护结构（包括墙体）的防火设计应符合现行国家标准《建筑设计防火规范》（GB 50016）中的有关规定。

《生物安全实验室建筑技术规范》（GB 50346—2011）规定：二至四级生物安全实验室应设在耐火等级不低于二级的建筑物内；三级和四级生物安全实验室应采取有效的防火防烟分隔措施，并应采用耐火极限不低于 2.00h 的隔墙和甲级防火门与其他部位隔开。

实验室防护区围护结构的可靠密封是生物安全防护的基本要求。实验室防护区对大气为绝对负压，围护结构缝隙和贯穿处的严密性是保证室内洁净度不受外界空气干扰的前提。此外，实验室还须通过围护结构的物理密封防止气溶胶向外扩散。

实验室防护区内围护结构的所有缝隙和贯穿处的密封措施应可靠，特别是贯穿处，应有特殊的处理机制。采取打胶密封方式时，漆层及密封胶应耐老化、耐化学腐蚀、耐紫外线、防水、防霉、不收缩、不开裂、外表光洁和严实。还可采用预制穿墙密封装置的方式，近年来随着技术的发展，已出现适用于无气密性压力测试要求的（A）BSL-3 实验室所采用的轻质结构（如彩钢板）的穿墙密封装置，通过专用垫圈，将缝隙压紧，该方式密闭性好、耐高温、效果保证周期长，更加安全和稳定。

实验室防护区内围护结构的内表面应光滑、耐腐蚀、防水，以易于清洁和消毒灭菌。防护区内的地面应防渗漏、完整、光洁、防滑、耐腐蚀、不起尘。

实验室内所有的门应可自动关闭，需要时应设观察窗；门的开启方向不应妨碍逃生。所有窗户应为密闭窗，玻璃应耐撞击、防破碎。

实验室及设备间净高应能满足生物安全柜等大型设备的搬运和安装要求，生物安全柜上方应留有不小于 300mm 的高度空间，以方便进行排风高效空气过滤器的完整性测试和更换。

实验室吊顶之上与本层屋顶之间的空间为实验室技术夹层，服务于实验室的电气系统、各类公用工程系统、空调系统（包括通风管道，阀门即高效送排风口等）均设于其中。技术夹层的高度应满足各类管道及设备的安装要求，并应根据安装设备的类型留出一定空间，以便于维护和检测验证（图 16-4）。此外，实验室和设备间应有足够的清洁空间。

图 16-4　技术夹层内的管道安装

实验室净高在满足工艺使用要求和基本舒适性要求的前提下不宜过高，否则会增加投资和能耗，同时由于缝隙长度增加，对围护结构的严密性和空调系统稳定性也会带来挑战。另外，在建筑物楼层高度既定的情况下，实验室净高与空调系统管道安装会出现一个矛盾，即实验室净高（即吊顶高度）越高，则根据相关计算原则所需的风量越高，所需风管尺寸越大，但用于空调管道系统敷设的技术夹层高度反而越小，使得技术夹层内安装和运行维护的空间更加狭小，除不利于检测、设备维护、清洁等外，也会给工作人员造成压抑感，可能导致失误率升高。

在通风空调系统正常运行状态下，采用烟雾测试等目视方法检查实验室防护区内围护结构的严密性时，所有缝隙应无可见泄漏。烟雾测试法是一种定性、直观的检查生物安全实验室围护结构严密性的方法，国外也同样采用此方法，如加拿大标准规定可用发烟管或其他视觉方法检测 BSL-3 实验室围护结构的严密性。

采用烟雾测试法检查实验室围护结构的严密性时，需要利用人工烟雾源（如发烟管、水雾发生器等）在被检处造成可视化流场，根据烟雾流动的方向判断所查位置的严密程度。如果烟雾定向流动，则提示存在泄漏；如果烟雾呈自然的自由扩散状，则被检处基本严密。检测时，应关注围护结构的接缝、窗户缝隙、插座、开关、所有穿墙设备与墙的连接处等容易发生泄漏的位置（图 16-5）。

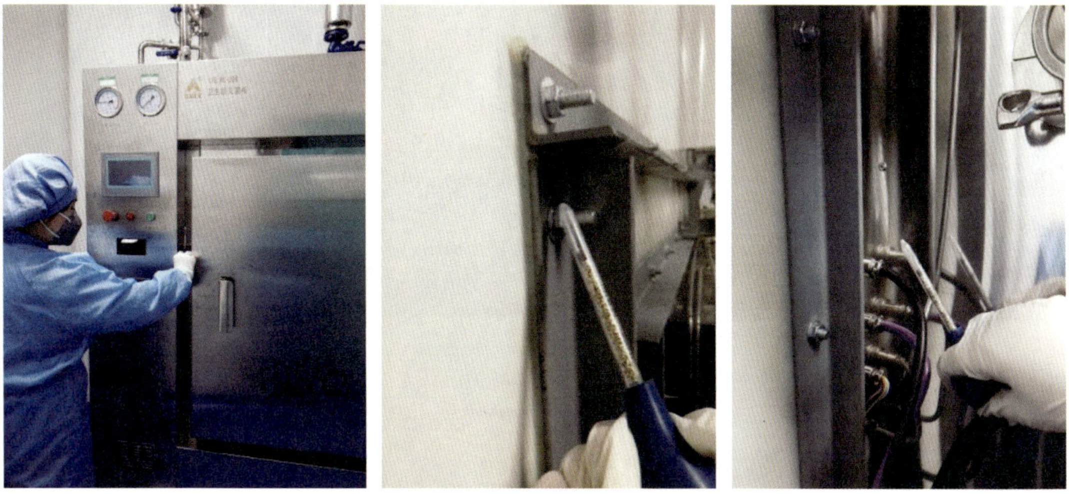

图 16-5　高压蒸汽灭菌器烟雾测试法实例

图 16-6　各类公用工程介质管道穿墙处的密封部位是发烟法测试的重点

近年来，我国开始逐步出现生产企业用于疫苗生产工艺放大研究的高级别生物安全实验室，与从事病原微生物基础研究或检验检疫类实验室不同，该类实验室的一个主要功能是服务于疫苗生产。实验室内工艺设备众多，操作体量从几十升到上千升不等，具备疫苗生产小试甚至中试的潜在功能，具有非常明显的生产属性，会设置大量公用工程及物料原液的穿管。大量现场检测经验显示，各类公用工程介质管道穿墙处的密封部位往往是薄弱点（图 16-6），应作为发烟法测试的重点予以重视。

三、通风空调

（A）BSL-3 实验室应安装独立的实验室全新风送排风系统，应确保在实验室运行时气流由低风险区向高风险区流动，送风应经过 HEPA 过滤器过滤，宜同时安装粗效和中效过滤器。室内排风只能通过 HEPA 过滤器过滤后经专用的排风管道排出，根据风险评估确定设置一道或两道排风 HEPA 过滤器过滤。（A）BSL-3 实验室通风空调系统原理示意见图 16-7。

实验室防护区房间内送排风口的布置应符合定向气流的原则，以减少房间内的涡流和气流死角，HEPA 过滤器的安装位置应尽可能靠近送风管道在实验室内的送风口端和排风管道在实验室内的排风口端（图 16-8）。

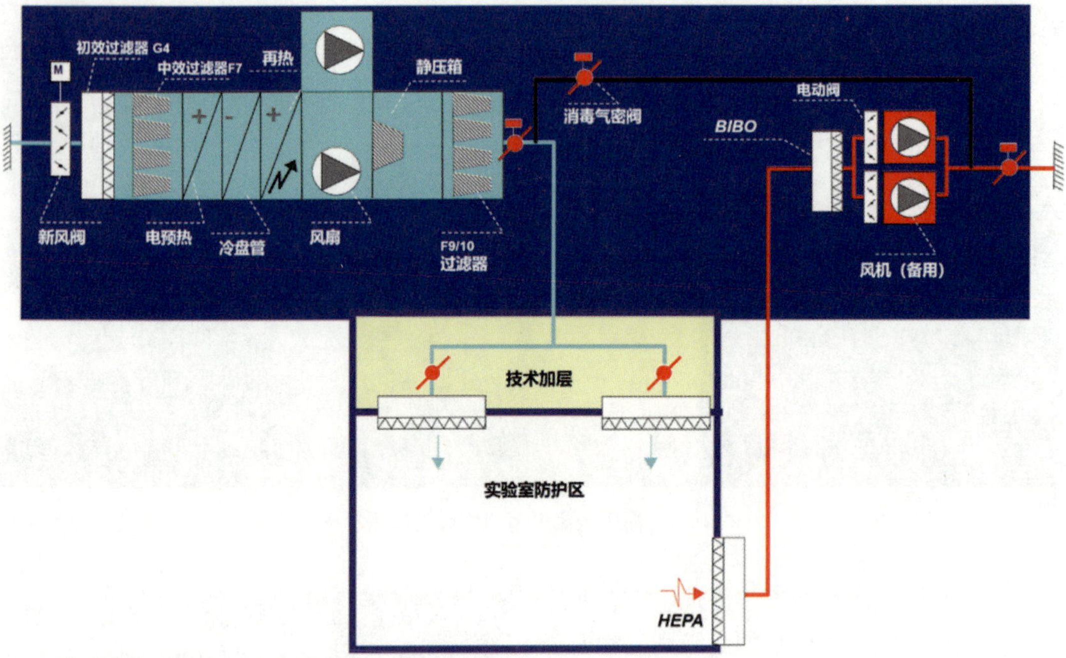

图 16-7　（A）BSL-3 实验室通风空调系统原理示意图

引自：曹国庆，王君玮，翟培军，等，2018. 生物安全实验室设施设备风险评估技术指南 . 北京：中国建筑工业出版社 .

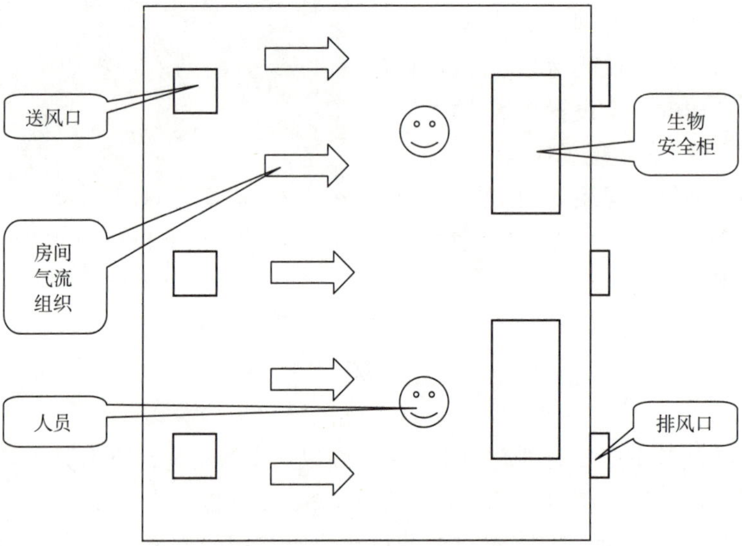

图 16-8　室内定向气流（低风险流向高风险）示意图

应按产品的设计要求安装生物安全柜和排风管道，可以将生物安全柜排出的空气排入实验室的排风管道系统。送排风不应影响其他设备（如Ⅱ级生物安全柜）的正常功能（图 16-9）。

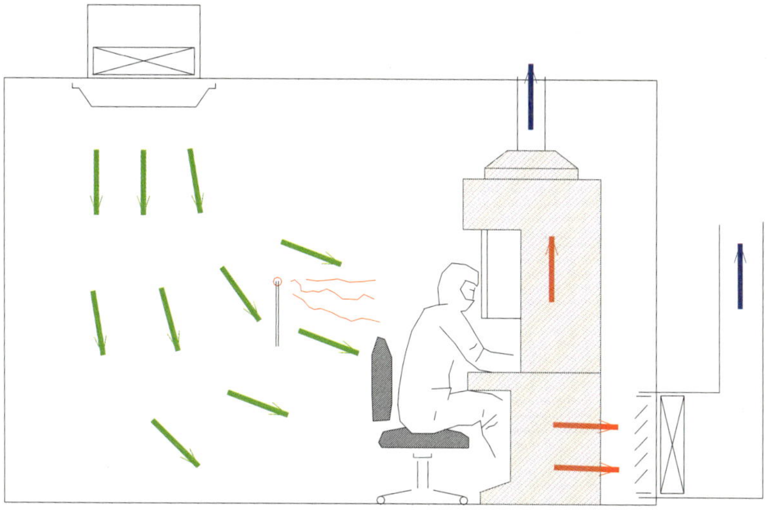

图 16-9　有生物安全柜房间气流组织示意图

引自：曹国庆，王君玮，翟培军，等，2018. 生物安全实验室设施设备风险评估技术指南 . 北京：中国建筑工业出版社 .

Ⅱ级 B2 型生物安全柜采用柜内单向流的全新风系统，对操作人员和样本保护安全度更高，在（A）BSL-3 实验室中得到广泛应用。目前，国家规范要求系统运行时应确保生物安全柜与实验室送排风系统之间的压力关系和必要的稳定性，并应在启动、运行和关停过程中保持有序的压力梯度。由于高等级生物安全实验室围护结构严密性较高，而安全柜排风量较大，在实际应用过程中，安全柜的启停、排风机发生故障及自动切换均会导致实验室排风量的瞬时剧烈变化，如控制不当，会对其所在的核心工作间的压力产生较大影响，甚至可能导致安全柜内空气外逸及实验室出现短时正压，从而形成人员及环境安全隐患。常见Ⅱ级 B2 型生物安全柜的气流控制模式如下。

1. 变送定排模式　该模式房间送风量可变，通过房间送风主管上的变风量阀进行控制；房间排风量恒定，排风主管设置定风量阀；安全柜排风量恒定，排风管道设置定风量阀。变送定排模式系统原理如图 16-10 所示。

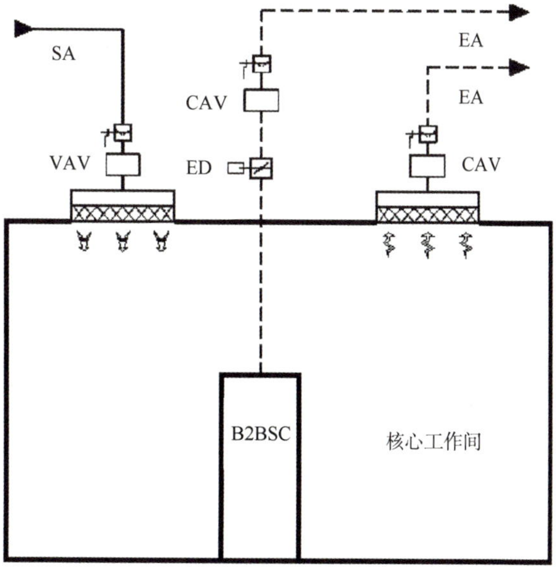

图 16-10　变送定排模式系统原理示意图

SA. 送风；EA. 排风；ED. 电动密闭阀；CAV. 定风量阀；VAV. 变风量阀；B2BSC. B2 型生物安全柜

在核心工作间设压力传感器，根据房间压力调节房间送风主管上的变风量阀，通过调节房间送风量来稳定房间压力。安全柜启闭时，送风主管上的变风量阀根据安全柜的启闭调节开度，送风机根据设于系统送风总干管的压力传感器调节风机频率，从而增加（开启时）或降低（关闭时）房间送风量（与安全柜排风量相当），保证在工况转换后房间的压力平稳。

安全柜开启时，根据其窗口限位信号，启动安全柜排风机组及其电动阀门，安全柜瞬时达到额定排风量，此时房间排风量加大，绝对负压值急剧升高；送风主管上的变风量阀根据房间压力调节开度，增加房间送风量；随着送风量的加大，系统逐渐恢复至原有压力范围。安全柜关闭时，以安全柜窗前玻璃门下拉封闭柜体为信号，安全柜排风机组及其电动阀门关闭，送风系统随之进行反向操作。

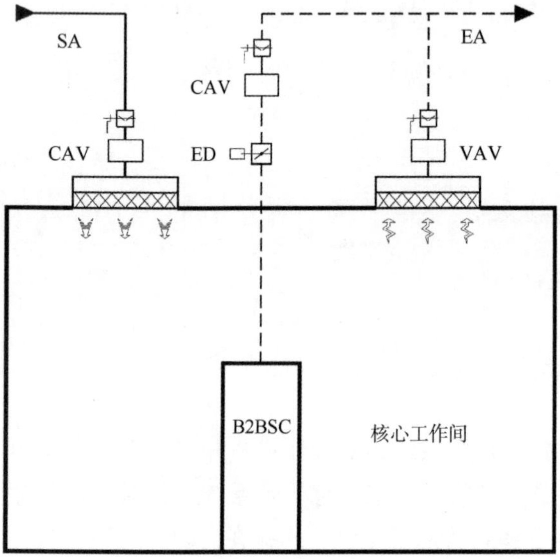

图 16-11　定送变排模式系统原理示意图
SA. 送风；EA. 排风；ED. 电动密闭阀；CAV. 定风量阀；VAV. 变风量阀；B2BSC. B2 型生物安全柜

2. 定送变排模式　该模式房间送风量恒定，房间排风量可变。送风量恒定是为了保证核心工作间的送风量和换气次数满足设计和规范的要求，排风量可变是指排风采用变风量系统。为了维持房间压差满足规范要求，Ⅱ级 B2 型生物安全柜的排风管采用定风量阀控制。房间排风管上的变风量阀根据房间的压差要求来调节开度，消除Ⅱ级 B2 型生物安全柜启闭时对房间压差产生的扰动，满足核心工作间运行的压差要求。定送变排模式系统原理如图 16-11 所示。

3. 变送（双稳态）变排模式　该模式送风设定了高态（安全柜开启）和低态（安全柜关闭）两种风量，通过房间送风主管上的双稳态阀，保证在每一种工况下风量恒定。房间排风管设置变风量阀，根据房间的压差要求调节开度，消除Ⅱ级 B2 型生物安全柜启闭时对房间压差产生的扰动，满足核心工作间运行的压差要求。变送（双稳态）变排模式系统原理如图 16-12 所示。

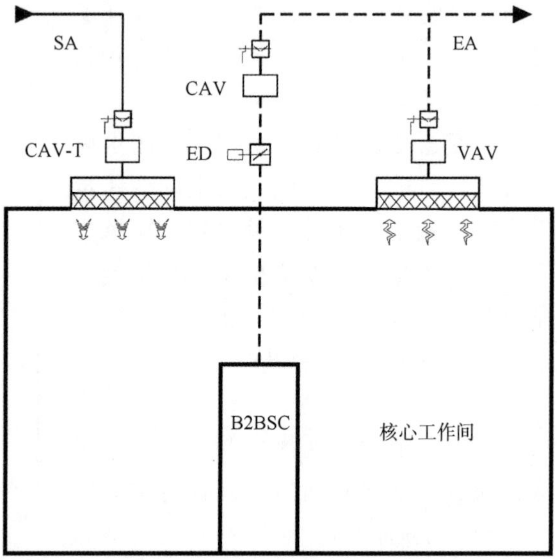

图 16-12　变送（双稳态）变排模式系统原理示意图
SA. 送风；EA. 排风；ED. 电动密闭阀；CAV. 定风量阀；VAV. 变风量阀；B2BSC. B2 型生物安全柜；CAV-T. 双稳态定风量阀

从控制思路的角度讲，该模式实质上仍属于定送变排模式。只要送风风阀执行器选型合理、响应及时，根据实测结果来看也是可行的。

实验室的外部排风口应设置在主导风的下风向（相对于送风口），与送风口的直线距离应大于 12m，应至少高出实验室所在建筑的顶部 2m，应有防风、防雨、防鼠、防虫设计，但不应影响气体向上空排放。

应能在原位对排风 HEPA 过滤器进行消毒灭菌和检漏（图 16-13）。如在实验室防护区外使用 HEPA 过滤器单元，其结构应牢固，应能承受 2.5kPa 的压力；HEPA 过滤器单元的整体密封性能应达到在关闭所有通路并维持腔室内的温度在设计范围上限的条件下，当空气压力维持在 1kPa 时，腔室内每分钟泄漏的空气量不应超过腔室净容积的 0.1%。

图 16-13　风口型排风 HEPA 过滤器装置检漏测试

此外，应在实验室防护区送排风管道的关键节点安装生物型密闭阀，必要时可完全关闭。生物型密闭阀与实验室防护区相通的送排风管道应牢固、易消毒灭菌、耐腐蚀、抗老化，宜使用不锈钢管道；管道的密封性能应达到在关闭所有通路并维持管道内的温度在设计范围上限的条件下，当空气压力维持在 500Pa 时，管道内每分钟泄漏的空气量不应超过管道内净容积的 0.2%。

实验室应有备用排风机；应尽可能减少排风机后排风管道正压段的长度，该段管道不应穿过其他房间。

四、供 水 供 气

应在实验室的给水与市政给水系统之间设防回流装置。根据国家现行有关标准规定，对于高级别生物安全设施，应在建筑内设置断流水箱间，在市政给水与本建筑物供水间形成物理隔离。

应在实验室防护区内的实验间靠近出口处设置非手动洗手设施；如果实验室不具备供水条件，则应设非手动手消毒灭菌装置。

进出实验室的液体和气体管道系统应牢固、不渗漏、防锈、耐压、耐温（冷或热）、耐腐蚀。应有足够的空间清洁、维护和维修实验室内暴露的管道，应在关键节点安装截止阀、防回流装置或 HEPA 过滤器等。

如果有供气（液）罐等，应放在实验室防护区外易更换和维护的位置，安装牢固，不应将不相容的气体或液体放在一起。

如果有真空装置，应有防止真空装置的内部被污染的措施，不应将真空装置安装在实验场所之外。

五、污物处理及消毒灭菌系统

（一）高压蒸汽灭菌器消毒系统

应在实验室防护区内设置生物安全型高压蒸汽灭菌器。高压蒸汽灭菌器的安装位置不应影响生物安全柜等安全隔离装置的气流。宜安装专用的双扉高压灭菌器，其主体应安装在易维护的位置，与围护结构的连接之处应可靠密封。

热力消毒灭菌是最为常用的杀灭微生物的物理手段，因为高温对微生物有明显的致死作用，高温使微生物的蛋白质变性或凝固，酶失去活性，从而导致微生物死亡。热力灭菌也是最可靠、最成熟的普遍应用的灭菌方法，通常包括干热灭菌和湿热灭菌两种方法。

高压蒸汽灭菌是最典型、最常用，也是最可靠的高温湿热灭菌方法。它利用高温高压蒸汽杀灭微生物，高压蒸汽可以杀死包括细菌芽孢等在内的耐高温的一切微生物，高温高压灭菌的直接作用因素是温度而不是压力，但灭菌时蒸汽的温度随着蒸汽压力的增加而升高，通过增加蒸汽压力，灭菌所需的时间可极大缩短。

对实验室防护区内不能高压灭菌的物品，应有其他消毒灭菌措施。如果设置传递物品的渡槽，应使用强度符合要求的耐腐蚀性材料，并应方便更换消毒灭菌液。

（二）实验室、管道及设备空间消毒

应具备对实验室防护区及与其直接相通的管道、实验室设备和安全隔离装置（包括与其直接相通的管道）进行消毒灭菌的条件。

用于生物安全实验室空气消毒的常用方法有紫外线照射、化学消毒剂气溶胶喷雾等。由于紫外线照射需要对被消毒物体表面或气体进行直接照射才有作用，对被遮挡的墙面、地面、工作台面等不能有效消毒灭菌，故在高等级生物安全实验室的终末消毒中基本采用气体熏蒸消毒方式。过去常用的消毒剂为甲醛（HCHO），但由于甲醛已被确认具有致癌风险，近年来高等级生物安全实验室主要采用气化过氧化氢（H_2O_2）、二氧化氯（ClO_2）进行消毒。

以过氧化氢消毒为例，作为强氧化剂，过氧化氢通过复杂的自由基反应原理对微生物产生杀灭作用。其解离成具有高活性的羟基和氧自由基，用于攻击细胞的成分，包括破坏细胞膜、脂类，使蛋白质室膜通透性发生改变，破坏细胞骨架结构，也可以作用于DNA和RNA的磷酸二酯键，使其断裂。因为其杀菌方式的非特异性，不会使微生物产生抗性。1990～2010年，汽化过氧化氢（vapor phase hydrogen peroxide，VPHP）技术主导空间环境消毒，特别是对生物安全、隔离器等对消毒要求高的场合。汽化过氧化氢技术分为汽化过氧化氢（VHP）技术和过氧化氢汽体（HPV）技术，即干法和湿法工艺。

干法与湿法工艺均是利用闪蒸工艺，将过氧化氢溶液迅速汽化，注意这里是“汽”（vapor），不是“气”（gas）。“汽体”包含了大量的微小液滴，如同云雾，是“气”+“液

滴”的混合物。两种工艺的区别主要为干法工艺有除湿的过程。除湿后的环境下，闪蒸产生的汽体中，“气”多，“小液滴”少。两种工艺的典型灭菌过程示意见表 16-2。

表 16-2　两种工艺的典型灭菌过程

	阶段一	阶段二	阶段三	阶段四
干法	除湿	调节（注入）	消毒灭菌	通风
湿法	预热及准备	注入	消毒灭菌	通风

对于常规的密闭环境下，纯气态的过氧化氢从机器中（通常是高于室温）进入环境中，会与空气中的微粒子结合，形核长大，形成小液体或汽雾。而在物体表面，由于温差及材料表面的形态差异，过氧化氢小液滴或汽雾也会形核、吸附及凝结长大，如同冬季的玻璃窗户，表面凝结成雾或微冷凝层，这种微冷凝层通常是不可见的。微冷凝层是过氧化氢物表消毒的核心。

近年来，雾化法的技术有了明显的进步，很多厂家设备产生的过氧化氢液滴已经是微纳米级别，十分接近“汽体”，或者就是“汽体”。由于喷出的初速高达每秒 100 多米，过氧化氢液滴在飞行中在空气的摩擦下继续汽化、浓缩。这样的情况下，使用浓度为 8% ～ 10% 的纯过氧化氢（没有添加其他杀孢子剂）可实现 6lg 的消杀（嗜热或枯黑芽孢）。同时高速气流有非常好的搅拌效应，加速了过氧化氢在空间环境内的扩散。

对于大的消毒空间环境，当环境湿度高时，高温汽化法产生的过氧化氢进入环境中会产生许多小液滴，效果更接近雾化（微纳米级液滴），因此对温度、相对湿度要求高，此时干雾技术有一定的优势。但在隔离器、安全柜、传递仓等小空间，温度、湿度可严格控制，消毒的要求高，或需要穿透 HEPA 过滤器进入腔体或需要消毒 HEPA 过滤器，高温汽化技术有着明显的优势。从化学品管理合规的角度看，低浓度的过氧化氢属于普通化学品，采购、保管、使用更方便。高温汽化技术与常温汽化技术对比见表 16-3。

表 16-3　高温汽化技术与常温汽化技术对比

	高温汽化技术（VHP）	常温汽化技术（干雾）
液滴粒径	多数小于 0.3μm	多数大于 5.0μm
穿透 HEPA 过滤器	可以	困难
扩散特性	需要使用辅助风机	可以不使用辅助风机
过氧化氢浓度	大于 30%	7% ～ 15%，可使用其他消毒液
设备重量	重，移动不变	轻，可便携
典型应用	排风高效过滤装置、隔离器腔体消毒、管道消毒	实验室、病房、高生物安全风险生产车间、车辆内部等的消毒

过氧化氢消毒的优点：①毒性小；②不易燃易爆；③消毒周期短；④表现无残留，可分解成水和氧气。不足之处：①系统形式复杂；②初投资高，运行费用高，需考虑过氧化氢价格；③围护结构及循环管道需考虑防腐蚀。

现今过氧化氢消毒产品已经非常成熟，以 VHP 闪蒸技术为例，设备可置于消毒房间进行消毒，也可设置在空调机房，供气管与空调系统管道旁通连接，在系统消毒时，关闭空调系统送排风阀，形成自循环系统进行循环消毒。过氧化氢消毒方式对消毒环境的温度、相对湿度及换气次数均有一定要求，各厂家略有不同，应根据所采购厂家按实际需求开发的程序进行操作。不同过氧化氢消毒方式见图 16-14 ～图 16-16。

需要注意，雾化方法通常使用低浓度的过氧化氢（通常低于 8%），汽化法使用高浓度的过氧化氢（通常大于 30%）。对于普通的彩钢板围护结构，过氧化氢消毒具有潜在腐蚀性。因此，围护结构及循环管道材料应能够耐过氧化氢腐蚀，房间消毒时有一定的温度和湿度要求，需要提前考虑设施设置。

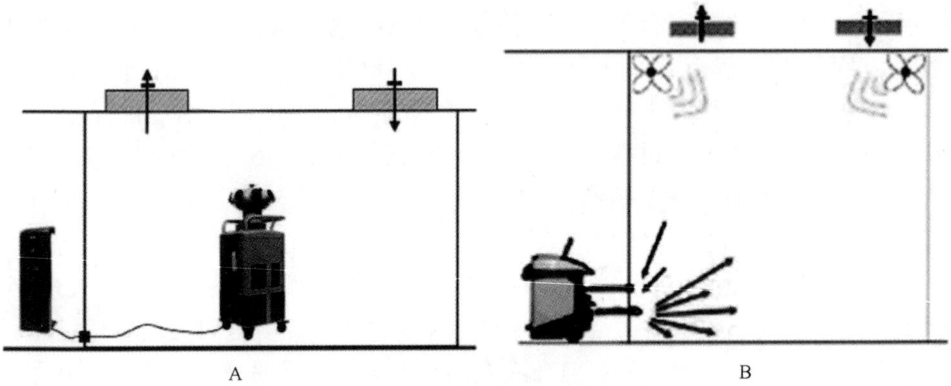

图 16-14　过氧化氢房间消毒示意图

A. 设备置于房间内；B. 设备置于房间外

引自：曹国庆，王君玮，翟培军，等，2018. 生物安全实验室设施设备风险评估技术指南 . 北京：中国建筑工业出版社

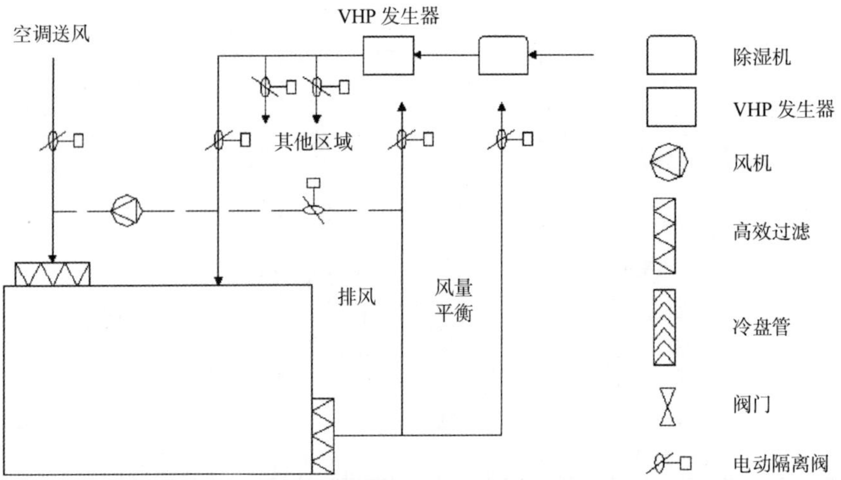

图 16-15　过氧化氢系统消毒示意图（过氧化氢直接注入房间）

VHP. 汽化过氧化氢

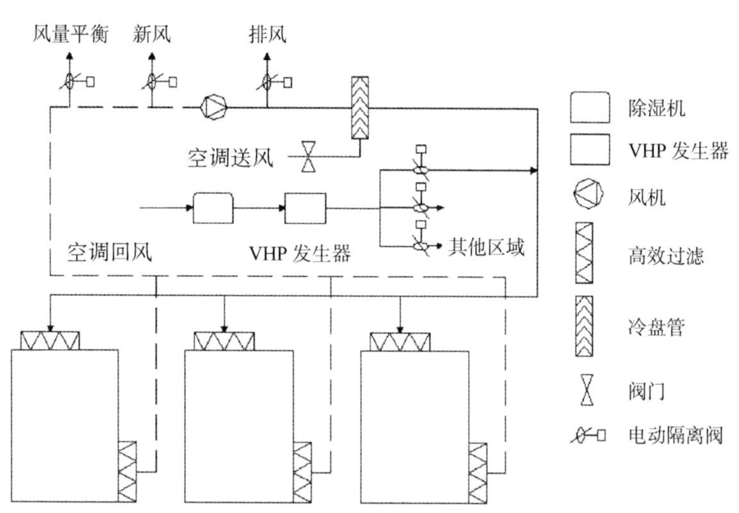

图 16-16　过氧化氢系统消毒示意图（过氧化氢连接至空调系统循环消毒）

VHP. 汽化过氧化氢

（三）活毒废水处理

实验室防护区内如果有下水系统，应与建筑物的下水系统完全隔离；下水应直接通向本实验室专用的消毒灭菌系统。淋浴间排水应根据风险评估确定是否排入实验室专用的消毒灭菌系统。淋浴间或缓冲间的地面液体收集系统应有防液体回流的装置。

所有下水管道应有足够的倾斜度和排量，确保管道内不存水；管道的关键节点应按需要安装防回流装置、存水弯（深度应适用于空气压差的变化）或密闭阀门等；下水系统应符合相应的耐压、耐热、耐化学腐蚀的要求，安装牢固，无泄漏，便于维护、清洁和检查。

通常情况下，活毒废水处理系统一般由活毒废水储水罐、灭活罐（图 16-17）、加压水泵、冷却水箱等部分组成，下面以某一卧式活毒废水处理系统为例介绍灭菌程序。

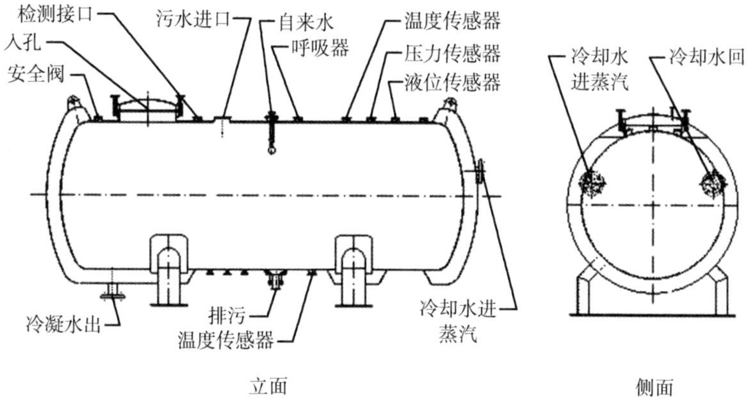

图 16-17　活毒废水灭活罐立面与侧面示意图

（1）生产过程中产生的活毒废水经专用排水管道排入活毒废水储水罐。

（2）当储水罐内液位达到距箱底规定高度时，灭活罐进水阀打开，启动活毒废水加压泵，将活毒废水从储水罐转入灭活罐。当灭活罐内液位达到设定高位时，灭活罐进水阀关闭。

（3）灭活罐蒸汽阀门开启，加热活毒废水至沸点，煮沸 30min 后，关闭蒸汽阀。

（4）开启灭活罐排水阀，启动灭活罐排水加压泵，将灭活后的废水排至冷却水箱。

（5）当灭活罐内液位达到设定低位时，关闭灭活罐排水阀，灭活罐重新处于待命状态。

（6）当活毒废储水罐内液位达到距箱底设定高度时，再次打开灭活罐进水阀，开启活毒废水加压泵，进入新一轮灭菌流程。

整个活毒废水的灭菌过程由中央监控系统进行自动控制和监视。图 16-18 为某活毒废水间实景。

图 16-18 某活毒废水间实景

六、电力供应与照明系统

电力供应应满足实验室的所有用电要求，并应有冗余。符合《实验室 生物安全通用要求》（GB 19489—2008）中 4.4.2 条的三级生物安全实验室应按一级负荷供电，当按一级负荷供电有困难时，应采用一个独立供电电源，且特别重要负荷（包括但不限于生物安全柜、送排风机、照明、自控系统、监视和报警系统等）应设置应急电源。应急电源采用 UPS 的方式时，UPS 的供电时间不应少于 30min；应急电源采用 UPS 加自备发电机的方式时，UPS 应能确保自备发电机启动前的电力供应。符合《实验室 生物安全通用要求》（GB 19489—2008）中 4.4.3 条的三级和四级生物安全实验室必须按一级负荷供电，特别重要负荷应同时设置 UPS 和自备发电机作为应急电源。UPS 应能确保自备发电机启动前的电力供应。

三级和四级生物安全实验室室内照明灯具宜采用吸顶式密闭洁净灯，并宜具有防水功能。应避免反光和强光。

三级和四级生物安全实验室的入口和主实验室缓冲间入口处应设置主实验室工作状态的显示装置。

实验室应设置不少于 60min 的应急照明系统。

七、自控、报警及通信系统

（一）门禁与互锁

进入实验室的门应有门禁系统，应保证只有获得授权的人员才能进入实验室。需要时应可立即解除实验室门的互锁；应在互锁门的附近设置紧急手动解除互锁开关。核心工作间的缓冲间入口处应有指示核心工作间工作状态的装置（如文字显示或指示灯），必要时应同时设置限制进入核心工作间的联锁机制。

（二）送排风系统压力控制

启动实验室通风系统时，应先启动实验室排风、后启动实验室送风；关停时，应先关闭生物安全柜等安全隔离装置和排风支管密闭阀，再关闭实验室送风及密闭阀，最后关闭实验室排风及密闭阀。

当排风系统出现故障时，应有避免实验室出现正压和影响定向气流的机制。当送风系统出现故障时，应有避免实验室内的负压影响实验室人员安全、影响生物安全柜等安全隔离装置正常功能和围护结构完整性的机制。

应通过对可能造成实验室压力波动的设备和装置实行联锁控制等措施，确保生物安全柜、负压排风柜（罩）等局部排风设备与实验室送排风系统之间的压力关系和必要的稳定性，并应在启动、运行和关停过程中保持有序的压力梯度。

为满足以上空调系统可靠运行，并在不同工况切换（系统开机、关机，房间外排风设备启停，备用送排风机切换，备用电源切换等）过程中，核心工作间及其相邻缓冲间不出现相对大气压力的正压逆转，核心工作间与缓冲间不出现气流倒灌，必须通过一定的压力控制手段来实现。目前我国生物实验室基本采用变送定排、定送变排、定送定排（大压差）三种压力控制模式，均通过了国家建筑工程质量监督检验中心的第三方检测验收，说明均能满足国家相关规范要求。系统模式、控制策略虽各有不同，但时刻保证房间排风量大于送风量以维持房间负压的核心控制目标是一致的。

所谓“变送定排”“定送变排”“定送定排”都是针对房间压力控制而言。送排风管道系统均采用定静压控制方法，根据风管静压设定值与实测值的偏差，进行送排风的变频控制。考虑到运行过程中系统阻力的变化（如 HEPA 过滤器阻力增加等），可预设定不同阻力阶段管道静压值，以保障房间风量和压力满足工艺要求。

1. 变送定排 该模式房间送风量可变，通过房间送风主管上的变风量阀（VAV）进行控制；房间排风量恒定，排风主管设置定风量阀（CAV）。房间压力通过压力控制法或余风量法实现，但均采取串级控制方式。

（1）压力控制法：根据追踪房间压力设定值来调节房间送风变风量阀开度，维持房间负压满足工艺要求。以某个已通过 CNAS 认可的 BSL-4 实验室为例，其核心实验室的压力与送风管道静压组成串级控制调节送风机变频器输出，其他房间通过 VAVBOX 装置控制压力，通过检测房间静压—比对—PID（其中，P 为比例，I 为积分，D 为微分；实际为 PI 控制）输出控制送风蝶阀开度来调节房间压力，排风管道静压采用 PID 控制。通过排风压力设定值与压力传感器的实测值的比较控制风机变频器的频率，直至排风压力满足设定值。其特点是全过程压力控制相对比较稳定，压力波动小，恢复快。

（2）余风量法：通过余风量控制和房间压差再设定的串级控制来维持房间压力稳定。房间负压通过室内排风与送风之间的风量差而形成动态平衡，由于排风恒定，可根据房间送风量的调节来满足余风量要求。同时，根据压差监测进行房间负压风量差的再设定：每当房间气密性或局部排风量发生变化导致维持固定压差所需余风量变化时，压差控制器根据压差实测值与设定值的偏差，对排风量和送风量进行再设定，最终使压力达到设定值。余风量控制可解决系统变风量过程中压力梯度的快速、稳定跟踪，但需要随时结合不同工况下余风量的再设定，即需要采用压力控制法随时对设定压力进行微调，以满足压力要求。

图 16-19 为某个已通过检测的 BSL-3 实验室余风量法控制模式示意图，采用变送定排的控制策略。实验室送风、排风均为定风量与变风量阀并联安装。实际调试中将排风 VAVBOX 装置中变风量信号控制取消，改为定风量控制器。房间内 B2 型生物安全柜常开，排风量恒定。根据房间的换气次数及余风量差（经验值，也可调试获得），计算出实际运行过程中房间需要的总送排风量。总排风量减去生物安全柜排风量，即为房间辅助排风量设定值。设于送风 VAVBOX 装置的快速一体化控制器将房间送风量实测值和计算设定值进行比较，PI 调节送风 VAVBOX 装置的开度。同时监测房间压力，当房间压力与设定值存在偏差时，修正余风量差值。

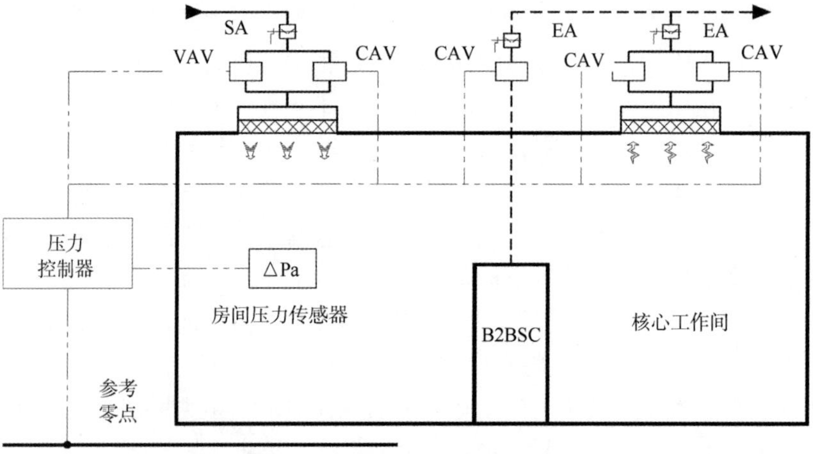

图 16-19　BSL-3 实验室余风量法控制模式示意图

SA. 送风；EA. 排风；CAV. 定风量阀；VAV. 变风量阀；△Pa. 房间压力；B2BSC. B2 型生物安全柜

2. 定送变排　与变送定排模式相反，该模式房间送风量恒定，房间排风量可变。恒定的送风量保证实验室换气次数满足设计、规范和工艺要求，房间排风管道上的变风量阀根据房间压力进行调节，以满足房间压力要求。定送变排模式依然可以通过压力控制法和余风量法得以实现。

变送定排和定送变排模式在控制理念上并没有实质性的区别。将房间假想为一个密闭壳体，风量的输入侧和输出侧维持一个动态平衡，当输入侧大于输出侧时，壳体可实现正压，反之则为负压。在控制上，恒定其中一侧，对另一侧进行变量调节，均可实现压力的稳定。前已述及，因为房间追求的是负压控制，考虑到管道压力或风速传感器与阀门响应速度滞后等影响，实际工程调试中调节排风更易实现房间的负压控制。（A）BSL-3 实验室定送变排模式示意见图 16-20。

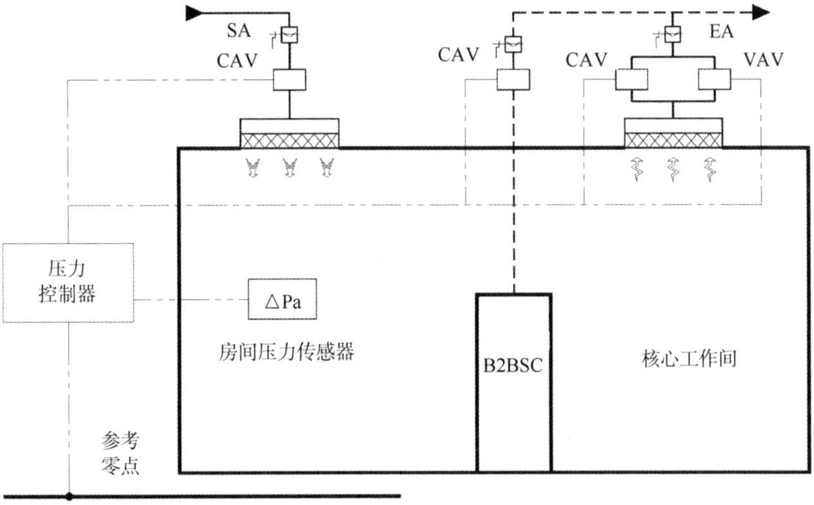

图 16-20 （A）BSL-3 实验室定送变排模式示意图

SA. 送风；EA. 排风；CAV. 定风量阀；VAV. 变风量阀；△Pa. 房间压力；B2BSC. B2 型生物安全柜

图 16-20 中房间送风、B2 型生物安全柜的排风管均设置文丘里定风量阀。房间排风管设置文丘里变风量阀，根据房间压差调节开度，消除 B2 型生物安全柜启闭时对房间压差产生的扰动。

3. 定送定排（大压差控制模式） 该模式通风空调系统管道不设置压力无关装置，仅安装手动调节阀。以某个已通过 CNAS 认可的由国外公司设计的 BSL-4 实验室为例，该项目房间压力梯度在系统初始状态下由人工调试获得。在运行过程中，不对房间压力梯度做自动调节，相邻房间通过初始设置较大的静压差（实测不小于 50Pa）抵御系统压力波动和正压防护服向室内排风等各类因素带来的正压干扰。系统排风为定静压控制模式，根据解剖间（通过风险评估设置的压力最低房间）绝对压力实测值调节排风机频率。值得一提的是，由于化学淋浴消毒装置空间狭小，实际运行中正压防护服排气和化学淋浴过程对于化学淋浴消毒装置的通风有较大干扰，因此化学淋浴消毒间的送排风管道系统需要单独设置压力无关装置，进行定送变排的气流控制。

该模式的优点是经济、设置简单，将自控系统脱繁化简，房间的压力波动均通过预设的大压差值消化，实测可满足国家规范对工况转换的要求。该方案的基础是认为实验室系统压力波动从长期看是一个相对缓慢的过程，系统阻力的增加也是平缓的，即相当长的一段时期内，系统运行变化不大。另外，基于严格的 SOP 要求，实验室人员的进出方式、数量和时间也相对固定。例如，假设 SOP 规定每次同时进出核心工作间的人员仅为 1 人，核心工作间最多只能满足 4 人同时工作，则相关房间由正压防护服排气所产生的正压影响范围可以确定，负压余量只需满足额定最大人数下带来的正压波动即可。

由于该模式未设置任何压力无关装置，因此仅适用于工况简单的空调系统，若实验室存在局部外排风（如Ⅱ级 B2 型生物安全柜等），则很难控制局部排风设备启停时较大风量变化带来的压力波动（图 16-21）。

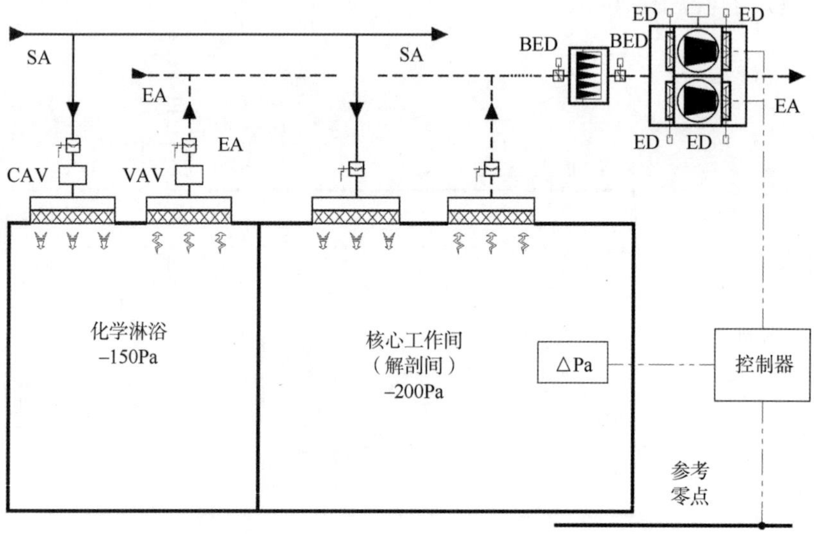

图 16-21 某 BSL-4 实验室定送定排（大压差）控制模式示意图

SA. 送风；EA. 排风；CAV. 定风量阀；VAV. 变风量阀；ED. 电动密闭阀；BED. 电动生物型密闭阀；△Pa. 房间压力

（三）监测及报警控制

应设装置连续监测送排风系统 HEPA 过滤器阻力，需要时及时更换 HEPA 过滤器。

中央控制系统应能实时监控、记录和存储实验室防护区内有控制要求的参数、关键设施设备的运行状态；应能监控、记录和存储故障的现象、发生时间和持续时间；应能随时查看历史记录。

中央控制系统的信号采集间隔时间不应超过 1min，各参数应易于区分和识别。

中央控制系统应能对所有故障和控制指标进行报警，报警应区分一般报警和紧急报警。

紧急报警应为声光同时报警，应可以向实验室内外人员同时发出紧急警报；应在实验室核心工作间内设置紧急报警按钮。

应在实验室的关键部位设置监视器，需要时可实时监视并录制实验室活动情况和实验室周围情况。监视设备应有足够的分辨率，影像存储介质应有足够的数据存储容量。

（四）实验室通信系统

实验室防护区内应设置向外部传输资料和数据的传真机或其他电子设备。

监控室和实验室内应安装语音通信系统。如果安装对讲系统，宜采用向内通话受控、向外通话非受控的选择性通话方式。

通信系统的复杂性应与实验室的规模和复杂程度相适应。

第四节　（A）BSL-4 实验室设计建造

一、实验室建筑位置要求

（A）BSL-4 实验室宜远离市区。主实验室所在建筑物与相邻建筑物或构筑物的距离不应小于相邻建筑物或构筑物高度的 1.5 倍。

二、建筑平面布局要求

（A）BSL-4 实验室应为独立建筑物，或与其他级别的生物安全实验室共用建筑物，但应在建筑物中独立的隔离区域内。

三、实验室结构设计要求

（1）（A）BSL-4 实验室的结构设计应符合《建筑结构可靠性设计统一标准》（GB 50068—2018）的有关规定，其结构安全等级不应低于一级。

（2）（A）BSL-4 实验室的抗震设计应符合《建筑抗震设防分类标准》（GB 50223—2018）的有关规定。（A）BSL-4 实验室抗震设防类别应按甲类建筑实施。

（3）生物安全实验室的地基基础设计应符合《建筑地基基础设计规范》（GB 50007—2011）的有关规定。（A）BSL-4 地基基础应按甲级设计。

（4）（A）BSL-4 实验室的主体不应采用装配式结构。

四、设施和设备要求

（1）实验室应建造在独立的建筑物内或建筑物中独立的隔离区域内。应有严格限制进入实验室的门禁措施，应记录进入人员的个人资料、进出时间、授权活动区域等信息。

（2）与实验室运行相关的关键区域也应有严格和可靠的安保措施，防止非授权进入。

（3）（A）BSL-4 实验室防护区应至少包括主实验室、缓冲间、外防护服更换间等，外防护服更换间应为气锁，辅助工作区应包括监控室、清洁衣物更换间等；设有生命支持系统的（A）BSL-4 实验室的防护区应包括主实验室、化学淋浴间、外防护服更换间等，化学淋浴间应为气锁，可兼作缓冲间。

（4）实验室防护区的围护结构应尽量远离建筑外墙；实验室的核心工作间应尽可能设置在防护区的中部。

（5）应在实验室的核心工作间内配备生物安全型压力蒸汽灭菌器；如果配备双扉压力蒸汽灭菌器，其主体所在房间的室内气压应为负压，并应设在实验室防护区内易更换和维护的位置。

（6）可根据需要安装传递窗。如果安装传递窗，其结构承压力及密闭性能应符合所在区域的要求；需要时，应配备符合气锁要求并具备消毒条件的传递窗。

（7）实验室防护区围护结构的气密性能应达到以下标准：在关闭受检测房间所有通路并保持房间内温度稳定的条件下，当房间内的空气压力上升到 0.5kPa 后，20min 内自然衰减的气压小于 0.25kPa。

（8）实验室防护区内所有区域的室内气压应为负压，实验室核心工作间的气压（负压）与室外大气压的压差不应小于 60Pa，与相邻区域的压差不应小于 25Pa。

（9）实验室必须配备带有内外更衣间的个人淋浴室。

（10）对于不能从更衣室携带进出安全柜型实验室的材料、物品，应通过双门结构的高压灭菌器或熏蒸室送入。只有在外门安全锁闭后，实验室内的工作人员才可以打开内门取出物品。

（11）高压灭菌器或熏蒸室的门采用互锁结构，除非高压灭菌器运行了一个灭菌循环，或已清除熏蒸室的污染，否则外门不能打开。

（12）实验室应设置备用送风机。

（13）实验室双扉高压灭菌器的排水应接入防护区废水排放系统。

（14）实验室必须按一级负荷供电，特别重要负荷应同时设置 UPS 和自备发电机作为应急电源，UPS 应能确保自备发电机启动前的电力供应。

（15）实验室的耐火等级应为一级。（A）BSL-4 实验室应为独立防火分区。（A）BSL-3 和（A）BSL-4 实验室共用一个防火分区时，其耐火等级应为一级。

（16）实验室的排风应经过 2 级 HEPA 过滤器处理后排放。

（17）应能在原位对送排风 HEPA 过滤器进行消毒和检漏。

（18）实验室应设置备用送风机。

（19）实验室防护区内所有需要运出实验室的物品或其包装的表面应经过可靠灭菌，符合安全要求。

第十七章　病原微生物实验室风险评估

第一节　病原微生物实验室设施设备风险管理和风险评估

实验室设施是生物实验室生物安全防护二级防护屏障，评估实验室设施合理性、可靠性及维持实验室设施的正常运转是实验室生物安全保障的重要环节。同时，对生物安全实验室所用设备进行风险评估也尤为关键，很多设备的使用直接关系到实验的进程，也关系到对操作人员、实验室环境及样本的生物安全的保护。

一、实验室设备评估步骤

（1）确认实验室设施由哪些设备组成。

（2）各种设备的常见故障，故障对设备运转有哪些影响，这些影响是否构成实验室安全危险及危险严重程度。

（3）故障产生的原因，故障产生前的征兆，故障检测的方法。

（4）对可能出现的故障的维修方法与维修材料的储备。

（5）如故障构成了实验室危险，制定相应的实验室应对措施并写入应急预案。

（6）对预案的可行性与预期防护效果进行评估。

二、实验室设施评估

（1）应对实验室设施的设计是否可满足实验活动防护与周边环境保护要求，实验室是否使用动物及其种类和数量，实验使用的仪器设备及其操作流程和方式等进行危险程度的评估。

（2）应重点对空调净化系统（空调、送排风机、过滤器、管道等）、备用电源、空气消毒及污水处理、物品传递、报警、安保监测、消防等系统的设备进行评估。

（3）在实验室常规运行中，对设施设备维修过程中的风险与预防措施进行评估。

（4）对实验室的设施设备进行清洁、维护或关停期间发生暴露的风险进行评估。

（5）应考虑外部人员活动、使用外部提供的物品或服务所带来的风险。

第二节 病原微生物实验室设计和建设风险评估

风险评估工作是生物安全管理的基础。风险评估可帮助生物安全实验室设计者与使用者确定实验室的规模、设施与布局的合理性，指导正确选择实验室安全防护等级，制定相应的操作程序与管理规程，采取相应的控制措施，将实验活动的风险控制在允许水平，以确保实验人员和实验室安全。

一、概　　述

生物安全实验室设施设备风险评估体现在实验室建设及实验室运行维护两个阶段，且两个阶段都不是孤立的，而是一个动态循环的过程。在生物安全实验室建设阶段应识别出待建实验室设施设备各种潜在的风险因素，给出风险控制方案，并在设计阶段、施工阶段落实，在检测验收阶段予以测试验证。

生物安全实验室建设阶段分为项目前期及设计、施工、审批等过程，在这个阶段应识别出待建实验室设施设备各种潜在的风险因素，给出风险控制方案，并在设计、施工时予以落实，在审批时予以测试验证。

下文将从工程选址与平面布置、建筑结构与装修、通风空调、给排水与气体供应、电气自控、消防、关键防护设备 7 个方面，开展生物安全实验室设施设备建设阶段初始风险评估研究，根据初始风险评估应考虑的问题，系统地补充完善生物安全实验室设施设备建设阶段的主要风险因素。

生物安全实验室在投入使用之前，必须进行综合性能全面检测和评定，应由建设方组织委托、施工方配合完成。检测验收虽然也属于建设阶段，但是是建设阶段的重要收尾工作，需要对其进行初始风险评估。

二、建设阶段风险源识别

（一）工程选址与平面布置

根据《病原微生物实验室生物安全管理条例》（中华人民共和国国务院令第 424 号），实验室选址应符合环境保护主管部门与建设主管部门的规定和要求。环境保护主管部门考虑的因素包括：不能污染大气和水资源，不能建在人口密集的居民区，不能破坏本地区的生态平衡，不能造成外来传染病的扩散，废气、废水、废物要做到无害化排放等。建设主管部门考虑的因素包括：当地城市的总体规划和布局要求，实验室建设高度，与相邻建筑的距离，相关的绿化、道路、市政管网、供电、供水、能源等。生物安全实验室项目选址还应考虑交通方便，便于充分利用城市基础设施（市政管网、供电、供水、能源等），远离化学、生物、噪声、振动、强电磁场、高压线等污染源或干扰源及易燃易爆场所。

对于设有生物安全实验室的建设项目，在流向路线上要严格区分，合理组织人流和物流，避免或减少交叉污染。人员的流向路线要区分内部人员和外部人员，严格控制外部人员进入实验室区域。物流的流向路线，关键要注意污物流向路线。这里说的污物，包括固体实验废弃物即实验垃圾、动物尸体、生活垃圾等。尽管实验垃圾和动物尸体在离开实验室时，已按规定经过消杀灭活处理，但流向路线上仍应与人员和洁净物品的路线严格分开设置，避免或减少交叉污染。

（二）建筑结构与装修

生物安全实验室最好为独立建筑，但如果建设用地相对紧张，可与其他用房组合在一栋建筑内建设。但（A）BSL-4 实验室应为独立建筑物。

生物安全实验室的平面布局应首先确保用户的实际使用需求，同时注意人员进出实验室的人流路线、洁物进入和污物离开实验室的物流路线的合理布置，过于烦琐的工艺流程只能增加使用的不便。在设计平面布局时，应尽可能做到人流、物流通道简捷流畅，应避免设置太多的压力梯度，造成相邻房间之间的压差太小、系统运行不稳定和对控制提出过高要求。

我国（A）BSL-1 至（A）BSL-3 实验室很多是在既有建筑物内建设而成的，根据具体情况，可对改建成（A）BSL-3 实验室的局部建筑结构进行加固。但对于新建的生物安全实验室建筑，尤其是高等级生物安全实验室，其结构安全等级、抗震设防类别、地基基础等级均要求较高。

（三）通风空调

通风空调系统是实现生物安全实验室防护功能的重要技术措施之一，（A）BSL-1 和（A）BSL-2 实验室对通风空调系统没有特别的要求［加强型（A）BSL-2 实验室除外］，但（A）BSL-3 和（A）BSL-4 实验室对通风空调系统有较高的要求，《生物安全实验室建筑技术规范》（GB 50346—2011）对通风空调系统形式、送排风系统、气流组织、主要设备部件等有明确要求。

（1）空气净化系统应设置粗、中、高效三级空气过滤，送风末端应采用 HEPA 过滤器。

（2）新风口采取有效的防雨措施，安装保护网，高于室外地面 2.5m 以上，远离污染源。

（3）实验室设置室内排风口，不得只用安全柜或其他负压隔离装置作为房间排风口。

（4）风口布置和气流组织均要有利于室内可能被污染空气的排出（定向流）。

（5）在实验室防护区送排风管道的关键节点安装生物型密闭阀。

（6）三级实验室排风应至少经过一级 HEPA 过滤器处理后排放，四级实验室排风应经过二级 HEPA 过滤器处理后排放，要求 HEPA 过滤器均能进行原位消毒和检漏。

（7）排风机是关键设备之一，必须有备用设备。

（8）生物安全实验室的排风必须与送风联锁，排风先于送风开启，后于送风关闭。

（四）给排水与气体供应

生物安全实验室的楼层布置通常由下到上可分为下设备层、下技术夹层、实验室工作层、上技术夹层、上设备层。为了便于维护管理、检修，给排水与气体供应干管应敷设在上、下技术夹层内，同时最大限度地减少生物安全实验室防护区内的管道。管道泄漏是生物安全实验室最可能发生的风险之一，须特别重视。

为了防止生物安全实验室在给水供应时可能对其他区域造成回流污染，防回流装置是在给水、热水、纯水供水系统中能自动防止因背压回流或虹吸回流而产生的非预期的水流倒流的装置。防回流污染一般可采用空气隔断、倒流防止器、真空破坏器等措施和装置。

（A）BSL-3 和（A）BSL-4 实验室防护区废水的污染风险是最高的，故必须集中收集并进行有效的消毒灭菌处理。活毒废水处理设备宜设在最低处，便于污水收集和检修。排风系统的负压会破坏排水系统的水封，排水系统的气体也有可能污染排风系统。通气管应配备与之相当的 HEPA 过滤器，且应耐水性能好。HEPA 过滤器可实现原位消毒，其设置位置应便于操作及检修，宜与管道垂直对接，便于冷凝液回流。

生物安全实验室的专用气体宜由高压气瓶供给，气瓶设置于辅助工作区，通过管道输送到各个用气点，并应对供气系统进行监测。气瓶设置于辅助工作区，以便于维护管理。所有供气管穿越防护区处应安装防回流装置，用气点应根据工艺要求设置过滤器，以防止气体管路被污染，同时可使供气洁净度达到一定要求。

（五）电气自控

在生物安全实验设计的初始阶段，应首先根据工程的重要性（或称为生物安全实验室建设级别）来确定其用电负荷的等级、供电电源数量及是否设置 UPS 和自备发电机。生物安全实验室必须保证用电的可靠性。（A）BSL-3 实验室应按一级负荷供电，当按一级负荷供电有困难时，应设置 UPS。（A）BSL-4 实验室必须按一级负荷供电，并设置 UPS。

实验室出现正压和气流反向是严重的故障，可能导致实验室内有害气溶胶的外逸，危害人员健康及环境。实验室应建立有效的控制机制，合理安排送排风机启动和关闭的顺序与时差，同时考虑生物安全柜等安全隔离装置及密闭阀的启停顺序，有效避免实验室和安全隔离装置内出现正压和倒流的情况。为避免人员误操作，应建立自动联锁控制机制，尽量避免完全采取手动方式操作。

报警方案的设计非常重要，原则是不漏报、不误报，分轻重缓急，传达到位。无论出现何种异常，中控系统应有即时提醒，不同级别的报警信号要易区分。紧急报警应设置为声光报警，声光报警为声音和警示灯闪烁相结合的报警方式。报警声音信号不宜过响，以能提醒工作人员而又不惊扰工作人员为宜。监控室和主实验室内应安装声光报警装置，报警显示应始终处于监控人员可见和易见的状态。主实验室内应设置紧急报警按钮，以便需要时实验人员向监控室紧急报警。

（A）BSL-3 和（A）BSL-4 实验室的自控系统应具有压力梯度、温湿度、联锁控制、报警等参数的历史数据存储显示功能，方便管理人员随时查看实验室参数历史数据，自控系统控制箱应设于防护区外。

（六）消防

实验室的消防安全和生物安全同样重要，对不同类型的实验室而言，其防护特点不同。生物安全实验室具有一定的特殊性，如实验室操作或保存了可传染性病原体，或饲养了带病毒或细菌的动物；实验室内的仪器设备大多要用电，且价格高昂；实验室内的工作人员较少，发生火灾疏散时，不易造成人员拥挤和堵塞；实验室内的易燃物有限等。生物安全实验室内的仪器设备一般比较贵重，但生物安全实验室不仅仅是考虑仪器的问题，更重要的是保护实验人员免受感染和防止致病因子外泄。

（A）BSL-3 和（A）BSL-4 实验室的消防设计原则与一般建筑物有所不同，尤其是（A）BSL-4 实验室，除了首先考虑人员安全外，还必须考虑尽可能防止有害致病因子外泄。因此，首先强调的是火灾的控制。除了合理的消防设计外，在实验室操作规程中，建立一套完善、严格的应急事件处理程序，对处理火灾等突发事件、减少人员伤亡和污染物外泄是十分重要的。

（A）BSL-3 和（A）BSL-4 实验室防护区不应设置自动喷淋灭火系统和机械排烟系统，但应根据需要采取其他灭火措施。规模较小的生物安全实验室，建议设置手提灭火器和灭火毯等简便灵活的消防用具。

（七）关键防护设备

生物安全实验室关键防护设备是指我国认证认可行业标准《实验室设备生物安全性能评价技术规范》（RB/T 199—2015）给出的 12 种设备，分别为生物安全柜、动物隔离设备、独立通风笼具（IVC）、压力蒸汽灭菌器、气（汽）体消毒设备、气密门、排风高效过滤装置、正压防护服、生命支持系统、化学淋浴消毒装置、污水消毒设备、动物残体处理系统（包括碱水解处理和炼制处理）。在这基础上，CNAS 认可准则《实验室生物安全认可准则对关键防护设备评价的应用说明》（CNAS-CL05-A002：2020）中又增加了 3 个关键防护设备，分别为传递窗、渡槽、正压生物防护头罩。这 15 种关键防护设备在建设阶段应考虑的主要风险在于其选型、设计位置、安装及性能保证等。

三、设施设备风险评估

实验室建设方通过对上述风险源的识别，首先确定实验室准备从事的实验活动内容，根据《人间传染的病原微生物目录》规定的所操作病原对应的防护水平实验室规格，选择建设何种防护水平实验室。然后进行实验室的选址工作，再进行实验室的平面工艺、建筑结构、通风空调、给排水、电气自控、消防、关键防护设备的多角度、多专业的设计工作。在这期间需要逐项对实验室建设方面产生的风险进行评估，当然，也会存在多项风险交叉的情况。在进行风险评估时，保证实验室生物安全是核心，使用便捷是重点，合理布局是关键。

风险评估的结果具有不确定性，这是其本质。不确定性是实验室内外部环境中必然存在的情况，不确定性也可能来源于数据的质量和数量。可利用的数据未必能为评估未来的风险提供可靠的依据，某些风险可能缺少历史数据，或是不同利益相关者对现有数据有不同的解释。进行风险评估的人员应理解不确定性的类型及性质，同时认识到风险评估结果可靠性的重大意义，并向决策者说明其科学含义。

生物安全实验室设施设备风险评估的关键在于参与人员的经验、知识水平、对生物安全实验室设施设备的了解程度、风险源的特性和信息的全面性。根据实验室各自的特点，制定并不断完善“风险源清单”是十分有助于风险评估的做法。识别风险的角度可不同，但随着实验室风险管理体系运行经验的积累，风险清单应越来越接近实际情况、越来越实用。

第三节 病原微生物实验室运行维护风险评估

实验室生物安全涉及的绝不仅是实验室工作人员的个人健康，一旦发生事故，极有可能会给人群、动物或植物带来不可预计的危害。生物安全实验室事件或事故的发生是难以完全避免的，实验室工作人员应事先了解所从事活动的风险及应在风险已控制在可接受的状态下从事相关的活动，风险评估是实验室设计、建造和管理的依据。

生物安全实验室建设阶段的风险评估主要用于帮助生物安全实验室设计者与使用者确定实验室的规模、设施与合理布局，其评估结果可能针对性不够强或不够详细，与实际使用有差距。在生物安全实验室正式启用前，应根据实际工作进行风险再评估。生物安全实验室设施设备建设完成并投入运行后，鉴于设施设备会随着实验室的持续运行而逐渐老化，风险评估应是动态的，每年应至少进行 1 ～ 2 次设施设备的定期再评估。另外，在相关政策、法规、标准等变化时需要进行风险再评估；因病原微生物相关信息的不断更新和实验活动的变更等因素需要进行风险再评估时，设施设备应同时进行风险再评估。

由于实验室活动的复杂性，硬件配置是保证实验室生物安全的基本条件，是简化管理措施的有效途径。实验室工作人员应认识但不应过分依赖于实验室设施设备的安全保障作用，绝大多数生物安全事故的根本原因是缺乏生物安全意识和疏于管理。

一、设施设备运行维护阶段风险源

（一）设施设备性能及参数

《洁净室及相关受控环境》（ISO 14644）要求洁净度等级为 7 级、8 级的洁净室室内环境参数（洁净度、风量、压差等）的最长检测时间间隔为 12 个月，对于生物安全实验室，除日常检测外，每年应至少进行一次各项综合性能的全面检测。另外，更换了送排风 HEPA 过滤器后，由于系统阻力的变化，会对房间风量、压差产生影响，必须重新进行调整，经检测确认符合要求后，方可使用。有生物安全柜、隔离设备等的实验室，首先应对生物安全柜、动物隔离设备等进行的现场检测，确认性能符合要求后方可进行实验室性能检测。

（二）关键防护设备性能

实验室设备的生物安全性能是实验室生物安全防护水平评价的重要组成部分，对设备的生物安全性能评价可以控制生物安全实验室设备的生物安全风险，保障生物安全实验室的生物安全防护能力，防止生物安全实验室发生人员感染或病原微生物泄漏。

二、设施设备运行维护风险评估

每年需制订设施设备相关的安全计划，根据安全计划进行设施设备运行维护的风险评估，通过建立运行维护检查表，对重要风险加以关注。

通过第三方检测提出风险点，从而有目的地进行设施设备维护。

第四节　病原微生物实验室设施设备故障风险分析

生物安全实验室在运行过程中，设施设备的安全稳定运行是非常关键的，关乎操作人员健康、实验数据准确、环境不被污染等诸多因素。但设施设备的运行不可能一直不出问题，一方面可以通过各种维护手段保障实验室的稳定运行，另一方面可以通过对设施设备故障风险进行分析和评估，从而保障实验室生物安全的稳定运行。

本节从生物安全实验室三废（废气、废水、废物）对环境影响的风险，对应到实验室设施设备故障风险进行描述。

一、污染空气外泄对应设施设备故障风险分析

病原微生物通过污染空气外泄至周围环境的风险包括：实验室一级防护设备如生物安全柜、独立通风笼具、动物隔离设备发生故障导致污染空气外泄的风险，建筑设施如建筑围护结构、通风空调系统、电气自控系统、气体供应系统的故障导致的风险。下文通过这两方面进行故障风险分析。

（一）一级防护屏障故障风险分析

（1）生物安全柜的基本风险因素为排风 HEPA 过滤器泄漏、工作窗口气流反向、工作窗口风速偏低，这三个基本风险因素是“或”的关系，即出现任何一项时，都会出现生物安全柜内的病原微生物外泄（这里需要说明的是，此时病原微生物外泄并不一定会发生，只是出现外泄的风险高而已），可以理解为这三项性能权重相似，应定期检测生物安全柜这三项性能参数，《实验室设备生物安全性能评价技术规范》（RB/T 199—2015）对此已有明确要求。排风 HEPA 过滤器在未出现人为因素破坏时不容易发生泄漏，所以定期检测的周期可以长一些；但随着送排风 HEPA 过滤器阻力的增加，工作窗口气流流速会慢慢减小，甚至出现工作窗口气流反向，故应经常检测。

（2）独立通风笼具的基本风险因素为排风 HEPA 过滤器泄漏、笼盒负压较小或零压、笼盒气密性差，排风 HEPA 过滤器泄漏权重最高，另两项权重低。应定期检测独立通风笼具这三项性能参数，《实验室设备生物安全性能评价技术规范》（RB/T 199—2015）对此已有明确要求。

（3）非气密式动物隔离设备的基本风险因素为排风 HEPA 过滤器泄漏、箱体负压较小或零压、工作窗口气流反向，这三项性能权重相似。应定期检测非气密式动物隔离设备的

这三项性能参数，《实验室设备生物安全性能评价技术规范》（RB/T 199—2015）对此已有明确要求。

（4）气密式动物隔离设备的基本风险因素为排风 HEPA 过滤器泄漏、手套连接口气流反向或风速偏小、箱体负压较小或零压、箱体气密性差。出现排风 HEPA 过滤器泄漏、手套连接口气流反向或风速偏小时，病原微生物外泄风险高；而当箱体负压较小（或零压）且箱体气密性差同时出现时，病原微生物外泄风险高，可以理解为权重不同，排风 HEPA 过滤器泄漏、手套连接口气流反向或风速偏小权重高，箱体负压较小（或零压）、箱体气密性差权重低。应定期检测气密式动物隔离设备这四项性能参数，《实验室设备生物安全性能评价技术规范》（RB/T 199—2005）对此已有明确要求。

（二）建筑设施故障风险分析

（1）建筑围护结构的基本风险因素为物理密封措施的有效性（包括穿墙设备、穿墙管道自身的气密性及安装边框气密性），应定期检测围护结构气密性，《实验室 生物安全通用要求》（GB 19489—2008）和《生物安全实验室建筑技术规范》（GB 50346—2011）对此已有明确要求。

（2）通风空调系统的基本风险因素包括排风 HEAP 过滤器泄漏（含排水管道的排气 HEAP 过滤器、化学淋浴设备排风 HEPA 过滤器）、排风机故障、生物密闭阀密封性能、生物密闭阀是否正常工作，应定期对排风 HEPA 过滤器进行检漏，定期检测排风机故障等工况转换可靠性，《实验室 生物安全通用要求》（GB 19489—2008）和《生物安全实验室建筑技术规范》（GB 50346—2011）对此已有明确要求。生物密闭阀密封性能及是否正常工作在进行围护结构气密性检测时应同时检测。

（3）电气自控系统的基本风险因素包括公共电力故障、紧急发电机故障、不间断电源故障、控制器故障、上位机软件程序故障等，应定期对这些基本风险因素进行检测验证。方法是人为模拟故障，验证系统是否能自动切换且正常运转，《实验室 生物安全通用要求》（GB 19489—2008）和《生物安全实验室建筑技术规范》（GB 50346—2011）对此已有明确要求。

（4）气体供应系统的基本风险因素包括压缩机故障、供气管道调压阀故障，应定期对这两项基本风险因素进行检测验证，《实验室 生物安全通用要求》（GB 19489—2008）和《生物安全实验室建筑技术规范》（GB 50346—2011）对此尚未有明确要求。

二、活毒废水传播病原微生物对应设备故障风险分析

高等级生物安全实验室病原微生物可通过活毒废水传播扩散至室外，故废水需要消毒灭菌处理，一般采用高压蒸汽灭菌。风险因素包括两类：一类是消毒灭菌不彻底时废水携带病原微生物外排泄漏的风险；另一类是活毒废水处理间出现病原微生物气溶胶时，污染空气释放带来的风险。

（1）活毒废水处理间出现病原微生物气溶胶的风险来源有两项。一项是消毒灭菌过程中尚未被消毒灭菌的罐体内空气经泄压阀、排气 HEPA 过滤器外排泄漏的风险，故泄

压管上的排气 HEPA 过滤器应定期验证其性能。《生物安全实验室建筑技术规范》（GB 50346—2011）10.2.18 条要求：活毒废水处理设备、高压灭菌锅、动物尸体处理设备等带有 HEPA 过滤器的设备应进行检漏。另一项是废水处理系统密闭性发生故障时（罐体、阀门或管路发生泄漏），含有病原微生物的废水扩散至处理间所带来的风险。

（2）废水传播病原微生物外泄风险的基本风险因素（包括“此时无须进一步分析的事项”）主要有：消毒灭菌效果验证不合格（原因可能是消毒灭菌操作规程上的压力、温度、消毒时间等方面有问题，也可能是某些消毒灭菌系统设备部件出现了问题，此时需要专业厂家到现场检查核对解决），压力表 / 压力传感器及温度计 / 温度传感器等失真致使消毒灭菌过程不符合操作规程要求，消毒罐排气 HEPA 过滤器泄漏，消毒设备及管路系统密闭性故障。《实验室设备生物安全性能评价技术规范》（RB/T 199—2015）对消毒灭菌效果验证、压力表 / 压力传感器、温度计 / 温度传感器提出了定期检测验证的要求；消毒设备及管路系统密闭性故障通过室内是否漏水很容易辨识，应巡视监测；消毒罐排气 HEPA 过滤器性能应由供货商提供验证。

三、固态废弃物传播病原微生物对应设施设备故障风险分析

高等级生物安全实验室病原微生物可通过固态废弃物传播扩散至室外，包括防护区废弃物、动物残体废弃物等，涉及双扉高压灭菌锅、动物残体处理系统两种关键防护设备。风险因素包括两类：一类是消毒灭菌不彻底时固态废物携带病原微生物外泄的风险；另一类是动物残体处理间内出现病原微生物气溶胶时，污染空气释放带来的风险。

（1）动物残体处理间内出现病原微生物气溶胶的风险来源有两项：一项是消毒灭菌过程中时尚未被消毒灭菌的罐体内空气经泄压阀、排气 HEPA 过滤器外排泄漏的风险；另一项是罐体处理系统密闭性发生故障时（罐体、阀门或管路发生泄漏），含有病原微生物的废水扩散至处理间所带来的风险，此时转向了建筑设施故障风险，故高等级生物安全实验室的动物残体处理间也应按高等级实验室的防护要求进行建设，否则风险较高。

（2）固态废弃物传播病原微生物外泄风险的基本风险因素（包括“此时无须进一步分析的事项”）主要有：消毒灭菌效果验证不合格（原因可能是消毒灭菌操作规程上的压力、温度、消毒时间等方面有问题，也可能是某些消毒灭菌系统设备部件出现了问题，此时需要专业厂家到现场检查核对解决），压力表 / 压力传感器及温度计 / 温度传感器等失真致使消毒灭菌过程不符合操作规程要求，消毒罐排气 HEPA 过滤器泄漏，消毒设备及管路系统密闭性故障。《实验室设备生物安全性能评价技术规范》（RB/T 199—2015）对消毒灭菌效果验证、压力表 / 压力传感器、温度计 / 温度传感器提出了定期检测验证的要求；消毒设备及管路系统密闭性故障通过室内是否漏水很容易辨识，应巡视监测；消毒罐排气 HEPA 过滤器性能应由供货商提供验证。

第十八章　病原微生物实验室防护设备

第一节　实验操作相关防护设备

一、生物安全柜

生物安全柜分类、原理、操作规范及注意事项参见第九章。

（一）技术参数

在生物安全柜的执行标准中，对生物安全柜的结构、性能提出了相关要求，通常包括以下几方面。

1. 外观　生物安全柜柜体外形应平整，表面应光洁，无明显划伤、锈斑、压痕。焊接应牢固、焊缝应平整、表面应光滑。说明功能的文字和图形符号标识应正确、清晰、端正、牢固。

2. 材料　所有柜体和装饰材料应能耐正常的磨损，能经受气体、液体（清洁剂、消毒剂）等的腐蚀。材料结构稳定，有足够的强度，具有防火耐潮功能。前窗玻璃应使用光学透视清晰，清洁和消毒时不对其产生负面影响的防爆裂钢化玻璃、强化玻璃制作，其厚度不应小于 5mm，Ⅲ级生物安全柜的手套应采用耐酸碱及符合实验要求的橡胶材料制成。过滤器应能满足正常使用条件下的温度、湿度、耐腐蚀性和机械强度的要求，滤材不能为纸质材料。滤材中可能释放的物质不应对人员、环境和设备产生不利影响。

3. 柜体密封性　生物安全柜箱体加压到 500Pa 后，30min 内衰减压力值不应大于 50Pa，或维持箱体压力 500Pa 下，箱体各处不应出现气泡。Ⅲ级生物安全柜工作区在低于周边环境 250Pa 下的小时泄漏率不应大于 0.25%。柜体密封性应符合《Ⅱ级　生物安全柜》（YY 0569—2011）的要求。

4. HEPA 过滤器完整性　生物安全柜送排风 HEPA 过滤器在安装后应进行检漏测试验证。可扫描检测过滤器在任何点的漏过率不应超过 0.01%；不可扫描检测过滤器检测点的漏过率不应超过 0.005%。

5. 风速　生物安全柜的风速涉及工作窗口进风风速和工作区垂直下降气流风速，以及Ⅲ级生物安全柜在去除一只手套后手套口的中心风速，其指标包括平均风速、与标准风速的偏离及不同测点间风速差异。

6. 气流模式　Ⅱ级生物安全柜工作区域内的气流应稳定垂直向下流动，无向上回流气流。Ⅰ级和Ⅱ级生物安全柜工作区开口周边的气流均应向内，无向外逸出的气流，Ⅱ级生物安全柜工作窗口向内的气流还不应进入工作区。有垂直可移动窗的生物安全柜，其两边滑槽处应无向外逸出的气流。

7. 报警　当Ⅰ级及Ⅱ级生物安全柜的垂直移动窗开启高度偏离设定高度范围时，生物安全柜应有声光报警。当开启高度回落至设定范围时，报警应自动解除。当工作窗口进风平均风速偏离设定值20%时，生物安全柜应有声光报警。当排风机风量不足或因故障停机时，生物安全柜送风机应联锁停机，并应有声光报警。

（二）运维管理

定期的维保对任何设备的正常工作都是至关重要的，这一点对生物安全柜也不例外。众所周知，生物安全柜如果使用不当，其防护作用将极大降低。如果只使用而缺乏维护，生物安全柜同样会产生不安全因素，失去其应有的防护作用。

当生物安全柜安装、移动后，或每次检修后，以及每隔一定时间，都应由有资质的专业人员或者生产商按照产品说明书，对每一台生物安全柜进行安装检验或维护检验的验证，以检查其是否符合相关标准或规范的性能要求，是否符合产品的设计要求。生物安全柜防护效果的评估内容应该包括柜体密闭性、HEPA过滤器完整性、安全柜外观是否受损、下降气流平均风速、流入气流平均风速、气流模式、负压（Ⅲ级生物安全柜）情况及报警和互锁系统等。此外还可以选择进行噪声、照度、紫外线灯及振动等现场测试。

在使用生物安全柜过程中出现的任何故障都应及时报告，经维修并检验合格后方可继续使用。

根据使用情况进行设备风险评估，制订淘汰、更新计划。

生物安全柜定期维保项目具体如下。

（1）日维保项目：包括检查生物安全柜的外观、报警系统和气流模式，并记录。

（2）周维保项目：在日维保项目的基础上，周维保项目还应包括检查台面清洁度及风阀接口处，并记录。

（3）月维保项目：在周维保项目的基础上，月维保项目还应包括检查设备配件及各种灯具插座电路，并记录。

（4）半年维保项目：在月维保项目的基础上，半年维保项目还应包括进行一次整体空气消毒及联系维保公司进行一次风速自检，并记录。

（5）年维保项目：在半年维保项目的基础上，每年的维保项目还应包括聘请有资质的第三方进行设备检测，如送排风HEPA过滤器检漏，气流模式、工作窗口气流平均风速、垂直气流平均风速、工作区洁净度检测。根据设备使用情况决定是否更换过滤器，根据检测结果决定是否更换相关灯具，并记录。

二、独立通风笼具

独立通风笼具的工作原理、操作规范及注意事项参见第九章。

（一）技术参数

1. 整体要求

（1）笼盒、笼架、主机应保持一体、坚固、稳定，在突发意外情况时不致倾倒，同时保证主机振动不至于影响笼盒。

（2）IVC是实验动物生活、繁育的唯一场所，与外界完全隔离，盒内始终保持一定压力、换气和洁净度。笼盒的主要部件包括盒体、盒盖、密封胶圈、锁扣和隔网。盒体、盒盖由高分子材料压模而成，材料主要有聚丙烯、聚碳酸酯、聚砜、聚亚苯基砜树脂（PPSU）和聚醚酰亚胺等，其中PPSU在耐腐蚀和高压灭菌等方面性能优异，使用较多。

（3）盒盖与盒体、盒盖上的送排风孔、盒盖上的排风HEPA过滤器、笼架送排风嘴、笼架风管、主机HEPA过滤器及滤器箱、主机风管及风阀等应密封，以保证通风系统内气体不外逸、系统外气体不内侵。

（4）笼盒设置双重安全锁扣，确保盒体与盒盖不脱锁分离。

（5）送风能够流畅地进入笼盒，笼盒内气流组织科学，把笼盒内的废气和湿气完全置换掉，避免笼盒内气流短路、形成死角，避免气流直吹动物，保证笼盒内微环境适宜。

（6）整个系统气流分布均匀，笼架各笼盒间的送排风及压差均匀、一致，笼盒间送排风及压差的最大误差控制在10%以内。

（7）设备整机运行平稳持久。

（8）饲料、饮水、垫料等的更换和动物的传进、传出均在生物安全换笼工作台内进行。

（9）主机、笼架、笼盒能够在原位循环消毒，消毒剂不从主机经过，以保护主机、探头及线路。

（10）应在每次使用前进行清洗和消毒，对于不同部件可分别采用高压蒸汽、化学气体熏蒸、消毒液浸泡擦拭等方式消毒。

2. 内环境指标 主要包括气密性、送排风HEPA过滤器检漏、笼盒内最小换气次数、气流速度、压差、空气洁净度、噪声、光照和氨浓度等。

（1）气密性：是IVC的核心问题，是衡量多个部件的指标，包括盒盖与盒体、盒盖上的送排风孔、盒盖上的排风HEPA过滤器、笼架送排风嘴、送排风管、笼盒离复位警示、主机HEPA过滤器及过滤器箱等。通过密封材料和密封方式优化，使IVC内保持稳定的负压状态。笼盒气密性的要求为脱离笼架的笼盒内压力由–100Pa升至0Pa的时间不少于5min。

（2）送排风HEPA过滤器检漏：HEPA过滤器检漏通常采用扫描滤器滤芯、滤器与安装边框连接处，任意点局部透过率不应超过0.01%，使用气溶胶光度计进行测试时整体透过率不应超过0.005%。

（3）笼盒内最小换气次数：笼盒内最小换气次数不应低于每小时20次，最高可达每小时100次，通常以每小时40～60次为宜。

（4）气流速度：气流方向、风速与动物体热扩散有很大关系，动物通过对流、辐射或体表蒸发来扩散体热，风速加大时则体热散失加快，动物的食量相应增加，动物的紧张感及刺激感也会增加，反之亦然。小鼠能够感受到的最小气流速度为 0.05m/s，为了尽可能避免气流对动物的影响，笼盒通常采用间接气流（气流扩散）设计，这样使动物有舒适感，但笼盒内气流速度太小会影响换气量和换气次数。《实验动物 环境及设施》（GB 14925—2023）规定为≤ 0.2m/s，IVC 内动物活动区域水平气流速度通常远低于此。

（5）压差：正常运行时笼具内应有不低于所在实验室 20Pa 的负压。而笼盒与外界的负压差可达到 –125 ～ –100Pa。笼盒间气流、压差的均一性是非常重要的，差异率通常要求≤ 10%。

（6）空气洁净度：IVC 内是 SPF 级动物生存的微环境，由于送排风经过 HEPA 过滤器过滤，足够的换气量及优良的笼盒气密性，即使是负压 IVC，其内空气洁净度也可达到 7 级甚至 5 级。

（7）噪声：由于动物对声波的敏感度和灵敏度远比人类高，而且可感觉的声波范围比人类大（人的听觉范围是 64 ～ 23000Hz，大鼠为 200 ～ 76000Hz，小鼠为 1000 ～ 91000Hz）。噪声的频谱很广，对动物的影响尤为显著。IVC 的噪声除环境噪声外，主要由机组中的风机（功率越大，噪声越大）及系统管路中管道、弯头和风管内空气流产生。通常要求 IVC 主机的噪声≤ 55dB，笼盒内则应更低。

（8）光照：实验动物对于光照及光照周期非常敏感，《实验动物 环境及设施》（GB 14925—2023）要求动物照度为 15 ～ 20lx，昼夜明暗交替时间为 12h/12h 或 10h/14h。笼盒内的光照靠笼盒外环境提供，会受到其在笼架中不同位置的影响，笼盒的颜色及透光性也会影响笼盒内光照。

（9）氨浓度：由于 IVC 的实际有效换气次数非常高，正常运行时笼盒内的换气次数足以使氮浓度符合标准，这也是 IVC 的一大优点。通常测定 IVC 主排风口的动态氨浓度，要求动态氨浓度≤ 14mg/m^3。

（二）运维管理

IVC 也需要每年或更换部件后进行第三方检测，现场检测的项目至少应包括气流速度、压差、换气次数、洁净度、气密性、送风及排风 HEPA 过滤器检漏。除检测设备内部技术指标外，还应检测设备所处环境的温度、相对湿度、照度、噪声等指标。

同时通过设置监测笼盒，可以对笼盒进行温度、相对湿度、风速、换气次数、洁净度、压差等指标的监测及评估。设置哨兵动物，对盒内的实验动物进行微生物学、寄生虫学、病理学、健康状态等指标的监测及评估，间接反映动物实验是否成功，也可以反映 IVC 的整体运行状况。

（三）IVC 定期维保项目

（1）日维保项目：检查 IVC 的外观、报警系统和压力状态是否正常，并记录。

（2）周维保项目：在日维保项目的基础上，周维保项目还应包括检查笼盒、笼架及风管接口处，并记录。

（3）月维保项目：在周维保项目的基础上，每月的维保项目还应包括设备配件是否正常，检查操作面板和测试笼盒是否正常，并记录。

（4）年维保项目：在进行月维保工作的基础上，每年的维保项目还应包括聘请有资质的第三方进行设备检测，根据设备使用情况决定是否更换过滤器，根据检测结果决定是否更换笼盒的密封部件，并记录。

第二节 消毒灭菌相关设备

一、压力蒸汽灭菌器

（一）分类与原理

1. 根据冷空气排放方式分类 可分为下排式压力蒸汽灭菌器和预真空压力蒸汽灭菌器两大类。

下排式压力蒸汽灭菌器也称重力置换式压力蒸汽灭菌器，其灭菌原理是利用重力置换，使热蒸汽在灭菌器中自上而下流动，将腔内的冷空气下排至腔体外，排出的冷空气由饱和蒸汽取代，利用蒸汽释放的潜热使物品达到灭菌效果。此类灭菌器设计简单，且空气排出不彻底，所需灭菌时间较长。

预真空压力蒸汽灭菌器的灭菌原理是利用机械预真空的方法，使灭菌器内室快速形成负压，可以较彻底地排出灭菌内室及灭菌物品内的冷空气，蒸汽得以迅速穿透到物品内部进行灭菌。根据预真空次数分为预真空和脉动真空两种。脉动真空因多次抽真空，空气排出更彻底，效果最可靠，目前使用最为普遍。

2. 根据设备形状特性分类 可分为立式压力蒸汽灭菌器和卧式压力蒸汽灭菌器。

立式灭菌器由于体积小，移动方便，受到了很多实验室的欢迎，立式灭菌器一般以下排气式居多。

卧式压力蒸汽灭菌器根据门的开关形式不同又分为手动门压力蒸汽灭菌器、机械动力门压力蒸汽灭菌器。手动门主要是借助人力实现密封门的开关及其密封；机械动力门采用了电动升降和压缩气密封技术，在实现可靠密封的同时，极大地减轻了操作者开关门的劳动强度，使该灭菌器的自动化程度达到新的水准。机械动力门主要分为两种，分别是升降门和平移门。升降门是采用压缩空气或者电机控制门的升降开关，无须借助人力就可以通过系统自动控制门的垂直升降开关；平移门是采用压缩空气、电机等控制门的水平移动以实现门的开关。升降门和平移门使用更加简单且安全性好，自动化程度高，目前欧美发达国家以升降门和平移门压力蒸汽灭菌器为主。随着我国医疗水平及科研领域的迅速发展，升降门和平移门压力蒸汽灭菌器的使用数量正逐年攀升。

3. 根据灭菌器门的数量分类 可分为单门压力蒸汽灭菌器和双门压力蒸汽灭菌器（穿墙安装）。

传统的压力蒸汽灭菌器为单门，随着人们对无菌操作的要求越来越严格，双侧开门的压力蒸汽灭菌器越来越多，如有明确清洁区（辅助工作区）、污染区（防护区）之分的制药洁净厂房，洁净病房和生物安全实验室。双门分别处于洁净度（或污染程度）不同的两个区域，而且要求双侧门呈互锁关系，不能同时打开。

4. 根据使用实验室类别的分类 可分为普通型压力蒸汽灭菌器和生物安全型压力蒸汽

灭菌器。

普通型压力蒸汽灭菌器在设计时一般不考虑排出的冷空气及冷凝水对环境的污染，但处理有感染性的物品时需要对冷空气及冷凝水进行消毒灭菌处理，特别是（A）BSL-3和（A）BSL-4实验室的压力蒸汽灭菌器在排气管道上都应有冷空气消毒处理装置，在设备排水前对冷凝水进行有效的灭菌处理，同时对安全阀泄气进行过滤处理，以及对门密封条进行抽真空的过滤处理。

（二）操作规范及注意事项

（1）检查设备的外观、状态和配置条件是否正常。

（2）预热设备，打开供气、供水、供蒸汽阀门，待设备运行稳定后备用。

（3）装载物品，装载量为锅体容积的10%～80%。

（4）灭菌程序选择，根据被灭菌物品的不同进行程序选择，大体可分为固体和液体两大类。

（5）灭菌后待温度下降到50℃以下再打开锅门，以防过热烫伤操作人员。

（6）每锅灭菌物品均需放置灭菌化学指示卡，进行每锅温度检测。

（7）设备使用完毕后，需对锅体进行清洁工作，擦去锅体内残留的水分。

（8）使用后进行记录。

（三）技术参数

（1）外锅或称“套层”，供贮存蒸汽用，连接用电加热的蒸汽发生器，并有水位玻璃管以标志盛水量。外锅的外侧一般包有石棉或玻璃棉绝缘层，以防止散热。

（2）灭菌室是放置灭菌物的空间，可配制铁箅架，以分放灭菌物。

（3）压力表内外锅各装一只，便于灭菌时参照。目前的压力表一般用“MPa”作为压强单位。

（4）温度计可分为两种：一种是直接插入式的水银温度计，装在密闭的铜管内，焊插在内锅中；另一种是感应式仪表温度计，其感应部分安装在内锅的排气管内，仪表安装于锅外顶部，便于观察。

（5）排气阀一般在外锅、内锅各安装一个，用于排出空气。新型的灭菌器多在排气阀外装有汽液分离器（或称疏水阀），内有由膨胀盒控制的活塞。利用空气、冷凝水与蒸汽间的温差控制开关，在灭菌过程中，可不断地自动排出空气和冷凝水。

（6）安全阀或称保险阀，利用可调弹簧控制活塞，超过额定压力即自动放气减压。通常调在额定压力之下，略高于使用压力。安全阀只供超压时安全报警使用，不可在保温时用作自动减压装置。

（7）热源除直接引入锅炉蒸汽灭菌外，应具有加热装置。近年来的产品以电热为主，即底部装有调控电热管，使用比较方便。

（四）运维管理

压力蒸汽灭菌器属于特种设备，运维要符合特种设备相关法律法规规定，可参考《中华人民共和国特种设备安全法》及《特种设备安全监察条例》。

定期维保包括以下项目。

（1）日维保项目：每日检查胶圈有无损坏，进、排气口是否有堵塞，关好门后通蒸汽检查是否存在泄漏。每日使用完后最好在胶条上涂滑石粉，以延长胶条使用寿命；检查压力表指针是否能回“0”；每日灭菌工作结束后，切断电源，拉闸断电，关闭蒸汽电源。

（2）周维保项目：每周擦洗灭菌锅的外表及保持灭菌室内清洁干燥；每周清洗过滤网，过滤网极易附着各种纤维碎屑及沉淀物，会严重影响抽真空的速度及处理冷凝水的流畅度。

（3）月维保项目：每月提拉灭菌锅内室安全阀手把1次，用蒸汽冲刷，以防其失灵。灭菌室每月至少进行一次彻底的除垢、维修和保养工作。不锈钢部件要用浸有液状石蜡的纱布擦拭。

（4）半年维保项目：每半年一次取下密封条，先用肥皂液清洗干净，然后用酒精擦洗晾干，再其装回到密封槽内；蒸汽发生器除垢；清洗进气与进水管路过滤器；为压力灭菌器添加高温润滑油；灭菌锅及蒸汽发生器压力表拆下送计量部门进行检测并留存检测证书。

（5）年维保项目：灭菌锅及蒸汽发生器安全阀送特种设备监督检验所检测并留存检测报告；每年进行一次BD测试和生物指示剂验证测试，并留存检测报告。

（6）不定期维保项目：对锅体进行全检，但不必每年都进行，可根据检测报告的时间进行安排。

二、气体消毒设备

（一）分类与原理

气体消毒设备是指采用物理喷雾、加热雾化、化学反应生成等方式，利用气态消毒剂，杀灭实验室设施或设备及物体表面病原微生物的装备，一般应用于高等级生物安全实验室设施设备的终末消毒。高等级生物安全实验室需要终末消毒的时机包括但不限于以下情况：变更操作的病原微生物种类时、实验完成并停用实验室时、实验室内设施设备检修维护前及发生病原微生物泄漏事故时。

气体消毒设备的工作原理是将气态消毒剂注入被消毒空间并使之扩散均匀，维持一定时间后，气体消毒剂将空间内空气中及物体表面的病原微生物杀灭，然后通过向外排风或循环吸收将空间内的气体消毒剂去除。相较于传统的擦拭、喷雾、雾化等消毒方法，气体消毒剂一方面具有良好的扩散特性，可以到达被消毒空间内的每个角落，包括设备底面甚至HEPA过滤器下游，可以实现无死角的彻底消毒；另一方面气体消毒剂不会或极少附着于物体表面，无须人工擦拭，省时省力。

（二）操作规范及注意事项

（1）设备使用前需进行相关检查，包括设备的状态是否正常，消毒剂是否充足，消毒的空间或设备是否准备好，密封条件是否具备。

（2）消毒验证准备工作，包括需消毒空间和设备验证菌片的布置，设备或管路准备。操作人员退出待消毒区域，对外围进行密封处理。

（3）在设备消毒过程中随时观察消毒进展，如遇问题随时停机处理。

（4）消毒完成后，需进行空间的排气或分解工作，待可进入消毒区域时，需持手持检测仪，佩戴个体防护装备进入，如出现浓度过高报警，应迅速撤离相关区域。

（5）取下布置的菌片，在生物安全柜内进行分装，放入相应温度的培养箱进行培养，根据《消毒技术规范》（卫生部 2002 版）的要求进行培养及评判结果，最后形成自检报告。

（6）设备使用完后需对管路进行冲洗，防止消毒剂残留在管道内对管道造成腐蚀。

（7）设备使用后进行记录。

（三）技术参数

1. 气体二氧化氯消毒机　气体二氧化氯（GCD）是一种公认的具有强氧化性能的高效、广谱消毒剂，几乎可以杀灭一切微生物。2001 年，在美国炭疽邮件事件中，美国环境保护署（USEPA）评价了气体二氧化氯对疑似炭疽污染的参议院办公大楼、华盛顿布伦特伍德邮局分拣中心等整栋建筑的消毒效果，使气体二氧化氯空间消毒技术获得广泛关注及认可。2006 年，美国某公司的商品化气体二氧化氯消毒机获得 USEPA 的注册批准，使气体二氧化氯消毒机走上了商业化推广道路。2007 年，美国国家卫生基金会（NSF）修订 NSF/ANSI 49 标准，指定气体二氧化氯可替代甲醛用于生物安全柜的灭菌。气体二氧化氯不稳定，遇光、遇热易发生分解，无法实现压缩储运。因此，在使用气体二氧化氯消毒的场合，一般要求现场根据需求定量制备，根据制备方法，可分为气－固法和二元粉剂法。

气－固法利用氯气（Cl_2）与亚氯酸钠（$NaClO_2$）固体反应生成气体二氧化氯。以英国 ClorDisys 公司的系列产品为代表，在欧美国家广泛应用于生物安全实验室、生物制药车间等。气－固法制备气体二氧化氯的反应原理为含 2% ～ 5%Cl_2（*V*/*V*，其余为 N_2）的压缩气体经过减压后，以一定范围内的流量经过填装有 $NaClO_2$ 颗粒的固定反应罐，生成气体二氧化氯，反应式为 $Cl_2 + 2NaClO_2 = 2NaCl + 2ClO_2$。气－固法消毒机的生成量较大且可控，因此既可用于实验室等较大型设施空间的消毒，也可用于生物安全柜、生物安全隔离器等较小型设备内空间的消毒。一般集成光电式二氧化氯传感器，用于实时检测被消毒空间的二氧化氯浓度，以实现实时反馈控制及历史数据追溯。

二元粉剂法采用溶液中 $NaClO_2$ 与酸性物质反应生成 ClO_2 的原理，并利用二氧化氯在水中的溶解度较低（极少发生水解反应）及溶液蓄热沸腾等特点促使二氧化氯逸出。二元粉剂之一为 $NaClO_2$，另一种通常选用有机酸，应用时分别溶于一定量的水制备成两种溶液，以一定方式混合后发生反应。通过优化配方，可以使反应剧烈且溶液沸腾，因此反应过程中可产生一定量的蒸汽，从而提高被消毒空间的相对湿度，更利于增强二氧化氯的消毒效果。二元粉剂法生成二氧化氯的量较小且近似为定值，适用于生物安全柜等较小型设备内空间的消毒。

2. 汽化过氧化氢消毒机　汽化过氧化氢（VHP）具有广谱杀菌作用，尤其是缺乏过氧化氢酶的细菌（如厌氧菌），对 VHP 较为敏感。第一台 VHP 消毒机于 20 世纪 80 年代由 STERIS 公司（AMSCO）发明，目前已被广泛应用于生物安全实验室、生物制药车间和医院感染控制等领域，适用于房间、生物安全柜、传递窗、隔离器等设施设备的消毒。2001年美国炭疽邮件事件后，USEPA 评价了 VHP 对疑似炭疽污染的美国联邦邮政大楼的消毒效果，获得认可。

VHP 消毒机将一定浓度（30% ～ 35%）的过氧化氢溶液进行闪蒸或高温加热为过氧化氢蒸汽，在达到饱和浓度露点或较高浓度冷凝前杀灭微生物，其杀菌效果是过氧化氢溶液的 200 倍，50ppm（$1ppm=10^{-6}$）即可杀灭芽孢。

根据消毒过程中对初始环境相对湿度要求的不同，VHP 消毒机分为干式和湿式两种类型。

干式 VHP 消毒机消毒流程启动时，首先使被消毒空间的相对湿度降至较低值，然后注入 VHP，熏蒸消毒过程中使 VHP 尽量多地维持气相状态（干气），以达到更好的扩散均匀性。湿式 VHP 消毒机消毒流程启动时不需要除湿，而是适当调高温度以提升饱和蒸汽压，然后注入 VHP，熏蒸消毒过程中使 VHP 达到饱和状态（湿气），并在物体表面形成过氧化氢微冷凝薄膜，在微冷凝薄膜中过氧化氢分解为氧化还原性更强的羟基而达到更强的杀灭效力。

两种类型的 VHP 消毒机各有优缺点，干式具有更优良的扩散性，空间分布更均匀，但需要集成较强的除湿功能，除湿较困难；湿式对物体表面具有更强的消毒效果，但因难以控制消毒环境温度的均匀性，局部过度冷凝导致过氧化氢浓度分布不均匀。

（四）运维管理

气（汽）体消毒设备是实验室进行空间和设备消毒的重要装置，对该设备的运维需要足够的专业背景，应尽量选择有经验的操作人员使用设备。

定期维保项目如下所述。

（1）日维保项目：每日需对设备进行查看，检查设备外观。

（2）月维保项目：每月查看设备反应罐、管路。开机查看各部件参数是否正常。

（3）半年维保项目：每半年一次检查机器内部各阀门、分光光度计、设备线路等。

（4）年维保项目：每年进行一次设备的消毒效果验证，保证设备可靠运行，并留存检测报告。

三、化学淋浴消毒装置

（一）工作原理

化学淋浴消毒装置是正压防护服型（A）BSL-4 实验室的关键防护设备之一。化学淋浴消毒装置作为实验室工作人员退出高污染区的第一道防护屏障，其重要性不言而喻。因此，在（A）BSL-4 实验室核心工作间出口，工作人员必须通过化学淋浴消毒装置对所穿戴的正压防护服表面进行全方位的喷雾消毒和清洗，以保护人员安全和防止危险生物病原体偶然外泄到环境及周围社区。

就化学淋浴系统设备装置而言，目前各国都有自己的设计标准，但设备通用性原理基本一致，结构组成大致相同，如气密型淋浴室、配液系统、精细雾化技术、消毒剂等。

国内外高等级生物安全实验室所使用的淋浴系统的基本工作原理大致如下：在互锁式气密门组成的气密型淋浴室内，淋浴室连接至双级过滤送排风装置系统，使化学淋浴箱体内保持负压状态；由配液系统将自动配比的化学药剂，通过加压泵组、阀组、传感器系统及管道系统，利用超精细雾化喷嘴，把化学药剂宽范围、无死角地喷洒到正压防护服上，有效灭活并去除工作人员所穿正压防护服表面可能沾染的危险致病微生物；同时，收集淋浴所产生的污水排放至污水处理系统，进一步灭活处理。

（二）操作规范及注意事项

（1）注意设备的各组成部分是否工作正常。

（2）气密型淋浴室气密性是否正常，墙面、地面、顶棚是否有腐蚀。

（3）雾化喷嘴是否正常，查看有无锈蚀或堵塞，喷洒消毒剂时压力是否合适。

（4）消毒剂消毒效果是否达标，有无验证记录。

（5）化学淋浴系统设备设置紧急按钮，检查通信措施是否正常，检查负压状态下淋浴后的水是否可以可靠收集。人员在使用中如发生意外，可通过紧急按钮关停化学喷淋，同时报警通知中控室值班人员。待进行询问处理后，方可继续使用。

（三）技术参数

整体式化学淋浴设备由气密型淋浴消毒间（内气密箱体、钢结构骨架、外装饰箱体、污水收集槽、网孔踏板、气密型地漏）、雾化喷淋系统（喷嘴、管路、应急手动消毒装置）、化学药剂配液系统（罐体、阀组、泵组及传感器系统）、送排风过滤系统（高效过滤单元、生物密闭阀）、气密门（门禁联锁控制、应急解锁装置及故障报警指示）、供气系统（生命支持供气系统、压缩空气供气系统）、自动控制系统（压差、照明、互锁、监控、报警）等组成。

1. 气密型淋浴消毒间　是供穿戴正压防护服的工作人员洗消的空间，是消毒的工作区域。其淋浴间内壁板采用耐腐蚀、易清洁、无泄漏的材质，出入口设有气密门，顶部安装送排风 HEPA 过滤器装置，侧壁设置生命支持系统螺旋管接口和相关仪表、操作按钮等，底部设有污水收集槽并配备网孔踏板、气密型地漏及防回流管路。由于化学消毒剂具有一定的腐蚀性，其箱体材料必须耐腐蚀，重点化学淋浴消毒间整体焊接构造及管线与箱体的连接等必须确保淋浴间的气密性，满足整体淋浴间围护结构气密防护要求。箱体结构应能耐受 1000Pa 的压力，箱体保持 500Pa 压力时，经过 20min 后压力损失不超过 250Pa。

（1）淋浴消毒间外箱体：化学淋浴装置外箱体一般采用耐腐蚀、易清洁、无泄漏的材质拼接组装，重点考虑与相邻房间（污染区、半污染区）的连接处及密封结构形式，确保相邻房间的气密性要求。门体顶部或其他空间位置处设置检修口，方便施工人员安装、维修等。

（2）淋浴消毒间钢结构框架：淋浴间的整体框架采用耐腐蚀的方管或矩形管型材焊接方式。主框架支撑整个化学淋浴设备，应结实、牢固，满足运输及安装时吊装要求。辅助框架搭接在主框架上，进一步加强装置的强度，保证壁板的平整性和强度，满足高压力下箱体的气密性要求。

（3）淋浴消毒间内箱体：淋浴消毒间的空间大小应能满足 2 人以上同时使用，并有一定的活动空间。整体淋浴间的箱体宜采用耐腐蚀、易清洁、无泄漏的材质，其表面应抛光精细、平整光滑、易清洁。雾化喷嘴接头的管道、控制面板、照明设备、送排风管道、排水管道、气密门等与箱体连接处均采用满焊焊接工艺技术，以确保箱体的气密性。

（4）淋浴消毒间污水收集槽：消毒间箱体底部应设置污水收集槽，收集槽的容积应能至少收纳 1 次全流程消毒循环产生的污水，收集槽上部铺设网孔踏板或格栅式踏板，淋浴消毒产生的污水能及时从踏板孔隙流入收集槽内，待流程结束后再将污水集中处理至污水处理设备中。

（5）淋浴间气密型地漏：为保证淋浴消毒间的气密性，除箱体气密性要求外，污水排出也应选用气密型地漏。地漏主体采用耐腐蚀、易清洁、无泄漏的材质，通过压缩空气驱动气缸来控制地漏的打开或关闭。废液入口处设有孔板，以有效防止异物进入，地漏内部设有防回流措施，即使地漏打开，也能依靠地漏罐体的水柱压力保证房间气密性，有效防止气体外逸。

2. 雾化喷淋系统　化学淋浴设备的重要技术指标：雾化喷淋技术必须满足多角度宽范围、无死角地对防护服表面进行清洗消毒的要求。雾化喷嘴是喷淋洗消的核心部件，一方面要求雾化效果好，能有效接触并杀灭病原微生物；另一方面应兼顾节约用水，在低耗水量的条件下保证消毒效果。雾化喷淋技术涉及喷嘴的选型和布局，超细雾化淋浴技术，压力、管径、流量等因素对喷嘴雾化粒径、角度、冲击力的影响规律。

（1）雾化喷嘴类型：雾化喷嘴的主要特性（参数）包括喷雾类型、喷射角度、喷嘴流量、喷嘴材料、液滴大小、冲击力、流量分布均匀性。常采用的雾化喷嘴一种是单流体雾化喷嘴，一种是双流体雾化喷嘴（空气雾化喷嘴）。单流体雾化喷嘴是利用高压泵将液体加压至所需压力，借助水压产生超细喷雾。此种类型喷嘴平均喷雾粒径相对较小，最细喷雾粒径约为 50μm。流量可调范围宽，喷雾覆盖范围广，冲击力强。单流体雾化喷嘴连接的管路仅需要液体传输，管道设计简单，方便安装调试，适合小空间安装。双流体雾化喷嘴需要借助压缩空气和水压两种动力源，相比单流体雾化喷嘴，其结构相对复杂，平均喷雾粒径更小，喷雾效果更好，平均喷雾粒径约为 30μm。其安装需要两路管路，一路提供水源，一路提供压缩空气源，这种类型喷嘴的管道宜布置在淋浴间内。雾化粒径在 50μm 以下的化学消毒液都能有效接触各类微生物表面，达到最佳灭活与消毒杀菌效果。喷嘴雾化形状的选择，应考虑全方位、无死角的喷淋效果，雾化喷雾效果应形成圆形打击区域，分布均匀，压力和流量适用范围广，液滴大小适中。

（2）雾化喷嘴布局：结合淋浴消毒间箱体内尺寸，确保化学消毒液雾化喷淋能够无死角地对防护服表面及箱体进行清洗消毒。单一工位上，中心位置的顶部和底部分别设置 1 个喷嘴，2 个侧壁上各设置 3 个喷嘴。同时可增加辅助的手持雾化喷嘴，喷嘴喷射角度顶部选择 60° ～ 90°，其余喷嘴角度选择 90° ～ 120°，这使得喷射面积能完全覆盖人的整体尺寸，雾化喷出的超精细药雾颗粒能有效覆盖整个淋浴消毒间。应急喷淋雾化喷嘴的布局：在正常喷淋系统出现故障及停电等情况下，应有应急洗消装置。完全借助消毒液重力，手动打开阀门而完成一次应急洗消流程。针对无外力作用下的喷淋情况，应急管路上的喷嘴宜选用低压力、大流量、多角度的雾化喷嘴。应急喷淋雾化喷嘴主要集中在顶部：单一工位上设置 2 个喷嘴，中心位置顶部设置 1 个广角型雾化喷嘴，顶部侧边设置 1 个手持喷嘴。应急喷淋的自身重力，在 1.5bar（1bar=10^5Pa）压力下，喷射流量为 6.5L/min。

（3）管道系统：整套化学淋浴设备的喷淋管道系统包括水淋、药淋、应急喷淋、污水排放等管路。水淋和药淋共用一套淋浴喷头及管道。根据管道系统基本供水量、工作压力、流量及位置分布、箱体结构等参数设计系统布局，包括不锈钢 316L 管道系统管径、管件和安装支架的选择等。对输送化学药液的管道来说，管道焊接质量很重要，所有的焊接均需进行外观检查，有条件的地方尽可能采用管道焊接机进行不锈钢管道焊接。局部管道倾斜度根据实际情况，按规范要求制作。管道在施工完毕后，要进行保压测试，以检验整个管道系统的承压能力，即对管道进行泄漏测试。保压测试后，必须对整个系统进行吹扫。管路支架应根据布局和类型，以满足管路荷重、补偿、位移、减少振动等要求为前提，选用不同类型的固定支架等。

3. 送排风过滤系统　化学淋浴设备的送排风系统，除了要考虑正常（无消毒）运行时，确保淋浴室的相对压差，以及与相邻房间保持一定的压力梯度，还要考虑消毒时，工作人员所穿戴的正压防护服的排气量及喷嘴雾化的气雾，特别是选用空气雾化喷嘴时，会有一定量的压缩空气进入淋浴间。因此，排风过滤单元的排风量应能满足所有条件下的运行，防止舱室压力增大或与相邻房间的压力梯度出现逆转现象。送排风过滤单元应具备对 HEPA 过滤器原位进行消毒灭菌和检漏功能，还需要考虑选用防潮、耐腐蚀的 HEPA 过滤器，解决其安全使用、安装及更换等问题。

4. 气密门　化学淋浴设备的进、出两侧门体应选用气密门，可选用机械压紧式气密门或充气式气密门。压紧式气密门的弹性密封胶条镶嵌在门体上，密封胶条与门框的接触面在门框外表面，消毒结束后，开门时容易使雾化的消毒液滴溅在相邻房间的地板上，其门体上的弹性密封胶条与腐蚀性的消毒液长时间接触会影响密封胶条的弹性性能。因此，化学淋浴洗消装置门体的理想选择是充气式气密门，特别是双气囊充气式气密门。充气式气密门的工作原理是镶嵌在门板的充气密封胶条在外部压缩空气的作用下，充气膨胀、放气缩回，其形变量更大，胶条气囊的膨胀或缩回借助外部压缩空气的压力，化学药液对密封胶条的腐蚀不会影响其形变量，相对来说使用寿命更长、密封效果更好。

5. 自动控制系统　化学淋浴设备必须具备安全可靠、操作方便的自动控制系统，身穿正压服的工作人员能独立完成全部淋浴洗消流程操作。其中应包括：开、关气密门的操作，淋浴间两侧的门体互锁控制，一侧门打开，另一侧门必须保持关闭状态，不能同时打开；自动调节淋浴消毒间的送排风系统，确保有足够的通风能力，控制送风量保证其足够的换气次数，控制排风量维持设定负压，防止淋浴、清洗过程中出现内部正压（最小负压差为 −10Pa）或与相邻房间出现压差逆转的现象。

化学淋浴设备工作流程包括自动加药、正常化学药剂喷淋、清水清洗等。控制系统按照设置要求自动配制消毒药剂，实时监测罐体液位及浓度值。此外，还包括实验工作人员退出污染区准备进入淋浴消毒间、依据控制系统界面预先设定参数、打开互锁气密门进入、连接生命支持系统呼吸接口、启动自动运行按钮、化学药液自动雾化喷淋、延时暴露等待、自动清水清洗、消毒结束自动打开气密地漏排液等工作流程。自动控制系统采用人机界面结合可编程逻辑控制器（PLC）控制，人机界面（触摸屏）放置在淋浴消毒间外部，在触摸屏上可设置相关流程参数，并具有实时数据显示、报警故障显示等功能。确保按要求准确无误地完成各项操作，各工作步骤全程自动控制。

（四）运维管理

化学淋浴消毒装置是正压服型实验室必需的消毒设备，该设备的有效运行可以很好地去除防护服的污染，保证实验室的生物安全。

定期维保项目如下所述。

（1）日维保项目：每日需对化学淋浴消毒装置各部分进行检查。

（2）月维保项目：每月查看消毒剂浓度是否在规定范围，淋浴间是否有锈蚀现象。

（3）半年维保项目：每半年一次检查设备各参数是否正常，设备管路、电路是否正常。

（4）年维保项目：每年进行一次设备的消毒效果验证，保证设备的可靠运行，并留存检测报告。

四、污水消毒设备

（一）分类与原理

污水消毒设备一般应用于含有病原微生物的废水处理系统中，处理后的水质达到对病原微生物的灭活标准。污水消毒可以防止病原微生物通过废水排放从实验室泄漏并导致感染因子进入周围环境中。在（A）BSL-3 和（A）BSL-4 实验室中，污水消毒设备对实验室核心区域内的洗手盆、淋浴、高压灭菌器及其他用水器具排出的废水进行灭菌处理。

污水处理设备按灭菌方式不同，分为化学方法和物理方法两大类，物理方法又分为电加热型和蒸汽型两种。根据消毒程序不同，又分为序批式和连续流式两种。

化学方法相对节能，但缺少一定的广谱性，针对不同病原需选择不同的消毒剂进行消毒处理，且化学消毒后如中和不彻底，对环境污染较大。

物理方法主要采用高温高压处理污水，一种是通过往罐体内输送饱和蒸汽对污水进行消毒处理，一种是通过电加热棒直接加热的方式对污水进行消毒处理。两种方法的能耗都比较大，但适用性广泛，且灭菌冷却后排放时对环境及地下水无影响。

序批式污水消毒工艺中，污水经单独的管道汇集后，首先贮存在灭活罐中，灭活罐容积约为一天的废水量，待污水积攒到消毒液位时灭活罐进行消毒处理，在灭活罐内保持灭活的温度并停留一定时间，待病原体全部被灭活后，在灭活罐中保存 12h 降温，待达到时间后排出实验室，在主罐进行灭菌过程时，备用罐开始收集污水。如此循环往复。

连续流式污水消毒工艺中，污水经单独的管道汇集后排入收集罐，然后由带有绞刀的污水泵提升进入热交换器预热，预热后废水的温度约为 100℃，再进行电加热至灭活的温度，在管道内保持此温度一段时间灭菌，一般为 3 ～ 18min，可根据实验用的病原体确定灭活的温度和时间。保温灭菌一段时间后，再流回热交换器与被加热水进行热交换，冷却到 40℃后排至室外，设备不需要专门的冷却装置，可以连续运行。

（二）操作规范及注意事项

（1）电加热或蒸汽式的污水消毒设备同样属于特种设备，需要满足相关法律法规的规定。

（2）污水消毒设备的排放需满足当地环保要求。

（3）化学式的需注意消毒剂的浓度是否达标，应定期监测。

（4）电加热式的需注意电加热设备是否工作正常，一般会有多组电加热棒同时工作，需注意用电负荷。

（5）蒸汽式的需注意蒸汽供给的饱和度。

（6）设备如发生故障，需联系厂家安排有资质的人员进行维修。维修人员需知晓所操作病原微生物的危害。

（7）每批次污水处理需进行消毒效果验证，需要定期用生物指示剂验证消毒效果。

（8）设备使用后进行记录。

（三）技术参数

（1）基本要求

1）环境温度：5 ～ 40℃。

2）相对湿度：不大于 85%。

3）大气压力：70 ～ 106kPa。

4）电源：交流电（220±22）V，（50±1）Hz；或交流电（380±38）V，（50±1）Hz。

5）蒸汽压力：300 ～ 600kPa。

（2）所有材料应耐磨损，能经受气体、液体、清洁剂、消毒剂的腐蚀。材料结构稳定，有足够的强度，具有防火耐潮能力；与灭菌废水所接触到的部件采用不低于 316L 的不锈钢，设备支架等其余部件采用不低于 304 的不锈钢。

（3）高温高压灭活单元废水贮存灭活罐体为压力容器，系统极限压力不小于 400kPa。压力容器应符合《固定式压力容器安全技术监察规程》（TSG 21—2016）和《压力容器》（GB/T 150—2024）的规定。高温高压灭活设施加热方式为蒸汽加热或电加热。压力容器外设有保温层，通体及封头部分均做隔热保温处理。灭活罐内设有能够有效去除漂浮物和下沉固体成分的装置，防止堵塞和淤塞。固体成分完全灭菌处理后可按照普通废物处理。固体成分分离装置能安全更换。

（4）具有消毒灭菌效果验证装置。

（5）高温高压灭活单元应装有安全阀，安全阀应符合《压力容器》（GB/T 150—2024）的规定。

（6）设备运行过程中罐体内气体应经过 HEPA 过滤器过滤后排出；过滤器滤除直径 0.3μm 以上微粒的滤除效率不低于 99.999%，过滤器及部件应易于安装。过滤器可在线消毒灭菌，可安全更换。

（7）宜具备冷却循环功能，排水温度低于 60℃。处理后的废水排放符合国家相关标准。

（8）具备手动和自动操作方式。宜具有远程监控功能。

（9）高温高压灭活单元温度指示仪表：高温高压灭活指示仪表；夹套温度、压力指示仪表（如果高温高压灭活单元配备承压夹套）。

（10）采用指示菌管（片）检测装置或在排放口处设置取样阀，可以随时取样检测，验证废水的灭活效果。

（四）运维管理

污水消毒设备是动物生物安全实验室必不可少的关键消毒设备，该设备可以有效处理废水排出实验室前的消毒灭菌工作，实现达到排放标准。

定期维保项目如下所述。

（1）日维保项目：每日需对污水消毒设备各部分进行检查，同时观察设备有无跑冒滴漏现象。

（2）月维保项目：每月对备用罐体进行清洁，检查管路连接有无问题。

（3）半年维保项目：每半年一次检查设备各参数是否正常，检查设备管路、电路是否正常。压力表每半年进行一次检测，并留存报告。

（4）年维保项目：每年进行一次设备的消毒效果验证，保证设备的可靠运行，并留存检测报告。由于部分污水消毒设备属于特种设备，需满足特种设备的检测需求。

五、动物残体处理系统

（一）分类与原理

动物残体是指动物的完整或部分躯体。生物安全领域的动物残体往往携带烈性病原微生物，不予处理或处理不当会引发病原微生物扩散、传播，造成严重的环境污染和生物危害，因此需对其进行高效、安全的无害化处理。动物残体无害化处理是指通过物理、化学或生物手段将动物残体处理成对生物和环境无害的物质的过程。

1. 炼制 炼制处理工艺也称炼油法，该方法通过加热使油脂从动物的脂肪中熔炼、分离，将动物残体转化为肉粉、油脂等可二次利用的产物，是一种历史悠久的动物残体处理方法。早在 19 世纪，随着压力蒸汽容器的发明，采用湿化法的炼制处理设备便已出现并用于肉类食品行业。20 世纪 20 年代，干化炼制工艺出现，该方法相比于湿化法具有处理周期短、蛋白质回收率高、排放气味少等优点。随后，炼制处理工艺及设备不断发展完善，逐步具备了连续处理能力、搅拌功能等，处理效率、回收产物品质也随之提高，但应用领域还主要集中于农业和食品行业。近些年来，国外对传统炼制处理工艺完善改进，研发了适用于实验室动物残体无害化处理的设备，并应用于生物安全领域。但炼制法在处理难以杀灭的病原微生物方面存在风险，美国和欧盟则禁止炼制工艺应用于感染朊病毒的动物残体的处理。

炼制处理分为干化法和湿化法两种工艺，两种工艺的基本原理都是通过高温高压使病原微生物灭活，油脂从脂肪中分离，水分从动物组织中分离。湿化法采用直接接触法，即动物残体和热载体（蒸汽或水）直接接触；干化法则是通过热导法，即动物残体的表面与热源接触。目前，应用于生物安全实验室的动物残体处理系统大多采用湿化法。

2. 碱水解　是一种组织消化技术，主要利用强碱、高温、高压环境催化组织水解，灭活病原微生物，从而达到无害化处理的方法。1993 年美国奥尔巴尼大学兽医系首先将碱水解用于处理染疫动物尸体。1995 年，美国 WR2 公司制造安装了第一台碱水解处理设备，并用于人类尸体的处理。经过 30 多年的发展，碱水解处理工艺逐渐用于动物残体的无害化处理，并出现了移动式、固定式、车载式等不同类型的基于碱水解工艺的动物残体处理系统。而在效果评价和应用许可方面，基于碱水解的动物残体处理系统已被证实能够灭活美国 STAATT 标准中所列的所有病原微生物，美国各州也均通过了碱水解工艺处理染疫动物残体的应用许可。尤其对导致疯牛病的朊病毒，碱水解处理能够彻底灭活朊病毒，并获得了欧洲委员会科技筹划指导委员会、加拿大食品监督局和美国农业部等机构的应用许可。

根据处理温度不同，碱水解动物残体处理系统可分为低温和高温两种类型。低温处理系统工作温度为 95℃，常压运行，处理周期大约为 16h，若使用搅拌器，可缩短至 10 ～ 12h。该类设备的优点是罐体无须承压、设备成本较低、维护简单，缺点则是处理周期长、处理效率低。高温处理系统采用常规的碱水解处理工艺，采用压力容器承装动物残体，工作温度为 120 ～ 150℃，高压运行，处理周期为 3 ～ 8h。与低温系统相比，高温系统处理周期明显短于低温系统，处理效率更高，灭菌能力更强，但设备更复杂、更昂贵、更难以维护。目前，生物安全实验室大多采用高温系统。根据输出方式不同，碱水解动物残体处理系统可分为干输出式和湿输出式两种类型。动物残体经过碱水解处理后会产生高生化需氧量（BOD）和 pH 保持在 12.5 以上的无菌废液。湿输出处理系统对废液采取冷却、稀释、中和的方式进行排放，而干输出处理系统则对废水进行脱水处理，形成固体冷凝物后输出。两种输出方式要求的罐体内部结构和搅拌单元也不尽相同，湿输出处理系统罐体内部设有网状篮，搅拌单元主要由罐体底部的射流搅拌装置、碱液循环泵和循环管路组成，网状篮用于盛装动物残体，并将处理后的骨骼残渣和废液隔离，便于固体产物的回收。干输出处理系统罐体内部设有搅拌轴和搅拌桨，在处理过程中对动物残体进行搅拌破碎，骨骼残渣充分破碎后和废液混合，脱水后共同形成固体冷凝物并进行排放。

（二）操作规范及注意事项

（1）设备在使用前需进行外观及性能检测。

（2）设备一般为自动运行，如发生故障需专业人员进行手动处理。

（3）设备使用后进行记录。

（三）技术参数

（1）结构：设备主体采用圆形立式双层结构，圆形腔体结构无死角；气动密封门结构，开启、关闭均采用气缸带动，并设有安全联锁装置；互锁功能：门未关闭不能启动程序；程序未结束，不能开启密封门。

（2）控制系统：PLC 全自动控制，彩色触摸屏操作，实时监控所有零部件工作状态；三级管理权限，便于设备使用；预留 USB 接口，关键参数可导出至 U 盘，长期存储。

（四）运维管理

定期维保项目如下所述。

（1）日维保项目：每日需对动物残体处理系统各部分进行检查。

（2）月维保项目：每月查看设备报警系统。

（3）半年维保项目：每半年一次检查设备各参数是否正常，设备管路、电路是否正常。

（4）年维保项目：每年进行一次设备的消毒效果验证，保证设备的可靠运行，并留存检测报告。

第三节　个体防护和配套保障设备

一、正压防护服

（一）分类与原理

正压防护服是一种具有供气系统并能保持内部压力高于环境压力的全身封闭式防护服。它可以有效保护人体各部位免于接触病原微生物，为人员提供全身防护，适用于接触高致病性病原体或疑似高致病性病原微生物的人员全身防护。

正压防护服是（A）BSL-4 实验室个体防护的核心装备，对正压防护服的材料、稳压、降噪及综合设计都有很高的技术要求。它可以防止人体各部位及呼吸系统暴露于有害生物、化学物质与放射性核尘埃，对人员起到全面的保护作用。正压防护服可以防护来自固态、液态、气态等有毒有害物质的威胁，为呼吸系统、皮肤、眼睛和黏膜提供最高等级的防护，适用于污染环境中的病原微生物等有害物质的成分和浓度都不确定、极有可能对人体造成致命危害的场合。

按工作原理分类，正压防护服有以下两种形式。

一种是压缩空气集中送风式，由生命支持系统向防护服内输送洁净压缩空气，目前正压防护服型（A）BSL-4 实验室均采用此类产品。其工作原理是利用送气螺旋管将防护服的流量调节阀与生命支持系统相连，将洁净新风直接输入防护服内。当输入防护服的气体流量大于由单向排气阀排出的气体流量时，防护服内相对外环境为正压。

一种是动力送风过滤式，靠自身携带电动送风系统向防护服内送风，这种方式不受生命支持系统的限制，适用范围广泛，适合现场采样、污染处置等人员使用。工作原理是将环境空气通过动力送风系统的 HEPA 过滤器过滤，去除有害微生物和颗粒物后由风机直接送入防护服内。当供给防护服的气体流量大于由单向排气阀排出的气体流量时，防护服内相对外环境为正压。防护服的内外压力差使之对外界的微生物污染物起到很好的隔离作用，从而有效保护工作人员。

正压防护服主要由防护服主体、透明视窗（或头罩）、送风管路、气密拉链、单向排气阀、检测口、防护靴、防护手套和手套圈等部件组成。

（二）操作规范及注意事项

（1）每次使用前需进行全方位检查，包括正压防护的完整性，接口处有无泄漏等。

（2）检查充气状态下正压防护服有无漏气现象，接口处有无脱落现象。

（3）穿戴后检查充气压力及舒适性。

（4）实验操作中如发现防护服有破损，需尽快退出实验室，及时处理破损。

（5）每次使用完后需将防护服充气放置，备用。

（三）关键技术参数要求

（1）防护因子和泄漏率：防护因子是正压防护服最关键的一个技术参数。美国呼吸防护委员会将防护因子分为设计防护因子、工作防护因子和特殊状态防护因子。《放射性污染的防护服装》（EN 1073—2：2016）规定了气密性防护服务防护因子大于 50000，内部泄漏率小于 0.002%。

（2）压差：《液体和气体化学品，包括液体、气溶胶和固体颗粒防护服》（EN 943—1：2015）规定了防护服内部压力不超过 400Pa。

（3）气密性：《液体和气体化学品，包括液体、气溶胶和固体颗粒防护服》（EN 943—1：2015）规定了防护服在 6min 内压降不大于 300Pa（3mbar）时为合格。

（4）防护服整体抗微生物穿透性能：《防止接触血液和体液的防护服 . 防护服材料防止血液病原渗透性的测定 . 使用 Phi-X 174 噬菌体的试验方法》（ISO 16604：2004）规定了防护服整体阻隔血液和体液中病原菌的能力，1h 内阻隔 Phi-X174 噬菌体的渗入。

（5）防护服液体耐穿透性能测试方法：《液态化学物质防护服装 . 包含只提供部分身体保护的不透水（3 型）或防喷洒渗透（4 型）连接的服装的性能要求（类型 PB[3] 和 PB[4]）》（BSEN 14605：2005+A1：2009）（“A1：2009”表示在 2009 年对该标准进行了第一次修订）规定了防液体化学物质防护服的整体防液体性能，测试结束后防护服内部渗透区域不应大于校准渗透区域的 3 倍。《液体和气体化学品，包括液体、气溶胶和固体颗粒防护服》（EN943—1：2015）等气密性化学防护服标准中没有对该性能做要求，仅对防护服材料的性能进行了限定。

（6）送风量：《放射性污染的防护服装》（EN 1073—1：2016）规定了防护服的送风量不应低于制造商的设计最小送风量。

（7）噪声：《呼吸保护装置——连续气流压缩空气管路呼吸装置——要求、试验、标记》（EN 14594：2005）规定在头罩、面罩、防护服穿戴者的耳附近测试与头罩、面罩、防护服供气相关的噪声，不得大于 80dB（A）。

（8）吸入空气中的二氧化碳浓度：《呼吸保护装置——连续气流压缩空气管路呼吸装置——要求、试验、标记》（EN 14594：2005）规定了最小设计流量下吸入空气中的二氧化碳含量不超过平均的 1%（体积）。

（9）视窗：《液体和气体化学品，包括液体、气溶胶和固体颗粒防护服》（EN 943—1：2015）规定视野应满足实用性能评价的要求，穿上防护服后视力的下降不应超过视力表 2 行，视窗经机械强度测试后，防护服的气密性和压差等性能参数不下降。

（10）实用性能：《液体和气体化学品，包括液体、气溶胶和固体颗粒防护服》（EN 943—1：2015）规定了防护服应通过实用性能测试，测试时间是 30min。即使防护服通过了实用性能测试，但是存在以下信息也表明防护服不适用：防护服的大小不合适，穿上后安全得不到保证；防护服无法保持封闭状态；穿上后无法完成简单动作；穿戴后，测试人员感到疼痛或不适而无法完成评估。

（11）材料要求：材料是防护服的基础，材料的性能直接决定着防护服的安全性。《液体和气体化学品，包括液体、气溶胶和固体颗粒防护服》（EN 943—1：2015）详细规定了防护服材料、接缝及防护服与配件之间连接的性能参数。

（四）运维管理

定期维保项目如下所述。

（1）日维保项目：需要对正压防护服进行检查和维护。每次使用时应检测正压防护服的完整性，接缝及磨损处有无破损，进气口的 HEPA 过滤器是否完整，出气口过滤器是否被堵塞，手套连接处是否完整等。

（2）周维保项目：根据日常使用频次确定对正压防护服的气密性检测频次，一般情况下每周应做一次正压防护服的气密性检测，并做记录。每次更换正压防护服外层手套后必须做气密性检测，外层手套更换频次由风险评估结果决定，每周至少应更换一次手套，拉锁应至少每周上一次蜡。

（3）年维保项目：每年进行一次设备的第三方检测，保证设备的可靠运行，并留存检测报告。

二、生命支持系统

（一）分类与原理

生命支持系统是正压防护服型（A）BSL-4 实验室必备的关键设备，实验人员采用正压防护服作为个体防护装备从事实验操作，必须由生命支持系统为其提供经过调节（过滤、加热或制冷、除湿或加湿、除油等）的、新鲜舒适并可长时间直接呼吸的压缩空气，以维持实验人员正常呼吸并维持正压防护服内相对于实验室环境的正压状态，确保实验人员与实验室环境（病原体）完全隔离，其安全性关乎实验室人员的健康甚至生命。

生命支持系统主要由空气压缩机、紧急支援气罐、UPS、储气罐、气体浓度报警装置、空气过滤装置，以及相应的阀门、管道、元器件等组成。空气压缩机吸收空压机室内或外部的空气，经过压缩为系统提供一定压力的压缩空气；紧急支援气罐是在系统不能正常供给所需气体时，为短期维持系统正常供气所配置；UPS 是为了在主电源发生故障时为系统提供电力保障；气体浓度报警装置可以实时监测系统供给气体主要成分的浓度；空气过滤装置及储气罐等可以保证所供给实验室气体主要成分的洁净度、浓度及储备。

实验室生命支持系统的用气终端为正压防护服，一方面需要满足正压防护服的供气压力和供气流最低要求，另一方面需要满足正压防护服内人员呼吸的空气品质要求。因此，实验室生命支持系统一般包括气源设备，以及具有压力调节、压缩空气品质监测、温度调节等功能的装置。

气源设备包括空压机和压缩空气钢瓶组，其中空压机为主供气设备，压缩空气钢瓶组为紧急支援气源。空压机实现空气压缩、提升供气压力，可采用主流类型的成熟空压机产品，包括工频型或变频型、含油型或无油型等，其关键参数为供气压力和供气流量，同时应满足一定的噪声、节能、维护方便性等其他要求。干燥机用于除去压缩空气中的水分，降低压缩空气的压力露点，可根据需要使用冷冻式干燥机或吸附式干燥机。过滤器组包括一系列不同功能的过滤器，如粗效过滤器、精密过滤器、活性炭过滤器、一氧化碳催化去除过滤器及二氧化碳吸收过滤器，用于去除压缩空气中的固体粒子、液态水、油、微生物、一氧化碳、二氧化碳、异味等固体或有害气体组分。压缩空气品质监测模块实时检测经过过滤器组处理后的压缩空气品质，主要包括一氧化碳、二氧化碳和氧气的浓度，也可根据需要检测油的含量。储气罐用于缓冲，避免空压机启停对管路压力的冲击。温度调节模块用于控制压缩空气的温度，提高呼吸的舒适性。精密减压将供气压力调节至正压防护服所需压力范围。压缩空气钢瓶组贮存一定量的可直供呼吸的压缩空气，用于系统故障时的紧急支援供气，通过供气切换自动接入。

（二）操作规范及注意事项

（1）关注钢瓶压力及剩余气量。
（2）检查过滤器是否需要更换。
（3）检查备用气源是否充足可用。

（三）技术参数

实验室生命支持系统的设计需考虑充足的安全冗余，主要包括以下几个方面。

1. 空压机　是实验室生命支持系统的关键气源设备，一般设置两台，单独或同时运行，并且单独运行时可以自动切换。为了提高空压机的可靠性，通常做法是两台空压机互为备份冗余。实验室生命支持系统启动运行时，通过自动控制系统根据运行时间长短自动决断某台空压机作为主机，而另一台作为备用机，当主机发生故障或供气流量达不到需求时，自动启动备用机。上述方法，可以保持两台空压机的运行时间基本相当，避免出现某台空压机长期闲置不工作导致性能衰减的情况。

2. 压缩空气品质监测　相关标准规定呼吸用压缩空气的气体成分必须达到一定水平，当经过滤器处理后的压缩空气品质监测模块检测到氧气含量、一氧化碳浓度或二氧化碳浓度超过一定阈值后，关闭供气阀停止向储气罐供气，同时打开不合格气体排放阀，将不合格的气体排放至系统管道外部。

3. 紧急支援供气 当主供气气源发生异常时，如空压机发生故障、系统供电故障或不合格空气向外排放时，造成主供气压力和流量降低，为保证正压防护服的持续供气，系统能够自动切换到紧急支援供气。紧急支援供气气源一般采用压缩空气钢瓶组，内部备有达到标准要求的呼吸用压缩空气，可持续供气一定的时间。供气切换应在没有供电的情况下仍能可靠切换。

4. 故障判断与报警 针对实验室生命支持系统的关键运行参数，实验室生命支持系统设计相应的传感器并接入自动控制系统进行监测，当超过阈值时以文字、声光等方式进行故障报警，并记录相关信息以供后期查询、追溯。

空压机应具备故障信号输出功能，当发生故障时由实验室生命支持系统自动控制系统感知该信号。针对压缩空气品质通常设置两级判断，当氧气含量、一氧化碳浓度、二氧化碳浓度或油含量超过一级阈值时，进行异常提示，当超过二级阈值时则判定为故障并进行故障处理。

在温度调节模块后端设置温度传感器、露点传感器、压力传感器，分别用于判断供气温度过高或过低故障、供气露点过高故障、供气压力过高或过低故障等。

在储气罐上设置压力传感器，用来判断储气罐压力过高或过低故障。

（四）运维管理

定期维保项目如下所述。

（1）日维保项目：每日需要对空压机、钢瓶状态进行检查。

（2）周维保项目：根据日常使用频次对过滤器组进行维护，检查压力监测模块和报警功能是否正常。

（3）年维保项目：设备每年进行一次第三方检测，保证设备可靠运行，并留存检测报告。

三、正压生物防护头罩

（一）分类与原理

正压生物防护头罩是指具有净化供气系统并能保持内部气体压力高于环境气体压力的头部整体防护装备，与防护面具最显著的区别在于其不与面部紧密配合，与正压生物防护服最大的区别在于其不提供全身防护，只保护头部和呼吸系统，故穿脱更便捷，使用更方便。正压防护头罩主要用于对接触或可能接触高致病性病原微生物人员的呼吸和头部进行防护，防护对象包括从事传染病防治、生物污染物处理、病原微生物检验研究的医务人员、卫生防疫人员、实验人员，以及自然疫情、生物安全事故、生物恐怖袭击等突发公共卫生事件发生时的现场作业人员等。

正压生物防护头罩有以下 2 种形式。

一种是电动送风过滤式，靠自身携带电动送风系统向防护头罩内送风，这种方式不受生命支持系统的限制，适合野外现场采样、污染处置等人员使用。其工作原理是将环境空气通过动力送风系统的 HEPA 过滤器过滤，去除有害微生物和颗粒物后由风机直接送入防护头罩内。当供给防护头罩的气体流量大于由单向排气阀排出的气体流量时，防护头罩内相对外环境为正压，防护头罩的内外压力差使之对外界的微生物污染物起到了很好的隔离作用，从而有效保护佩戴人员。

另一种是压缩空气集中送风式，由生命支持系统向防护头罩内输送压缩洁净空气。其工作原理与同类型的正压生物防护服一致，利用外部送气管路与正压生物防护头罩的流量调节阀相连，将洁净新风直接输入防护头罩内。当输入防护头罩的气体流量大于由单向排气阀排出的气体流量时，防护服内相对外环境为正压。

电动送风过滤式正压生物防护头罩主要由透明头罩、柔性颈部密封圈、单向进气阀、防护披肩、送气软管、单向排气阀、电动送风系统和背负系统组成。透明头罩通常为透明膜材料高频热合加工而成，工作时内部正压，对穿戴防护头罩人员进行呼吸和头部防护。在颈部充气密封圈两侧安装单向进气阀，电动送风系统提供的洁净空气首先充满密封圈，使密封圈紧贴穿戴防护头罩人员的颈部。两侧单向进气阀将空气沿穿戴防护头罩人员下颌部送入头罩，在面部形成气幕，防止头罩起雾。最后空气从位于头罩顶部的单向排气阀排出。

电动送风系统与正压生物防护服类似，只是其需要的送风量略小，故可以选用更低功率的风机。电动送风系统有两种固定方式，一种是通过腰带固定在腰部，另一种是通过双肩背包的方式固定在后背。压缩空气集中送风式正压防护头罩与电动送风过滤式正压防护头罩的主要区别在于没有电动送风系统，通过与生命支持系统相连的送气管路供气；设计进气管固定腰带，用于固定进气管；头罩进气口设计降噪模块，降低噪声。

（二）操作规范及注意事项

（1）使用前检查设备的完好性，如头罩有无破损，肩带、送风管是否完好，送风系统是否正常。

（2）穿好防护服后，再戴正压生物防护头罩。

（3）整理好送风系统后打开电源开关，用流量计检查送风系统正常工作后背于后背。

（4）正压调试，按下控制开关，启动风机后可感觉到面部前方有气流通过，头罩整体充气膨胀，用手触摸头罩，可感觉到弹性，表明已建立有效正压。如不能建立正压，报告中控室，更换新头罩。不允许戴有故障的正压生物防护头罩进入实验室进行实验操作。

（5）实验结束后进入指定区域，对头罩外部、送风系统表面、专用背负系统和体表采用喷雾、擦拭消毒，或放入熏蒸仓进行消毒。

（6）如需更换 HEPA 过滤器，从主机上拆下过滤器，将过滤器放入垃圾袋后放入高压锅进行高压消毒。同时，主机更换新的过滤器。

（7）低电量报警时，应立即离开实验区进行充电，更换新的正压生物防护头罩。

（8）使用过程中出现风机停止工作、头罩破裂、管路松脱等意外情况造成正压丧失时，工作人员应立即离开实验区。

（三）技术参数

（1）正压生物防护头罩主要应用于生物安全实验室。

（2）环境温度：–25 ～ 40℃。

（3）相对湿度：≤ 95%。

（4）大气压力：50 ～ 106.0kPa。

（5）锂电池：使用规定的充电器对锂电池充电，每次使用时间最长 10h。

（6）过滤器：正常使用 120h 后更换。

（四）运维管理

定期维保项目如下所述。

（1）日维保项目：每日使用完毕后需用乙醇或过氧化氢进行消毒处理，不可使用含氯消毒剂。每日检查电池容量是否够下次使用，如不够，应及时充电。

（2）月维保项目：如长时间不用，需每月开机运行一次。每月检查过滤器使用情况，如到期，应及时更换。

（3）半年维保项目：如长时间不用，每半年需对电池充电一次，保持设备良好状态。

（4）年维保项目：每年进行一次设备的消毒效果验证和第三方性能检测，保证设备可靠运行，并留存检测报告。

第四节　空气隔离和过滤相关设备

一、气　密　门

（一）分类与原理

气密门一般应用于高等级生物安全实验室、核电行业、船舶等设施中具有较高水平气密性要求的房间，解决围护结构内不同区域间进出通道的气密隔离问题。在生物安全领域，气密门主要用于（A）BSL-3 实验室及（A）BSL-4 实验室的核心工作间，与核心工作间相邻的气锁间，化学淋浴消毒间等。根据密封原理，气密门可分为充气式气密门和机械压紧式气密门，其中充气式气密门利用空心橡胶条充入压缩空气使其膨胀达到门框和门体间密封的目的，机械压紧式气密门是利用机械机构使门体和门框间胶条压紧变形达到密封的目的。

1. 充气式气密门　一般在门体四周内嵌充气可膨胀的胶条，胶条膨胀后挤压门框达到密封。有些充气式气密门，除膨胀胶条外再设计一道常态密封胶条，一方面可在膨胀胶条不充气的情况下实现简易密封，另一方面可起到缓释闭门冲力的作用，但门框需要设置一定高度的门槛。充气式气密门涉及较多的控制元件，主要包括门体、门框、铰链、膨胀胶条、充气管路、闭门器、电磁锁、位置开关、控制面板、紧急开门开关、紧急泄气阀及电缆穿板密封等。门体上设置采用安全玻璃的可视观察窗；闭门器实现门的自动关闭；位置开关用于判断门体是否处于关闭位置；电磁锁可与位置开关协同作用，防止在膨胀胶条充气过程中门被打开出现故障；门体四周内嵌膨胀胶条，并与门框的充气管路以柔性充气管连接；内外两侧门槛上分别设置控制面板，控制面板上设置开门请求按钮、开门指示灯、关门指示灯，也可设置故障指示灯，或由开门指示灯、关门指示灯指示故障信息；内外两侧门框上还应设置紧急开门开关，用于紧急情况下快速开门。为了保证气密门有效隔离门体两侧空间，门内外两侧的控制面板、紧急开门开关等电气元件应做好气密性保护，可靠的方式是采用电缆穿管延伸至门框上侧并通过电缆穿板密封元件实现；紧急开门开关虽然可实现断电操作，但电磁阀故障可能导致膨胀胶条放气故障，因此在充气管路上串联紧急泄气阀，通过手动操作可快速使膨胀胶条放气。

2. 机械压紧式气密门　完全依靠机械力量对密封胶条的挤压变形实现气体密封。为了达到较高的气密性水平，需要保证密封胶条在压紧平面处有足够的挤压形变。而且不同于充气式气密门可以设计成膨胀胶条沿门体横向挤压，机械压紧式气密门相对于门体表面为纵向挤压密封胶条，因此对整个密封胶条的压紧平面（包括门体和门框）机械特性要求较高，如平整度好、机械强度足够大、各压紧点受力均匀等。机械压紧式气密门一般包括门框、门体、铰链、密封胶条、可视观察窗、门锁控制机构、压紧机构及其传动机构等，另外，为了实现与其他气密门的互锁，可配置电磁锁、门开关信号器件等，通常密封胶条安装于门体内侧四周，门框上设置压紧密封框，门把手带动门锁控制机构，在铰链和静止限位块的支撑下，使密封胶条向压紧密封框挤压，密封胶条变形形成密封面实现气体密封。门锁机构通常采用多点联动机构，只需对一点操作，就可通过传动机构实现各点的同步操作；为多点压紧机构，早期应用在核工业的机械压紧式气密门，其传动可靠但相对来说比较笨重。在生物安全领域，由于对卫生的特殊要求，经过改良，传动机构隐藏于门体内部，采用三点压紧，既能实现门体表面的平整、光洁，又能保证气密性水平。机械压紧式气密门的气密性是由门框上的压紧密封框与门体上的密封胶条严密的挤压作用来保证的，且铰链是压紧时的支撑点，因此为了便于机械压紧式气密门安装后对压紧面的微小调校，门的铰链一般设计为多维调节铰链，可实现对门体上下、左右进行细微调整，以使压紧密封框与密封胶条紧密配合。

（二）操作规范及注意事项

（1）每个门均设内外 2 个操作面板，面板设开门请求按钮、开门指示灯和关门指示灯，在面板上部设急停开关，用于紧急开门。

（2）系统正常工作状态下，人员进入时，按下开门按钮，如果与之联锁的门在关闭状态，充气密封条放气，约 5s 后关门指示灯熄灭，电磁锁失电，开门指示灯点亮，等待人员开门。

（3）如果人员开门进入，门自动关闭，电磁锁得电，开门指示灯熄灭，充气密封胶条充气，约 5s 后关门指示灯点亮。

（4）如果开门指示灯点亮后延时 10s 门没有被打开，门电磁锁得电，开门指示灯熄灭，充气密封胶条充气，约 5s 后关门指示灯点亮。

（5）如果遇到紧急情况，按下急停开关，可以使气密门处于可开启状态。

（三）技术参数

（1）充气密封胶条材质：硅胶。
（2）充气密封胶条硬度：60 ～ 70SHA。
（3）环境温度适应性：–30 ～ 50℃。
（4）充气密封胶条充、放气试验：充气压力 2.0 ～ 3.0kg/cm，充气时间≤ 5s，放气时间≤ 5s，重复 5000 次以上，无爆破及漏气现象。
（5）监控系统：可监测充气密封胶条空气压力、气密门开关状态，并通过中控系统显示和报警。
（6）门可自动关闭，门关闭和开启可自动实现充、放气，亦可手动控制充、放气。
（7）门两侧安装紧急放气阀及紧急开门按钮。

（四）运维管理

定期维保项目如下所述。
（1）日维保项目：每日需对气密门各按钮进行检查。
（2）月维保项目：每月对密封条进行检查维护，对空压机进行维护。
（3）年维保项目：每年对设备进行一次第三方检测，查看气密性，保证设备可靠运行，并留存检测报告。

二、排风高效过滤装置

（一）分类与原理

排风高效过滤装置（HEPA 过滤器）作为生物安全实验室最重要的二级防护屏障，是防止有害生物气溶胶排放至大气的最有效防护手段，WHO 编写的《实验室生物安全手册》和我国标准《实验室　生物安全通用要求》（GB 19489—2008）要求必须选用可原位消毒及检漏的排风 HEPA 过滤器。目前，美国、加拿大、德国、法国等西方发达国家的高等级生物安全实验室排风使用了具有对过滤器进行原位检漏和消毒功能的高效空气过滤单元，我国也研发了具有自主知识产权的高效空气过滤单元。根据 HEPA 过滤器的安装方式，分为风口型和袋进袋出型（BIBO）排风高效过滤装置。

1. 风口式排风高效过滤装置结构　风口式排风高效过滤装置主要安装于实验室围护结构上，一般可进行原位消毒及检漏，通常配备有下游采样口、驱动机构、消毒口、排风 HEPA 过滤器、过滤器阻力监测器等。该类设备在使用过程中可以有效防止病原微生物向外界环境泄漏。

2. 管道式排风高效过滤装置结构　管道式排风高效过滤装置主要安装于实验室防护区外，通过密闭排风管道与实验室相连，一般可进行原位消毒及检漏，通常配备有上游气溶胶发生口、下游采样口、驱动机构、消毒口、排风 HEPA 过滤器、过滤器阻力监测器等。

该类设备在使用过程中可以有效防止病原微生物向外界环境泄漏。

（二）操作规范及注意事项

（1）排风高效过滤装置一般设有阻力检测装置，可以通过自控系统查看运行状态。

（2）如阻力增高，需更换过滤器时，首先进行原位消毒处理，更换时操作人员需知晓实验室操作的病原种类，进行有效防护后方可进行更换工作，更换下来的过滤器仍需高压灭菌后移出实验室，作为医疗垃圾进行集中处理。

（3）更换新的过滤器后，需聘请第三方进行检测，并出具报告。

（三）技术参数

（1）箱体气密性：1000Pa 下装置每分钟泄漏率为不超过 0.1% 的气密性要求。

（2）箱体抗压力：≥ 2500Pa。

（3）过滤效率：≥ 99.97%@0.3μm。

（4）过滤器检漏方式：可进行原位扫描检漏。

（5）阻力监测方式：采用机械式压差表或变送式压差传感器实时监测。

（6）过滤器消毒方式：可进行原位循环消毒，并可进行消毒效果验证。

（7）抗腐蚀性：采用优质不锈钢制作，耐消毒剂、清洁剂、酸或碱等化学试剂腐蚀。

（四）运维管理、定期维保项目

（1）日维保项目：每日对排风高效过滤装置阻力进行观察，发现异常及时处理。

（2）年维保项目：每年对设备进行一次设备的第三方性能检测，保证设备可靠运行，并留存检测报告。

三、传递窗与渡槽

（一）分类与原理

物品传递装置被广泛应用于各种行业的洁净室建设中，在生物安全领域也是一种重要的污染防控设备。在生物安全实验室，物品传递装置主要用于两个不同区域之间小件物品、工具及样本等的传递，其采用双门互锁装置，不能同时打开，避免两区域直接连通，可有效减少传递过程中发生的污染，是构成实验室隔离屏障设施的重要组成部分，也是保证实验室围护结构密封性能的关键。《实验室　生物安全通用要求》（GB 19489—2008）规定：如果安装传递窗，其结构承压力及密闭性能应符合所在区域的要求，并具备对传递窗内物品进行消毒灭菌的条件。必要时应设置具备送排风或自净化功能的传递窗，排风应经 HEPA 过滤器过滤。对于气密性实验室［（A）BSL-3 和（A）BSL-4 实验室］，物品传递装置自身结构及与围护结构之间的连接措施必须满足所在房间的严密性要求。用于气密性实验室的物品传递装置主要有传递窗与渡槽。

1. 传递窗　《传递窗》（JG/T 382—2012）中根据使用功能将传递窗分为基本型、

净化型、消毒型、负压型和气密型，同时，气密型根据气密要求又分为 E1 型和 E2 型。该标准规定了气密性传递窗的技术要求与试验方法。E1 型采用发烟法检测气密性，E2 型则采用压力衰减法检测气密性。

气密型传递窗的双门均采用机械压紧的方式保证物流通道的气密性，即传递窗门板上安装有高弹性密封圈，通过压紧机构使门与门框之间形成密封带，其结构与机械式密闭门相似。传递窗上双门也可采用充气密封结构，其结构原理类似充气式气密门。传递窗除气密性要求外，通常还需满足气体消毒要求。常用消毒手段为紫外线辐射或气体熏蒸消毒。

2. 渡槽 又称渡槽传递窗，属于传递窗的一种特殊形式，主要用于两个不同区域之间传递一些不能耐受高温高压或者紫外线消毒的物品，广泛应用于生命科学类实验室、生物安全实验室或医药洁净室等场合。渡槽内盛有化学消毒液，利用中间隔板和消毒液实现两个区域之间的空气隔离。

渡槽与气密型传递窗有许多共同点，如同属于物品传递设备、同样具备消毒功能、两侧门体均需要具有气密性、两侧气体隔离等，主要不同点在于消毒方法及为实现消毒的配套部件不同。气密型传递窗主要利用紫外线照射或气体熏蒸消毒，还可配置送排风空气净化措施，而渡槽采用消毒液浸泡消毒。因此，两者的选用原则一般基于待传递物品对消毒方法的选择，包括对消毒因子的耐受、能否彻底消毒等。为了满足实际应用的多样化需求，高等级生物安全实验室宜设计气密型传递窗和渡槽配合使用。目前我国还未明确发布渡槽的标准规范，鉴于渡槽与传递窗的许多共同之处，对渡槽的质量控制可以部分借鉴《传递窗》（JG/T 382—2012）。

（二）操作规范及注意事项

（1）注意观察传递窗和渡槽的完整性，查看门互锁是否正常。

（2）传递窗需定期检查紫外线照度。

（3）渡槽需定期检查消毒剂浓度。

（4）定期检查设备的密闭性和其穿墙处的密闭性。

（三）技术参数

1. 传递窗

（1）互锁装置：分电子互锁与机械互锁两种，使两扇门不能同时打开，保证洁净区的洁净度。

（2）箱体材质：箱体采用优质冷轧钢板喷塑制作或优质不锈钢制作，内胆采用不锈钢制作。

（3）视窗配置：透明玻璃，使工作区更加明亮。

（4）可选配件：紫外线杀菌灯，气体熏蒸消毒机。

（5）电源：220V，50Hz。

2. 渡槽 按气密性水平可分为基本型渡槽和气密型渡槽，基本型渡槽具备基本的传递功能，箱体与门体之间一般不进行气体密封处理，主要依靠消毒液的液封保证渡槽两侧区域的隔离，实验室两侧区域的压差会影响两侧液位高度，难以满足气密性要求。气密型渡槽的门体、箱体均采用气体密封处理以满足气密性指标，即便在液槽内消毒液降至隔板以下的情况下依然可保证房间的气密性。随着技术进步，多家公司相继研发出自动气密型渡槽，且除基本传递功能外，还具备一些附加功能，如两侧门体互锁、消毒液液位报警、自动加液及自动化控制等。渡槽箱体一般采用不锈钢制造，主体骨架采用不锈钢型材，与消毒液接触的箱体部分宜采用316L锈钢材料制作，其余部位材质宜选用不低于304L的不锈钢。其中内盛消毒液的渡槽内舱接缝处应采用圆弧过渡设计，以避免清洗时出现死角。气密型渡槽预留气密性测试接口，利用该接口可方便对箱体打压或抽负压，进行气密性检测等。

门体采用机械压紧式或充气式气密门，门体密封胶条应能耐受消毒液挥发气体的长期作用而不严重影响其密封性能和使用寿命，门体上设可视窗，视窗为强化钢化玻璃制作。两侧的气密门具有互锁功能，即只有当一侧门关闭到位后，另一侧门才允许打开。

消毒液内舱体中设置物品传递筐或其他传递装置，传递物品时一侧门打开，将待传递物品放入传递筐中，将打开的门关闭，传递筐携带传递物品浸泡入消毒液里，另一侧门打开，传递物品随着传递筐传送至门口，取出物品后将门关闭。渡槽中盛有消毒液的内舱体一般设置有盖板，既可约束传递物品的大小，又可保证传递物品完全浸泡在消毒液中，避免传递过大物品造成消毒液外溢。

气密型渡槽的自动控制系统一般具备门开关控制、照明、消毒液液位报警等功能。通过对两侧门体的控制，可实现正常状态下两侧门的互锁、消毒状态下两侧门禁止打开和特殊情况下紧急解锁打开等功能。设置液位传感器，可显示渡槽内消毒液的液位状态，当液位过高或过低时触发相应的报警（蜂鸣、状态指示灯点亮）。当门开启时间超出允许范围时，配有超时报警提醒功能。

（四）运维管理

定期维保项目如下所述。

（1）日维保项目：每日需对传递窗及渡槽各部分进行检查。

（2）月维保项目：每月查看检测渡槽内消毒剂的浓度，根据消毒剂的特性按规定时间更换，检查传递窗和渡槽的门互锁功能是否正常。

（3）半年维保项目：每半年检查传递窗紫外线辐照度是否达标，检查测试传递窗与渡槽的密封性。

（4）年维保项目：每年对设备进行一次第三方性能检测，带气体消毒功能的需要进行消毒效果验证，保证设备可靠运行，并留存检测报告。

第十九章　病原微生物实验室的检测和验收

第一节　病原微生物实验室设施检测和验收

实验室设施检测与验收就是常说的工程检测与验收。生物安全实验室独特的高生物危害性、较强的专业性，要求设计者、施工者、建设者必须完全了解实验室建设的目的，认识到工程检测与验收的重要性，从而才能建造出真正意义上安全的生物安全实验室。《病原微生物实验室生物安全管理条例》规定：新建、改建、扩建三级、四级生物安全实验室，或者生产、进口移动式三级、四级生物安全实验室应符合国家生物安全实验室建筑技术规范，三级、四级生物安全实验室应通过实验室国家认可。三级、四级生物安全实验室从事高致病性病原微生物实验活动应具备工程质量经建设行政主管部门依法检测验收合格的条件。

一、工程验收要求

生物安全实验室的工程验收是实验室启用验收的基础，根据国家相关规定，生物安全实验室须由建设行政主管部门进行工程验收合格，再进行实验室认可验收，工程验收应按《生物安全实验室建筑技术规范》（GB 50346—2011）附录 C 规定的项目逐项进行。工程验收应出具工程验收报告，结论应由验收小组得出，验收小组应包括涉及生物安全实验室建设的各种技术专业。

工程验收涉及的内容广泛，应包括各个专业，综合性能的检测仅是其中的一部分内容，此外还包括工程前期、施工过程中的相关文件和过程的审核验收。在工程验收前，应首先委托有资质的工程质检部门进行工程检测，无资质认可的部门出具的报告不具备任何效力。

《生物安全实验室建筑技术规范》（GB 50346—2011）规定：（A）BSL-3、（A）BSL-4 实验室工程应进行综合性能全面检测和评定，并应在施工单位对整个工程进行调整和测试后进行。对于压差、洁净度等环境参数有严格要求的（A）BSL-2 实验室也应进行综合性能全面检测和评定。WHO《实验室生物安全手册》（以下简称 WHO 手册，第三版）在第 7 章“实验室 / 动物设施试运行指南”中给出了实验室试运行要求：对已经完成安装、检查、功能测试的指定实验室的结构部分、系统和（或）系统的组成部分进行系统性检查，然后形成文件，证明其符合国家或国际标准。同时，也列出了实验室试运行测试时应该包括的主要检测项目。目前 WHO 手册已更新至第四版，但本部分内容未涉及。

二、工程检测要求

（一）检测时机

《生物安全实验室建筑技术规范》（GB 50346—2011）规定，有下列情况之一时，应对生物安全实验室进行综合性能全面检测。

（1）竣工后，投入使用前。

（2）停止使用半年以上重新投入使用。

（3）进行大修或更换 HEPA 过滤器后。

（4）一年一度的常规检测。

（二）检测条件

《生物安全实验室建筑技术规范》（GB 50346—2011）对生物安全实验室关键防护设备的检测提出了明确要求，指出有生物安全柜、动物隔离设备等的实验室，首先应进行生物安全柜、动物隔离设备等的现场检测，确认性能符合要求后方可进行实验室性能检测。

生物安全柜、动物隔离设备、独立通风笼具、解剖台等设备是保证生物安全的一级防护屏障，其安全作用高于生物安全实验室建筑的二级防护屏障，应严格检测，严格对待。另外，其运行状态也会影响实验室通风系统，因此应首先确认其运行状态符合要求后，再进行实验室系统的检测。

《生物安全实验室建筑技术规范》（GB 50346—2011）对生物安全实验室的检测条件提出了明确要求：检测前应对全部送排风管道的严密性进行确认。对于 B2 类的（A）BSL-3 实验室［不能有效利用安全隔离装置进行操作的实验室，相当于《实验室　生物安全通用要求》（GB 19489—2008）中不能有效利用安全隔离装置操作常规量经空气传播致病性生物因子的实验室］和（A）BSL-4 实验室的通风空调系统，应根据对不同管段和设备的要求，按《洁净室施工及验收规范》（GB 50591—2010）的方法和规定进行严密性试验。

加拿大 CBH-2 明确指出了实验室检测、认证前的调试要求：防护区的调试包括两个类型阶段，即建设期间的调试和认证期间的调试。建设期间的调试是为了确保防护区系统在设计、安装、功能测试和操作时符合设计要求，并规定如防护屏障完整性（围护结构严密性）检测、HEPA 过滤单元完整性检测（排风过滤装置箱体气密性和 HEPA 过滤器检漏）、送排风系统检测等应在电气和机械设备使用之前进行。认证期间的调试包括对建筑系统的性能和验证测试，应符合验证要求。

WHO 手册（第三版）第 7 章给出了实验室工程检测验收的试运行要求，并列出了试运行的主要检测验收项目。

（三）设施检测

1. 室内环境参数检测　实验室主要室内环境参数包括送风量和新风量、静压差、洁净度级别、温度、相对湿度、噪声、照度等。检测实验室室内各项参数是为了给实验人员提供安全、健康、舒适、环保、节能的环境，此外要保证实验操作人员在进行实验时所受干扰尽可能降到最低。

（1）送风量和新风量：实验室提供足够的送风量是为了保证实验室各房间能达到一定的换气次数，足够的换气次数有利于降低室内病原微生物浓度，也是保障其他室内参数达标的重要前提。新风量能保证实验室人员的新鲜空气供应，同时有效稀释室内污染物。

（2）静压差：实验室设置静压差的主要目的是通过有序的压力梯度，在各房间或区域之间形成符合安全要求的定向气流。一般正压洁净室为保证室内洁净度主要采用正压实现，而（A）BSL-3 和（A）BSL-4 实验室则必须保证防护区内的所有房间由外向内形成负压梯度及对大气保持绝对负压，以达到生物安全的要求。压差值应避免过大，防止对围护结构稳固性、房门开启等造成影响，同时尽量降低波动幅度，避免人员产生不适的感觉。

（3）洁净度：主要是为了保证生物安全实验室内达到一定的洁净度级别，为实验操作提供洁净的环境。洁净的室内环境可避免实验活动受到污染，延长关键排风 HEPA 过滤器的更换周期和使用寿命，提高人员舒适性和安全性。

（4）温湿度、噪声及照度：是为了保证实验室内的人员舒适性及实验操作的工作环境。

2. 工况可靠性验证 为保证生物安全实验室能持续安全运行，应进行工况验证检测，保证各工况切换过程中核心实验室内维持绝对负压，实验室与室外方向上相邻相通房间尽可能不出现相对压力逆转。除此之外，还应对系统启停、备用机组切换、备用电源切换，以及电气、自控和故障报警系统的可靠性进行验证。

生物安全实验室一个重要的安全保障前提是：生物安全实验室送排风系统在正常运行条件下，发生各类外扰时，防护区（尤其是核心工作间）不会出现绝对正压，在工况可靠性验证阶段应人为模拟各类故障，对实验室是否出现绝对正压进行测试验证。

第二节　病原微生物实验室防护设备检测和验收

生物安全实验室关键防护装备是用于保护实验室操作人员和环境免受病原微生物危害的技术装备，是高等级生物安全实验室的硬件基础，是从事实验活动的关键防护屏障，是决定实验室建设水平的关键要素。本节主要针对关键防护装备的检测时机和检测项目进行描述。

一、生物安全柜

（一）检测时机

（1）设备安装后，投入使用前（包括生物安全柜被移动位置后）。

（2）更换 HEPA 过滤器或内部部件维修后。

（3）年度的维护检测。

（二）检测项目

（1）垂直气流平均速度：Ⅱ级生物安全柜 0.25 ～ 0.5m/s；Ⅲ级生物安全柜（非单向流）不作要求。

（2）气流模式：Ⅱ级生物安全柜工作区内气流应向下，不产生旋涡和向上气流，且无死点；工作窗口周边气流均明显向内，无外逸；Ⅱ级生物安全柜从工作窗口进入的气流应直接吸入窗口外侧下部的导流格栅内，无气流穿越工作区；柜内气流为Ⅱ级单向流、Ⅲ级单向流或非单向流。

（3）工作窗口气流平均速度：Ⅱ级 A1 型生物安全柜≥ 0.4m/s；Ⅱ级 A2 型生物安全柜≥ 0.5m/s；Ⅱ级 B1 型生物安全柜≥ 0.5m/s；Ⅱ级 B2 型生物安全柜≥ 0.5m/s；Ⅲ级生物安全柜≥ 0.4m/s。

（4）送排风 HEPA 过滤器检漏：包括扫描检漏测试和效率法检漏测试，应优先采用扫描检漏测试。①对于扫描检漏测试，被测过滤器滤芯及过滤器与安装边框连接处任意点局部透过率实测值不得超过 0.01%。②对于效率法检漏测试，当使用气溶胶光度计进行测试时，整体透过率实测值不得超过 0.01%；当使用离散粒子计数器进行测试时，95%CI 的透过率实测值置信上限不得超过 0.01%。

（5）柜体内外的压差（适用于 Ⅲ 级生物安全柜）：Ⅲ级安全柜正常运行时工作区应有不低于房间 120Pa 的负压。

（6）工作区洁净度：工作区洁净度应达到 5 级（百级）。

（7）工作区气密性（适用于Ⅲ级生物安全柜）：柜内压力低于周边环境压力 250Pa 下的小时漏泄率不大于净容积的 0.25%。参考《密封箱室密封性分级及其检验方法》（EJ/T 1096—1999）中 2 级密封箱体的相关内容。

（三）注意事项

（1）设备检测前需进行可靠的消毒处理。

（2）检测人员需知晓实验室所操作的病原微生物，并进行相应防护。

二、动物隔离设备

（一）检测时机

（1）安装后，投入使用前（包括负压动物笼具被移动位置后）。

（2）更换 HEPA 过滤器或内部部件维修后。

（3）年度的维护检测。

（二）检测项目

1. 非气密式负压动物笼具

工作窗口气流流向：工作窗口断面所有位置的气流均明显向内，无外逸，且从工作窗口进入的气流应直接吸入笼具内后侧或左右侧下部的导流格栅内。

送排风 HEPA 过滤器检漏：同生物安全柜。

笼具内外压差：不低于所在房间 20Pa 的负压。

2. 气密式负压动物笼具

手套连接口流向：去掉单只手套后，手套连接口的气流均明显向内，无外逸。

送排风 HEPA 过滤器检漏：同生物安全柜。笼具内外压差不低于所在房间 50Pa 的负压。

工作区气密性：手套箱式负压动物笼具内压力低于周边环境压力 250Pa 下的小时漏泄率不大于净容积的 0.25%。

（三）注意事项

（1）设备检测前需进行可靠的消毒处理。

（2）检测人员需知晓实验室所操作的病原微生物，并进行相应防护。

三、独立通风笼具

（一）检测时机

（1）安装后，投入使用前。

（2）更换 HEPA 过滤器或内部部件维修后。

（3）年度的维护检测。

（二）检测项目

（1）气流速度：风速仪放置于笼盒内，应≤ 0.2m/s。

（2）压差：正常运行时笼盒内不应低于所在房间 20Pa 的负压。

（3）换气次数：笼盒内换气次数≥ 20 次 / 时。

（4）洁净度：应达到 5 级 /7 级。

（5）笼盒气密性：由 –100Pa 衰减到 0Pa 的时间不宜少于 5min。

（6）送排风 HEPA 过滤器检漏：同生物安全柜。

（三）注意事项

（1）设备检测前需进行可靠的消毒处理。

（2）检测人员需知晓实验室所操作的病原微生物，并进行相应防护。

四、压力蒸汽灭菌器

（一）检测时机

（1）安装后，投入使用前。

（2）更换 HEPA 过滤器或内部部件维修后。

（3）年度的维护检测。

（二）检测项目

（1）灭菌效果检测：每次运行采用压力蒸汽灭菌化学指示卡检测灭菌效果；每 12 个月至少进行一次生物效果检测（生物指示剂：嗜热脂肪杆菌芽孢）。

（2）B-D 检测：每 3 个月至少进行一次载物热穿透试验。检测残留冷空气的排放效果。蒸汽能否快速且均匀地透入测试包，测试纸变为黑色且均匀（中央与边缘部分颜色一致），说明冷空气排除效果彻底。适用于预真空式灭菌器（带预真空自动程序和自检通过后才进入灭菌程序的除外）。

（3）压力表和安全阀检定：按照国家相关计量检定规定执行，压力蒸汽灭菌器每 12 个月至少进行一次物理检测，包括检测并校准压力表、温度和压力传感器。

（4）温度传感器和压力传感器校准（必要时）：按照国家相关计量检定规定执行，压力蒸汽灭菌器每 12 个月至少进行一次物理检测，包括检测并校准压力表、温度和压力传感器。

（三）注意事项

（1）安全附件注意检测时间的连续性。

（2）检测人员需知晓实验室所操作的病原微生物，并进行相应防护。

（3）特种设备需持操作证上岗操作。

（4）锅体检测按特种设备全检时间进行。

五、气（汽）体消毒设备

（一）检测时机

（1）气（汽）体消毒设备投入使用前。

（2）主要部件更换或维修后。

（3）定期的维护检测。

（4）实验室设施设备投入使用前。

（二）消毒时机

实验室变更操作病原微生物种时；发生实验病原微生物泄漏事故后；实验室长期使用疑似出现污染时；实验室内设施设备进行维护之前。

（三）检测项目

（1）模拟现场消毒：模拟现场消毒指示菌，通常选用枯草杆菌黑色变种芽孢（ATCC 9372）或嗜热脂肪杆菌（ATCC 7953）作为指示菌。污染对象明确时，选择抗力相似的微生物作为消毒指示微生物。

（2）消毒剂有效成分测定：应确保气（汽）体消毒剂有效成分的有效性，可利用设备自带消毒剂浓度监测装置进行测定或者由厂家提供检测报告。按照《消毒技术规范》（2002

年版）相关方法进行测定。

（四）注意事项

（1）设备使用前检查设备是否完整、可用。
（2）检测人员需知晓实验室所操作的病原微生物，并进行相应防护。
（3）尽量选择气体最难到达的位置布置菌片。

六、气 密 门

（一）检测时机

（1）安装后，投入使用前。
（2）实验室围护结构不能满足气密性要求或怀疑气密门有泄漏可能时。
（3）年度的维护检测。

（二）检测项目

1. 外观及配置检查

（1）压紧式气密门：检查密封胶条、门铰链、压紧机构及闭门器、电磁锁、解锁开关、急停（如配置）等结构和功能件是否齐全。

（2）充气式气密门：检查充气密封胶条、门控制系统、紧急泄气阀、气路、闭门器、急停等结构和功能件是否齐全。

2. 性能检查

（1）压紧式气密门：做开、关、锁紧门操作，判断运动机构是否正常，检查闭门器、电磁锁、门锁开关功能是否正常。

（2）充气式气密门：①门控面板性能检查。充气密封式气密门框两侧的门控面板上包括开门操作按钮、开门指示灯和关门指示灯。开门操作：充气密封胶条自动放气，放气完毕后电磁锁断开，开门指示灯亮，关门指示灯灭。关门操作：电磁锁闭合，开门指示灯灭，充气密封胶条自动充气，充气完毕后，关门指示灯亮。②紧急装置性能检查。紧急解锁开关检查：门关闭时，按紧急解锁开关，门可打开。紧急泄气阀检查：门关闭时，开启紧急泄气阀，充气密封条泄气，门可打开。③充气密封胶条充、放气时间用秒表测量，充气密封胶条充、放气时间应在产品说明书规定的时间内。

3. 气密性 通过检测实验室围护结构的气密性来间接评价气密门的气密性。如安装气密门实验室围护结构的气密性满足相关要求，则认为气密门的气密性满足要求。如安装气密门实验室围护结构的气密性不能满足相关要求，则应采用皂泡法进行验证。皂泡法检测：①通过真空泵将气密门隔离的空间（实验室）抽气至低于 –250Pa 的负压，然后在门板和门框缝隙间涂抹肥皂水，如无明显鼓泡，则气密性完好。②使用 1 ～ 2kg 压缩空气吹门缝，在门板和门框缝隙间涂抹肥皂水，如无明显鼓泡，则气密性完好。

（三）注意事项

（1）设备检测前需进行可靠的消毒处理。
（2）检测人员需知晓实验室所操作的病原微生物，并进行相应防护。
（3）注意空压机的维护。
（4）注意密封胶条的检查。

七、排风高效过滤装置

（一）检测时机

（1）安装后，投入使用前。
（2）对 HEPA 过滤器进行原位消毒后。
（3）更换 HEPA 过滤器或内部部件后。
（4）年度的维护检测。

（二）检测项目

（1）箱体气密性（适用于安装于防护区外的排风高效过滤装置）：安装于防护区外的排风 HEPA 过滤器单元，检测结果应符合《实验室 生物安全通用要求》（GB 19489—2008）的规定：低于周边环境压力 1000Pa 下的每分钟泄漏率不大于净容积的 0.1%。

（2）扫描检漏范围（适用于扫描型排风高效过滤装置）：涵盖过滤器出风面及过滤器与安装边框连接处；漏点识别能力：能有效识别针孔漏点；上游混匀性：进风面 9 个均匀测点的气溶胶浓度平均偏差不超过 ±20%；任意点局部透过率实测值不超过 0.01%。

（3）HEPA 过滤器检漏：包括两个方面。①上游混匀性：进风面 9 个均匀测点的气溶胶浓度平均偏差不超过 ±20%。②下游混匀性：不同发尘位置，同一采样点采样偏差不超过 20%；相同发尘位置，下游 9 个均匀测点的气溶胶浓度平均偏差不超过 20%。

（三）注意事项

（1）设备检测前需进行可靠的消毒处理。
（2）检测人员需知晓实验室所操作的病原微生物，并进行相应防护。
（3）安装 HEPA 过滤器时注意边框密封是否完整。

八、正压防护服

（一）检测时机

（1）投入使用前。

（2）更换过滤器或内部部件维修后。

（3）定期的维护检测。

（二）检测项目

（1）外观及配置检查：①标识清晰可见，包括使用者姓名、商标或生产商、产品型号、识别号、模式号等；②防护服表面整体完好性，包括拉链完好、开闭顺滑；③整体不应有撕裂、脱胶、孔洞或严重磨损；④面罩视窗无磨损、视觉效果良好。

（2）正压防护服内压力：应满足产品说明书要求。

（3）供气流量：按照产品说明书要求进行检测。将正压隔离防护服放置在室温［（20±5）℃］下至少1h才能进行测试。测试时要远离热源或空气流，将皱褶和折叠的部分展开。

（4）气密性：应满足正压隔离防护服内压力保持1000Pa的情况下，4min后压力下降小于20%。

（5）噪声：将正压防护服供气流量调到最大时，测试正压防护服内噪声（人穿戴状态，耳边噪声），可参照《呼吸防护 动力送风过滤式呼吸器》（GB 30864—2014）。

（三）注意事项

（1）设备检测前需进行可靠的消毒处理。

（2）检测人员需知晓实验室所操作的病原微生物，并进行相应防护。

（3）注意防护服的拉链和连接处是否完整好用。

九、生命支持系统

（一）检测时机

（1）安装调试完成后，投入使用前。

（2）系统关键部件更换维修后。

（3）年度的维护检测。

（二）检测项目

（1）空气压缩机可靠性：空气压缩机一用一备，单独或同时运行，单独运行时可自动切换。方法：人为关停一台空压机，观察储气罐压力降至设定值后是否自动切换至另一台空气压缩机。

（2）紧急支援气罐可靠性：空气压缩机故障时，可自动切换至紧急支援气罐供气。方法：人为关停两台（或多台）空压机，观察储气罐压力降至设定值后是否自动切换至紧急支援气罐供气。

（3）报警装置可靠性：实现CO、CO_2、O_2气体浓度超限报警（查看记录），气体浓度要求依据《压缩呼吸空气标准》（EN12021），即O_2含量为（21±1）%，CO_2含量不超过 500ml/m^3，CO 含量不超过 15ml/m^3；空气压缩机供气故障报警，并可自动切换至紧急支援气罐供气（人为断电或关停）；气体温度报警：温度在 18 ～ 26℃范围内可调，相对湿度暂不具备调减能力；储气罐压力报警：人为泄压（设定值）测试。

（4）UPS 可靠性：UPS 供电时间不应少于 60min（或保证气源不少于 60min）。

（5）供气管道气密性：管道整体及接口的气密性检测。

（三）注意事项

（1）随时关注空压机状态。

（2）检测人员需知晓实验室所操作的病原微生物，并进行相应防护。

（3）关注备用气体钢瓶状态及压力。

（4）定期检查过滤器，如堵塞应及时更换，保证气体流量正常。

十、化学淋浴消毒装置

（一）检测时机

（1）安装调试完成后，投入使用前。

（2）更换 HEPA 过滤器、内部部件维修后。

（3）年度的维护检测。

（二）检测项目

（1）箱体内外压差：送排风系统正常运行时，箱体内与室外方向上相邻房间的最小负压差应≥ 25Pa。

（2）换气次数：符合产品说明书技术要求。可参考实验室风量测试相关内容。

（3）给水排水防回流措施：对照产品说明书，检查化学淋浴消毒装置供水（消毒水和清洁水）和排水管道是否采取了防回流措施。

（4）液位报警装置：对照产品说明书，检查化学淋浴消毒装置是否配备高、低液位报警装置，报警（声光）功能是否正常。

（5）箱体气密性：采用压力衰减法进行测试。

（6）送排风 HEPA 过滤器检漏：同房间 HEPA 过滤器。

（7）消毒效果验证：正压防护服表面（头部、前胸、后背、腋下、裤裆、脚底）消毒效果验证，所有样本的杀灭对数值均≥ 3。

（三）注意事项

（1）定期查看消毒剂浓度。

（2）检测人员需知晓实验室所操作的病原微生物，并进行相应防护。

十一、污水消毒设备

（一）检测时机

（1）安装调试完成后，投入使用前。
（2）设备的主要部件（如阀门、泵、管件、密封元件等部件）更换或检修后。
（3）年度的维护检测。

（二）检测项目

（1）灭菌效果：采用生物检测法进行检测。
1）生物指示剂：设置盲端，放置生物指示剂，高压后培养。
2）模拟灭菌：指示微生物培养，放入灭菌罐内（计算终浓度），灭菌后采样培养。
3）实时采样：培养。
4）灭菌效果判断：依据《消毒技术规范》（2002 年版）。
（2）安全阀和压力表检定（限于热力消毒）：按特种设备要求进行。
（3）温度传感器和压力传感器校准（必要时，限于热力消毒）：按特种设备要求进行。

（三）注意事项

（1）设备检测前需进行可靠的消毒处理。
（2）检测人员需知晓实验室所操作的病原微生物，并进行相应防护。
（3）如为特种设备，需按特种设备要求进行检测。

十二、动物残体处理系统

（一）检测时机

（1）安装调试完成后，投入使用前。
（2）设备的主要部件更换或检修后。
（3）年度的维护检测。

（二）检测项目

（1）灭菌效果：采用生物检测法（每 12 个月至少 1 次）进行检测。
（2）安全阀和压力表检定：按特种设备要求进行。
（3）温度传感器和压力传感器校准（必要时）：按特种设备要求进行。
（4）排放指标：碱水解处理废液排放指标检测，符合相关排放标准要求；生物学排放限值：指示微生物不得检出；污染物排放限值：生化需氧量（BOD）不超过 20，化学需氧量（COD）不超过 60，pH 为 6 ～ 9；重金属排放低于 0.1mg/L，确保无毒害。

（三）注意事项

（1）设备检测前需进行可靠的消毒处理。
（2）检测人员需知晓实验室所操作的病原微生物，并进行相应防护。
（3）如为特种设备，需按特种设备要求进行检测。

十三、传　递　窗

（一）检测时机

（1）安装后，投入使用前。
（2）设备的主要部件（如压紧机构、紫外线灯管、互锁装置、密封元件等部件）更换或维修后。
（3）实验室围护结构（含气密门等）不能满足气密性要求时。
（4）年度的维护检测。

（二）检测项目

（1）外观及配置：外观平整光洁、无明显锈蚀，主要部件及功能齐全。
（2）门互锁功能：打开传递窗任意一端的门，则另一端的门不能打开。
（3）紫外线辐射强度（适用于设置紫外线灯管时）：波长 253.7nm 紫外线辐射在工作区内表面，辐射强度不低于 70μW/cm^2；参照《Ⅱ级生物安全柜》（YY 0569—2011）的规定，在传递窗内部沿中心线均匀设置照度测量点，测点间距≤ 300mm。
（4）气密性（当设置于有气密性要求房间时）：达到生物安全风险较高一侧房间气密性要求。间接法：按照《实验室设备生物安全性能评价技术规范》（RB/T 199—2015）的规定执行，将生物安全风险较高一侧的门开启，和房间气密性一起测试。直接法：按照《传递窗》（JG/T 382—2012）的规定执行，直接对传递窗进行独立检测，初始时 500Pa，20min 内压力自然衰减小于 250Pa。
（5）消毒效果验证（当具备气体消毒功能时，仅在投入使用前或更换消毒剂类型及浓度时进行）：按照《消毒技术规范》（2002 年版）给出的方法进行判定。参考《消毒技术规范》（2002 年版）的“消毒剂对其他表面消毒模拟现场鉴定试验”或“消毒剂对其他表面消毒现场鉴定试验”验证。生物指示剂或采样点应布置均匀，至少设置 4 个点，同时需要覆盖气体喷口最远端。生物指示剂类型根据实验室所操作病原类型确定。

（三）注意事项

（1）设备检测前需进行可靠的消毒处理。
（2）检测人员需知晓实验室所操作的病原微生物，并进行相应防护。

十四、渡　　槽

（一）检测时机

（1）安装后，投入使用前。
（2）设备的主要部件（如压紧机构、门轴承、密封元件等部件）更换或维修后。
（3）实验室围护结构不能满足气密性要求时。
（4）年度的维护检测。

（二）检测项目

（1）外观及配置：外观平整光洁、无明显锈蚀，主要部件及功能齐全。
（2）门互锁功能（如配置）：打开渡槽任意一端的门，则另一端的门不能打开。
（3）气密性（当设置于有气密性要求房间时）：参照传递窗。需注意，气密性检测应将消毒液排空或排到隔板液位以下进行。
（4）消毒效果验证（仅在投入使用前或更改消毒剂类型及浓度时进行）：按照《消毒技术规范》（2002 年版）给出的消毒液浸泡消毒方法进行判定。参考《消毒技术规范》（2002 年版）的“消毒剂对其他表面消毒模拟现场鉴定试验”或“消毒剂对其他表面消毒现场鉴定试验”验证。生物指示剂类型根据实验室所操作病原类型确定。

（三）注意事项

（1）设备检测前需进行可靠的消毒处理。
（2）检测人员需知晓实验室所操作的病原微生物，并进行相应防护。

十五、正压生物防护头罩

（一）检测时机

（1）购置后，投入使用前。
（2）每次使用前。
（3）设备的主要部件（如过滤器、头罩、送风系统、电池）更换或维修后。
（4）年度的维护检测。

（二）检测项目

（1）外观及配置：对照产品说明书，采用目测的方法，观察外观、排气阀（适用时）、过滤器、气管接口等结构和功能件的齐全性。
（2）送风量：不应低于 120L/min（采用流量计或风速计检测）。
（3）过滤效率：在标称流量下，0.3 ～ 0.5μm 粒子过滤效率置信下限不应低于 99.99%。
（4）头罩内噪声：不应大于 68dB（A），真人佩戴头晕，以检测耳边噪声，可参照《呼吸防护 动力送风过滤式呼吸器》（GB 30864—2014）的规定方法进行。

（5）连续工作时间：在满足性能的最低风量下运行，不应低于 240min，可参照《呼吸防护 动力送风过滤式呼吸器》（GB 30864—2014）的规定方法进行。

（6）低电量报警：电池电量低于设定值的声光报警触发。

（7）消毒效果验证：按照《消毒技术规范》（2002 年版）给出的方法进行判定。参考《消毒技术规范》（2002 年版）“消毒剂对其他表面消毒模拟现场鉴定试验”或“消毒剂对其他表面消毒现场鉴定试验”或“对微生物杀灭效果的测定”验证。生物指示剂类型应根据实验室所操作病原类型确定。

（三）注意事项

（1）设备检测前需进行可靠的消毒处理。

（2）检测人员需知晓实验室所操作的病原微生物，并进行相应防护。

（3）注意过滤器的更换。

第二十章　病原微生物实验室设施设备操作规范

第一节　病原微生物实验室设施设备管理要求

实验室设施管理应遵循以下基本要求。

（1）实验室运行管理人员、本单位维修人员和委托的维保单位人员等涉及设施设备维修维护、使用与管理的人员，必须遵守实验室安全管理制度。

（2）建立设施运行管理的组织体系。实验室设施运行管理可实行上层垂直逐级负责制与末端横向交流合作制相结合的模式，如实验室主任→设施运行管理负责人→设施运行管理员＋维修保养人员。

（3）制定设施设备专人操作和管理制度。实验室设施设备应由专门人员负责操作和管理。为了便于操作、保障设施设备的安全可靠运行，以及保证运行管理人员的自身安全，实验室宜配备3名以上的专门运行管理员，或2名以上的专门人员和1名以上的协管人员，相互配合开展工作。例如，实验室启动，1名人员在中控室负责系统运行的实时监控，包括系统参数变化、报警、设施设备运转状态等情况的监控和实验全过程的监视等；2名人员负责设施的现场巡检维护。系统出现异常时，相互沟通中控室的监控显示情况与设施设备运行的现场实际状态等信息，以利于问题的快速解决。

（4）制定生物安全培训制度。应组织对实验室设施设备的运行管理人员、本单位的维修人员及委托维保单位的检修保养人员进行生物安全知识培训和考核。对于实验室的运行管理人员，除生物安全培训外，还必须进行专业的技术培训，包括设施的基本原理、操作技能、使用规定、核查与巡检要求、基本维护技能等，熟练掌握设施的操作要点与管理要求，考核合格经批准后方可上岗。对于本单位的维修人员和委托维保单位的检修保养人员，应强化实验室生物安全培训，包括实验室平面布局，设施种类、型号、数量、位置，目前正在进行的实验中的病原微生物对人的潜在危险、感染途径、感染后出现的临床症状及如何就诊，个体防护，危险标识，急救箱的位置及急救箱内贮存的药物与使用方法，紧急情况下求救电话等信息单张贴位置，个人行为规范，消防器材的位置，相关表格的填写等。在取得相应的资格后，经批准方可进入实验室工作。建立培训档案，包括培训内容、师资、考核试题、评估结果等内容。

（5）制定设施的标准操作规程。实验室设施必须在正确操作的基础上才能保证安全、可靠地运行。错误的操作可能带来意想不到的、无法挽回的甚至是巨大的危害。实验室运行管理人员及实验人员应严格按照标准操作规程的要求规范化操作，以保证实验室安全、可靠、稳定地运行，防止意外事故发生，确保生物安全和工作质量。

（6）制定设施设备维修保养规程。实验室设施设备维护保养过程中往往涉及生物、化学、物理等多方面的安全问题，为了规避各种来源的风险，实验室应制定科学合理的设施设备维修保养规程，维保人员必须严格按照规程要求实施操作。

（7）建立维保人员准入管理制度。无论是本单位的维修人员，还是委托维保单位的维护人员，进入实验室防护区实施检查维修时，应经实验室负责人批准。

（8）制定日常核查与巡检、故障与隐患处理制度。实验室在启用前和运行期间进行核查与巡检，应明确核查内容或指标和巡检路线，并制定相应的操作程序。例如，实验室每次启用前应进行开机前核查，确认系统正常后方可开机；开机后进行使用前核查，观察压力及压力梯度、温湿度、报警功能、风机运转、空调机组运行等情况，完成核查步骤，确认系统正常后投入使用；使用过程中应定时按照规定的路线程序巡检等。对于日常使用、核查与巡检中发现的问题，应按制度规定的程序及时报告处理，若不能自行解决，如无法找到故障原因、无法调整至正常状态、发现部件损坏等，应通知协议委托（外包）的维保单位派有资质/资格的专业人员到现场解决。

（9）制定定期检查、维修、保养与应急抢修制度。定期检查与维保是保证实验室安全运行的重要手段之一，主要包括两种形式：一是根据设施的不同特性，制定不同的维保周期，在实验室使用过程中或使用间隙定期检查设施的工作性状，及时发现问题或隐患，并合理处理与保养；二是实验室根据计划安排，在停机后进行全面检测、维修和保养，俗称“大修”，应急抢修与实验室的安全运行、持续实验、保证工作质量等关系重大。当发生紧急故障时，运行管理人员应及时采取措施，包括监控/启动备用设施，报告上级领导等；实验室根据情况及时安排本单位或委托维修单位/人员进行故障调查、抢修；需要时，实验室启动结束实验、安全撤离的程序。

（10）制定修复验证制度。维修后的设施应经过验证，确保符合系统要求后方可重新投入使用。

（11）制定设施设备消毒灭菌制度。在进行实验室防护区内或涉及生物污染危险的设施设备检查与维修保养前，应做好设施设备的消毒灭菌工作。即使在设施设备消毒灭菌处理后，维修人员仍应采取必要的个体防护措施，确保检修保养活动在安全的状态下进行。实验室防护区内拆卸下来的过滤器、电源插座、设施设备的零部件等必须按照物品消毒灭菌程序，经有效、可靠消毒灭菌后方可离开实验室。涉及污染隐患的维修工具必须按照物品消毒灭菌程序，进行可靠的消毒灭菌后方可拿出实验室。

（12）制定检修维保的个体防护和监护制度。设施设备的检修和维保应有2名以上人员共同进行。在需进入防护区或进行涉及生物污染危险的检修维保时，相关人员应采取必要的个体防护措施，维修维保应在实验室工作人员的陪同和监护下开展。

（13）建立事件/事故报告制度。实验操作人员有责任和义务维护实验室的安全，发现有危及生物安全的迹象或行为时，均应立即制止，并按程序要求报告。在对实验室进行设施维修过程中发生操作意外事故，如打翻或打破瓶子、管子、罐子或损坏仪器零件，人员受伤等，都应立即报告实验室相关责任人。实验室应及时对事故进行风险评估并采取应对措施。

（14）制定实验室安全检查考核制度。实验室应定期开展安全检查考核活动，明确检查内容、考核目标、整改期限、整改结果复核或验证等要求。

（15）实验室应制定对设施设备（包括个体防护装备）管理的政策和程序，包括设施设备的完好性监控指标、巡检计划、使用前核查、安全操作、使用限制、授权操作、消毒灭菌、禁止事项、定期校准或检定、定期维护、安全处置、运输、存放等，明确责任部门、责任人。

（16）建立设施设备运行管理文件资料。设施设备运行管理文件包括中控系统自动记录资料、操作记录文件、维保记录文件等。实验室应编制并使用专门的核查、巡检、维修、保养与应急抢修、安全检查等记录表单。每次核查、巡检、维修、保养等活动都应记录，记录应完整可溯源。设施设备运行管理人员应定期（如每周或每月一次）整理、归档实验室自动控制系统记录的运行管理资料，包括实验室压力、温湿度、报警、设施设备运行状态、监控影像等信息的记录，以及核查、巡检、检查/检测、维修、保养记录等资料。

（17）建立设施设备档案。档案主要内容至少应包括：①基本信息，包括制造商名称、型式标识、系列号或其他唯一性标识、主要参数、验收标准及验收记录、接收日期和启用日期、接收时的状态（新品、使用过、修复过）、当前位置、生产厂家、联系方式、制造商的使用说明或其存放处、安装/存放位置、管理责任人等；②维护记录和年度维护计划；③任何损坏、故障、改装或修理记录，包括维修日期、故障现象、维修内容、维修人等；④校准（验证）记录和校准（验证）计划，包括校准（验证）和校准（验证）日期、校准（验证）和校准（验证）内容、校准（验证）和校准（验证）情况、校准（验证）和校准（验证）人等；⑤服务合同；⑥预计更换日期或使用寿命；⑦安全检查记录；⑧档案内容还可根据需要包括使用记录，如使用日期、使用者、设施状况等。

第二节　病原微生物实验室设施设备操作要求

实验室设施设备操作应遵循以下基本要求。

（1）设施设备负责人负责设施设备和实验仪器设备的日常管理，每台仪器设备均应有使用维修记录。

（2）特种设备必须由持有相应操作资格证书的人员操作使用，无证人员不得擅自使用。

（3）实验仪器设备使用时必须精心操作，使用完毕，填写设备使用和消毒记录。实验室技术负责人负责监督实验操作人员完整填写记录，并整理归档。

（4）仪器设备必须遵照操作规程正确使用，使用过程中发现异常时，立即停止使用，通知设施设备负责人，报告安全负责人和实验室主任。

（5）设施设备负责人填写设施设备报修单，经实验室主任批准后组织人员对设施设备进行彻底消毒，而后检修。修理后的仪器设备应重新进行验收和检定，达到要求后方可重新使用。

（6）设施设备负责人对设备进行日常的维护保养工作，应该做到：保证仪器设备的工作环境始终符合规定和要求；根据仪器说明书的要求进行保养维护，不得随意拆卸仪器的零部件；设施设备使用完毕应及时恢复原状，保持清洁。

（7）当技术负责人确认实验仪器设备需要维修时，报告设施设备负责人，由设施设备负责人向实验室主任提出维修申请，经审核、批准后，由设施设备负责人联系维修。

（8）维修后的设备由设施设备负责人与安全负责人共同进行验收和可靠性检查，确认合格后方可使用。

（9）停用与报废。已经损坏，功能出现可疑或者超过规定检定周期的不合格仪器设备，应立即停止使用，由设施设备负责人贴上“停用”标记，并登记，报告实验室安全负责人和实验室主任，待实验室整体消毒维护时将停用设备进行去污染后移出实验室。

（10）实验仪器设备经维修后，仍不能满足工作需要或无法修复时，由设施设备负责人提出申请，填写《设施设备停用报废申请表》，报实验室主任审批后，办理报废手续。

第三节　病原微生物实验室关键防护设备操作要求

关键防护设备主要有生物安全柜、动物隔离设备、独立通风笼具（IVC）、压力蒸汽灭菌器、气（汽）体消毒设备、气密门、排风高效空气过滤装置、正压防护服、生命支撑系统、化学淋浴消毒装置、污水消毒设备、动物残体处理系统（包括碱水解处理和炼制处理）、传递窗、渡槽、正压生物防护头罩共15种。这些防护设备支撑保障生物安全实验室的安全稳定运行。

一、实验操作防护设备操作要求

实验操作防护设备主要是指直接参与实验活动使用的相关防护设备，如生物安全柜、动物隔离设备、IVC，这些设备也称一级防护屏障，是开展实验活动的防护设备，这些设备的安全稳定运行是生物安全实验室安全运行的保障。

（1）使用设备前需观察设备的运行状态是否正常，外观是否完整，面板按键是否正常，设备所需外设或配件是否准备到位等。

（2）查看设备检测状态，是否在明显位置标识出设备的状态、检测周期等信息。

（3）设备接通电源，开机试运行。如生物安全柜打开后查看各个部件是否正常，报警、风机、照明、插座等是否正常；动物隔离设备和IVC开机后，设定参数，查看设备能否运行到设定值。同时查看设备有无异响、异味。

（4）设备稳定运行后方可开展实验，使用过程中如发生意外情况，第一时间报告中控室或主管人员，在指导下完成后续操作。

（5）设备使用完毕需进行清场处理，如生物安全柜使用完毕后需对设备台面及四壁进行消毒清洁，生物安全柜内物品尽量清出，最后开启紫外线灯进行消毒；动物隔离设备和IVC使用完毕后，清理所用笼具，双层包装并经高压锅消毒处理后清洗备用，笼架或隔离设备内无实验动物时，可关闭设备。

（6）设备使用后需进行记录。

二、消毒灭菌相关设备

消毒灭菌设备主要包括压力蒸汽灭菌器、气体消毒设备、化学淋浴消毒装置、污水消毒设备、动物残体处理系统（包括碱水解处理和炼制处理）。实验活动开始前、实验过程发生意外时和实验活动结束后，应对设施设备与相关配件进行消毒工作，保障实验室内所用设施设备和配件均保持洁净可靠的使用状态。

（1）使用设备前需观察设备的运行状态是否正常，外观是否完整，面板按键是否正常，设备所需外设或配件是否准备到位等。

（2）设备所需配置条件是否满足要求，如压力蒸汽灭菌器所需的饱和蒸汽、软化水、真空空气等；气体消毒设备所需的电源、环境温湿度、消毒剂等；化学淋浴消毒装置所需的消毒剂、真空空气等；污水消毒设备所需的电力供应、备用消毒剂等；动物残体处理系统（包括碱水解处理和炼制处理）所需的电力供应、碱等。

（3）如为高温高压特种设备，需持证上岗操作，有完整的安全操作制度。

（4）一般设备都为自动运行，如遇特殊情况，需要有经验、有资质的操作人员进行手动处理操作。如压力蒸汽灭菌器脉动真空失败、锅体内温度升温失败等；气体消毒设备消毒进程无法进行、通信失败、传感设备故障等；化学淋浴消毒装置无法进行消毒工作、消毒剂过期等；污水消毒设备超压安全阀工作、蒸汽或电加热棒故障等；动物残体处理系统（包括碱水解处理和炼制处理）蒸汽或传感设备故障等。

（5）设备出现故障后，应彻底消毒清理后再进行维修工作，维修人员需知晓生物危害情况，按要求穿戴适当的防护装备后进行维修，维修后经检测或验证无问题方可继续使用。

（6）设备使用完毕后需进行内部清洁或管路冲洗工作，设备进入待用状态。

（7）设备使用蒸汽和水时需注意管路的跑冒滴漏现象，定期巡查，发现问题及时报告处理。

（8）设备使用完毕后进行记录。

三、个体防护及配套保障设备

个体防护及配套保障设备主要包括正压防护服、生命支持系统、正压生物防护头罩等。此类设备的作用主要是提升操作人员的个人安全。

（1）使用设备前需观察设备的外观是否完整，设备所需外设或配件是否准备到位等。

（2）设备使用外接供气装置时需进行气体流量测试，测试合格后方可接入设备。如流量低则需通知管理人员进行检查或更换过滤器，或进行流量调节。

（3）穿戴设备时应注意设备的完整性。

（4）使用过程中如遇设备故障，需迅速退到安全区域后再进行消毒和脱卸装备。同时辅助人员报告中控室及管理人员。

（5）设备使用完毕后需进行全面消毒，消毒后备用。如正压生物防护头罩需要进行表面喷洒消毒或熏蒸消毒；正压防护服需经过化学淋浴进行全方位消毒。

（6）设备使用后进行记录。

四、空气隔离及过滤相关设备

空气隔离及过滤相关设备主要有排风高效过滤装置、气密门、传递窗、渡槽等。此类设备主要作用是分隔 2 个不同区域，如防护区与非防护区。设备的完整及安全指数直接关系到外环境是否有被污染的风险。

（1）使用设备前需观察设备的外观是否完整，设备所需外设或配件是否准备到位等。

（2）设备均为穿墙设备，需定期检查设备本身及其与结构的密封性，确保无泄漏风险。如排风高效过滤装置需定期进行原位检漏；传递窗、气密门和渡槽要定期进行气密性检测。

（3）传递窗和渡槽需要关注门的互锁情况，严禁发生门同时开启的情况。

（4）排风高效过滤装置需实时监测阻力变化情况，发现问题及时处理、更换。

（5）气密门需定期检查气密性，如使用压缩空气，需定期检查气泵工作状态。

（6）此类设备需定期进行第三方检测，并出具报告。

（7）设备维修或更换配件后需重新检测，以确保其始终处于良好的工作状态。

第二十一章　病原微生物实验室运行维护和评价

第一节　病原微生物实验室运行维护要求

对生物安全实验室而言，硬件设施设备是基础，是生物安全实验室建设最重要的环节之一，建设符合国家标准规范要求的设施设备是保障实验室生物安全和实验活动正常开展的前提。完善的设施设备固然重要，而如何确保设施设备科学、有效地安全运行和定期维护保养更为重要。虽然实验室设计方案、建设规模不一样，在建筑结构、工艺平面布局、通风空调、自动控制及水电气供应等各方面都有自身的特点，在运行管理模式、手段及人力物力投入等方面也不尽相同，但都要遵循一个原则：符合生物安全要求，确保各系统处于安全可靠的运行状态。病原微生物实验室应根据自身特点，建立合理、有效和实用的运行管理模式。

一、基本要求

（一）设施设备运行维护体系文件建立

设施设备操作规程和管理制度是生物安全实验室必不可少的质量管理体系文件。只有对设施的完好性监控、巡检、使用前核查、使用限制、授权操作、消毒灭菌、定期校准或检定、定期维护及禁止事项等进行严格规范，并按照标准操作规程的要求规范化操作，才能保证实验室设施安全、可靠地运行。实验室运行管理人员、维护保养人员都必须严格遵守实验室制定的标准操作规程和管理制度，防止意外事故的发生。

（二）设施设备运行维护管理组织机构建立

建立设施设备运行维护管理组织机构，是确保设施设备安全运行的重要保证。设施设备运行管理组织机构应与实验室规模、实验活动复杂程度和风险相适应。实验室管理层应为所有设施设备运行维护和管理人员提供履行其职责所需的权力和资源，规定所有人员的职责和相互关系，并建立相关机制，以避免人员受到任何不利于其工作质量的压力或影响。

（三）设施设备运行维护团队的建立

生物安全实验室，特别是高等级生物安全实验室的设施设备管理涉及多学科、多专业。从建筑工程角度来讲，包括围护结构、暖通、水电、自动控制和安全监控等；从物理防护角度来讲，包括高效过滤、消毒和灭菌等。专业技术保障人员可根据实验室规模情况进行配置，可以一人多岗，通常一个中小规模的（A）BSL-3实验室应配备2名及以上设施设备操作员。从管理角度来讲，还需要一个精通硬件设施运行和维护的管理负责人。有条件的实验室可以按专业配置相应岗位，特别是（A）BSL-4实验室在部分专业重要岗位还必须配置AB角，以保障实验室连续运行。

作为委托的维保单位人员必须经过严格培训，考核合格后方能上岗，严格执行设施设备标准操作规程，遵守实验室安全管理制度。

（四）设施设备运行维护档案制度建立

1. 实验室应建立设施设备档案，并符合以下规定

（1）建筑设施主要设备及《实验室设备生物安全性能评价技术规范》（RB/T 199—2015）规定的关键防护设备，应制定标准操作规程（SOP），应有专业维修人员的联系方式。

（2）关键防护设备档案应至少包括以下内容。

1）制造商名称、型号标识、系列号或其他唯一性标识。

2）验收标准及验收记录。

3）接收日期和启用日期。

4）接收时的状态（新品、使用过、修复过）。

5）当前位置。

6）制造商的使用说明或其存放处。

7）维护记录和年度维护计划。

8）消毒记录。

9）校准（验证）计划和记录。

10）任何损坏、故障、改装或修理记录。

11）停用记录。

12）服务合同。

13）预计更换日期或使用寿命。

14）安全检查记录。

（3）实验室通风空调系统档案应至少包括冷热水机组、组合式空调机组、风机、袋进袋出HEPA过滤单元、原位检漏高效过滤风口、文丘里阀、生物密闭阀等设备档案。

（4）实验室电气系统档案应至少包括发电机、配电箱、UPS、固定电源插座等设备档案。

2. 实验室应建立人员管理制度　对所有参与实验室设施设备运行维护的人员实施管理，建立人员档案。

3. 实验室应建立设施设备运行和维护保养制度　包括巡视检查制度、定期维护保养制度、安全管理制度、值班制度、交接班制度、应急处置制度等。

4. 实验室应建立实验用水管理制度　对实验人员的实验用水、生活用水、紧急喷淋用水、清洗器具用水的操作流程及废水回收处理措施进行规定。

（五）设施设备运行维护培训制度建立

实验室应组织对设施设备操作人员、运行管理人员、维修人员及委托维护保养人员进行生物安全知识、设施设备操作和管理制度的培训，考核通过后方能上岗。对于培训的内容，除基本的生物安全基本知识、个体防护要求、实验室平面布局与进出实验室程序、应急处置和管理规章制度外，可以根据个人承担的设施设备管理职责重点加强设施设备专业的技术培训，包括设施设备的基本原理、操作技能、使用规定、巡检与维修、消毒要求和基本维护技能等，由经验丰富的人员进行讲解，并且进行设施设备运行模拟操作演练，或通过试运行达到熟练掌握设施设备的使用操作和维护，考核合格取得上岗证书。

（六）设施设备运行维护安全计划和检查制度建立

实验室应建立设施设备运行维护安全计划与检查制度，定期开展安全检查。按照内部要求，由安全负责人负责策划、组织与实施，正常情况下一般每年不少于1次，由工作人员交叉审核，发现不足，在规定的时间内完成改进，检查结果应提交实验室管理层审核。对关键控制点可根据风险评估报告适当增加检查频率，以确保运行安全。例如，设施设备的功能和状态正常；应急装备及警报系统的功能和状态正常；消防装备的功能和状态正常；危险物品的使用及存放安全；废物处理及处置的安全；人员能力及健康状态符合工作要求；安全计划实施正常；实验室运行状态正常；不符合规定的工作及时得到纠正；所需资源满足工作要求。

（七）设施设备维护保养制度建立

生物安全实验室设施设备维护过程通常涉及生物、化学、物理等方面风险因素，为规避各种风险，实验室应制定设施设备维护保养制度，维保人员须严格按照规程要求实施操作，确保设施设备和人员的安全。

制定设施设备日常核查、巡检制度，明确核查、巡检内容及时间、频次要求等。例如，每次开启实验室空调系统前，需进行开机前核查，确认各设施设备单机运行正常后方可开机。开机后进行实验室使用前核查，压力、压力梯度、温湿度、报警功能、送排风机运转等各项技术指标正常后，实验人员方可进入实验室开展实验活动。对于核查、巡检中发现的问题，应按制度规定的程序报告并及时处理，无法解决时，应通知委托的维保单位派员到现场解决。

由于不同的设施设备维护保养对操作人员的个体防护要求不同，因此实验室相关设施设备进行维护保养时须对个体防护做出要求，建立维护保养人员准入管理制度，限定操作人员活动区域。

（八）设施设备定期查验和应急维修制度建立

设施设备的定期检查与维护保养是保证设施安全稳定运行的重要手段，通常称为预防性维护保养，包括两种形式：一是根据设施不同的特性，制定维护保养周期，在实验室系统使用过程中或使用间隙定期检查设施的工作状态，以便及时发现问题或隐患；二是有计划地在实验室系统停机后对设施进行全面的检查、维修和保养，可以称之为“大保养”，一般每年至少安排 1 ～ 2 次。在这期间应聘请第三方专业公司对维护后的设施设备进行年度检测，并留存报告。

应急维修通常是在实验室系统发生紧急故障时，设施设备运行管理人员应立即采取应急措施，包括启动备用装置，通知实验人员，逐级上报等；设施设备负责人应根据情况及时安排维修人员或委托维修单位人员排查故障并抢修；出现送排风系统故障且备用风机无法切换导致实验室不能维持正常的压力和压力梯度等紧急情况时，应立即启动应急预案，执行安全撤离程序。

生物安全柜、独立通风笼具、动物隔离设备、排风高效过滤装置、压力蒸汽灭菌器等生物安全关键防护设备还需要对其生物安全性能进行年度检测，在进行“大修”或应急检修后也应经过检测验证，检测验证合格后方可投入使用。

（九）设施设备运行维护应急管理制度建立

（1）实验室应根据工作需要制订设施设备应急反应计划，应急预案、应急响应和报告程序应能满足设施设备出现故障时的应急处置需要。

（2）实验室设施设备应急管理内容包括火灾、停电、一级防护屏障失效（如生物安全柜故障）、二级防护设施故障（如通风空调系统故障、风机故障等）及自然灾害等。

（3）实验室制订设施设备应急反应计划时，应综合考虑管理体系运行和涉及的所有设施设备，尽可能涵盖所有相关人员，如设施设备管理人员、项目主管、主要研究人员、实验室人员、工程维护人员和生物安全管理人员等。同时，应考虑与公安、消防、医疗等地方应急反应支持机构的合作。

（4）实验室应组织所有相关人员对建立的应急预案、应急响应和报告程序等设施设备应急反应计划内容进行培训和定期演练，并结合日常演练结果、内部审核和管理评审，对应急反应计划的有效性、适用性、科学性进行定期评估，及时查找不足并实时改进。

（5）实验室设施设备应急措施除考虑《实验室 生物安全通用要求》（GB 19489—2008）中的要求外，还应覆盖下列情况或清单内容。

1）应建立实验室设施设备运行重要报警和一般报警的清单。

2）应在风险评估的基础上识别需要应急处置的其他不能自动报警的设施设备运行意外情况。

（6）实验室应对每起设施设备故障开展调查，找出故障发生的根本原因，并制定预防措施。

（7）实验室应每年年底对设施设备应急反应、采取的应对措施进行总结报告。对实验室发生的设施设备故障，除了每次发生后应在规定时间内进行报告外，年终总结报告时还应对一年内实验室发生的设施设备故障进行汇总分析，针对每起设施设备故障采取的措施有效性进行评审，并录入下一年度安全计划。总结报告应至少包括以下内容。

1）一年内应急的频次和应急事件或意外事故的分布。

2）评估应急工作后采取的纠正措施和预防措施的有效性。

3）再次进行责任划分及落实。

4）应急计划修订的建议等。

（十）设施设备运行记录制度建立

实验室设施设备每次使用前或使用中应根据监控指标确认设施设备的性能是否处于正常工作状态，编制并使用固定的核查、巡检、维修保养、应急抢修、安全检查等记录表格，每次涉及设施设备的活动都应有记录，记录应真实有效，保证可追溯性。

设施设备运行管理人员应定期整理、归档实验室自动控制系统记录的运行资料，包括实验室压力、压力梯度、温湿度、报警、设备运行状态、监控影像等信息的记录，以及核查、巡检、维护保养、应急抢修、安全检查等记录资料。

二、设施设备运行维护分类

（一）日常维护保养

生物安全实验室的设立单位及其主管部门负责实验室日常活动的生物安全管理，承担建立健全安全管理制度，检查、维护实验室设施设备，控制实验室感染风险的职责。实验室设施的日常运行和管理以实验室自身为责任主体，结合本单位相关部门（如后勤保障部门等）共同承担，建立运行管理组织体系，制定运行管理制度，以保证和维持实验室正常安全运行。

实验室设施设备的日常使用和维护保养由实验室成员承担，是一项日常性工作，由实验室领导层赋予实验室成员操作权限，设施设备操作人员按照规定的程序和操作规程进行实验室设施设备的使用和维护保养操作。高等级生物安全实验室设施设备维护专业性强，在实验室每次使用前，实验室要组织专业人员对设施设备进行例行检查，对设施设备的技术状态进行确认，确保设施设备处于良好的工作状态。制订完善的日常维护保养计划，建立维保档案。例如，通风空调系统开启后，操作人员应监控各区域压力和压力梯度是否符合安全要求，特别是（A）BSL-4实验室的生命支持系统、化学淋浴系统和正压防护服等关键防护设备及报警系统运行状态是否良好，当运行参数偏离安全要求时，应采取纠正措施，直至符合要求。在实验室使用过程中加强日常巡检，以及时发现问题并得到纠正。

（二）定期检查与预防性维护保养

除了日常维护保养，定期检查与预防性维护管理方式对于保持设施设备良好的技术状态、延长设施设备使用寿命至关重要。有些实验室由于人员不够，只配置了少数设施设备操作岗位，仅限于使用操作，缺乏具备检查、检测、维护保养和检修能力的专业人员，不能进行实验室设施设备全面检修维保。因此，通常委托具有熟悉生物安全实验室特点的专业公司来承担实验室设施设备的维修与保养。实验室自动控制系统、生命支持系统、正压防护服、化学淋浴系统和污水处理系统等关键防护设备比较复杂，系统设计方案和设备皆为供货商专有技术或专利产品，若系统发生故障，须由供应商提供配件或维修。

（三）定期检测

生物安全实验室在施工完成验收之前，关键防护设施设备要经过具备专业检测资质或检测能力的机构进行强制性检测，或由生产厂家（或其授权代理机构）进行检测。认可机构对实验室的年度认可评审也要对部分设施运行工况进行现场验证，对生物安全柜、压力蒸汽灭菌器等关键防护设备进行年度检测和评价。

通常情况下，需要定期检测的设施设备，其维护保养工作可以由专业的公司来承担，关键防护设施设备的检测宜由有专业检测资质或检测能力的机构进行检测。

第二节　病原微生物实验室设施设备安全计划和检查

为了保障生物安全实验室的安全稳定运行，每年需要制订实验室整体的安全计划，其中设施设备作为生物安全实验室重要的一部分，更应该做好安全计划，为设施设备运行维护的风险预判提供支撑。

本节主要对实验室设施设备运行维护中需要注意的关键点和安全计划的检查进行描述。

一、建筑及围护结构的维护保养

（一）日常维护保养

建筑及围护结构的日常维护保养包括以下内容。

（1）检查围护结构（包括墙面、顶棚和地面及交角）、门窗、传递窗、渡槽和穿越围护结构管线处是否有开裂脱胶、起皮及腐蚀等老化现象，有无明显裂缝，出现问题要及时修复。

（2）检查实验室所有门的闭门器状态、门自动闭锁功能及相邻门（含传递窗）互锁状态。具备监控门状态的自控系统，要确保门自动关闭和互锁功能的有效性。

（3）检查实验室入口处所有标识是否清晰、明显。

（4）检查紧急出口（安全通道）应急指示灯状态，玻璃安全门有无裂缝，紧急出口有无障碍物。

（5）检查实验室各区入口处负压显示装置状态，要与中控计算机界面的数据基本一致，否则要进行校准。

（6）检查实验室气密门状态，包括充气式气密门的充气密封胶条、门控制系统、紧急泄气阀、气路、开关按钮、指示灯及紧急解锁装置等结构；检查机械压紧式气密门运动机构、闭门器、电磁锁、密封胶条、门锁开关的功能是否正常。

（7）检查传递窗双门互锁功能及开关有效性，密封胶条是否老化、开裂、脱胶，有无泄漏现象，渡槽还需检查水封等情况。

（8）检查实验室门禁、外围视频监控及物理防护栏等设施情况，确保门禁、监控的有效性。

（9）检查围护结构顶板吊筋及螺丝有无松动或脱落情况。

（10）检查围护结构顶板（管道技术夹层）有无水管滴、漏、跑、冒现象。

（11）检查地坪（塑胶地板、环氧树脂地面等）有无开裂、脱层、空鼓及破损现象。金属地坪（焊接或拼接）要检查焊缝及拼接缝节点。

（二）定期检查与预防性维护保养

建筑及围护结构的定期检查与预防性维护保养包括以下内容。

（1）围护结构（包括墙面、顶棚和地面）完整性及门、传递窗、渡槽和穿越围护结构管线的严密性检查，根据实验室生物安全防护要求不同可采用目测、发烟法观察有无明显泄漏。

（2）对实验室所有门的闭门器进行调节、润滑及闭合力测试和调整，检查门铰链是否松动，如有松动及时紧固。

（3）实验室各区入口处压力显示装置数值校准。

（4）实验室所有标识定期更新。

（5）定期检查、更换充气式气密门的充气密封胶条和充气管路，机械压紧式气密门密封胶条出现老（硬）化趋向时要更换。

（6）定期清理地漏过滤网、水池排水存水弯等，及时补充水封。

（7）利用实验活动间隙，在实验室终末消毒后，对围护结构进行清洁去污。

（8）定期对围护结构吊筋和螺丝进行紧固。

（9）定期检查电磁锁、密码锁或指纹锁性能，对门禁系统软件进行维护和升级。

（10）检查传递窗、渡槽内外表面性状，有无生锈腐蚀。

（11）检查实验室所在建筑物的完好情况，是否出现地基下陷、墙体开裂等现象。出现此类情况时，由专业设计、质量监督和施工单位共同研讨决策，采取整改措施。

（三）定期检测

围护结构严密性检测，宜由专业维保公司或有检测资质或检测能力的机构负责，根据实验室生物安全防护要求的不同，可采用发烟法、恒压法、压力衰减法等。其中，（A）BSL-4实验室围护结构每年应至少采用压力衰减法检测一次。如出现泄漏，由专业维保公司负责修复。

对于气密门气密性检测，可通过检测实验室围护结构的气密性来间接评价气密门的气密性。如安装气密门实验室围护结构的气密性满足相关要求（压力衰减指标要求或空气泄漏率指标要求），则认为气密门的气密性满足要求。如安装气密门实验室围护结构的气密性不能满足相关要求，则应采用皂泡法进行验证。

二、通风空调系统的维护

（一）日常维护保养

制订日常维护保养计划，每次启动前应进行例行检查，使用过程中定时进行巡检，使用间歇进行维护，及时发现并消除故障隐患。日常使用的维护保养工作主要包括以下内容。

（1）检查送排风空调机组启动是否正常。

（2）检查通风空调机组运行中是否有异常振动或噪声。①压缩机。压缩机的振动会引起钢管接头松动或焊缝开裂，造成制冷剂和冷冻油泄漏。另外，由于机械运动部件之间的相互磨损，润滑油中会沉积磨损的杂质，使润滑油的效果下降，严重时会使压缩机得不到应有的冷却和润滑，最后造成压缩机过热而烧毁。②送排风机、散热风扇、电机。因长时间运行，会出现风机叶片积污较多，转动失衡，风机的电机与风叶间固定螺钉松脱，轴承缺失润滑等问题，使得运行异常、效果下降，严重时会造成设施设备报废。

（3）检查送风机组中粗、中效过滤器是否正常。过滤器压力变化往往是由于长期运行使过滤器积尘而导致的阻力变化，通过观察（检查）计算机自动控制系统界面的过滤器状态及空调机组上的机械式压力表，当粗、中效过滤器的终阻力分别达到各自初阻力的两倍时，需清洗或更换粗、中效过滤器。

（4）检查送风机组各段的检修门是否关闭严密，必要时更换检修门的密封条和调整紧固螺丝。

（5）检查送排风管路、空调水管路上的阀组（门）是否处于正常工作状态。

（6）定期检查新风口粗滤网是否有异物堵塞风口，及时清除吸附在上面的垃圾、树叶等异物。

（7）通过计算机自控系统界面，定时检查实验室温度、湿度及空调系统主机进水和回水温度，如有异常，检查空调系统及阀门状态。

（8）检查总排风口有无异物堵塞，若有堵塞应及时清除。对于停机后即关闭的排风口，应检查能否正常开启。

（9）通过计算机自控系统界面，定时检查实验室压力和压力梯度情况，如有异常，检查送排风机组、各种阀门及报警状态。

（10）检查送排风系统各电动密闭阀、风量调节阀执行机构是否正常工作，动作是否与监控系统显示一致，运行过程中有无异常噪声等。

（11）检查实验室送排风口是否有仪器设备或其他物件遮挡，如有，应及时清除。

（12）检查负压独立通风笼具等负压动物饲养笼具的风量及负压值是否符合饲养要求。如不符合要求应及时调整笼具的排风量和系统风量调节阀，确保笼具内风量和负压值稳定。

（13）检查实验室生物安全柜、负压动物饲养笼具等局部负压排风设备的排风接口是否松动漏气，若有，应及时修复并测试无泄漏后方可使用。

（14）检查空调水系统、制冷剂系统等是否正常运行。例如，温度调节，当冬季来临，发现室内温度比设定值低时，查看加热盘管的电动调节阀的开度；当夏季来临，发现室内温度比设定值高时，查看表冷盘管电动调节阀的开度。

（15）检查各自控元器件有无电线脱扣现象。

（16）检查空调机组制冷剂高压、低压是否正常。

（17）检查冷凝水管路是否漏水、畅通，防止冷凝水外溢，检查水泵流量、管路是否堵塞。

（18）检查 HEPA 过滤器装置压差开关连接管有无松脱，发现问题及时解决。

（19）检查实验室内（有的安装在技术夹层）测压管 HEPA 过滤器是否脱落。

（二）定期检查与预防性维护保养

1. 送排风机

（1）定期检查送排风机的工作状态，以及监视器上风机的工作状态、转速等，转速大于 80% 时，应考虑清理新风口粗滤网或更换粗、中或高效空气过滤器。

（2）定期检查送排风机一备一用的状态切换情况，如有异常，必须及时解决故障，以免常用风机发生故障时备用风机无法正常使用。

（3）检查送排风机皮带有无松动老（硬）化，如有松动或老（硬）化趋向，应及时调紧或更换。

（4）检查风机叶轮叶片有无松动、变形或沉积污垢，轴承运转是否正常。定期清扫送排风机上的灰尘。

（5）定期给电机加机油。

（6）检查通风系统管道上密闭阀、风量调节阀的螺母是否有松动，调节螺杆锁定位置是否有偏移。定期清扫阀体上的灰尘。

（7）检查风管的固定吊杆螺丝是否有松动，定期调整紧固。

（8）定期检查送排风管道的密闭情况，尤其是排风机管道的密闭和安装牢固情况。

（9）定期检查送排风机的联锁装置，以防止联锁装置故障导致系统启停时围护结构承受的压力过大。

（10）定期检查送排风机的停机保护装置，以防止风机意外停机而造成实验室内压差异常，进而导致实验室泄漏事件。

（11）定期检查通风管道的生物密闭阀是否有效，以防止气流逆流。

（12）在实验室停用期间，每月启动运行系统 1 ～ 2 次。

（13）定期检查并清理总排风口防虫网。

（14）检查冷、热水自动调节阀，送风机组的循环水管上的热、冷水阀门及循环水压力是否正常。

（15）检查冷热盘管有无渗漏。发现问题应及时联系空调生产商或其委托的代理机构派维修人员到现场修复。

（16）检查冷、热水管路有无漏水，管道保温层是否有松开或脱落。

（17）清洗冷冻水系统。主要是清除蒸发器表面、冷冻水管道内壁、风机盘管内壁和空气调节系统设施设备内部的生物黏泥、腐蚀产物等沉积物。

（18）检查冷冻水截止阀等阀门有无漏水。

（19）检查冷冻水管道锈蚀情况，进行防腐处理。对管道标识进行严格区分。

（20）清洗冷凝水系统。主要清洗表冷器、积水盘积垢。入冬前要将表冷器存水排放干净（排水口应在最低位），必要时用压缩空气吹干，防止冻裂。

（21）检查冷凝水管路是否完好、畅通，如有堵塞现象应及时疏通。

（22）检查电磁阀和加湿器的工作情况。

（23）检查各信号线接口是否松脱，若发现松脱现象应及时紧固。

（24）检查电源线是否松脱，交流接触器、热继电器接触是否良好。空调长期运行后，由于电线、元器件发热等原因会引起接头松动、脱落，造成接触不良、缺相等情况。若因接触不良造成短路等故障，应及时排除，否则会导致压缩机因缺相或三相电流不平衡而被烧毁。

（25）检查机组底板有无锈蚀，及时做防锈处理。底板破损时必须采用焊接修复。

（26）检查加湿器电极、远红外管及加湿负荷电流情况，清除加湿器水。

（27）检查加湿器给水排水管路情况。

（28）定期对排风管道进行消毒，特别是在进行大规模维修前。有的实验室设置了消毒旁路系统，在实验室空间消毒的同时启动旁路风机，消毒气体在风机动力下循环，一同对管道进行消毒。

2. 送排风过滤器

（1）定时检查自控系统监视器，观察并记录滤材两端压差，如果压差过大则需清洗或更换。根据地区、季节、天气的不同，制定粗、中效过滤器的更换或清洗周期。

（2）监控系统应能显示 HEPA 过滤器阻力，设置堵塞报警阈值，达到报警设定值时，应及时更换 HEPA 过滤器。

（3）监控计算机显示 HEPA 过滤器阻力突然明显下降时，应考虑 HEPA 过滤器发生泄漏的可能。若不能确定是安装不当、传感器故障或信号传输等问题，应更换 HEPA 过滤器。

（4）检查压差开关连接管有无松脱，发现问题应及时解决。

（5）定期检查送、排风过滤器外观有无损坏。

（6）每台 HEPA 过滤器安装、更换、维护后都应进行检测，运行后每年至少进行一次检测以确保其性能。

（7）定期对送排风 HEPA 过滤器进行检漏，由具有专业检测资质或检测能力的机构承担。

（8）更换实验室送排风 HEPA 过滤器前，应原位对过滤器进行彻底消毒。操作人员穿戴必要的个体防护装备。

3. 生物密闭阀和风量调节阀

（1）检查控制箱指示灯是否正常，接触器保险是否熔断。

（2）检查生物密闭阀的气密性是否符合要求（有的生物密闭阀可以采用打压方法对单个阀片的密闭性在线进行检测）。

（3）通过自控系统界面检查生物密闭阀动作执行情况，如阀片（叶）是否关闭或开启，开关是否到位及动作反应和完成时间等。出现问题时，需要生产厂商或代理商进行调整或修理，不能解决问题时应及时更换。

（4）检查风量调节阀动作执行情况，如通过自控界面反馈的送排风量、压力变化等信息，判断风量调节阀风量控制精度、稳定性及反应时间是否在设计范围内。

4. 空调冷、热源

（1）检查制冷、制热机组及水泵运转是否正常。

（2）检查管道系统高、低压力值是否正常。

（3）检查水系统中有无空气，是否需要排气。

（4）检查制冷剂高、低压力是否正常，有无泄漏，视情况及时补充制冷剂。

（5）检查压缩机运转电流、工作电压、运转声音及吸气压力是否正常。

（6）检查压缩机油压、油位、油温、颜色等是否正常。

（7）检查主机空气开关、接线端子、相序保护器、交流接触器等是否正常。

（8）冬夏季运行转换。进入冬季或夏季时应切换冷、热水总阀，具体如下。

1）进入冬季时，关闭冷冻水的供、回水总阀，放空冷水机和送风机组盘管的冷水，并用压缩空气吹净，同时放空膨胀水箱和水管内的水，以防冻坏。打开热水的进水总阀进行制热。

2）进入夏季时，先关闭热水的供、回水总阀，再打开冷冻水的供、回水总阀，同时开启膨胀水箱的补水阀，排空冷水机及管道内的空气，开启水泵，然后开启冷水机执行制冷。

（9）检查冷媒管道的保温层，发现破损或效果不佳时应进行处理，防止冷凝水滴落腐蚀装置、影响环境。

（10）对风冷机组风扇进行清理，检查风机运转（方向）是否正常。

（11）对水冷机组进行清理，主要是清除冷却塔、冷却水管道内壁及冷凝器换热表面等的水垢、生物黏泥、腐蚀产物等沉积物。

（12）定期检查系统供、回水温度和压力是否正常。

（13）定期对制冷、制热机组散热片进行清洗，特别是入夏第一次启动前。

（14）清洗水过滤器。检查冷却水、冷冻水系统中的过滤网上的杂质，及时清洗。

（三）定期检测

压力传感器、温度传感器、湿度传感器、压力表、温度计等计量器件应按照国家和地方的有关规定委托有资质的机构进行检定或校准。

空调机组、送排风机、电动机、定风量阀、变风量阀、直接数字控制（DDC）控制器等自动控制器、变频器、原位消毒和扫描检漏高效过滤排风装置、生物密闭阀等发生故障时，应委托生产厂家或有资质的机构进行维修，其他人员不得私自拆卸检修。

对实验室送排风管道、阀门系统、高效过滤单元及室内传感器等进行检测和维修时，操作人员要穿戴个体防护装备，确保人员不受生物污染。

三、电力供应系统的维护

按规定，涉及电路与电气设施操作的人员应持有国家安全生产监督管理局核发的“特种作业人员电工操作证”。涉及变配电（配电房，有变压器）设施操作的人员还应持有电力系统核发的电工上岗证。操作必须由直接操作者和监护人共同进行。

1. 电路 指定电气工程师负责实验室电气设施的日常操作，实验室使用前，电气工程师应对电路和配电柜等电气设施进行逐一检查，在使用过程中也应定期对监控室、配电机房、设备层等防护区外的电路按照确定的路线进行巡检。通过持续、良好的日常管理，可以进一步保障电路的安全性和可靠性，防止过早老化，延长使用寿命。日常运行维护管理包括以下内容。

（1）实验室使用前应全面检查电路，包括有无踩踏、钩挂、拉扯及违规临时搭接电线、超负荷接入大型设备等异常情况。需要添加新设备时必须考虑实验室电源总功率和电路的承受能力，如需要添加的设备功率较大，必须经电气工程师查证并同意后才能供新设备用电。

（2）使用过程中加强电路的日常巡检，包括电路是否脱离线槽悬挂、是否与水或化学品接触、是否接触发热物体表面或锐利物体。

（3）检查电路是否出现磨损、破损、局部过热、烧焦（糊）或过度扭曲、接口松动或脱离等。发现电线磨损或破坏时应立即采取胶质玻璃屏蔽等保护措施，保证线路具备足够的绝缘性，或更换线路。

2. 配电柜（箱）等电气设备

（1）实验室使用前应对配电柜（箱）等电气设施进行逐一检查，使用过程中也应定时对监控室、配电机房、设备层等防护区外的电气设施按照确定的路线进行巡检。

（2）配电柜（箱）由电气工程师专人负责管理和维护，配电室门、配电箱需锁闭，维护电气设备前应切断电源。在实验室运行期间无关人员不得擅自操作配电设施。

（3）检查配电设备的使用情况，有无电线出现烧糊、虚接等现象。

（4）检查配电室空调运行情况，电气设施所处的环境应通风、干燥，将温度、湿度控制在合适的范围（常年保持25℃左右的环境温度、30%～70%相对湿度），防止出现积水、霉变等状况。

（5）检查实验室内各仪器设备供电是否正常，包括是否接通电源，指示灯显示是否正常，电压、电流（有自带电压表、电流表的）是否正常，设备能否正常启动或是否保持正常运行等。

（6）检查所有插座是否存在松动、线头脱落或虚接、烧糊等异常情况。

（7）日常巡检实验室照明和应急照明是否正常，电源出现故障时，应急照明备用电源供电应在30min以上。

（8）检查有无违规使用配电现象，包括一个插座同时连接2个（含）以上高电流设备，用延长线连接固定设备、擅自拆卸或维修配电设备等。

（9）加强配电柜（箱）巡检。具体包括以下内容。

1）开关进出各接线端子是否紧固、接触良好，电路中各接点有无过热现象，有无空气断路器、交流接触器、中间继电器和热继电器等。

2）配电盒电压表显示等是否正常。

3）配电装置和低压电器内部有无异响、异味。

4）柜内、电缆沟内有无积水，应无潮气、干净清洁。

5）各接地线连接是否完好。

（10）检查各风机变频器接线端子是否紧固。

（11）检查供电电压是否正常。

（12）检查电气设施是否远离易燃易爆材料、远离水或化学品。

（13）检查送排风机、空调冷热源的电动机线缆连接处外观有无异常，包括有无锈蚀等情况。室外部分电缆有无老鼠等野外动物啃咬痕迹等。室外部分电缆线槽内应无积水，清洁干净。

（14）定期打扫卫生，保持配电机房、设备层环境卫生及配电设施的清洁。

3. 备用电源　包括备用发电机和 UPS，是在市电停电时保证实验室生物安全的关键设备之一。由于使用概率极低，很多实验室对备用电源缺乏足够的重视。发电机和 UPS 作为应急设备，如果不能发挥正常作用，将直接影响实验室的生物安全，故不得有丝毫疏忽。备用电源的日常维护保养应做好以下几点。

（1）加强备用发电机的日常检查。检查内容如下。

1）备用发电机启动前首先检查系统供电线路。

2）检查备用发电机组内机油、柴油是否充足。

3）检查备用发电机组内冷却剂是否充足。

4）检查备用发电机组的动力皮带是否完好，是否需要更换。

5）检查备用发电机组右侧的应急闭合开关是否处于闭合状态。

6）备用发电机组应在市政断电 15s 内自动启动，否则表示可能已经出现故障（设置手动启动除外），需要专业人员对备用发电机组进行维修。

7）备用发电机组启动后，检查配电室配电柜的电压、电流是否正常。

（2）UPS 使用前做好准备工作。具体工作内容如下。

1）检查电池组的连接情况，包括电池接线端子紧固情况和电池的外观情况。

2）检查主机的输入、输出连接端子的紧固情况。

3）检查主机的运行状况，包括电池状态数据、UPS 设置参数、监控面板按键操作功能、面板指示灯及蜂鸣器的功能、LCD 显示功能及其显示的日期和时间是否正确、UPS 系统或负载的运行数据、当前存在的系统事件及历史记录、电池负载及市电的统计信息、UPS 的实时电源状态流程图、UPS 显示参数与实际值校正等。

4）检查冷却风机，包括观察风机运转是否平稳、有无异常噪声，以及风机有无故障报警、机内工作温度过高有无报警等情况。

5）安装 UPS 的房间有无放置易燃易爆物品，发现须及时清理。

6）UPS 使用过程中应每日进行常规巡检，包括：①保持 UPS 设备间 20 ～ 25℃的最佳环境温度。据试验测定，环境温度一旦超过 35℃，每升高 10℃，电池的寿命就要缩短一半。②保持 UPS 设备间 30% ～ 70% 最佳环境湿度。③ UPS 主机的运行情况，如运行中有无异常噪声、发热情况。

四、定期检查与预防性维护保养

（一）电路和配电设备

（1）配电柜内的各个配件是否正常，开关动作是否正确。

（2）断路器和漏电保护器是否正常。

（3）三相电流、电压平衡情况。输入电压数值测量、输出电压数值测量是否正常。

（4）低压绝缘子有无破裂和偏斜，母线固定是否牢固。

（5）对各部螺丝进行紧固。

（6）电气设施连接部分接触是否良好，触头表面是否清洁、光滑。

（7）各接地线连接是否完好，确保所有电气设备可靠接地。

（8）配电柜箱体温度是否正常。

（9）对配电柜内外进行彻底清洁。

（10）定期对配电柜、配电箱进行大检修，全面检查电线接头有无松动、虚接等情况。

（11）对所有电气设备定期检测和测试（包括接地）。

（二）备用发电机

备用发电机是生物安全实验室重要的后备电源，由于发电机应急启动有 5 ～ 15s 的间隔时间，其间由 UPS 供电维持系统不间断运行，但由于 UPS 负荷供电时间有限，主供电系统未达到一级负荷时宜配备发电机组，以维持长时间供电。发电机定期维护保养工作包括以下内容。

（1）定期更换机油。

（2）定期清洗或更换“三滤”。

（3）北方及寒区过冬前更换 –35 号柴油。

（4）备用发电机一般在不断主干电路情况下每月启动 1 次，每次 30min；每半年人为中断主干电路 1 次，检查备用发电机是否能正常启动。

（三）UPS

实验室委托维保公司或生产商等有资格的机构进行定期和紧急情况下的检修保养服务，发现问题及时处理。基本内容如下所述。

（1）对电池组中的电池做静态、动态测试。

（2）对电池组的连接进行检查，包括电池接线端子紧固和电池外观。

（3）电池容量的测试：①静态测量电池电压。②放电测试，包括 UPS 所带负载的大小、电池平均放电电流、电池放电时间、电池终止放电电压。③充电测试，包括电池最大充电电流、电流浮充电压大小。

（4）电池不宜个别更换，整体更换时应遵守电池供应商的指示。

（5）检查主机的运行状况：①系统状态及显示参数值；②电源历史记录；③电池状态数据；④ UPS 设置参数；⑤监控面板按键操作功能；⑥面板指示灯及蜂鸣器的功能；⑦ LCD 显示功能及其显示的日期和时间是否正确；⑧ UPS 系统或负载的运行数据；⑨ UPS 当前存在的系统事件及历史记录；⑩电池、负载及市电的统计信息；⑪ UPS 的实时电源状态流程图；⑫UPS 显示参数与实际值校正。

（6）对主机进行除尘清扫。清洁前应先断开市电及电池开关。清洁的内容主要包括主机侧板、风扇的通风孔清洁和电池清洁。

（7）UPS 主机内主要部件进行静态测试。

（8）主机内部主要元器件的检查，检查内容主回路功率元器件、主要控制板工作状态和机器内部有无局部过热点。

（9）检查 UPS 主机内易损单元，包括逆变器、整流器、静态开关等。

（10）检查设施的输入、输出连接端子是否牢固。

（11）恢复设施运行，检查设施输出的主要性能指标。

（12）冷却风机检查：运转平稳有无异常噪声、风机有无故障报警和工作温度过高有无报警。

（13）UPS 系统性能检测：系统常态模式工作是否正常、系统旁路模式运行是否正常、系统电池供电模式运行是否正常、系统工作模式切换是否正常、并机系统运行状况是否正常、通信功能是否正常。

（14）定期充电放电：UPS 中的浮充电压和放电电压在出厂时均已调试到额定值，而电流的大小是随着负载的增大而增加的，使用中应合理调节负载，一般情况下，负载不宜超过 UPS 额定负载的 60%。UPS 因长期与市电相连，在供电质量高、很少发生市电断电环境中，蓄电池会长期处于浮充电状态，日久就会导致电池化学能与电能相互转化的活性降低，加速 UPS 老化而缩短使用寿命。因此，一般每隔 2 ～ 3 个月应完全放电一次，放电间隔可根据蓄电池的容量和负载大小确定。一次全负荷放电完毕后，按规定再充电 8h 以上。

五、定 期 检 测

定期对强电、弱电线路进行安全检查。实验室线路安装的断路器、漏电保护器、电压表、电流表等计量器件及变压器、配电柜、电路元器件等需要由专业检测机构工作人员按照国家相关标准的要求进行检测，并出具检测报告。

由于发电机和 UPS 是专业定型产品，一般用户或实验室建设工程公司不具备专业检测与维修能力，因此其维保任务，包括蓄电池的更换、主机内主要元器件的修理或更换、自动控制程序的维护等工作，通常需要委托生产厂家或其委托的代理机构派有资质的人员承担。如 UPS 应急电源的电池组随着使用年限的延长供电性能下降，当不满足要求时应予以更换。更换应由专业人员进行，实验室人员不得擅自处理。

第三节　生物安全实验室应急处置

生物安全实验室的应急处置是非常关键的保障安全的前置因素，因为没有绝对安全的实验室，生物安全实验室也不例外。生物安全实验室需要进行高风险的研究活动，为了保障实验室的安全运行，需要有一套完整的应急处置流程，可参见本书“应急管理”相关内容。本节主要从设施设备的应急处置角度进行描述。

一、设施在运行中出现故障的应急处置

（一）通风系统故障

1. 切换备用风机正常　实验室房间压力出现波动，声光报警响起，中控室值班人员通知实验人员停止工作，退至上风口处等待实验室压力稳定，待实验室压力恢复后，通知实验室人员继续完成实验。同时通知维保公司现场查看故障原因，排除故障后，待实验结束间隙恢复通风系统，在恢复期间，设立实验室暂停标识，待系统稳定后，撤掉标识，实验室恢复正常。同时，记录故障原因及处理结果，并上报实验室主任。

2. 切换风机失败或风管出现大面积泄漏　实验室压力无法恢复正常状态，压力梯度丧失，中控值班人员通知实验人员停止实验，将生物安全柜前窗下拉，安全柜继续保持低态运转，人员按流程退出实验室。通知维保公司现场检修。待人员退出后，关闭实验室通风系统，维保人员现场抢修。待维修好后，重新启动通风系统，观察系统是否稳定。系统稳定后，开启实验室，完成后续实验。同时，记录故障原因及处理结果，并上报实验室主任。

（二）电力供应故障

1. 主电路供电故障，可切换备用线路　实验室出现几秒闪停情况，故障报警响起，中控值班人员核实电力信息后，备用电源工作正常，通知实验人员正常实验，通知单位后勤人员查看线路停电原因。待检查无问题后主线供电正常，通知后勤人员切换回主电路供电。同时，记录故障原因及处理结果，并上报实验室主任。

2. 主电路供电故障，切换备用线路失败　实验室进入 UPS 供电，报警响起，中控室人员通知实验人员故障情况，尽快处理手中实验，尽快退出实验室，每隔 5min 通报一次 UPS 剩余电量和维持时间情况。同时通知维保公司人员对实验室电路进行检查，通知单位后勤人员对供电进行检查。待实验室电力恢复，稳定运行后，可以继续实验活动。同时，记录故障原因及处理结果，并上报实验室主任。

二、设备在运行中出现故障的应急处置

1. 生物安全柜、独立通风笼具、动物隔离装置等实验设备发生故障　暂停手中实验，通知中控室值班人员和设施设备负责人，实验室内如无可替代设备，按正常流程退出实验室，设施设备负责人通知维保公司和设备厂家，协商维修方案。由于维保人员都进行了实验室相关培训学习，且都取得了上岗证书，建议厂家人员指导维保人员进入实验室维修设备。设备维修后，需请第三方机构进行设备性能检测，并出具报告。设备运行正常后，继续开启实验。同时，记录故障原因及处理结果，并上报实验室主任。

2. 压力蒸汽灭菌器、传递窗、气体消毒装置　该类设备一般都在辅助区进行维修，故无须停止实验活动，但要处理好待高压物品和待传递物品的装载。尽快通知维保公司和厂家进行设备维修，待设备维修好后，方可继续使用。同时，记录故障原因及处理结果，并上报实验室主任。

第二十二章　个体防护装备和管理

实验室工作人员必须按国家规定做好个体防护。实验室所用任何个体防护装备应符合国家有关标准的要求。在危害评估的基础上，按不同级别的防护要求选择适当的个体防护装备。实验室对个体防护装备的选择、使用、维护应有明确的书面规定、程序和使用指导。

第一节　个体防护装备的维护

一、呼吸防护装备的维护

呼吸防护装备的种类较多，要充分发挥各种呼吸防护装备的功能作用，除了正确选择、使用外，对可重复性使用的呼吸防护装备正确地维护、保持原有的功能作用也很重要。一般应注意以下几方面内容。

（1）应按照呼吸防护装备使用说明书中有关内容和要求，由受过培训的人员实施检查和维护，对使用说明书未包括的内容，应向生产者或经销商询问。

（2）呼吸防护装备每次使用完毕后，都应将其一次性使用部件拆下并按污染性废弃物处理，可重复使用部件按程序清洗和消毒，并应定期检查和维护。要注意，可重复使用部件的设计有的不适合使用高温消毒，很多材料不适合用射线消毒（可导致材料退化、强度下降、性能丧失），有些也不适合使用浸泡消毒。必要时实验室应咨询生产商以选择适宜的清洁消毒方式。

（3）携气式呼吸器使用后应立即更换用完的或部分使用的气瓶或呼吸气体发生器，并更换其他过滤部件。更换气瓶时不允许将空气瓶与氧气瓶互换。应按国家有关规定，在具有相应压力容器检测资格的机构定期检测空气瓶或氧气瓶。

（4）呼吸防护装备应贮存在清洁、干燥、无油污、无阳光直射和无腐蚀性气体的地方。

（5）若呼吸防护装备不经常使用，应将呼吸防护装备放入密封袋内贮存。贮存时，应避免面罩变形。

（6）所有紧急情况和救援使用的呼吸防护装备应保持待用状态，并置于管理、取用方便的地方，不得随意变更存放地点。

二、正压防护服的维护

正压防护服是将人体全部封闭，用于防护有害生物因子对人体伤害，正常工作状态下内部压力不低于环境压力的服装。日常使用时，需要对正压防护服进行检查和维护。每次使用时应检测正压服的完整性，包括接缝及磨损处有无破损，进气口的 HEPA 过滤器是否完整，出气口过滤器是否被堵塞，手套连接处是否完整等。根据日常使用频次确定正压防护服的气密性检测频次，一般情况下每周应做一次正压防护服的气密性检测，并做记录。每次更换正压防护服外层手套后必须做气密性检测，外层手套更换频次由风险评估结果决定，每周应至少更换一次手套，拉锁每周应至少上一次蜡。防护服的气密性检测应按照正压防护服厂商提供的方法进行。如正压防护服配有专用检查工具，可使用专用工具检查。如没有专用检查工具，可采用充气法检查，即用胶带将所有的气阀密封，拉锁外侧均匀涂蜡，并将拉锁拉到头，保证正压防护服完全密闭后，充气至正压防护服完全鼓起，通过听、摸、按压等方法检查正压防护服是否漏气，尤其是接缝处和长期磨损处是否漏气，保持充气状态应至少 5min。检查完成后应将密闭气阀的物品全部取下，以防正压防护服爆裂。

第二节　病原微生物实验室个体防护装备的验证

一、呼吸防护装备的验证

（一）定义

1. 佩戴气密性检查（face-seal check）　是由呼吸防护用品使用者自己进行的一种简便密合性检查方法，用以确保密合型面罩佩戴位置正确。

2. 适合性检验（fit test）　是检验某类密合型面罩对具体使用者适合程度的方法。适合性检验分定性适合性检验和定量适合性检验。

（1）定性适合性检验（qualitative fit test）：是根据受检者对检验剂的感觉得出合格或不合格结果的适合性检验。

（2）定量适合性检验（quantitative fit test）：是不依赖受检者对检验剂的感觉而得出量化的适合因数检验结果的适合性检验。

（二）口罩气密性检查

双手捂住口罩快速呼气（正压检查方法）或吸气（负压检查方法），应感觉口罩略微有鼓起或塌陷。若感觉有气体从鼻梁处泄漏，应重新调整鼻夹；若感觉气体从口罩两侧泄漏，应进一步调整头带位置。

（三）口罩适合性检验

美国职业安全与健康管理局（OSHA）对口罩适合性检验有强制性要求，在《呼吸防护标准》（OSHA 29CFR 1910.134）中规定，必须给每个使用者定期做该检测，一般为每年一次。《呼吸防护用品的选择、使用与维护》（GB/T 18664—2002）建议，使用一种新的防护用品时，每个使用者都应对其做适合性检验，对在用的呼吸防护用品建议定期进行适合性检验。

检验程序如下所述。

（1）根据风险评估结果，选择适合的呼吸器类型。

（2）阅读呼吸器使用说明书，按照说明书佩戴呼吸器，学会调试呼吸器在面部的位置和系带的松紧。

（3）测试者可根据佩戴的舒适度选择不同型号或形状的呼吸器，但不能降低防护级别，佩戴时最少要保持 5min 以适应呼吸器。

（4）佩戴呼吸器后应检查呼吸器是否影响正常说话，呼吸器应覆盖从鼻到下颌的位置，呼吸器没有滑脱的趋势。

（5）佩戴呼吸器后要按照说明书要求做佩戴气密性检查。

（6）当面部胡须、毛发或其他因素影响面部与口罩密封垫之间密合时，需消除这些影响因素。

（7）佩戴呼吸器时发现有呼吸困难的人员，应及时就诊，以判断是否可以使用该类型呼吸器。

（8）在进行气密性检查前，应佩戴呼吸器 5min，并穿戴工作时的 PPE。

二、正压防护服的性能验证

目前，国外用于评价正压防护服性能的标准有《防护服　一般要求》（EN 340：2003）、《防放射性污染的防护服》（EN 1073-1：2016）等；我国用于评价正压防护服性能的标准有《实验室设备生物安全性能评价技术规范》（RB/T 199—2015），另外《生物安全实验室建筑技术规范》（GB 50346—2011）对正压防护服的个别性能指标也有所提及。为了能够充分验证正压防护服对实验人员的隔离保护作用及人员操作的舒适性，上述规范对正压防护服的相关性能制定了检测项目，并且给出了相应的检测方法。目前，我国对正压防护服的检测主要依照《实验室设备生物安全性能评价技术规范》（RB/T 199—2015），项目至少包括外观及配置检查和性能检测。外观及配置检查包括标识和防护服表面整体完好性；性能检测项目通常包括正压防护服内压力、供气流量、气密性、噪声。使用 TSI 9565-P 型多功能精密风速仪（压力计）、流量计、1350A 声级计及 237B 型尘埃粒子计数器对上述项目进行现场检测。

第三节　生物安全实验室个体防护装备的消毒处理

一、一次性防护装备

一次性防护帽、口罩、手套、防护服等不可重复使用，使用完毕应放入医疗垃圾袋内，进行高压处理或焚烧处理。

二、可回收再用装备

可回收再用的防护服、眼罩、眼镜、工作鞋等，清洗前应先去污染。根据 PPE 厂家的建议及使用环境中的污染物种类，选择物理或化学消毒后，再进行清洁处理。如需修补，可在清洁后进行，并妥善存放。

三、正压服和正压头盔

不同品牌正压服与正压头盔的消毒处理应遵照使用说明书的建议，采取有效的消毒措施，如化学淋浴或者化学熏蒸。

参考文献

国家认证认可监督管理委员会，2020. RB/T 040—2020. 病原微生物实验室生物安全风险管理指南 .

胡凯，马宏，贾松树，等，2020. 实验室生物安全风险评估的现状与思考 . 医学动物防制，36（9）：817-820.

吕京，孙理华，王君玮，等，2012. 生物安全实验室认可与管理基础知识 - 生物安全三级实验室标准化管理指南 . 北京：中国质检出版社：6-18.

毛海峰，2003. 企业安全文化评价体系 . 现代职业安全，（8）：24-25.

毛海峰，2005. 从“五要之首”看安全文化：关于落实“五要素”的系列评说之一 . 现代职业安全，（5）：64-66.

王光辉，2015. 创建安全文化的 7 个关键因素 . 现代职业安全，（2）：18-19.

王玉玲，2006. 企业安全文化形式系统及其评价系统研究 . 北京：首都经济贸易大学：26.

张扬，刘升台，唐安业，等，2018. 地勘单位“Four Full” 安全文化建设体系研究 [J]. 安全与环境工程，25（1）：124-129.

中华人民共和国国家卫生和计划生育委员会，2017. WS 233—2017. 病原微生物实验室生物安全通用准则 .

中华人民共和国国家质量监督检验检疫总局，2023. GB/T 27921—2023. 风险管理 风险评估技术 .

中华人民共和国国家质量监督检验检疫总局，中国国家标准化管理委员会，2008. GB 19489—2008. 实验室 生物安全通用要求》. 北京：中国标准出版社：15-18.

中华人民共和国国务院，2018. 病原微生物实验室生物安全管理条例 .

中华人民共和国卫生部，2002. 卫法监发〔2002〕282 号 . 消毒技术规范：20-25，32-39.

钟玉清，相大鹏，黄吉城，2011. 实验室生物安全管理体系文件编写及运行范例 . 北京：中国质检出版社：96-108.

朱继龙，2007. 以创新管理促进军工安全文化建设 . 国防科技工业，（1）：38-39.

Back J B，Martinez L，Nettenstrom L，et al，2022. Establishing a biosafety plan for a flow cytometry shared resource laboratory. Cytometry Part A，101（5）：380-386.

Reifel K M，Swan B K，Jellison E R，et al，2020. Procedures for flow cytometry-based sorting of unfixed severe acute respiratory syndrome coronavirus 2（SARS-CoV-2）infected cells and other infectious agents. Cytometry Part A，97（7）：674-680.

US CDC/NIH，2020. Biosafety in microbiological and biomedical laboratories. 6th ed.

WHO，2020. Laboratory biosafety manual. 4th edition and associated monographs. Decontamination and waste management. Switzerland：WHO：4，8-13，25.

WHO，2020. Laboratory biosafety manual. 4th ed.

附录　术语和定义

一、《实验室 生物安全通用要求》（GB 19489—2008）术语和定义

1. 气溶胶（aerosols）　悬浮于气体介质中的粒径一般为 0.001 ～ 100μm 的固态或液态微小粒子形成的相对稳定的分散体系。

2. 事故（accident）　造成死亡、疾病、伤害、损坏及其他损失的意外情况。

3. 气锁（air lock）　具备机械送排风系统、整体消毒灭菌条件、化学喷淋（适用时）和压力可监控的气密室，其门具有互锁功能，不能同时处于开启状态。

4. 生物因子（biological agent）　微生物和生物活性物质。

5. 生物安全柜（biological safety cabinet，BSC）　具备气流控制及高效空气过滤装置的操作柜，可有效降低实验过程中产生的有害气溶胶对操作者和环境的危害。

6. 缓冲间（buffer room）　设置在被污染概率不同的实验室区域间的密闭室，需要时，设置机械通风系统，其门具有互锁功能，不能同时处于开启状态。

7. 定向气流（directional airflow）　特指从污染概率小区域流向污染概率大区域的受控制的气流。

8. 危险（hazard）　可能导致死亡、伤害或疾病、财产损失、工作环境破坏或这些情况组合的根源或状态。

9. 危险识别（hazard identification）　识别存在的危险并确定其特性的过程。

10. 高效空气过滤器（high efficiency particulate air filter，HEPA 过滤器）　通常以 0.3μm 微粒为测试物，在规定的条件下滤除效率高于 99.97% 的空气过滤器。

11. 事件（incident）　导致或可能导致事故的情况。

12. 实验室（laboratory）　涉及生物因子操作的实验室。

13. 实验室生物安全（laboratory biosafety）　实验室的生物安全条件和状态不低于容许水平，可避免实验室人员、来访人员、社区及环境受到不可接受的损害，符合相关法规、标准等对实验室生物安全责任的要求。

14. 实验室防护区（laboratory containment area）　实验室的物理分区，该区域内生物风险相对较大，需对实验室的平面设计、围护结构的密闭性、气流，以及人员进入、个体防护等进行控制的区域。

15. 材料安全数据单（material safety data sheet，MSDS）　详细提供某材料的危险性和使用注意事项等信息的技术通报。

16. 个体防护装备（personal protective equipment，PPE）　防止人员个体受到生物性、

化学性或物理性等危险因子伤害的器材和用品。

17. 风险（risk） 危险发生的概率及其后果严重性的综合。

18. 风险评估（risk assessment） 评估风险大小及确定是否可接受的全过程。

19. 风险控制（risk control） 为降低风险而采取的综合措施。

二、《生物安全实验室建筑技术规范》（GB 50346—2011）术语和定义

1. 一级屏障（primary barrier） 指操作者和被操作对象之间的隔离，也称一级隔离。

2. 二级屏障（secondary barrier） 指生物安全实验室和外部环境的隔离，也称二级隔离。

3. 生物安全实验室（biosafety laboratory） 指通过防护屏障和管理措施，达到生物安全要求的微生物实验室和动物实验室。包括主实验室及其辅助用房。

4. 实验室防护区（laboratory containment area） 指生物风险相对较大的区域，对围护结构的严密性、气流流向等有要求的区域。

5. 实验室辅助工作区（non-contamination zone） 指生物风险相对较小的区域，也指生物安全实验室中防护区以外的区域。

6. 主实验室（main room） 指生物安全实验室中污染风险最高的房间，包括实验操作间、动物饲养间等，主实验室也称核心工作间。

7. 缓冲间（buffer room） 指设置在被污染概率不同的实验室区域间的密闭室。需要时，可设置机械通风系统，其门具有互锁功能，不能同时处于开启状态。

8. 独立通风笼具（individually ventilated cage，IVC） 一种以饲养盒为单位的独立通风的屏障设备，洁净空气分别送入各独立笼盒使饲养环境保持一定压力和洁净度，用以避免环境污染动物（正压）或动物污染环境（负压），一切实验操作均需要在生物安全柜等设备中进行。该设备用于饲养清洁、无特定病原体或感染（负压）动物。

9. 动物隔离设备（animal isolated equipment） 指动物生物安全实验室内饲育动物采用的隔离装置的统称。该设备的动物饲育内环境为负压和单向气流，以防止病原体外泄至环境并能有效防止动物逃逸。常用的动物隔离设备有隔离器、层流柜等。

10. 气密门（airtight door） 为密闭门的一种，气密门通常具有一体化的门扇和门框，采用机械压紧装置或充气密封圈等方法密闭缝隙。

11. 活毒废水（waste water of biohazard） 指被有害生物因子污染了的有害废水。

12. 洁净度 7 级（cleanliness class 7） 空气中大于等于 0.5μm 的尘粒数大于 35 200 粒 /m^3 到小于等于 352 000 粒 /m^3，大于等于 1μm 的尘粒数大于 8320 粒 /m^3 到小于等于 83200 粒 /m^3，大于等于 5μm 的尘粒数大于 293 粒 /m^3 到小于等于 2930 粒 /m^3。

13. 洁净度 8 级（cleanliness class 8） 空气中大于等于 0.5μm 的尘粒数大于 352 000 粒 /m^3 到小于等于 3 520 000 粒 /m^3，大于等于 1μm 的尘粒数大于 83 200 粒 /m^3 到小于等于 832 000 粒 /m^3，大于等于 5μm 的尘粒数大于 2930 粒 /m^3 到小于等于 29 300 粒 /m^3。

14. 静态（at-rest） 指实验室内的设施已经建成，工艺设备已经安装，通风空调系统

和设备正常运行，但无工作人员操作且实验对象尚未进入时的状态。

15. 综合性能评定（comprehensive performance judgment） 指对已竣工验收的生物安全实验室的工程技术指标进行综合检测和评定。

三、WHO《生物安全手册》第四版（部分引用）的术语和定义

1. 安全文化（safety culture） 一套价值观、信仰和行为模式，由个人和组织在开放和信任的氛围中灌输和促进，以支持或加强实验室生物安全的最佳做法，无论是否在适用的操作守则和（或）规章中规定。

2. 良好微生物操作规程（good microbiological practice and procedure，GMPP） 一种基本的实验室操作规程，适用于所有类型的生物因子实验室活动，包括在实验室中应始终遵守的一般行为和无菌技术。旨在保护实验室人员和社区免受感染，防止环境污染，并为使用的工作材料提供保护。

3. 生物因子（biological agent） 一种自然产生或转基因的微生物、病毒、生物毒素、粒子或其他感染性物质，可能对人类、动物或植物造成感染、过敏、毒性或其他危害。

4. 病原体（pathogen） 能在人类、动物或植物中引起疾病的生物因子。

5. 生物安全（biosafety） 为防止无意暴露生物因子或其无意释放而实施的防护原则、技术和做法。

6. 生物安保（biosecurity） 为生物材料和（或）与其处理有关的设备、技能和数据的保护、控制和问责而实施的原则、技术和实践。旨在防止未经授权的访问、丢失、盗窃、滥用、转移或释放。

7. 风险控制（risk control） 使用一系列工具，包括沟通、评估、培训，以及物理和操作控制，将事件 / 事件的风险降低到可接受的风险。风险评估周期将决定应用于控制风险的战略及实现这一目标所需的具体类型的风险控制措施。

8. 产生气溶胶操作程序（aerosol-generating procedure，AGP） 有意或无意地产生悬浮在空气中的液体或固体颗粒（气溶胶）的任何程序，如琼脂板上划线、移液传染性病原体悬浮液和均质传染性材料。